第４章　式と曲線

第５章　数学的な表現の工夫

〈デジタルコンテンツ〉

次のものを用意しております。

①　教科書「NEXT 数学 C[数 C/712]」の例・例題の解説動画
②　演習編の詳解
③　教科書「NEXT 数学 C[数 C/712]」と青チャート・黄チャートの対応表

デジタルコンテンツ ➡

第1章 平面上のベクトル

第1節 ベクトルとその演算

1 ベクトル

まとめ

1 有向線分

向きをつけた線分を **有向線分** という。
有向線分ABでは，Aをその **始点**，Bをその **終点** といい，その向きはAからBの方へ向かっているとする。
また，線分ABの長さを，有向線分ABの長さまたは大きさという。

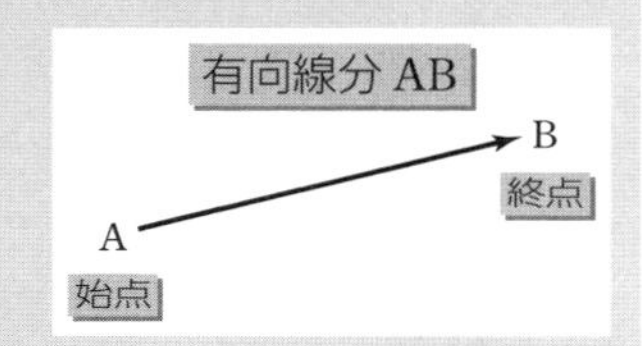

2 ベクトル

有向線分は，位置，向き，大きさで定まる。有向線分の向きと大きさだけに着目したものを **ベクトル** という。ベクトルは，向きと大きさをもつ量である。
たとえば，風の吹き方や力，速度などは，向きと大きさをもつ量であり，ベクトルとして扱うことができる。

注意 本章では平面上の有向線分が表すベクトルを考える。これを平面上のベクトルということがある。なお，空間の有向線分が表すベクトルについては，第2章で扱う。

3 ベクトルの表し方

有向線分ABが表すベクトルを $\overrightarrow{\mathbf{AB}}$ で表す。また，ベクトルを $\vec{a}$，$\vec{b}$ などで表すこともある。有向線分ABの長さをベクトル $\overrightarrow{\mathrm{AB}}$ の大きさといい，$|\overrightarrow{\mathbf{AB}}|$ で表す。$\vec{a}$ の大きさも同様に，$|\vec{a}|$ で表す。

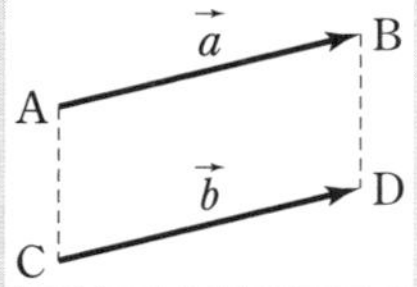

4 等しいベクトル

向きが同じで大きさも等しい2つのベクトル $\vec{a}$，$\vec{b}$ は等しいといい，$\vec{a}=\vec{b}$ と書く。

5 逆ベクトル

ベクトル $\overrightarrow{\mathrm{AB}}$ に対して，ベクトル $\overrightarrow{\mathrm{BA}}$ を，ベクトル $\overrightarrow{\mathrm{AB}}$ の **逆ベクトル** といい，$-\overrightarrow{\mathbf{AB}}$ と表す。

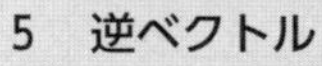

$$\overrightarrow{\mathbf{BA}}=-\overrightarrow{\mathbf{AB}}$$

すなわち，$\vec{a}=\overrightarrow{\mathrm{AB}}$ のとき　$-\vec{a}=\overrightarrow{\mathrm{BA}}$

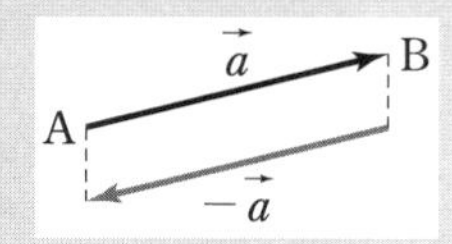

教科書ガイド　数研出版 版　NEXT 数学C

本書は，数研出版が発行する教科書「NEXT 数学C ［数C/712］」に沿って編集された，教科書の **公式ガイドブック** です。教科書のすべての問題の解き方と答えに加え，例と例題の解説動画も付いていますので，教科書の内容がすべてわかります。また，巻末には，オリジナルの演習問題も掲載していますので，これらに取り組むことで，更に実力が高まります。

本書の特徴と構成要素

1　教科書の問題の解き方と答えがわかる。予習・復習にピッタリ！
2　オリジナル問題で演習もできる。定期試験対策もバッチリ！
3　例・例題の解説動画付き。教科書の理解はバンゼン！

まとめ　各項目の冒頭に,公式や解法の要領,注意事項をまとめてあります。

指針　問題の考え方，解法の手がかり，解答の進め方を説明しています。

解答　解説　指針に基づいて，できるだけ詳しい解答・解説を示しています。

別解　解答とは別の解き方がある場合は，必要に応じて示しています。

注意　問題の考え方，解法の手がかり，解答の進め方で，特に注意すべきことを，必要に応じて示しています。

演 習 編　巻末に教科書の問題の類問を掲載しています。これらに取り組むことで，教科書で学んだ内容がいっそう身につきます。また，章ごとにまとめの問題も取り上げていますので，定期試験対策などにご利用ください。

デジタルコンテンツ　2 次元コードを利用して，教科書の例・例題の解説動画や，巻末の演習編の問題の詳しい解き方などを見ることができます。

目　次

第１章　平面上のベクトル

第２章　空間のベクトル

第３章　複素数平面

6　零(れい)ベクトル

大きさが0のベクトルを **零ベクトル**

またはゼロベクトルといい，$\vec{0}$ で表す。

零ベクトルの向きは考えないものとする。

$\overrightarrow{\mathrm{AA}}=\vec{0}$

$\overrightarrow{\mathrm{BB}}=\vec{0}$

A 有向線分とベクトル

教 p.10

練習 1

右の図に示されたベクトルについて，次のようなベクトルの番号の組をすべてあげよ。

(1)　大きさが等しいベクトル

(2)　向きが同じベクトル

(3)　等しいベクトル

(4)　互いに逆ベクトル

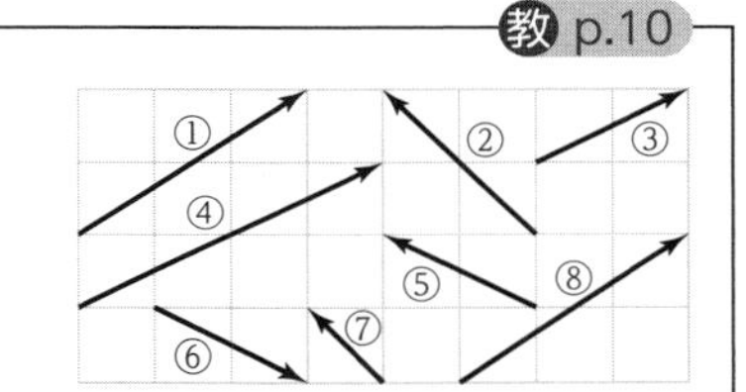

指針　**ベクトルの向き，相等，逆ベクトル**　ベクトルは，有向線分の向きと大きさに着目したもので，この2つが等しい2つのベクトルは等しい。
また，大きさが等しく向きが反対のベクトルを逆ベクトルという。

解答　(1)　大きさが等しいベクトルは，

①と⑧，③と⑤と⑥　答

(2)　向きが同じベクトルは，線分が平行で，向きが等しいことから

①と⑧，②と⑦，③と④　答

(3)　ベクトルが等しいのは，大きさも，向きも等しいことから

①と⑧　答

(4)　逆ベクトルは，大きさが等しく向きが反対のベクトルであるから

⑤と⑥　答

2 ベクトルの演算

まとめ

1　ベクトルの加法

ベクトル $\vec{a}=\overrightarrow{\mathrm{AB}}$ とベクトル $\vec{b}$ に対して，
$\overrightarrow{\mathrm{BC}}=\vec{b}$ となるように点Cをとる。このようにして定まるベクトル $\overrightarrow{\mathrm{AC}}$ を，$\vec{a}$ と $\vec{b}$ の **和** といい，
$\vec{a}+\vec{b}$ と書く。
すなわち，次のように定める。

$$\overrightarrow{\mathrm{AB}}+\overrightarrow{\mathrm{BC}}=\overrightarrow{\mathrm{AC}}$$

2　ベクトルの加法の性質

ベクトルの加法について，次の性質が成り立つ。

[1]　$\vec{a}+\vec{b}=\vec{b}+\vec{a}$　　**交換法則**

[2]　$(\vec{a}+\vec{b})+\vec{c}=\vec{a}+(\vec{b}+\vec{c})$　　**結合法則**

零ベクトルについて，次の性質が成り立つ。

$$\vec{a}+(-\vec{a})=\vec{0},\quad \vec{a}+\vec{0}=\vec{a}$$

3　ベクトルの減法

ベクトル $\vec{a}$，$\vec{b}$ に対して，$\vec{a}$ と $\vec{b}$ の **差** $\vec{a}-\vec{b}$ を，
$\vec{a}$ と $-\vec{b}$ の和で定める。
すなわち　$\vec{a}-\vec{b}=\vec{a}+(-\vec{b})$　である。
$\vec{a}=\overrightarrow{\mathrm{OA}}$，$\vec{b}=\overrightarrow{\mathrm{OB}}$ とすると，次が成り立つ。

$$\overrightarrow{\mathrm{OA}}-\overrightarrow{\mathrm{OB}}=\overrightarrow{\mathrm{BA}}$$

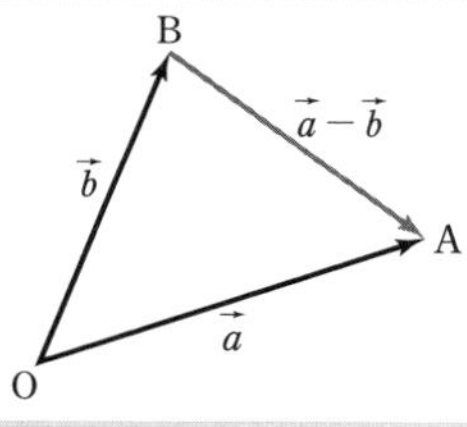

4　ベクトルの実数倍

実数 k とベクトル $\vec{a}$ に対して，$\vec{a}$ の k 倍のベクトル $k\vec{a}$ を次のように定める。
$\vec{a}\neq\vec{0}$ のとき

[1]　$k>0$ ならば，$\vec{a}$ と向きが同じで，
大きさが k 倍のベクトル。
とくに　$1\vec{a}=\vec{a}$

[2]　$k<0$ ならば，$\vec{a}$ と向きが反対で，
大きさが $|k|$ 倍のベクトル。
とくに　$(-1)\vec{a}=-\vec{a}$

[3]　$k=0$ ならば，$\vec{0}$ とする。
すなわち　$0\vec{a}=\vec{0}$

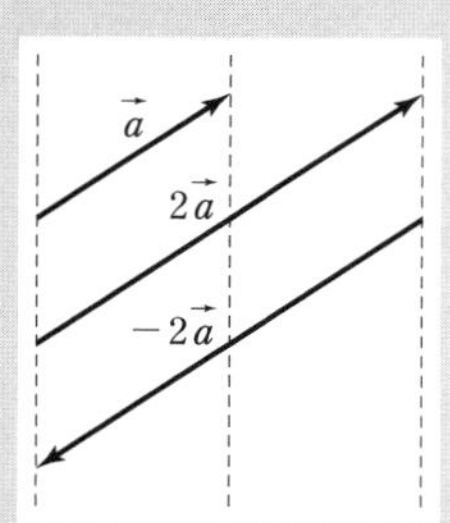

$\vec{a}=\vec{0}$ のとき　どのような k に対しても $k\vec{0}=\vec{0}$ とする。

補足　$(-2)\vec{a}=-(2\vec{a})$ が成り立つので，これらを単に $-2\vec{a}$ と書く。

5　ベクトルの実数倍の性質

k, l は実数とする。

[1]　$k(l\vec{a})=(kl)\vec{a}$

[2]　$(k+l)\vec{a}=k\vec{a}+l\vec{a}$

[3]　$k(\vec{a}+\vec{b})=k\vec{a}+k\vec{b}$

注意　一般に，$|k\vec{a}|=|k||\vec{a}|$ が成り立つ。

6　ベクトルの平行

$\vec{0}$ でない2つのベクトル $\vec{a}$，$\vec{b}$ は，同じ向きか反対向きのとき，**平行** であるといい，$\vec{a}\,/\!/\,\vec{b}$ と書く。

ベクトルの平行条件

$\vec{a}\neq\vec{0}$，$\vec{b}\neq\vec{0}$ のとき

$\vec{a}\,/\!/\,\vec{b}\iff\vec{b}=k\vec{a}$ **となる実数 k がある**

注意　$\vec{b}=k\vec{a}$ において，

$k>0$ のとき $\vec{a}$，$\vec{b}$ は同じ向きに平行，

$k<0$ のとき $\vec{a}$，$\vec{b}$ は反対向きに平行

である。

7　単位ベクトル

大きさが1のベクトルを **単位ベクトル** という。

$\vec{a}\neq\vec{0}$ のとき，$\vec{a}$ と平行な単位ベクトルは

$$\frac{\vec{a}}{|\vec{a}|} \text{ と } -\frac{\vec{a}}{|\vec{a}|}$$

8　ベクトルの分解

$\vec{0}$ でない2つのベクトル $\vec{a}$，$\vec{b}$ が平行でないとき，**どのようなベクトル $\vec{p}$ も，$\vec{a}$，$\vec{b}$ と適当な実数 s, t を用いて**

$$\vec{p}=s\vec{a}+t\vec{b}$$

の形に表すことができる。

また，この表し方はただ1通りである。

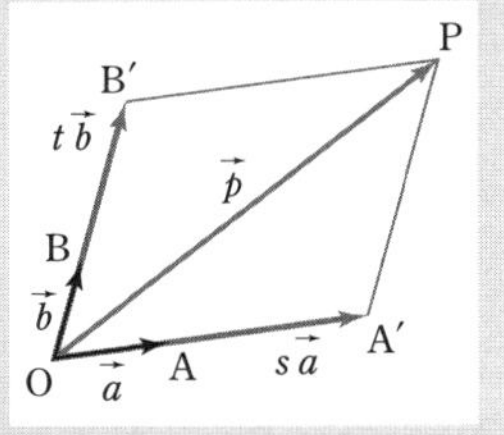

注意　$\vec{0}$ でない2つのベクトル $\vec{a}$，$\vec{b}$ が平行でないとき，平面上におけるこのような2つのベクトル $\vec{a}$，$\vec{b}$ は **1次独立** であるという。

教科書 p.11〜12

A ベクトルの加法

教 p.11

練習 2 次のベクトル $\vec{a}$, $\vec{b}$ について，$\vec{a}+\vec{b}$ をそれぞれ図示せよ。

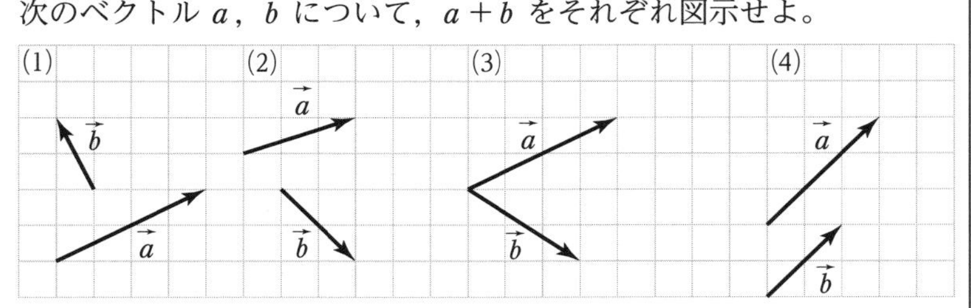

指針 **ベクトルの加法**　2 つのベクトル $\vec{a}$, $\vec{b}$ の和 $\vec{a}+\vec{b}$ は，$\vec{b}$ の始点 P が $\vec{a}$ の終点 A に一致するように $\vec{b}$ を平行移動させ，$\vec{a}$ の始点から $\vec{b}$ の終点に向きを指定した線分を引くと得られる。

解答

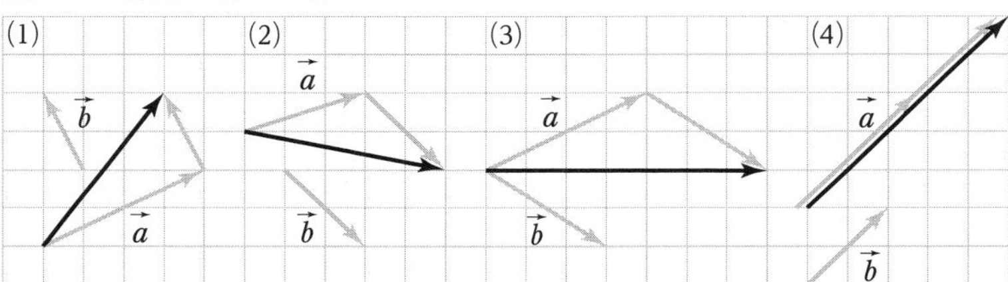

教 p.12

練習 3 右の図を用いて，教科書 12 ページの性質 **2** が成り立つことを確かめよ。

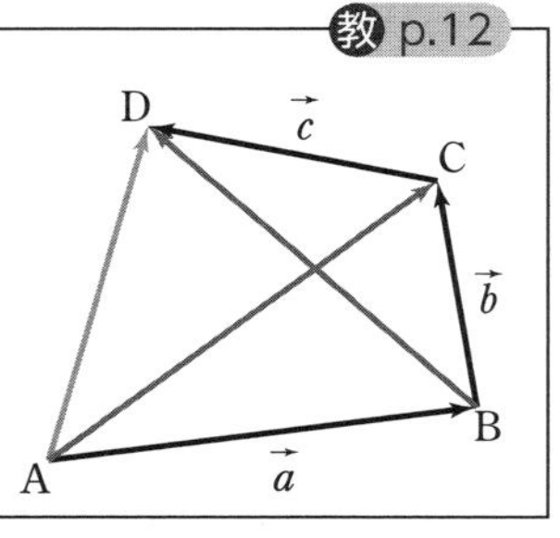

指針 **ベクトルの加法の結合法則**　性質 **2** の左辺と右辺の表すベクトルについて，それぞれ図を用いて確かめる。

解答 図において

$(\vec{a}+\vec{b})+\vec{c}$

$=(\overrightarrow{AB}+\overrightarrow{BC})+\overrightarrow{CD}$

$=\overrightarrow{AC}+\overrightarrow{CD}=\overrightarrow{AD}$

$\vec{a}+(\vec{b}+\vec{c})$

$=\overrightarrow{AB}+(\overrightarrow{BC}+\overrightarrow{CD})$

$=\overrightarrow{AB}+\overrightarrow{BD}=\overrightarrow{AD}$

よって　$(\vec{a}+\vec{b})+\vec{c}=\vec{a}+(\vec{b}+\vec{c})$　終

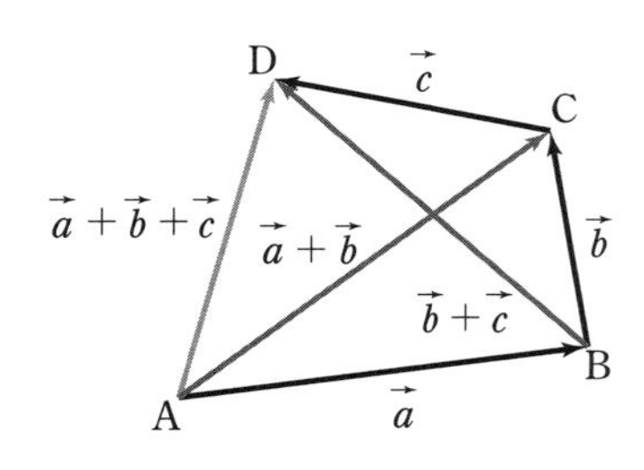

教 p.13

練習 4 次の等式が成り立つことを示せ。

(1) $\overrightarrow{AB}+\overrightarrow{BD}+\overrightarrow{CA}=\overrightarrow{CD}$

(2) $\overrightarrow{AB}+\overrightarrow{BC}+\overrightarrow{CA}=\vec{0}$

指針 **ベクトルの加法と零ベクトル** 交換法則，結合法則を利用

(1) $\overrightarrow{AB}+\overrightarrow{BD}$ を先に計算する。

解答 (1) $\overrightarrow{AB}+\overrightarrow{BD}+\overrightarrow{CA}=(\overrightarrow{AB}+\overrightarrow{BD})+\overrightarrow{CA}$

$=\overrightarrow{AD}+\overrightarrow{CA}$

$=\overrightarrow{CA}+\overrightarrow{AD}=\overrightarrow{CD}$ 終

(2) $\overrightarrow{AB}+\overrightarrow{BC}+\overrightarrow{CA}=(\overrightarrow{AB}+\overrightarrow{BC})+\overrightarrow{CA}$

$=\overrightarrow{AC}+\overrightarrow{CA}$

$=\overrightarrow{AA}=\vec{0}$ 終

B ベクトルの減法

教 p.14

練習 5 右の平行四辺形OCABと，ベクトルの差の定義 $\vec{a}-\vec{b}=\vec{a}+(-\vec{b})$ を用いて，教科書13ページの $\overrightarrow{OA}-\overrightarrow{OB}=\overrightarrow{BA}$ が成り立つことを確かめよ。

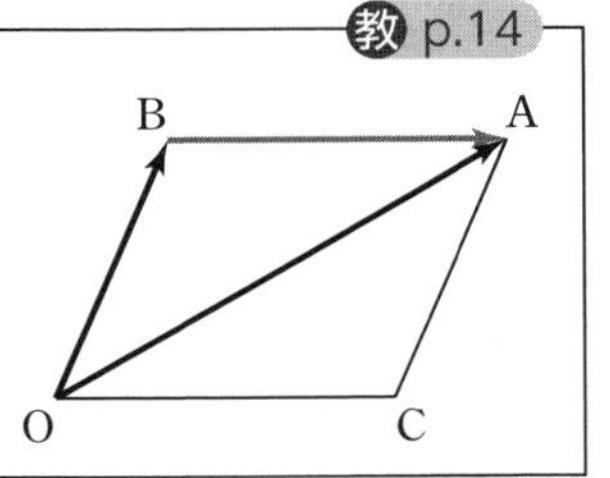

指針 **ベクトルの減法** 図から，$-\overrightarrow{OB}=\overrightarrow{AC}$ であることがわかる。

解答 $\overrightarrow{OA}-\overrightarrow{OB}=\overrightarrow{OA}+(-\overrightarrow{OB})$

$=\overrightarrow{OA}+\overrightarrow{AC}=\overrightarrow{OC}=\overrightarrow{BA}$ 終

教 p.14

練習 6 練習2のベクトル $\vec{a}$，$\vec{b}$ について，$\vec{a}-\vec{b}$ をそれぞれ図示せよ。

指針 **ベクトルの差** 1つの点を始点として，$\vec{a}$，$\vec{b}$ をかき，$\vec{b}$ の終点を始点とし，$\vec{a}$ の終点を終点とするベクトルをかく。

解答

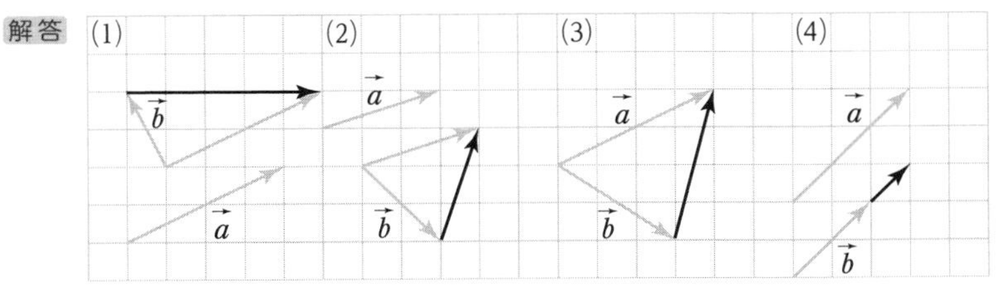

教 p.14

練習 7

次の等式が成り立つことを示せ。

$$(\overrightarrow{AC}-\overrightarrow{AD})-(\overrightarrow{BC}-\overrightarrow{BD})=\vec{0}$$

指針 **ベクトルの等式** $\overrightarrow{AC}-\overrightarrow{AD}=\overrightarrow{DC}$ などと変形して，等式を証明する。

解答 $(\overrightarrow{AC}-\overrightarrow{AD})-(\overrightarrow{BC}-\overrightarrow{BD})=\overrightarrow{DC}-\overrightarrow{DC}=\vec{0}$ 終

C ベクトルの実数倍

教 p.15

練習 8

教科書の例 3 のベクトル $\vec{a}$，$\vec{b}$，$\vec{c}$ について，次の□に適する実数を求めよ。

(1) $\vec{b}=□\vec{a}$　　(2) $\vec{a}=□\vec{c}$　　(3) $\vec{b}=□\vec{c}$

指針 **ベクトルの実数倍** 向きが反対のとき，負の実数倍となる。

解答 (1) $\vec{b}$ は $\vec{a}$ と向きが同じで，大きさが $\frac{1}{4}$ 倍であるから

$\vec{b}=\frac{1}{4}\vec{a}$　　答 $\frac{1}{4}$

(2) $\vec{a}$ は $\vec{c}$ と向きが反対で，大きさが 2 倍であるから

$\vec{a}=-2\vec{c}$　　答 -2

(3) $\vec{b}$ は $\vec{c}$ と向きが反対で，大きさが $\frac{1}{2}$ 倍であるから

$\vec{b}=-\frac{1}{2}\vec{c}$　　答 $-\frac{1}{2}$

教 p.15

練習 9

右の図のベクトル $\vec{a}$，$\vec{b}$ について，次のベクトルを図示せよ。

(1) $2\vec{a}$　　(2) $-2\vec{b}$

(3) $2\vec{a}+\vec{b}$　　(4) $\vec{a}-2\vec{b}$

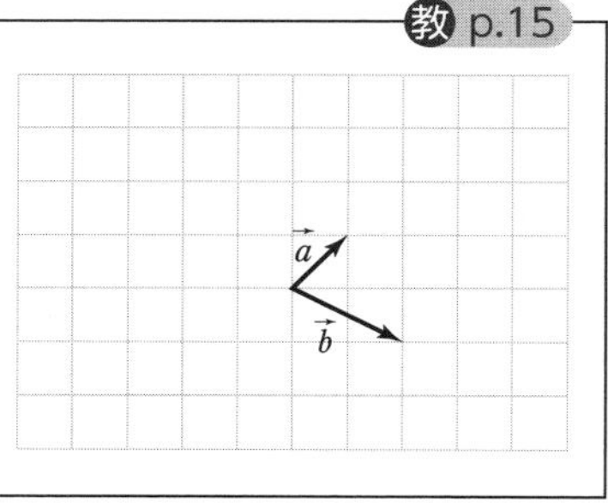

指針 **ベクトルの図示** まず，$\vec{a}$，$\vec{b}$ をそれぞれ実数倍したベクトルを作図する。

(3), (4) ベクトルの加法，減法の定義から向きを決定し，求めるベクトルを作図する。

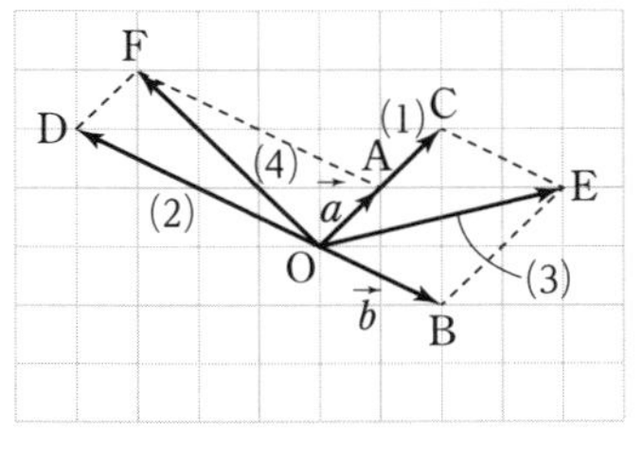

解答 図のように，$\vec{a}=\overrightarrow{\mathrm{OA}}$，$\vec{b}=\overrightarrow{\mathrm{OB}}$ とする。

(1) 線分 OA の延長上に

OC=2OA となる点 C をとると

$2\vec{a}=\overrightarrow{\mathrm{OC}}$

(2) 線分 BO の延長上に

OD=2OB となる点 D をとると

$-2\vec{b}=\overrightarrow{\mathrm{OD}}$

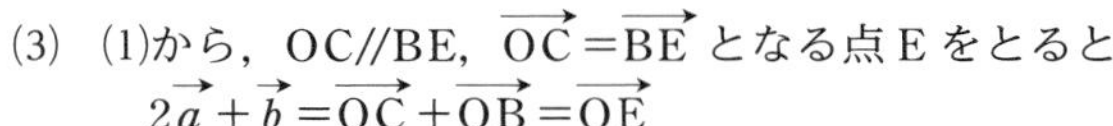

(3) (1)から，OC//BE，$\overrightarrow{\mathrm{OC}}=\overrightarrow{\mathrm{BE}}$ となる点 E をとると

$2\vec{a}+\vec{b}=\overrightarrow{\mathrm{OC}}+\overrightarrow{\mathrm{OB}}=\overrightarrow{\mathrm{OE}}$

(4) (2)から，OA//DF，$\overrightarrow{\mathrm{OA}}=\overrightarrow{\mathrm{DF}}$ となる点 F をとると

$\vec{a}-2\vec{b}=\vec{a}+(-2\vec{b})=\overrightarrow{\mathrm{OA}}+\overrightarrow{\mathrm{OD}}=\overrightarrow{\mathrm{OF}}$

以上から，右上の図のようになる。 答

練習 10 教 p.16

次の計算をせよ。

(1) $\vec{a}+3\vec{a}-2\vec{a}$ (2) $2(\vec{a}-3\vec{b})-3(3\vec{a}-2\vec{b})$

指針 **ベクトルの計算** $\vec{a}$，$\vec{b}$ などの式を文字式と同じように扱うことができる。

(1) 同類項をまとめる。

(2) 分配法則により，かっこをはずし，同類項をまとめる。

解答 (1) $\vec{a}+3\vec{a}-2\vec{a}=(1+3-2)\vec{a}=\boldsymbol{2\vec{a}}$ 答

(2) $2(\vec{a}-3\vec{b})-3(3\vec{a}-2\vec{b})=2\vec{a}-6\vec{b}-9\vec{a}+6\vec{b}$

$=(2-9)\vec{a}+(-6+6)\vec{b}=\boldsymbol{-7\vec{a}}$ 答

D ベクトルの平行

練習 11 教 p.17

$\vec{a}\neq\vec{0}$ のとき，$\dfrac{\vec{a}}{|\vec{a}|}$ と $-\dfrac{\vec{a}}{|\vec{a}|}$ が単位ベクトルであることを示せ。

指針 **単位ベクトル** 与えられたベクトルの大きさが 1 であることを示す。

解答 $\vec{a}\neq\vec{0}$ のとき $|\vec{a}|\neq 0$

$\dfrac{\vec{a}}{|\vec{a}|}=\dfrac{1}{|\vec{a}|}\vec{a}$ であるから，$\dfrac{\vec{a}}{|\vec{a}|}$ の大きさは $\dfrac{1}{|\vec{a}|}\cdot|\vec{a}|=1$

$-\dfrac{\vec{a}}{|\vec{a}|}=\dfrac{1}{|\vec{a}|}\cdot(-\vec{a})$ であるから，$-\dfrac{\vec{a}}{|\vec{a}|}$ の大きさは

$$\frac{1}{|\vec{a}|}\cdot|-\vec{a}|=\frac{1}{|\vec{a}|}\cdot|\vec{a}|=1$$

よって，$\dfrac{\vec{a}}{|\vec{a}|}$ と $-\dfrac{\vec{a}}{|\vec{a}|}$ は単位ベクトルである。 終

教 p.17

練習 12

(1)　単位ベクトル $\vec{e}$ と平行で，大きさが4のベクトルを $\vec{e}$ を用いて表せ。

(2)　$|\vec{a}|=3$ のとき，$\vec{a}$ と同じ向きの単位ベクトルを $\vec{a}$ を用いて表せ。

指針　**平行なベクトルと単位ベクトル**

(1)　$\vec{e}$ と平行なベクトルは $k\vec{e}$ である。

(2)　$\vec{a}$ と同じ向きの単位ベクトル，すなわち，$\vec{a}$ と同じ向きの大きさが1のベクトルは $\dfrac{\vec{a}}{|\vec{a}|}$ である。

解答　(1)　$4\vec{e}$，$-4\vec{e}$　答　　(2)　$\dfrac{1}{3}\vec{a}$　$\left(\dfrac{\vec{a}}{3}\text{でもよい}\right)$　答

E　ベクトルの分解

教 p.18

【?】

(1)　$\overrightarrow{AE}=\overrightarrow{AF}+\overrightarrow{FE}$ と表すとどのように解けるだろうか。

指針　**ベクトルの分解**　$\overrightarrow{FE}=\overrightarrow{AO}$ であることに着目する。

解説　$\overrightarrow{AE}=\overrightarrow{AF}+\overrightarrow{FE}$ において

AO//FE から　$\overrightarrow{FE}=\overrightarrow{AO}$　　また　$\overrightarrow{AO}=\overrightarrow{AB}+\overrightarrow{AF}=\vec{a}+\vec{b}$

よって　$\overrightarrow{AE}=\overrightarrow{AF}+\overrightarrow{FE}=\overrightarrow{AF}+\overrightarrow{AO}=\vec{b}+(\vec{a}+\vec{b})=\vec{a}+2\vec{b}$　答

教 p.18

練習 13

教科書の例題1において，次のベクトルを $\vec{a}$，$\vec{b}$ を用いて表せ。

(1)　$\overrightarrow{AC}$　　(2)　$\overrightarrow{EF}$　　(3)　$\overrightarrow{DB}$

指針　**ベクトルの分解**　$\overrightarrow{○△}=\overrightarrow{○□}+\overrightarrow{□△}$ のように分解することができる。

解答　(1)　$\overrightarrow{AC}=\overrightarrow{AF}+\overrightarrow{FC}$

$=\vec{b}+2\vec{a}$

$=2\vec{a}+\vec{b}$　答

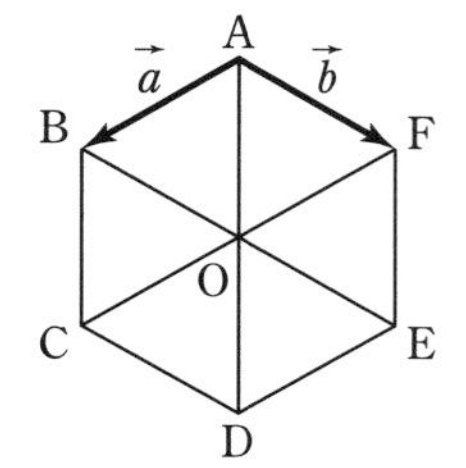

(2)　$\overrightarrow{EF}=\overrightarrow{EO}+\overrightarrow{OF}$

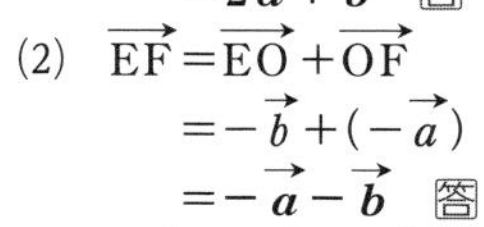

$=-\vec{b}+(-\vec{a})$

$=-\vec{a}-\vec{b}$　答

(3)　$\overrightarrow{DB}=\overrightarrow{DE}+\overrightarrow{EB}$

$=-\vec{a}+(-2\vec{b})$

$=-\vec{a}-2\vec{b}$　答

3 ベクトルの成分

まとめ

1　ベクトルの成分表示

O を原点とする座標平面上で，x 軸，y 軸の正の向きと同じ向きの単位ベクトルを **基本ベクトル** といい，それぞれ $\vec{e_1}$，$\vec{e_2}$ で表す。

座標平面上のベクトル $\vec{a}$ に対し，$\vec{a}=\overrightarrow{\mathrm{OA}}$ である点 A の座標が

$$(a_1,\ a_2)$$

のとき，$\vec{a}$ は次のようにただ1通りに表される。

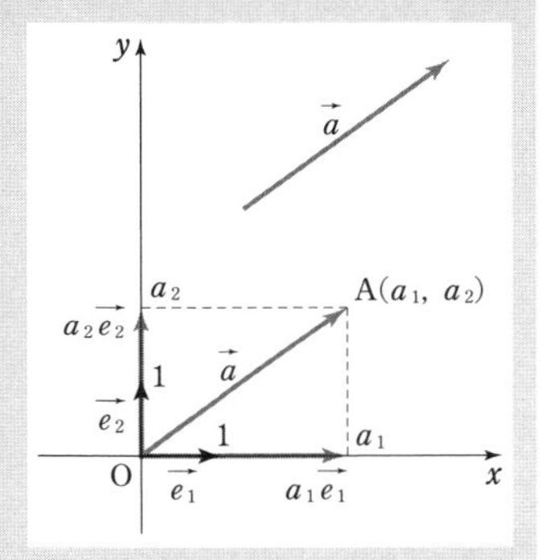

$$\vec{a}=a_1\vec{e_1}+a_2\vec{e_2}$$

この $\vec{a}$ を，次のようにも書く。

$$\vec{a}=(a_1,\ a_2)\quad\cdots\cdots ①$$

①の a_1，a_2 を，それぞれ $\vec{a}$ の **x成分**，**y成分** といい，まとめて $\vec{a}$ の **成分** という。また，①を $\vec{a}$ の **成分表示** という。

基本ベクトル $\vec{e_1}$，$\vec{e_2}$ と零ベクトル $\vec{0}$ の成分表示は，次のようになる。

$$\vec{e_1}=(1,\ 0),\quad \vec{e_2}=(0,\ 1),\quad \vec{0}=(0,\ 0)$$

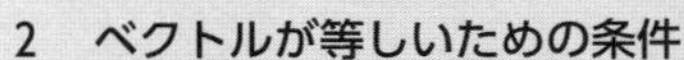

2　ベクトルが等しいための条件

$\vec{a}=(a_1,\ a_2)$，$\vec{b}=(b_1,\ b_2)$ について，次が成り立つ。

$$\vec{a}=\vec{b} \iff a_1=b_1 \text{ かつ } a_2=b_2$$

3　ベクトルの大きさ

$\vec{a}=(a_1,\ a_2)$ のとき

$$|\vec{a}|=\sqrt{a_1^2+a_2^2}$$

4　和，差，実数倍の成分表示

$$(a_1,\ a_2)+(b_1,\ b_2)=(a_1+b_1,\ a_2+b_2)$$

$$(a_1,\ a_2)-(b_1,\ b_2)=(a_1-b_1,\ a_2-b_2)$$

$$k(a_1,\ a_2)=(ka_1,\ ka_2)\qquad \text{ただし，}k\text{ は実数}$$

5　2点 A，B とベクトル $\overrightarrow{\mathrm{AB}}$，大きさ $|\overrightarrow{\mathrm{AB}}|$

2点 $\mathrm{A}(a_1,\ a_2)$，$\mathrm{B}(b_1,\ b_2)$ について

$$\overrightarrow{\mathrm{AB}}=(b_1-a_1,\ b_2-a_2)$$

$$|\overrightarrow{\mathrm{AB}}|=\sqrt{(b_1-a_1)^2+(b_2-a_2)^2}$$

教科書 $p.20$～21

A ベクトルの成分表示

教 p.20

練習 14 右の図のベクトル $\vec{b}$，$\vec{c}$，$\vec{d}$，$\vec{e}$ を，それぞれ成分表示せよ。また，各ベクトルの大きさを求めよ。

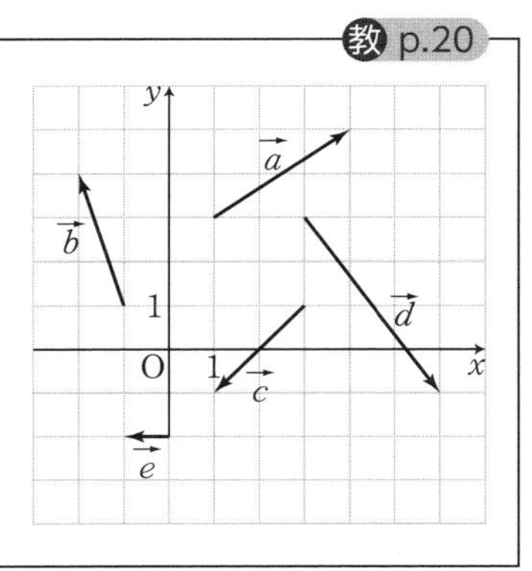

指針 **ベクトルの成分と大きさ**　有向線分が表す各ベクトルの始点，終点の座標をもとに求める。

解答 $\vec{b}=(-1,\ 3)$，　$|\vec{b}|=\sqrt{(-1)^2+3^2}=\sqrt{10}$　答

$\vec{c}=(-2,\ -2)$，　$|\vec{c}|=\sqrt{(-2)^2+(-2)^2}=2\sqrt{2}$　答

$\vec{d}=(3,\ -4)$，　$|\vec{d}|=\sqrt{3^2+(-4)^2}=5$　答

$\vec{e}=(-1,\ 0)$，　$|\vec{e}|=\sqrt{(-1)^2+0^2}=1$　答

B 成分表示によるベクトルの演算

教 p.21

練習 15 $\vec{a}=(3,\ -1)$，$\vec{b}=(-4,\ 2)$ のとき，次のベクトルを成分表示せよ。

(1) $\vec{a}+\vec{b}$　(2) $4\vec{a}$　(3) $4\vec{a}-3\vec{b}$　(4) $-2(\vec{a}-\vec{b})$

指針 **和，差，実数倍の成分表示**　(1)は和。x 成分どうし，y 成分どうしの和が，それぞれ x 成分，y 成分となる。(2)は実数倍。x 成分，y 成分とも実数倍する。(3)は差も加わる。差は，x 成分どうし，y 成分どうしの差が，それぞれ x 成分，y 成分となる。(4)は差の実数倍。

解答 (1) $\vec{a}+\vec{b}=(3,\ -1)+(-4,\ 2)$

$=(3+(-4),\ -1+2)=(-1,\ 1)$　答

(2) $4\vec{a}=4(3,\ -1)=(12,\ -4)$　答

(3) $4\vec{a}-3\vec{b}=4(3,\ -1)-3(-4,\ 2)$

$=(12,\ -4)-(-12,\ 6)$

$=(12+12,\ -4-6)=(24,\ -10)$　答

(4) $-2(\vec{a}-\vec{b})=-2\vec{a}+2\vec{b}$

$=-2(3,\ -1)+2(-4,\ 2)$

$=(-6,\ 2)+(-8,\ 4)$

$=(-6-8,\ 2+4)=(-14,\ 6)$　答

教 p.22

【?】 $\vec{a}$，$\vec{b}$，$\vec{c}$ および $3\vec{a}$，$2\vec{b}$ について，座標平面上に，原点 O を始点とする有向線分で表してみよう。

指針 **原点 O を始点とする有向線分**　ベクトルの成分は終点の座標。

解説 $3\vec{a}=3(1,\ 2)=(3,\ 6)$，$2\vec{b}=2(1,\ -1)=(2,\ -2)$

よって，下の図のようになる。

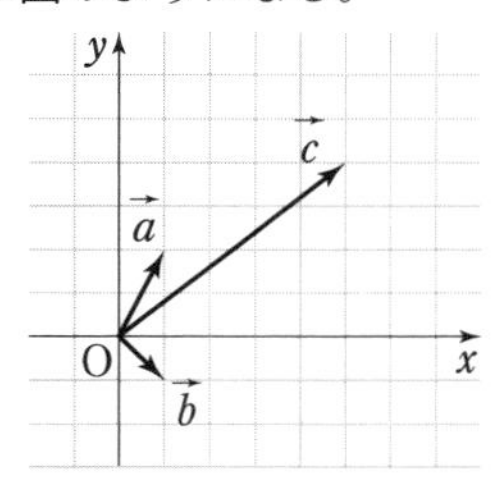

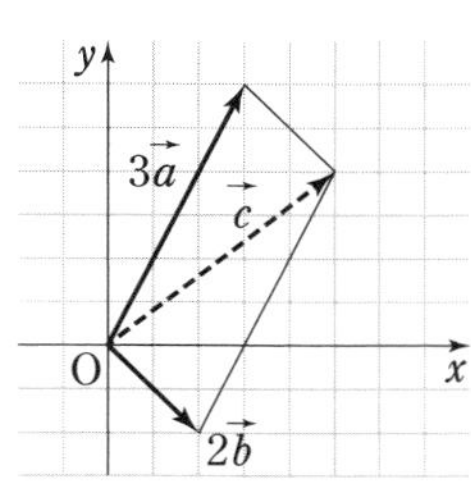

補足 $\vec{c}$ は，$3\vec{a}$，$2\vec{b}$ で作られる平行四辺形の対角線を表す。

教 p.22

練習 16 $\vec{a}=(2,\ 1)$，$\vec{b}=(-1,\ 3)$ とする。$\vec{c}=(8,\ -3)$ を，適当な実数 s，t を用いて $s\vec{a}+t\vec{b}$ の形に表せ。

指針 **ベクトルの分解**　ベクトル $s\vec{a}+t\vec{b}$ を成分表示し，$\vec{c}$ の成分と比べて，s，t の値を求める。

解答

$$s\vec{a}+t\vec{b}=s(2,\ 1)+t(-1,\ 3)$$
$$=(2s-t,\ s+3t)$$

であるから，$\vec{c}=s\vec{a}+t\vec{b}$ とすると

$$(8,\ -3)=(2s-t,\ s+3t)$$

よって　$2s-t=8$，　$s+3t=-3$

これを解くと　$s=3$，$t=-2$

したがって　$\boldsymbol{\vec{c}=3\vec{a}-2\vec{b}}$　答

教 p.22

練習 17 次の 2 つのベクトルが平行になるように，x の値を定めよ。

(1) $\vec{a}=(-2,\ 1)$，$\vec{b}=(x,\ -3)$

(2) $\vec{a}=(2,\ x)$，$\vec{b}=(3,\ 6)$

指針 **ベクトルの平行**　$\vec{a}\,/\!/\,\vec{b}$ であるとき，$\vec{b}=k\vec{a}$ となる実数 k がある。$\vec{a}$，$k\vec{b}$ の成分表示から実数 k の値を求め，続いて x の値を求める。

解答 (1) $\vec{a}\neq\vec{0}$, $\vec{b}\neq\vec{0}$ であるから，$\vec{a}/\!/\vec{b}$ になるのは，$\vec{b}=k\vec{a}$ となる実数 k が存在するときである。

$(x,\ -3)=(-2k,\ k)$ から　$x=-2k$,　$-3=k$

よって　$k=-3$

したがって　$x=-2\times(-3)=6$　答 $\boldsymbol{x=6}$

(2) $\vec{a}\neq\vec{0}$, $\vec{b}\neq\vec{0}$ であるから，$\vec{a}/\!/\vec{b}$ になるのは，$\vec{a}=k\vec{b}$ となる実数 k が存在するときである。

$(2,\ x)=(3k,\ 6k)$ から　$2=3k$,　$x=6k$

よって　$k=\dfrac{2}{3}$

したがって　$x=6\times\dfrac{2}{3}=4$　答 $\boldsymbol{x=4}$

C 座標平面上の点とベクトル

Expression 教 p.23

2 点 $A(a_1,\ a_2)$, $B(b_1,\ b_2)$ について $\overrightarrow{AB}=(b_1-a_1,\ b_2-a_2)$ が成り立つ。これを「成分」「座標」を使って言葉で表現してみよう。

指針 **ベクトルの成分と点の座標**
ベクトルの成分は，原点を始点とする有向線分の終点の座標。

解答 座標がそれぞれ $(a_1,\ a_2)$, $(b_1,\ b_2)$ である点 A，B について，$\overrightarrow{AB}$ の成分は，$(b_1-a_1,\ b_2-a_2)$ である。 終

練習 18 教 p.24

次の 2 点 A，B について，$\overrightarrow{AB}$ を成分表示し，$|\overrightarrow{AB}|$ を求めよ。

(1) $A(5,\ 2)$, $B(1,\ 6)$

(2) $A(-3,\ 4)$, $B(2,\ 0)$

指針 **座標平面上の点とベクトル**　$A(a_1,\ a_2)$, $B(b_1,\ b_2)$ のとき

$\overrightarrow{AB}=(b_1-a_1,\ b_2-a_2)$,　$|\overrightarrow{AB}|=\sqrt{(b_1-a_1)^2+(b_2-a_2)^2}$

解答 (1) $\overrightarrow{\mathbf{AB}}=(1-5,\ 6-2)=(-4,\ 4)$　答

$|\overrightarrow{\mathbf{AB}}|=\sqrt{(-4)^2+4^2}=4\sqrt{2}$　答

(2) $\overrightarrow{\mathbf{AB}}=(2-(-3),\ 0-4)=(5,\ -4)$　答

$|\overrightarrow{\mathbf{AB}}|=\sqrt{5^2+(-4)^2}=\sqrt{41}$　答

教 p.24

【?】 $\overrightarrow{AB}$ と等しいベクトルは何だろうか。また，そのベクトルを用いて x, y の値を定めてみよう。

指針 **平行四辺形の頂点の座標とベクトル**　AB//DC であることに着目する。

解説 四角形ABCD が平行四辺形のとき，AB//DC，AB=DC であるから，$\overrightarrow{AB}$ と等しいベクトルは　$\overrightarrow{\mathbf{DC}}$　答

また，$\overrightarrow{AB}=\overrightarrow{DC}$ から　　$(1-(-2),\ 1-2)=(2-x,\ 3-y)$

よって　　$3=2-x,\ -1=3-y$

したがって　　$\boldsymbol{x=-1,\ y=4}$　答

教 p.24

練習 19

教科書の例題3について，次のことが成り立つ。

2直線AD，BC は平行である　……(※)

(1)　直線BC の傾きを求めよ。また，(※)が成り立つための条件を，x, y の方程式で表せ。

(2)　(1)で考えた条件だけでは x, y の値を定めることはできない。その理由を説明せよ。

指針 **平行四辺形の性質と頂点の座標**

(2)　四角形ABCD が平行四辺形となるための条件は，$\overrightarrow{AD}=\overrightarrow{BC}$ が成り立つことである。

解答 (1)　直線BC の傾きは　$\dfrac{3-1}{2-1}=\mathbf{2}$　答

直線AD の傾きは　　$\dfrac{y-2}{x-(-2)}=\dfrac{y-2}{x+2}$

(※)が成り立つための条件は　$\dfrac{y-2}{x+2}=2$

すなわち　$y-2=2(x+2)$

よって，求める条件は　$\boldsymbol{y=2x+6}$　答

(2)　四角形ABCD が平行四辺形となるための条件は

(※)　かつ　線分AD と線分BC の長さが等しい

である。

(1)で考えた条件は，「線分AD と線分BC の長さが等しい」という条件が不足しているから，x, y の値を求めることはできない。　終

教 p.24

練習 20 4点 $A(-2,\ 1)$，$B(x,\ y)$，$C(2,\ 4)$，$D(-1,\ 3)$ を頂点とする四角形ABCDが平行四辺形になるように，x，y の値を定めよ。

指針 **平行四辺形とベクトル** 平行四辺形ABCDでは，$\overrightarrow{AD}=\overrightarrow{BC}$ が成り立つ。

解答 四角形ABCDが平行四辺形になるのは，$\overrightarrow{BC}=\overrightarrow{AD}$ のときであるから

$$(2-x,\ 4-y)=(-1-(-2),\ 3-1)$$
$$=(1,\ 2)$$

よって　　$2-x=1$，$4-y=2$

したがって　　$\boldsymbol{x=1,\ y=2}$ 答

4 ベクトルの内積

まとめ

1　2つのベクトルのなす角

$\vec{0}$ でない2つのベクトル $\vec{a}$，$\vec{b}$ について，1点Oを定め，$\vec{a}=\overrightarrow{OA}$，$\vec{b}=\overrightarrow{OB}$ となる点A，Bをとる。このようにして定まる∠AOBの大きさ θ を，$\vec{a}$ と $\vec{b}$ の **なす角** という。ただし，$0^\circ \leqq \theta \leqq 180^\circ$ である。

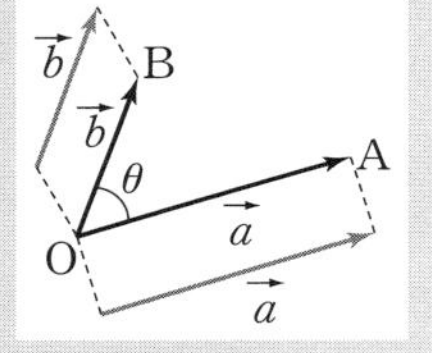

2　ベクトルの内積

$\vec{0}$ でない2つのベクトル $\vec{a}$ と $\vec{b}$ のなす角を θ とするとき，
$|\vec{a}||\vec{b}|\cos\theta$ を $\vec{a}$ と $\vec{b}$ の **内積** といい，$\vec{a}\cdot\vec{b}$ で表す。

$$\vec{a}\cdot\vec{b}=|\vec{a}||\vec{b}|\cos\theta \quad \text{ただし，}\theta\text{ は }\vec{a}\text{ と }\vec{b}\text{ のなす角}$$

$\vec{a}=\vec{0}$ または $\vec{b}=\vec{0}$ のときは，$\vec{a}$ と $\vec{b}$ の内積を $\vec{a}\cdot\vec{b}=0$ と定める。

注意 2つのベクトルの内積は，ベクトルではなく実数である。

3　ベクトルの垂直・平行

$\vec{0}$ でない2つのベクトル $\vec{a}$，$\vec{b}$ のなす角を θ とする。

$\theta=90^\circ$ のとき，$\vec{a}$ と $\vec{b}$ は **垂直** であるといい，$\vec{a}\perp\vec{b}$ と書く。

$\theta=0^\circ$ のとき $\vec{a}$ と $\vec{b}$ は同じ向きに平行，

$\theta=180^\circ$ のとき $\vec{a}$ と $\vec{b}$ は反対向きに平行である。

4　ベクトルの垂直・平行と内積

$\vec{a}\neq\vec{0}$，$\vec{b}\neq\vec{0}$ のとき

[1]　$\vec{a}\perp\vec{b} \iff \vec{a}\cdot\vec{b}=0$

[2]　$\vec{a}/\!/\vec{b} \iff \vec{a}\cdot\vec{b}=|\vec{a}||\vec{b}|$ または $\vec{a}\cdot\vec{b}=-|\vec{a}||\vec{b}|$

5　内積と成分

$\vec{a}=(a_1,\ a_2)$，$\vec{b}=(b_1,\ b_2)$のとき

$$\vec{a}\cdot\vec{b}=a_1b_1+a_2b_2$$

注意　上のことは，$\vec{a}=\vec{0}$ または $\vec{b}=\vec{0}$ のときも成り立つ。

6　ベクトルのなす角の余弦

$\vec{0}$でない2つのベクトル $\vec{a}$，$\vec{b}$ のなす角を θ とするとき，次のことが成り立つ。

$$\cos\theta=\frac{\vec{a}\cdot\vec{b}}{|\vec{a}||\vec{b}|}\qquad \text{ただし，} 0°\leqq\theta\leqq180°$$

7　内積の性質

[1]　$\vec{a}\cdot\vec{a}=|\vec{a}|^2$

[2]　$\vec{a}\cdot\vec{b}=\vec{b}\cdot\vec{a}$

[3]　$(\vec{a}+\vec{b})\cdot\vec{c}=\vec{a}\cdot\vec{c}+\vec{b}\cdot\vec{c}$

[4]　$\vec{a}\cdot(\vec{b}+\vec{c})=\vec{a}\cdot\vec{b}+\vec{a}\cdot\vec{c}$

[5]　$(k\vec{a})\cdot\vec{b}=\vec{a}\cdot(k\vec{b})=k(\vec{a}\cdot\vec{b})$　ただし，k は実数

補足　[1]より，$\vec{a}\cdot\vec{a}\geqq0$，$|\vec{a}|=\sqrt{\vec{a}\cdot\vec{a}}$ が成り立つ。

A ベクトルの内積

練習 21

$\vec{a}$ と $\vec{b}$ のなす角を θ とする。次の場合に内積 $\vec{a}\cdot\vec{b}$ を求めよ。

(1)　$|\vec{a}|=4$，$|\vec{b}|=3$，$\theta=45°$

(2)　$|\vec{a}|=6$，$|\vec{b}|=6$，$\theta=150°$

指針　**ベクトルの内積**　$\vec{a}$ と $\vec{b}$ の内積は，$\vec{a}\cdot\vec{b}=|\vec{a}||\vec{b}|\cos\theta$ により求める。

解答　(1)　$\vec{a}\cdot\vec{b}=|\vec{a}||\vec{b}|\cos 45°$

$$=4\times3\times\frac{1}{\sqrt{2}}$$

$$=6\sqrt{2}$$ 答

(2)　$\vec{a}\cdot\vec{b}=|\vec{a}||\vec{b}|\cos 150°$

$$=6\times6\times\left(-\frac{\sqrt{3}}{2}\right)$$

$$=-18\sqrt{3}$$ 答

教 p.26

練習 22

教科書の例11の直角三角形ABCにおいて，次の内積を求めよ。

(1)　$\overrightarrow{BA}\cdot\overrightarrow{AC}$　　(2)　$\overrightarrow{AC}\cdot\overrightarrow{BC}$

指針 **図形と内積**

(1) $\overrightarrow{BA}$ と $\overrightarrow{AC}$ のなす角は $180°-30°=150°$ である。

(2) $\overrightarrow{AC}$ と $\overrightarrow{BC}$ のなす角は $90°$ である。

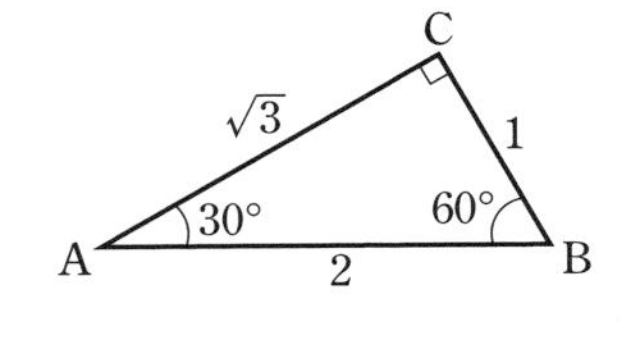

解答 (1) $|\overrightarrow{BA}|=2$, $|\overrightarrow{AC}|=\sqrt{3}$, $\overrightarrow{BA}$ と $\overrightarrow{AC}$ のなす角 θ は, $\theta=180°-30°=150°$ であるから

$$\begin{aligned}\overrightarrow{BA}\cdot\overrightarrow{AC}&=|\overrightarrow{BA}||\overrightarrow{AC}|\cos\theta\\&=2\times\sqrt{3}\times\cos 150°\\&=2\times\sqrt{3}\times\left(-\frac{\sqrt{3}}{2}\right)\\&=\mathbf{-3}\end{aligned}$$ 答

(2) $|\overrightarrow{AC}|=\sqrt{3}$, $|\overrightarrow{BC}|=1$, $\overrightarrow{AC}$ と $\overrightarrow{BC}$ のなす角 θ は $90°$ であるから

$$\begin{aligned}\overrightarrow{AC}\cdot\overrightarrow{BC}&=|\overrightarrow{AC}||\overrightarrow{BC}|\cos\theta\\&=\sqrt{3}\times1\times\cos 90°\\&=\sqrt{3}\times1\times0=\mathbf{0}\end{aligned}$$ 答

B 成分による内積の表示

教 p.27

練習 23

次のベクトル $\vec{a}$, $\vec{b}$ について, 内積 $\vec{a}\cdot\vec{b}$ を求めよ。

(1) $\vec{a}=(2,\ 5)$, $\vec{b}=(3,\ -2)$

(2) $\vec{a}=(1,\ \sqrt{3})$, $\vec{b}=(\sqrt{3},\ -1)$

指針 **内積と成分** $\vec{a}=(a_1,\ a_2)$, $\vec{b}=(b_1,\ b_2)$ のとき, $\vec{a}$ と $\vec{b}$ の内積は, $\vec{a}\cdot\vec{b}=a_1b_1+a_2b_2$ により求める。

解答 (1) $\vec{a}\cdot\vec{b}=2\times3+5\times(-2)=\mathbf{-4}$ 答

(2) $\vec{a}\cdot\vec{b}=1\times\sqrt{3}+\sqrt{3}\times(-1)=\mathbf{0}$ 答

C ベクトルのなす角

教 p.28

練習 24

次の2つのベクトルのなす角 θ を求めよ。

(1) $\vec{a}=(1,\ -\sqrt{3})$, $\vec{b}=(-\sqrt{3},\ 1)$

(2) $\vec{a}=(3,\ -1)$, $\vec{b}=(2,\ 6)$

指針 **ベクトルのなす角** $\vec{a}=(a_1,\ a_2)$, $\vec{b}=(b_1,\ b_2)$ のとき, なす角 θ は

$\cos\theta=\dfrac{\vec{a}\cdot\vec{b}}{|\vec{a}||\vec{b}|}$ により求める。

解答 (1) $\vec{a}\cdot\vec{b}=1\times(-\sqrt{3})+(-\sqrt{3})\times1=-2\sqrt{3}$

$|\vec{a}|=\sqrt{1^2+(-\sqrt{3})^2}=\sqrt{4}=2$

$|\vec{b}|=\sqrt{(-\sqrt{3})^2+1^2}=\sqrt{4}=2$

よって　$\cos\theta=\dfrac{\vec{a}\cdot\vec{b}}{|\vec{a}||\vec{b}|}=\dfrac{-2\sqrt{3}}{2\times2}=-\dfrac{\sqrt{3}}{2}$

$0^\circ\leqq\theta\leqq180^\circ$ であるから　$\boldsymbol{\theta=150^\circ}$　答

(2) $\vec{a}\cdot\vec{b}=3\times2+(-1)\times6=0$

また，$\vec{a}\neq\vec{0}$，$\vec{b}\neq\vec{0}$ であるから

$|\vec{a}|\neq0$，$|\vec{b}|\neq0$

よって　$\cos\theta=\dfrac{\vec{a}\cdot\vec{b}}{|\vec{a}||\vec{b}|}=0$

$0^\circ\leqq\theta\leqq180^\circ$ であるから　$\boldsymbol{\theta=90^\circ}$　答

教 p.28

練習 25

次の2つのベクトルが垂直になるように，x の値を定めよ。

(1) $\vec{a}=(3,\ 6)$，$\vec{b}=(x,\ 4)$

(2) $\vec{a}=(x,\ -1)$，$\vec{b}=(x,\ x+2)$

指針 **垂直なベクトル**　ベクトルの垂直条件 $\vec{a}\cdot\vec{b}=0$ を用いる。

解答 (1) $\vec{a}\cdot\vec{b}=0$ より　$3x+6\times4=0$

ゆえに　$3x+24=0$

よって　$\boldsymbol{x=-8}$　答

(2) $\vec{a}\cdot\vec{b}=0$ より　$x\times x+(-1)\times(x+2)=0$

ゆえに　$x^2-x-2=0$

左辺を因数分解して　$(x+1)(x-2)=0$

よって　$\boldsymbol{x=-1,\ 2}$　答

教 p.29

【?】

①の $y=\sqrt{3}x$ は，直線の方程式とみることもできる。

直線 $y=\sqrt{3}x$ は，$\vec{a}$ とどのような関係があるだろうか。

指針 **成分が定まっているベクトルに垂直なベクトルの成分の性質**

直線 $y=\sqrt{3}x$ に平行なベクトルと $\vec{a}$ の関係を調べる。

解説 直線 $y=\sqrt{3}x$ に平行なベクトルの1つは　$\vec{p}=(1,\ \sqrt{3})$

このとき　$\vec{a}\cdot\vec{p}=\sqrt{3}\times1+(-1)\times\sqrt{3}=0$

よって，$\vec{a}\perp\vec{p}$ であるから，**直線 $y=\sqrt{3}x$ は $\vec{a}$ と垂直である。**　答

教 p.29

練習 26

次の問いに答えよ。

(1) $\vec{a}=(2,\ 1)$に垂直で大きさが$\sqrt{10}$のベクトル$\vec{b}$を求めよ。

(2) $\vec{a}=(4,\ 3)$に垂直な単位ベクトル$\vec{e}$を求めよ。

指針 **垂直なベクトル**

(1) $\vec{b}=(x,\ y)$とすると，$\vec{a}\cdot\vec{b}=0$から　　$2x+y=0$

また，$|\vec{b}|^2=(\sqrt{10})^2$から　　$x^2+y^2=10$

このx，yの連立方程式を解く。

(2) (1)と同様に$\vec{e}=(x,\ y)$として，x，yの連立方程式を作ってそれを解く。

$\vec{e}$は単位ベクトルであるから，大きさは1　　よって　$|\vec{e}|^2=x^2+y^2=1$

解答 (1) $\vec{b}=(x,\ y)$とする。

$\vec{a}\perp\vec{b}$であるから　　$\vec{a}\cdot\vec{b}=0$　すなわち　$2x+y=0$

よって　　$y=-2x$　……①

$|\vec{b}|^2=(\sqrt{10})^2$であるから　　$x^2+y^2=10$　……②

①を②に代入すると　　$x^2+(-2x)^2=10$

整理すると　　$5x^2=10$　すなわち　$x=\pm\sqrt{2}$

①に代入して

$x=\sqrt{2}$のとき　$y=-2\sqrt{2}$，　$x=-\sqrt{2}$のとき　$y=2\sqrt{2}$

よって　　$\vec{b}=(\sqrt{2},\ -2\sqrt{2})$，$(-\sqrt{2},\ 2\sqrt{2})$ 答

(2) $\vec{e}=(x,\ y)$とする。

$\vec{a}\perp\vec{e}$であるから　　$\vec{a}\cdot\vec{e}=0$　すなわち　$4x+3y=0$

よって　　$y=-\frac{4}{3}x$　……①

$|\vec{e}|^2=1^2$であるから　　$x^2+y^2=1$　……②

①を②に代入すると　　$x^2+\left(-\frac{4}{3}x\right)^2=1$

整理すると　　$\frac{25}{9}x^2=1$　すなわち　$x=\pm\frac{3}{5}$

①に代入して

$x=\frac{3}{5}$のとき　$y=-\frac{4}{5}$，　$x=-\frac{3}{5}$のとき　$y=\frac{4}{5}$

よって　　$\vec{e}=\left(\frac{3}{5},\ -\frac{4}{5}\right)$，$\left(-\frac{3}{5},\ \frac{4}{5}\right)$ 答

教 p.29

練習 27

次の問いに答えよ。

(1) $\vec{0}$ でないベクトル $\vec{a}=(a_1,\ a_2)$ と $\vec{b}=(a_2,\ -a_1)$ は垂直であることを示せ。

(2) (1)を用いて，$\vec{a}=(1,\ 2)$ に垂直な単位ベクトル $\vec{e}$ を求めよ。

指針 **垂直であることの証明，垂直な単位ベクトル**

(1) $\vec{0}$ でないベクトル $\vec{a}=(a_1,\ a_2)$ と $\vec{b}=(a_2,\ -a_1)$ が垂直であることを示すには，$\vec{a}\cdot\vec{b}=0$ を示せばよい。

(2) (1)より，$\vec{a}$ に垂直な単位ベクトルは $\dfrac{\vec{b}}{|\vec{b}|}$ と $-\dfrac{\vec{b}}{|\vec{b}|}$

解答 (1) $\vec{a}\cdot\vec{b}=a_1a_2+a_2(-a_1)=a_1a_2-a_2a_1=0$

$\vec{a}\neq\vec{0}$，$\vec{b}\neq\vec{0}$，$\vec{a}\cdot\vec{b}=0$ であるから

ベクトル $\vec{a}=(a_1,\ a_2)$ と $\vec{b}=(a_2,\ -a_1)$ は垂直である。 終

(2) (1)から，$\vec{a}=(1,\ 2)$ と $\vec{b}=(2,\ -1)$ は垂直である。

$|\vec{b}|=\sqrt{2^2+(-1)^2}=\sqrt{5}$ であるから，$\vec{b}$ に平行な単位ベクトル $\vec{e}$ は

$$\vec{e}=\pm\frac{\vec{b}}{|\vec{b}|}=\pm\frac{\vec{b}}{\sqrt{5}}=\pm\frac{\sqrt{5}}{5}\vec{b}\qquad\text{（複号同順）}$$

よって $\dfrac{\sqrt{5}}{5}\vec{b}=\dfrac{\sqrt{5}}{5}(2,\ -1)=\left(\dfrac{2\sqrt{5}}{5},\ -\dfrac{\sqrt{5}}{5}\right)$，

$-\dfrac{\sqrt{5}}{5}\vec{b}=-\dfrac{\sqrt{5}}{5}(2,\ -1)=\left(-\dfrac{2\sqrt{5}}{5},\ \dfrac{\sqrt{5}}{5}\right)$

したがって $\vec{e}=\left(\dfrac{2\sqrt{5}}{5},\ -\dfrac{\sqrt{5}}{5}\right)$，$\left(-\dfrac{2\sqrt{5}}{5},\ \dfrac{\sqrt{5}}{5}\right)$ 答

D 内積の性質

教 p.30

【?】

教科書 30 ページの性質 **1** ～ **5** について，例題 5 の証明のどこでどれが用いられているだろうか。

指針 **ベクトルの内積の性質** 例題の証明の過程を順に調べていけばわかる。

解説 等式 左辺$=(\vec{a}+\vec{b})\cdot(\vec{a}+\vec{b})$で，性質 **1**

等式 $(\vec{a}+\vec{b})\cdot(\vec{a}+\vec{b})=\vec{a}\cdot(\vec{a}+\vec{b})+\vec{b}\cdot(\vec{a}+\vec{b})$で，性質 **3**

等式 $\vec{a}\cdot(\vec{a}+\vec{b})+\vec{b}\cdot(\vec{a}+\vec{b})=\vec{a}\cdot\vec{a}+\vec{a}\cdot\vec{b}+\vec{b}\cdot\vec{a}+\vec{b}\cdot\vec{b}$で，性質 **4**

等式 $\vec{a}\cdot\vec{a}+\vec{a}\cdot\vec{b}+\vec{b}\cdot\vec{a}+\vec{b}\cdot\vec{b}=|\vec{a}|^2+2\vec{a}\cdot\vec{b}+|\vec{b}|^2$ で，性質 **1** と **2**

をそれぞれ用いている。 終

補足 解答の 2 行目$(\vec{a}+\vec{b})\cdot(\vec{a}+\vec{b})$の右側の$(\vec{a}+\vec{b})$を，性質 **3** の $\vec{c}$ とみている。

教 p.31

練習 28

次の等式を証明せよ。

(1) $|\vec{a}+2\vec{b}|^2=|\vec{a}|^2+4\vec{a}\cdot\vec{b}+4|\vec{b}|^2$

(2) $(\vec{a}+\vec{b})\cdot(\vec{a}-\vec{b})=|\vec{a}|^2-|\vec{b}|^2$

指針 **ベクトルの大きさと内積**

内積の性質を用いて，左辺を変形して右辺を導く。

解答 (1) 左辺$=(\vec{a}+2\vec{b})\cdot(\vec{a}+2\vec{b})$

$=\vec{a}\cdot(\vec{a}+2\vec{b})+2\vec{b}\cdot(\vec{a}+2\vec{b})$

$=\vec{a}\cdot\vec{a}+2\vec{a}\cdot\vec{b}+2\vec{b}\cdot\vec{a}+4\vec{b}\cdot\vec{b}$ 　$\leftarrow \vec{a}\cdot\vec{b}=\vec{b}\cdot\vec{a}$

$=|\vec{a}|^2+4\vec{a}\cdot\vec{b}+4|\vec{b}|^2=$右辺

よって　$|\vec{a}+2\vec{b}|^2=|\vec{a}|^2+4\vec{a}\cdot\vec{b}+4|\vec{b}|^2$ 終

(2) 左辺$=\vec{a}\cdot(\vec{a}-\vec{b})+\vec{b}\cdot(\vec{a}-\vec{b})$

$=\vec{a}\cdot\vec{a}-\vec{a}\cdot\vec{b}+\vec{b}\cdot\vec{a}-\vec{b}\cdot\vec{b}$ 　$\leftarrow \vec{a}\cdot\vec{b}=\vec{b}\cdot\vec{a}$

$=\vec{a}\cdot\vec{a}-\vec{b}\cdot\vec{b}$

$=|\vec{a}|^2-|\vec{b}|^2=$右辺

よって　$(\vec{a}+\vec{b})\cdot(\vec{a}-\vec{b})=|\vec{a}|^2-|\vec{b}|^2$ 終

教 p.31

【?】

$|2\vec{a}-\vec{b}|^2$ の値を求めたのはなぜだろうか。

指針 **ベクトルの絶対値の計算**　$|\vec{x}|$ の値を求めるには，$|\vec{x}|^2$ を考えるのが原則。

解説 $|2\vec{a}-\vec{b}|$ のままでは，与えられた条件が使えないから，条件が使えるように $|2\vec{a}-\vec{b}|^2$ を考えて，その値を求めている。

実際に，$|2\vec{a}-\vec{b}|^2=4|\vec{a}|^2-4\vec{a}\cdot\vec{b}+|\vec{b}|^2$ となり，条件 $|\vec{a}|=1$，$|\vec{b}|=4$，$\vec{a}\cdot\vec{b}=2$ が使えて，計算した結果の値の正の平方根が求める値となる。 終

教 p.31

練習 29

$|\vec{a}|=3$，$|\vec{b}|=2$，$\vec{a}\cdot\vec{b}=-3$ のとき，次の値を求めよ。

(1) $|\vec{a}+\vec{b}|$　　(2) $|\vec{a}-2\vec{b}|$

指針 **ベクトルの大きさと内積**

(1) まず $|\vec{a}+\vec{b}|^2=(\vec{a}+\vec{b})\cdot(\vec{a}+\vec{b})$ を用いて，$|\vec{a}+\vec{b}|^2$ の値を求める。

解答 (1) $|\vec{a}+\vec{b}|^2=(\vec{a}+\vec{b})\cdot(\vec{a}+\vec{b})$

$=|\vec{a}|^2+2\vec{a}\cdot\vec{b}+|\vec{b}|^2$

$=3^2+2\times(-3)+2^2$

$=7$

$|\vec{a}+\vec{b}|\geqq 0$ であるから　$|\vec{a}+\vec{b}|=\sqrt{7}$ 答

(2) $|\vec{a}-2\vec{b}|^2=(\vec{a}-2\vec{b})\cdot(\vec{a}-2\vec{b})$

$=|\vec{a}|^2-4\vec{a}\cdot\vec{b}+4|\vec{b}|^2$

$=3^2-4\times(-3)+4\times2^2$

$=37$

$|\vec{a}-2\vec{b}|\geqq0$ であるから　$|\vec{a}-2\vec{b}|=\sqrt{37}$ 答

教 p.31

練習 30

$|\vec{a}|=2$, $|\vec{b}|=1$ で, $\vec{a}+\vec{b}$ と $2\vec{a}-5\vec{b}$ が垂直であるとする。

(1) 内積 $\vec{a}\cdot\vec{b}$ を求めよ。　(2) $\vec{a}$ と $\vec{b}$ のなす角 θ を求めよ。

指針 **ベクトルの内積となす角**

(1) $(\vec{a}+\vec{b})\cdot(2\vec{a}-5\vec{b})=0$ であることを利用する。

(2) (1)の結果を利用して，まず $\cos\theta$ の値を求める。

解答 (1) $(\vec{a}+\vec{b})\perp(2\vec{a}-5\vec{b})$ であるから

$(\vec{a}+\vec{b})\cdot(2\vec{a}-5\vec{b})=0$

よって　$2|\vec{a}|^2-3\vec{a}\cdot\vec{b}-5|\vec{b}|^2=0$

$|\vec{a}|=2$, $|\vec{b}|=1$ を代入すると　$2\times2^2-3\vec{a}\cdot\vec{b}-5\times1^2=0$

したがって　$\vec{a}\cdot\vec{b}=1$ 答

(2) (1)から　$\cos\theta=\dfrac{\vec{a}\cdot\vec{b}}{|\vec{a}||\vec{b}|}=\dfrac{1}{2\times1}=\dfrac{1}{2}$

$0^\circ\leqq\theta\leqq180^\circ$ であるから　$\boldsymbol{\theta=60^\circ}$ 答

教 p.31

練習 31

$|\vec{a}|=2$, $|\vec{b}|=2$ で, $3\vec{a}+2\vec{b}$ と $\vec{a}-4\vec{b}$ が垂直であるとする。このとき, $\vec{a}$ と $\vec{b}$ のなす角 θ を求めよ。

指針 **ベクトルのなす角と内積**　$(3\vec{a}+2\vec{b})\perp(\vec{a}-4\vec{b})$ から

$(3\vec{a}+2\vec{b})\cdot(\vec{a}-4\vec{b})=0$　$|\vec{a}|$, $|\vec{b}|$ の値から $\vec{a}\cdot\vec{b}$ の値を求め,

$\cos\theta=\dfrac{\vec{a}\cdot\vec{b}}{|\vec{a}||\vec{b}|}$ により，$\cos\theta$ の値を求める。

解答 $(3\vec{a}+2\vec{b})\perp(\vec{a}-4\vec{b})$ であるから

$(3\vec{a}+2\vec{b})\cdot(\vec{a}-4\vec{b})=0$

よって　$3|\vec{a}|^2-10\vec{a}\cdot\vec{b}-8|\vec{b}|^2=0$

$|\vec{a}|=2$, $|\vec{b}|=2$ を代入すると　$3\times2^2-10\vec{a}\cdot\vec{b}-8\times2^2=0$

ゆえに　$\vec{a}\cdot\vec{b}=-2$

よって　$\cos\theta=\dfrac{\vec{a}\cdot\vec{b}}{|\vec{a}||\vec{b}|}=\dfrac{-2}{2\times2}=-\dfrac{1}{2}$

$0^\circ\leqq\theta\leqq180^\circ$ であるから　$\boldsymbol{\theta=120^\circ}$ 答

研究 三角形の面積

まとめ

三角形の面積

△OAB において，$\overrightarrow{OA}=\vec{a}$，$\overrightarrow{OB}=\vec{b}$ とする。
このとき，△OAB の面積 S を，ベクトル $\vec{a}$，$\vec{b}$ で表すと

$$S=\frac{1}{2}\sqrt{|\vec{a}|^2|\vec{b}|^2-(\vec{a}\cdot\vec{b})^2}$$

また，$\overrightarrow{OA}=\vec{a}=(a_1,\ a_2)$，$\overrightarrow{OB}=\vec{b}=(b_1,\ b_2)$ とすると

$$S=\frac{1}{2}|a_1b_2-a_2b_1|$$

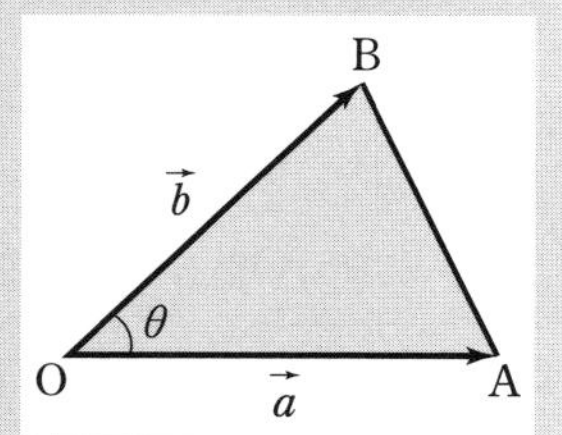

練習 1 教 p.32

次の 3 点を頂点とする三角形の面積を求めよ。

(1) (0, 0)，(4, 1)，(2, −1)

(2) (−2, 3)，(2, 4)，(0, 2)

指針 **三角形の面積**

$\overrightarrow{OA}=\vec{a}=(a_1,\ a_2)$，$\overrightarrow{OB}=\vec{b}=(b_1,\ b_2)$ とすると，
△OAB の面積 S は

$$S=\frac{1}{2}\sqrt{|\vec{a}|^2|\vec{b}|^2-(\vec{a}\cdot\vec{b})^2}=\frac{1}{2}|a_1b_2-a_2b_1|$$

解答 (1) O(0, 0)，A(4, 1)，B(2, −1) とすると

$\overrightarrow{OA}=(4,\ 1)$，$\overrightarrow{OB}=(2,\ -1)$

ゆえに

$$|\overrightarrow{OA}|^2=4^2+1^2=17$$
$$|\overrightarrow{OB}|^2=2^2+(-1)^2=5$$
$$\overrightarrow{OA}\cdot\overrightarrow{OB}=4\times2+1\times(-1)=7$$

よって，求める三角形の面積 S は

$$S=\frac{1}{2}\sqrt{|\overrightarrow{OA}|^2|\overrightarrow{OB}|^2-(\overrightarrow{OA}\cdot\overrightarrow{OB})^2}$$
$$=\frac{1}{2}\sqrt{17\times5-7^2}$$
$$=\frac{1}{2}\sqrt{36}=3$$ 答

(2) O$(-2,\ 3)$，A$(2,\ 4)$，B$(0,\ 2)$とすると

$\overrightarrow{OA}=(2-(-2),\ 4-3)=(4,\ 1)$，$\overrightarrow{OB}=(0-(-2),\ 2-3)=(2,\ -1)$

これは，(1)の $\overrightarrow{OA}$，$\overrightarrow{OB}$ と一致するから，(1)より

$|\overrightarrow{OA}|^2=17$

$|\overrightarrow{OB}|^2=5$

$\overrightarrow{OA}\cdot\overrightarrow{OB}=7$

であり，求める三角形の面積 S は

$$S=\frac{1}{2}\sqrt{|\overrightarrow{OA}|^2|\overrightarrow{OB}|^2-(\overrightarrow{OA}\cdot\overrightarrow{OB})^2}$$

$=3$ 答

別解 (1) O$(0,\ 0)$，A$(4,\ 1)$，B$(2,\ -1)$とすると，$\overrightarrow{OA}=(4,\ 1)$，$\overrightarrow{OB}=(2,\ -1)$

$$S=\frac{1}{2}|4\times(-1)-1\times2|=\frac{1}{2}|-6|=3$$ 答

(2) O$(-2,\ 3)$，A$(2,\ 4)$，B$(0,\ 2)$とすると，$\overrightarrow{OA}=(4,\ 1)$，$\overrightarrow{OB}=(2,\ -1)$
であるから，(1)より

$S=3$ 答

参考 (2)の三角形は，(1)の三角形を x 軸方向に -2，y 軸方向に 3 だけ平行移動したものであるから，面積は(1)，(2)とも同じである。

第1章 第1節　問　題

教 p.33

1 次の等式を満たす $\vec{x}$ を，$\vec{a}$，$\vec{b}$ を用いて表せ。

(1) $3\vec{x}-4\vec{a}=\vec{x}-2\vec{b}$

(2) $2(\vec{x}-3\vec{a})=5(\vec{x}+2\vec{b})$

指針 **ベクトルの計算**　ベクトルの加法，減法，実数倍の計算では，$\vec{a}$，$\vec{b}$ などを，数を表す文字と同じように扱うことができる。

$\vec{x}$ についての方程式を解くと考えてよい。

解答 (1) 移項すると　$3\vec{x}-\vec{x}=-2\vec{b}+4\vec{a}$

整理して　$2\vec{x}=4\vec{a}-2\vec{b}$

両辺を 2 で割って　$\boldsymbol{\vec{x}=2\vec{a}-\vec{b}}$ 答

(2) かっこをはずすと　$2\vec{x}-6\vec{a}=5\vec{x}+10\vec{b}$

移項すると　$2\vec{x}-5\vec{x}=10\vec{b}+6\vec{a}$

整理して　$-3\vec{x}=6\vec{a}+10\vec{b}$

両辺を -3 で割って　$\boldsymbol{\vec{x}=-2\vec{a}-\frac{10}{3}\vec{b}}$ 答

教 p.33

2 次の 2 つのベクトルが平行になるように，x の値を定めよ。

(1) $\vec{a}=(9,\ -6)$，$\vec{b}=(x,\ 2)$

(2) $\vec{a}=(1,\ x)$，$\vec{b}=(x+2,\ 3)$

指針 **ベクトルの平行と成分の決定**　$\vec{a}\neq\vec{0}$，$\vec{b}\neq\vec{0}$ のとき，

$\vec{a}\,/\!/\,\vec{b} \iff \vec{b}=k\vec{a}$ となる実数 k が存在する

が成り立つことを利用。

解答 (1) $\vec{a}\neq\vec{0}$，$\vec{b}\neq\vec{0}$ であるから，$\vec{a}\,/\!/\,\vec{b}$ になるのは，$\vec{b}=k\vec{a}$ となる実数 k が存在するときである。

$(x,\ 2)=k(9,\ -6)$ から　$x=9k$，$2=-6k$

よって，$k=-\frac{1}{3}$ から　$\boldsymbol{x=9\times\left(-\frac{1}{3}\right)=-3}$ 答

(2) $\vec{a}\neq\vec{0}$，$\vec{b}\neq\vec{0}$ であるから，$\vec{a}\,/\!/\,\vec{b}$ になるのは，$\vec{b}=k\vec{a}$ となる実数 k が存在するときである。

$(x+2,\ 3)=k(1,\ x)$ から　$x+2=k$，$3=kx$

よって　$3=(x+2)x$　すなわち　$x^2+2x-3=0$

これを解いて　$\boldsymbol{x=1,\ -3}$ 答

教 p.33

3 右の図の正六角形ABCDEFにおいて，AB=2とする。次の内積を求めよ。

(1) $\overrightarrow{AB}\cdot\overrightarrow{AF}$　　(2) $\overrightarrow{AD}\cdot\overrightarrow{CE}$

(3) $\overrightarrow{AC}\cdot\overrightarrow{AE}$　　(4) $\overrightarrow{AC}\cdot\overrightarrow{CE}$

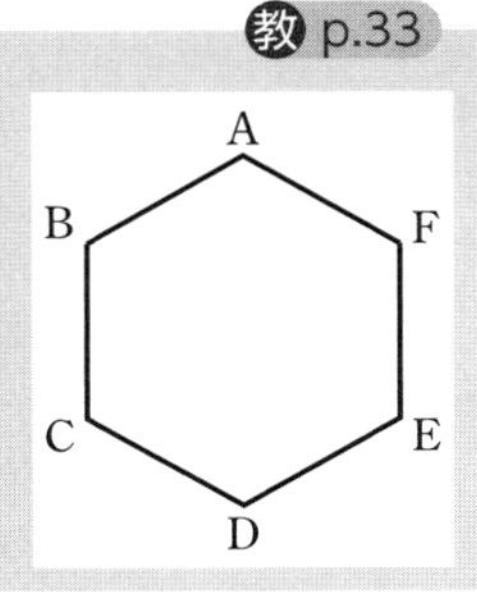

指針　**図形と内積**　正六角形であるから，中心と各頂点を結んでできる6個の三角形は，すべて1辺の長さが2の正三角形である。

解答　正六角形ABCDEFの中心をOとする。

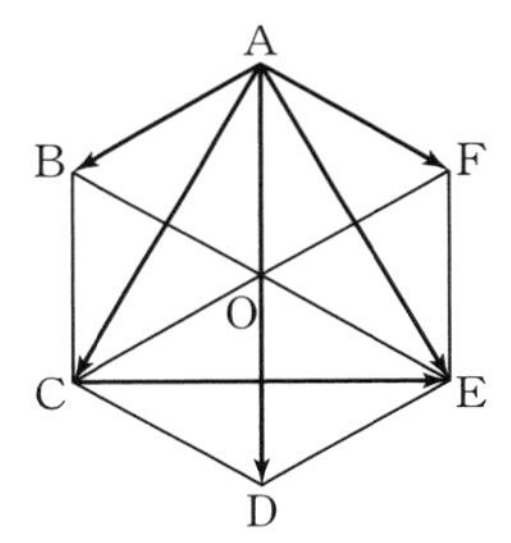

(1) $\angle BAF=120^\circ$であるから

$$\overrightarrow{AB}\cdot\overrightarrow{AF}=|\overrightarrow{AB}||\overrightarrow{AF}|\cos 120^\circ$$

$$=2\times2\times\left(-\frac{1}{2}\right)=-2$$ 答

(2) 正六角形であるから

$$\overrightarrow{AD}\perp\overrightarrow{CE}$$

よって　$\overrightarrow{AD}\cdot\overrightarrow{CE}=0$ 答

(3) 1辺の長さが2の正六角形であるから

$$AC=AE=2\sqrt{3}$$

また　$\angle CAE=60^\circ$

よって　$\overrightarrow{AC}\cdot\overrightarrow{AE}=|\overrightarrow{AC}||\overrightarrow{AE}|\cos 60^\circ$

$$=2\sqrt{3}\times2\sqrt{3}\times\frac{1}{2}=6$$ 答

(4) 1辺の長さが2の正六角形であるから

$$AC=CE=2\sqrt{3}$$

また，$\overrightarrow{AC}$と$\overrightarrow{CE}$のなす角は120°であるから

$$\overrightarrow{AC}\cdot\overrightarrow{CE}=|\overrightarrow{AC}||\overrightarrow{CE}|\cos 120^\circ$$

$$=2\sqrt{3}\times2\sqrt{3}\times\left(-\frac{1}{2}\right)=-6$$ 答

教 p.33

4 $|\vec{a}|=1$，$|\vec{b}|=\sqrt{3}$，$|\vec{a}-\vec{b}|=\sqrt{7}$のとき，次の問いに答えよ。

(1) $\vec{a}$と$\vec{b}$のなす角θを求めよ。

(2) $\vec{a}+t\vec{b}$と$\vec{a}-\vec{b}$が垂直になるように，実数tの値を定めよ。

教科書 p.33

指針 **ベクトルとなす角**

(1) まず，$|\vec{a}-\vec{b}|^2=|\vec{a}|^2-2\vec{a}\cdot\vec{b}+|\vec{b}|^2$ を利用して内積 $\vec{a}\cdot\vec{b}$ を求める。次に $\cos\theta=\dfrac{\vec{a}\cdot\vec{b}}{|\vec{a}||\vec{b}|}$ により，なす角 θ を求める。

(2) ベクトルの垂直条件　$\vec{a}\perp\vec{b}$　$\Longleftrightarrow$　$a_1b_1+a_2b_2=0$ を利用する。

解答 (1) $|\vec{a}-\vec{b}|=\sqrt{7}$ の両辺を2乗して

$|\vec{a}-\vec{b}|^2=7$　すなわち　$|\vec{a}|^2-2\vec{a}\cdot\vec{b}+|\vec{b}|^2=7$

$|\vec{a}|=1$，$|\vec{b}|=\sqrt{3}$ を代入して

$1^2-2\vec{a}\cdot\vec{b}+(\sqrt{3})^2=7$

よって　$\vec{a}\cdot\vec{b}=-\dfrac{3}{2}$

したがって　$\cos\theta=\dfrac{\vec{a}\cdot\vec{b}}{|\vec{a}||\vec{b}|}=\dfrac{-\frac{3}{2}}{1\times\sqrt{3}}=-\dfrac{\sqrt{3}}{2}$

$0^\circ\leqq\theta\leqq180^\circ$ であるから　$\boldsymbol{\theta=150^\circ}$　答

(2) $(\vec{a}+t\vec{b})\perp(\vec{a}-\vec{b})$ であるから

$(\vec{a}+t\vec{b})\cdot(\vec{a}-\vec{b})=0$

よって　$|\vec{a}|^2-\vec{a}\cdot\vec{b}+t\vec{a}\cdot\vec{b}-t|\vec{b}|^2=0$

$|\vec{a}|=1$，$|\vec{b}|=\sqrt{3}$，$\vec{a}\cdot\vec{b}=-\dfrac{3}{2}$ を代入すると

$1^2+\dfrac{3}{2}-\dfrac{3}{2}t-t\times(\sqrt{3})^2=0$

よって　$-\dfrac{9}{2}t+\dfrac{5}{2}=0$　　これを解いて　$t=\dfrac{5}{9}$

このとき，$\vec{a}+t\vec{b}\neq\vec{0}$，$\vec{a}-\vec{b}\neq\vec{0}$ である。　答　$\boldsymbol{t=\dfrac{5}{9}}$

研究　教 p.33

5 次の三角形の面積 S を求めよ。

(1) $|\overrightarrow{OA}|=4$，$|\overrightarrow{OB}|=5$，$\overrightarrow{OA}\cdot\overrightarrow{OB}=-10$ を満たす △OAB

(2) 3点 A(1, 0)，B(−2, −1)，C(−1, 3) を頂点とする △ABC

指針 **三角形の面積**　△OAB の面積は，$\overrightarrow{OA}=\vec{a}$，$\overrightarrow{OB}=\vec{b}$ とすると

$S=\dfrac{1}{2}\sqrt{|\vec{a}|^2|\vec{b}|^2-(\vec{a}\cdot\vec{b})^2}$ で求めることができる。

(2) △ABC の面積は，$\overrightarrow{AB}=(a_1,\ a_2)$，$\overrightarrow{AC}=(b_1,\ b_2)$ とすると

$S=\dfrac{1}{2}|a_1b_2-a_2b_1|$ でも求めることができる。

解答 (1) $S=\frac{1}{2}\sqrt{|\overrightarrow{OA}|^2|\overrightarrow{OB}|^2-(\overrightarrow{OA}\cdot\overrightarrow{OB})^2}=\frac{1}{2}\sqrt{4^2\times5^2-(-10)^2}$

$=\frac{1}{2}\sqrt{300}=\mathbf{5\sqrt{3}}$ 答

(2) $\overrightarrow{AB}=(-3,\ -1)$，$\overrightarrow{AC}=(-2,\ 3)$であるから

$|\overrightarrow{AB}|^2=(-3)^2+(-1)^2=10$

$|\overrightarrow{AC}|^2=(-2)^2+3^2=13$

$\overrightarrow{AB}\cdot\overrightarrow{AC}=(-3)\times(-2)+(-1)\times3=3$

よって，求める三角形の面積 S は

$S=\frac{1}{2}\sqrt{|\overrightarrow{AB}|^2|\overrightarrow{AC}|^2-(\overrightarrow{AB}\cdot\overrightarrow{AC})^2}=\frac{1}{2}\sqrt{10\times13-3^2}$

$=\frac{1}{2}\sqrt{121}=\mathbf{\frac{11}{2}}$ 答

別解 (2) $\overrightarrow{AB}=(-3,\ -1)$，$\overrightarrow{AC}=(-2,\ 3)$であるから

$S=\frac{1}{2}|(-3)\times3-(-1)\times(-2)|=\frac{1}{2}|-11|=\mathbf{\frac{11}{2}}$ 答

教 p.33

6 $\vec{a}\neq\vec{0}$，$\vec{b}\neq\vec{0}$ で，$\vec{a}=(a_1,\ a_2)$，$\vec{b}=(b_1,\ b_2)$のとき

$$\vec{a}\,/\!/\,\vec{b} \iff a_1b_2-a_2b_1=0$$

が成り立つことを示せ。

指針 **ベクトルの平行条件**

$\vec{a}=k\vec{b}$ となる 0 でない実数 k が存在することからも示せるが，場合分けが面倒である。ここでは内積を利用して示す。

$\vec{0}$ でない 2 つのベクトル $\vec{a}$，$\vec{b}$ のなす角を θ $(0°\leqq\theta\leqq180°)$ とすると

$\vec{a}\,/\!/\,\vec{b} \iff \theta=0°$ または $\theta=180°$　　これを成分で表す。

解答 $\vec{a}$ と $\vec{b}$ のなす角を θ とすると，$\vec{a}\,/\!/\,\vec{b}$ のとき

$\theta=0°$　または　$\theta=180°$

このとき，$\cos0°=1$，$\cos180°=-1$ から

$\vec{a}\cdot\vec{b}=|\vec{a}||\vec{b}|$　または　$\vec{a}\cdot\vec{b}=-|\vec{a}||\vec{b}|$

すなわち　　$|\vec{a}\cdot\vec{b}|=|\vec{a}||\vec{b}|$

両辺を 2 乗して　　$|\vec{a}\cdot\vec{b}|^2=|\vec{a}|^2|\vec{b}|^2$

両辺を成分で表すと　$(a_1b_1+a_2b_2)^2=(a_1^2+a_2^2)(b_1^2+b_2^2)$

整理すると　　$a_1^2b_2^2-2a_1b_1a_2b_2+a_2^2b_1^2=0$

すなわち　　$(a_1b_2-a_2b_1)^2=0$

よって　　$a_1b_2-a_2b_1=0$

逆に，このとき $|\vec{a}\cdot\vec{b}|=|\vec{a}||\vec{b}|$ となり，$\vec{a}\,/\!/\,\vec{b}$ が成り立つ。 終

教科書 $p.34$～38

第2節　ベクトルと平面図形

5　位置ベクトル

まとめ

1　位置ベクトル

平面上で，点Oを定めておくと，どのような点Pの位置も，ベクトル $\vec{p}=\overrightarrow{\mathrm{OP}}$ によって決まる。
このようなベクトル $\vec{p}$ を，点Oに関する点Pの**位置ベクトル**という。
また，位置ベクトルが $\vec{p}$ である点Pを，$\mathbf{P}(\vec{p})$ で表す。

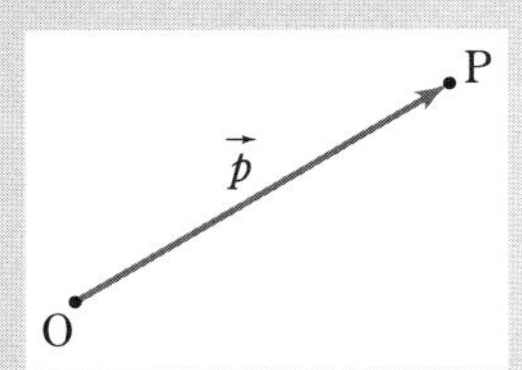

2点の位置ベクトルが同じならば，その2点は一致する。

補足　位置ベクトルにおける点Oは平面上のどこに定めてもよい。以下，とくに断らない限り，1つ定めた点Oに関する位置ベクトルを考える。

2　位置ベクトルと $\overrightarrow{\mathrm{AB}}$

2点A，Bに対して

$$\overrightarrow{\mathrm{AB}}=\overrightarrow{\mathrm{OB}}-\overrightarrow{\mathrm{OA}}$$

が成り立つから，次のことがいえる。

2点 $\mathrm{A}(\vec{a})$，$\mathrm{B}(\vec{b})$ に対して　　$\overrightarrow{\mathbf{AB}}=\vec{b}-\vec{a}$

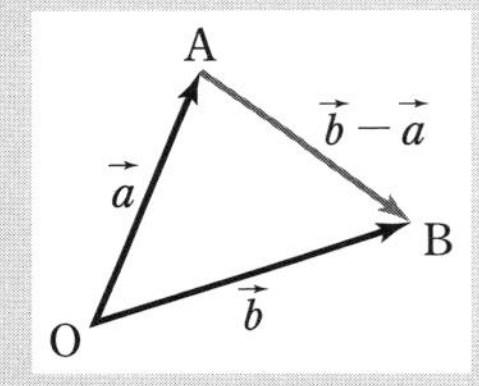

3　内分点・外分点の位置ベクトル

2点 $\mathrm{A}(\vec{a})$，$\mathrm{B}(\vec{b})$ に対して，線分ABを $m:n$ に内分する点，$m:n$ に外分する点の位置ベクトルは，次のようになる。

内分　…　$\dfrac{n\vec{a}+m\vec{b}}{m+n}$　　外分　…　$\dfrac{-n\vec{a}+m\vec{b}}{m-n}$

とくに，線分ABの中点の位置ベクトルは　$\dfrac{\vec{a}+\vec{b}}{2}$

補足　内分の場合の n を $-n$ におき換えたものが，外分の場合である。線分ABを内分する点 $\mathrm{P}(\vec{p})$ について，$\overrightarrow{\mathrm{AP}}=t\overrightarrow{\mathrm{AB}}$ $(0<t<1)$ であるとすると $\vec{p}=(1-t)\vec{a}+t\vec{b}$ と表される。
点Pが線分ABを外分するときは，$t<0$ または $t>1$ を満たす実数 t を用いて $\vec{p}=(1-t)\vec{a}+t\vec{b}$ と表される。

4　三角形の重心の位置ベクトル

3点 $\mathrm{A}(\vec{a})$，$\mathrm{B}(\vec{b})$，$\mathrm{C}(\vec{c})$ を頂点とする△ABCの重心Gの位置ベクトル $\vec{g}$ は

$$\vec{g}=\frac{\vec{a}+\vec{b}+\vec{c}}{3}$$

注意　三角形の重心は，3本の中線が交わる点で，各中線を2：1に内分する。

A 位置ベクトル

教 p.35

練習 32

3点 A($\vec{a}$)，B($\vec{b}$)，C($\vec{c}$) に対して，次のベクトルを $\vec{a}$，$\vec{b}$，$\vec{c}$ のいずれかを用いて表せ。

(1) $\overrightarrow{\mathrm{BC}}$　　(2) $\overrightarrow{\mathrm{CA}}$

指針 **位置ベクトル**　2点P，Qに対して，$\overrightarrow{\mathrm{PQ}}=\overrightarrow{\mathrm{OQ}}-\overrightarrow{\mathrm{OP}}$ が成り立つから，2点P，Qの位置ベクトルを，それぞれ $\vec{p}$，$\vec{q}$ とするとき，$\overrightarrow{\mathrm{PQ}}=\vec{q}-\vec{p}$ が成り立つ。

解答 (1) $\overrightarrow{\mathbf{BC}}=\vec{c}-\vec{b}$ 答

(2) $\overrightarrow{\mathbf{CA}}=\vec{a}-\vec{c}$ 答

B 内分点・外分点の位置ベクトル

教 p.35

練習 33

2点 A($\vec{a}$)，B($\vec{b}$) に対して，線分ABを $m:n$ に外分する点 Q($\vec{q}$) の位置ベクトルが

$$\vec{q}=\frac{-n\vec{a}+m\vec{b}}{m-n} \quad \cdots\cdots ①$$

で表されることを，$m>n$ の場合について示せ。

指針 **外分点のベクトル表示**　$m>n$ のとき，AQ：AB$=m:(m-n)$ であることを利用する。なお，教科書35ページで示した内分点のベクトル表示を利用して，点Bが線分AQを $(m-n):n$ に内分する点であることから $\vec{q}$ を求めてもよい。

解答 $m>n$ のときに，AQ：AB$=m:(m-n)$ であるから

$$\overrightarrow{\mathrm{AQ}}=\frac{m}{m-n}\overrightarrow{\mathrm{AB}}$$

ゆえに　$\vec{q}-\vec{a}=\dfrac{m}{m-n}(\vec{b}-\vec{a})$

よって　$\vec{q}=\left(1-\dfrac{m}{m-n}\right)\vec{a}+\dfrac{m}{m-n}\vec{b}=\dfrac{-n\vec{a}+m\vec{b}}{m-n}$ 終

別解 $m>n$ のとき，点Bは線分AQを $(m-n):n$ に内分する点であるから

$$\vec{b}=\frac{n\vec{a}+(m-n)\vec{q}}{(m-n)+n}$$

分母を払って　$m\vec{b}=n\vec{a}+(m-n)\vec{q}$

したがって　$\vec{q}=\dfrac{-n\vec{a}+m\vec{b}}{m-n}$ 終

教 p.36

練習 34

2 点 A($\vec{a}$)，B($\vec{b}$) を結ぶ線分 AB に対して，次のような点の位置ベクトルを求めよ。

(1) 3：1 に内分する点　　(2) 1：2 に外分する点

指針 **内分点・外分点の位置ベクトル**

(1) 線分 AB を $m:n$ に内分する点の位置ベクトルは

$$\frac{n\vec{a}+m\vec{b}}{m+n}$$

(2) 線分 AB を $m:n$ に外分する点の位置ベクトルは

$$\frac{-n\vec{a}+m\vec{b}}{m-n}$$

解答 (1) $\dfrac{\vec{a}+3\vec{b}}{3+1}=\dfrac{1}{4}\boldsymbol{\vec{a}}+\dfrac{3}{4}\boldsymbol{\vec{b}}$ 答

(2) $\dfrac{-2\vec{a}+\vec{b}}{1-2}=\boldsymbol{2\vec{a}-\vec{b}}$ 答

C 三角形の重心の位置ベクトル

教 p.38

【?】

(1)の結果から，点 G′ についてどのようなことがいえるだろうか。

指針 **三角形の重心の位置ベクトル**　△ABC の重心の位置ベクトルと比較する。

解説 △ABC の重心を G とすると，点 G の位置ベクトル $\vec{g}$ は

$$\vec{g}=\frac{\vec{a}+\vec{b}+\vec{c}}{3}$$

すなわち，$\vec{g'}=\vec{g}$ が成り立ち，2 点 G，G′ の位置ベクトルが一致する。

よって，△LMN の重心 G′ は，**△ABC の重心と一致する。** 答

教 p.38

練習 35

3 点 A($\vec{a}$)，B($\vec{b}$)，C($\vec{c}$) を頂点とする△ABC において，辺 BC，CA，AB を 2:1 に内分する点を，それぞれ P，Q，R とする。また，△ABC の重心を G，△PQR の重心を G′ とする。

(1) 点 G′ と G が一致することを示せ。

(2) 等式 $\overrightarrow{GA}+\overrightarrow{GB}+\overrightarrow{GC}=\vec{0}$ が成り立つことを示せ。

指針 **三角形の重心の位置ベクトル**

(1) G′ の位置ベクトルを $\vec{a}$, $\vec{b}$, $\vec{c}$ を用いて表し，G の位置ベクトルと一致することを示す。

(2) $\overrightarrow{GA}$，$\overrightarrow{GB}$，$\overrightarrow{GC}$ を，それぞれ $\vec{a}$，$\vec{b}$，$\vec{c}$ を用いて表す。

解答 (1) 点G, P, Q, Rの位置ベクトルを，それぞれ $\vec{g}$, $\vec{p}$, $\vec{q}$, $\vec{r}$ とすると

$$\vec{g}=\frac{\vec{a}+\vec{b}+\vec{c}}{3},\quad \vec{p}=\frac{\vec{b}+2\vec{c}}{3},\quad \vec{q}=\frac{\vec{c}+2\vec{a}}{3},\quad \vec{r}=\frac{\vec{a}+2\vec{b}}{3}$$

よって，点G′の位置ベクトル $\vec{g'}$ は

$$\vec{g'}=\frac{\vec{p}+\vec{q}+\vec{r}}{3}$$
$$=\frac{1}{3}\left(\frac{\vec{b}+2\vec{c}}{3}+\frac{\vec{c}+2\vec{a}}{3}+\frac{\vec{a}+2\vec{b}}{3}\right)$$
$$=\frac{\vec{a}+\vec{b}+\vec{c}}{3}$$

したがって，点G′とGは一致する。 終

(2) 点Gの位置ベクトルを $\vec{g}$ とすると，$\vec{g}=\dfrac{\vec{a}+\vec{b}+\vec{c}}{3}$ であるから

$$\overrightarrow{GA}+\overrightarrow{GB}+\overrightarrow{GC}=(\vec{a}-\vec{g})+(\vec{b}-\vec{g})+(\vec{c}-\vec{g})$$
$$=\vec{a}+\vec{b}+\vec{c}-3\vec{g}$$
$$=\vec{a}+\vec{b}+\vec{c}-3\left(\frac{\vec{a}+\vec{b}+\vec{c}}{3}\right)=\vec{0}$$

よって　$\overrightarrow{GA}+\overrightarrow{GB}+\overrightarrow{GC}=\vec{0}$ 終

6 ベクトルの図形への応用

まとめ

1　一直線上にある点

平面上の3点A，B，Cについて，2点A，Bが異なるとき，次のことが成り立つ。

点Cが直線AB上にある ⇔ $\overrightarrow{AC}=k\overrightarrow{AB}$ となる実数 k がある

2　ベクトルの分解の利用

$\vec{0}$ でない2つのベクトル $\vec{a}$, $\vec{b}$ が平行でないとき，どのようなベクトル $\vec{p}$ も，適当な実数 s, t を用いて $\vec{p}=s\vec{a}+t\vec{b}$ の形にただ1通りに表される。

したがって，次のことが成り立つ。

$$s\vec{a}+t\vec{b}=s'\vec{a}+t'\vec{b} \iff s=s',\ t=t'$$

3　内積の利用

ベクトルの内積を利用して，図形の性質を証明するとき，内積に関しては，次のことがよく利用される。

[1] $AB^2=|\overrightarrow{AB}|^2=\overrightarrow{AB}\cdot\overrightarrow{AB}$

[2] 3点O，A，Bが異なるとき

$OA\perp OB \iff \overrightarrow{OA}\cdot\overrightarrow{OB}=0$

A 一直線上にある点

教 p.39

【?】

点Fは線分AEをどのような比に内分する点だろうか。

指針 **線分の内分点のベクトル表示** $\overrightarrow{AF}=\frac{3}{5}\overrightarrow{AE}$ から求める。

解説 例題の証明より，$\overrightarrow{AF}=\frac{3}{5}\overrightarrow{AE}$ が成り立つから　AF：AE=3：5

よって　　AF：FE=3：(5−3)=3：2

したがって，**点Fは線分AEを3：2に内分する。** 答

教 p.39

練習 36

△ABCにおいて，辺ABを1：2に内分する点をD，辺BCを3：1に内分する点をEとし，線分CDの中点をFとする。このとき，3点A，F，Eは一直線上にあることを証明せよ。

指針 **3点が一直線上にあることの証明** $\overrightarrow{AB}=\vec{b}$，$\overrightarrow{AC}=\vec{c}$ として，$\overrightarrow{AE}$，$\overrightarrow{AF}$ をそれぞれ $\vec{b}$，$\vec{c}$ で表し，$\overrightarrow{AE}=k\overrightarrow{AF}$ となる実数 k があることを示す。

解答 $\overrightarrow{AB}=\vec{b}$，$\overrightarrow{AC}=\vec{c}$ とする。

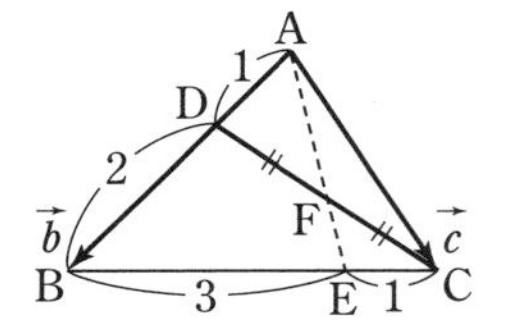

BE：EC=3：1であるから

$$\overrightarrow{AE}=\frac{\overrightarrow{AB}+3\overrightarrow{AC}}{3+1}=\frac{\vec{b}+3\vec{c}}{4}\quad\cdots\cdots ①$$

また，Fは線分CDの中点であるから

$$\overrightarrow{AF}=\frac{\overrightarrow{AD}+\overrightarrow{AC}}{2}=\frac{1}{2}\left(\frac{1}{3}\vec{b}+\vec{c}\right)$$

$$=\frac{\vec{b}+3\vec{c}}{6}\quad\cdots\cdots ②$$

①，②から　　$\overrightarrow{AF}=\frac{2}{3}\overrightarrow{AE}$　　← $\frac{1}{6}\div\frac{1}{4}=\frac{1}{6}\times 4=\frac{2}{3}$

したがって，3点A，F，Eは一直線上にある。 終

B 2直線の交点

教 p.40

【?】

$1-s=\frac{1}{2}t$，$\frac{2}{3}s=1-t$ とできるのはなぜだろうか。

指針 **2線分の交点のベクトル表示** $\vec{0}$ でない2つのベクトル $\vec{a}$，$\vec{b}$ が平行でないとき，どのようなベクトル $\vec{p}$ も，$\vec{a}$，$\vec{b}$ と適当な実数 s，t を用いて $\vec{p}=s\vec{a}+t\vec{b}$ の形に表され，この表し方はただ1通りである。

解説 $\overrightarrow{\mathrm{OP}}$ は$(1-s)\vec{a}+\dfrac{2}{3}s\vec{b}$，$\dfrac{1}{2}t\vec{a}+(1-t)\vec{b}$ の2通りに表されるが，$\vec{0}$ でない2つのベクトル $\vec{a}$，$\vec{b}$ は平行でないから，$\overrightarrow{\mathrm{OP}}$ の表し方はただ1通りである。
よって，$(1-s)\vec{a}+\dfrac{2}{3}s\vec{b}$ と $\dfrac{1}{2}t\vec{a}+(1-t)\vec{b}$ は同じベクトルを表しているから，

$1-s=\dfrac{1}{2}t$，$\dfrac{2}{3}s=1-t$ とできる。 終

練習 37 教 p.40

△OAB において，辺 OA を 3：2 に内分する点を C，辺 OB を 1：2 に内分する点を D とし，線分 AD と線分 BC の交点を P とする。
$\overrightarrow{\mathrm{OA}}=\vec{a}$，$\overrightarrow{\mathrm{OB}}=\vec{b}$ とするとき，$\overrightarrow{\mathrm{OP}}$ を $\vec{a}$，$\vec{b}$ を用いて表せ。

指針 **線分の交点** AP：PD$=s$：$(1-s)$，BP：PC$=t$：$(1-t)$とすると，$\overrightarrow{\mathrm{OP}}$ は $\vec{a}$，$\vec{b}$ を用いて2通りに表されるが，$\overrightarrow{\mathrm{OP}}$ の表し方はただ1通りしかないことから，s，t の値が定まる。

解答 AP：PD$=s$：$(1-s)$とすると

$$\overrightarrow{\mathrm{OP}}=(1-s)\overrightarrow{\mathrm{OA}}+s\overrightarrow{\mathrm{OD}}$$
$$=(1-s)\vec{a}+\frac{1}{3}s\vec{b} \quad \cdots\cdots ①$$

BP：PC$=t$：$(1-t)$とすると

$$\overrightarrow{\mathrm{OP}}=t\overrightarrow{\mathrm{OC}}+(1-t)\overrightarrow{\mathrm{OB}}$$
$$=\frac{3}{5}t\vec{a}+(1-t)\vec{b} \quad \cdots\cdots ②$$

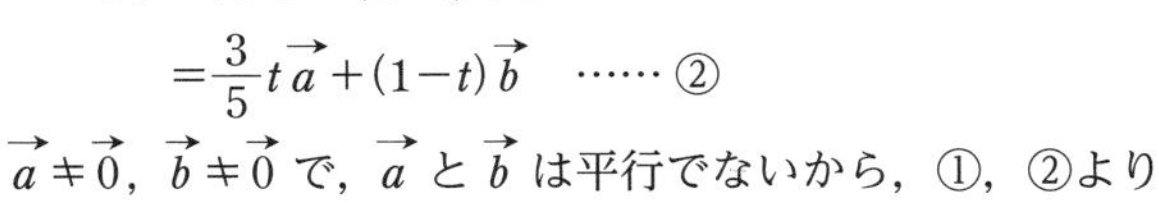

$\vec{a}\neq\vec{0}$，$\vec{b}\neq\vec{0}$ で，$\vec{a}$ と $\vec{b}$ は平行でないから，①，②より

$$1-s=\frac{3}{5}t,\ \frac{1}{3}s=1-t$$

これを解くと $s=\dfrac{1}{2}$，$t=\dfrac{5}{6}$

←①，②のどちらかに代入して $\overrightarrow{\mathrm{OP}}$ を求める。

よって $\boldsymbol{\overrightarrow{\mathrm{OP}}=\dfrac{1}{2}\vec{a}+\dfrac{1}{6}\vec{b}}$ 答

C 内積の利用

【?】 教 p.41

$\overrightarrow{\mathrm{AH}}\cdot\overrightarrow{\mathrm{BC}}$ を考えたのはなぜだろうか。

指針 **内積と図形の性質** AH⊥BC → $\overrightarrow{\mathrm{AH}}\perp\overrightarrow{\mathrm{BC}}$ → $\overrightarrow{\mathrm{AH}}\cdot\overrightarrow{\mathrm{BC}}=0$ と考える。

解説 $\overrightarrow{\mathrm{AH}}$，$\overrightarrow{\mathrm{BC}}$ は $\vec{0}$ ではないから

AH⊥BC $\Leftrightarrow$ $\overrightarrow{\mathrm{AH}}\perp\overrightarrow{\mathrm{BC}}$ $\Leftrightarrow$ $\overrightarrow{\mathrm{AH}}\cdot\overrightarrow{\mathrm{BC}}=0$ が成り立つ。

よって，証明するには $\overrightarrow{\mathrm{AH}}\cdot\overrightarrow{\mathrm{BC}}=0$ を示せばよいから，$\overrightarrow{\mathrm{AH}}\cdot\overrightarrow{\mathrm{BC}}$ を考えた。 終

教 p.41

練習 38 四角形ABCDがひし形のとき，AC⊥DBである。このことを，ベクトルを用いて証明せよ。

指針 **内積の利用**　AB=ADから，$\overrightarrow{AC}\cdot\overrightarrow{DB}=0$ を示す。

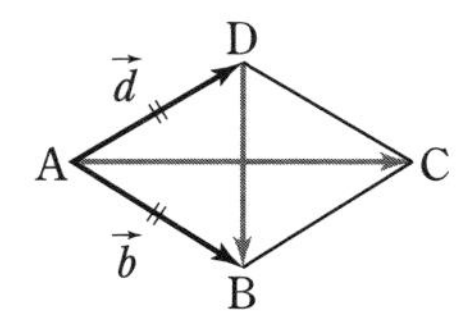

解答 ひし形ABCDにおいて

$$\overrightarrow{AB}=\vec{b},\ \overrightarrow{AD}=\vec{d}$$

とすると　$\overrightarrow{AC}=\vec{b}+\vec{d}$，$\overrightarrow{DB}=\vec{b}-\vec{d}$

AB=ADであるから　　$|\vec{b}|=|\vec{d}|$

よって　　$\overrightarrow{AC}\cdot\overrightarrow{DB}=(\vec{b}+\vec{d})\cdot(\vec{b}-\vec{d})$

$$=|\vec{b}|^2-\vec{b}\cdot\vec{d}+\vec{d}\cdot\vec{b}-|\vec{d}|^2$$

$$=|\vec{b}|^2-|\vec{d}|^2$$

$$=0$$

$\overrightarrow{AC}\neq\vec{0}$，$\overrightarrow{DB}\neq\vec{0}$ であるから　　$\overrightarrow{AC}\perp\overrightarrow{DB}$

したがって　　AC⊥DB　終

7 図形のベクトルによる表示

まとめ

1　ベクトル $\vec{d}$ に平行な直線のベクトル方程式

点 $A(\vec{a})$ を通り，$\vec{0}$ でないベクトル $\vec{d}$ に平行な直線を g とする。直線 g 上のどのような点 $P(\vec{p})$ に対しても，$\overrightarrow{AP}=t\vec{d}$ となる実数 t がただ1つ定まる。

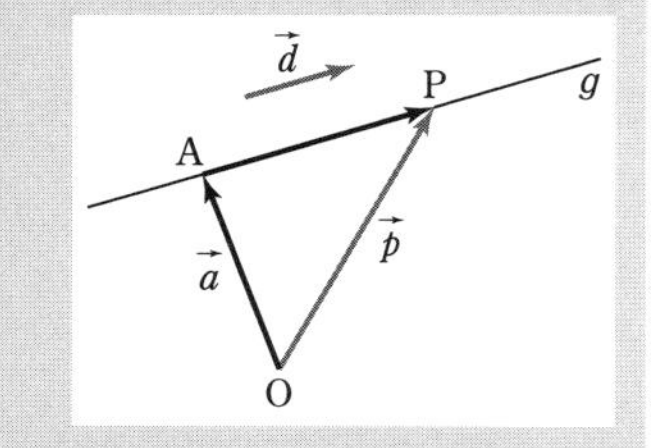

$\overrightarrow{OP}=\overrightarrow{OA}+\overrightarrow{AP}$ であるから

$$\boldsymbol{\vec{p}=\vec{a}+t\vec{d}}\quad\cdots\cdots①$$

①において，t がすべての実数値をとって変化するとき，点 $P(\vec{p})$ 全体の集合は直線 g になる。

①を直線 g の **ベクトル方程式** といい，t を **媒介変数** または **パラメータ** という。

また，$\vec{d}$ を直線 g の **方向ベクトル** という。

2　直線の媒介変数表示

Oを原点とする座標平面上で，点 $A(x_1,\ y_1)$ を通り，$\vec{d}=(l,\ m)$ に平行な直線 g 上の点を $P(x,\ y)$ とする。

1 のベクトル方程式①において，

$\vec{p}=(x,\ y)$，$\vec{a}=(x_1,\ y_1)$，$\vec{d}=(l,\ m)$ であるから

$$(x,\ y)=(x_1,\ y_1)+t(l,\ m)$$

よって $\begin{cases} x=x_1+lt \\ y=y_1+mt \end{cases}$ ……②

②を直線 g の **媒介変数表示** という。

②から t を消去すると，次のことがいえる。

点 $A(x_1,\ y_1)$ を通り，$\vec{d}=(l,\ m)$ に平行な直線の方程式は

$$m(x-x_1)-l(y-y_1)=0$$

3　異なる2点を通る直線のベクトル方程式

異なる2点 $A(\vec{a})$，$B(\vec{b})$ を通る直線ABのベクトル方程式は

[1]　$\vec{p}=(1-t)\vec{a}+t\vec{b}$

[2]　$\vec{p}=s\vec{a}+t\vec{b}$，$s+t=1$

解説　異なる2点 $A(\vec{a})$，$B(\vec{b})$ を通る直線 g 上の点 $P(\vec{p})$ について，次の式が得られる。

$$\vec{p}=\vec{a}+t(\vec{b}-\vec{a}) \quad \cdots\cdots ③$$

実数 t のとる値によって，③における点 $P(\vec{p})$ の存在範囲は，右の図のようになる。

③を整理すると，次の式が得られる。

$$\vec{p}=(1-t)\vec{a}+t\vec{b}$$

さらに，$1-t=s$ とおくと，③は次の形に表される。

$$\vec{p}=s\vec{a}+t\vec{b}, \quad s+t=1$$

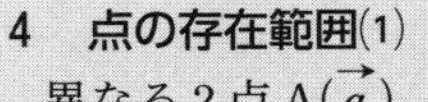

4　点の存在範囲(1)

異なる2点 $A(\vec{a})$，$B(\vec{b})$ について，次の式を満たす点 $P(\vec{p})$ の存在範囲は **直線AB** である。

$$\vec{p}=s\vec{a}+t\vec{b}, \quad s+t=1$$

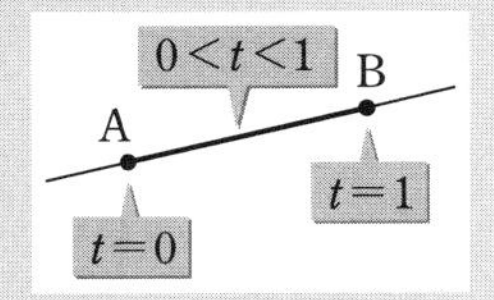

$t=0$ のとき P は A に一致し，

$t=1$ のとき P は B に一致する。

また，$0<t<1$ のとき，P は線分 AB の内分点である。

$s+t=1$ のとき，$s\geqq 0$，$t\geqq 0$ とすると $0\leqq t\leqq 1$ であるから，次の式を満たす点 $P(\vec{p})$ の存在範囲は，**線分AB** である。

$$\vec{p}=s\vec{a}+t\vec{b}, \quad s+t=1,\ s\geqq 0,\ t\geqq 0$$

5　点の存在範囲(2)

△OAB において，次の式を満たす点 P の存在範囲は **△OABの周および内部** である。

$$\overrightarrow{OP}=s\overrightarrow{OA}+t\overrightarrow{OB}, \quad 0\leqq s+t\leqq 1,\ s\geqq 0,\ t\geqq 0$$

6　ベクトル $\vec{n}$ に垂直な直線

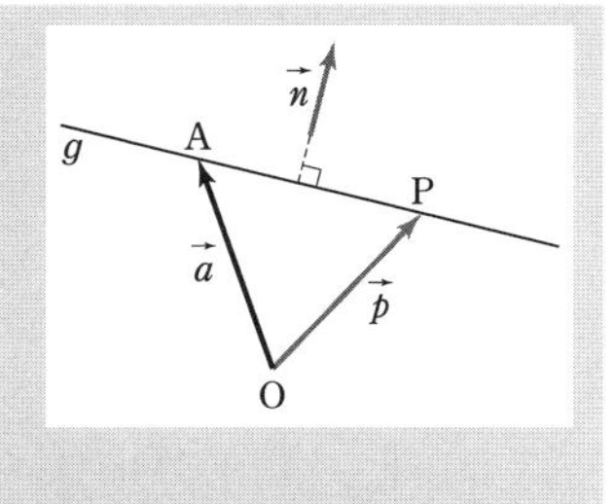

点 A$(\vec{a})$ を通り，ベクトル $\vec{n}$ に垂直な直線を g とする。直線 g 上の点 P$(\vec{p})$ が A に一致しないとき，$\vec{n}\perp\overrightarrow{\mathrm{AP}}$ である。すなわち，$\vec{n}\cdot\overrightarrow{\mathrm{AP}}=0$ となり，次の式が得られる。

$$\vec{n}\cdot(\vec{p}-\vec{a})=0 \quad \cdots\cdots ④$$

P が A に一致するときは，$\vec{p}-\vec{a}=\vec{0}$ であるから，このときも④は成り立つ。

よって，④は，点 A$(\vec{a})$ を通り，$\vec{n}$ に垂直な直線 g のベクトル方程式である。

直線 g に垂直なベクトル $\vec{n}$ を，直線 g の **法線ベクトル** という。

O を原点とする座標平面上で，点 A$(x_1,\ y_1)$ を通り，$\vec{n}=(a,\ b)$ に垂直な直線 g 上の点を P$(x,\ y)$ とする。

ベクトル方程式④において $\vec{n}=(a,\ b)$，$\vec{a}=(x_1,\ y_1)$，$\vec{p}=(x,\ y)$，$\vec{p}-\vec{a}=(x-x_1,\ y-y_1)$ であるから，次のことがいえる。

[1]　点 A$(x_1,\ y_1)$ を通り，$\vec{n}=(a,\ b)$ に垂直な直線の方程式は

$$\boldsymbol{a(x-x_1)+b(y-y_1)=0}$$

[2]　ベクトル $\vec{n}=(a,\ b)$ は，直線 $ax+by+c=0$ に垂直である。

補足　直線 $ax+by+c=0$ において，$\vec{n}=(a,\ b)$ はその法線ベクトルの 1 つである。

7　円のベクトル方程式

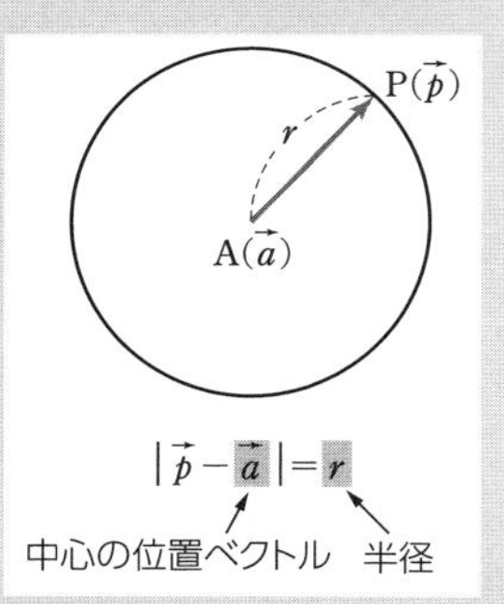

点 A$(\vec{a})$ を中心とする半径 r の円上に点 P$(\vec{p})$ がある条件は　$|\overrightarrow{\mathrm{AP}}|=r$

すなわち　$|\vec{p}-\vec{a}|=r$　…… ⑤

よって，⑤は点 A$(\vec{a})$ を中心とする半径 r の円のベクトル方程式である。

$|\vec{p}-\vec{a}|=r$

中心の位置ベクトル　半径

8　線分 AB を直径とする円のベクトル方程式

2 点 A$(\vec{a})$，B$(\vec{b})$ を結ぶ線分 AB を直径とする円のベクトル方程式は

$$(\vec{p}-\vec{a})\cdot(\vec{p}-\vec{b})=0 \quad \cdots\cdots ⑥$$

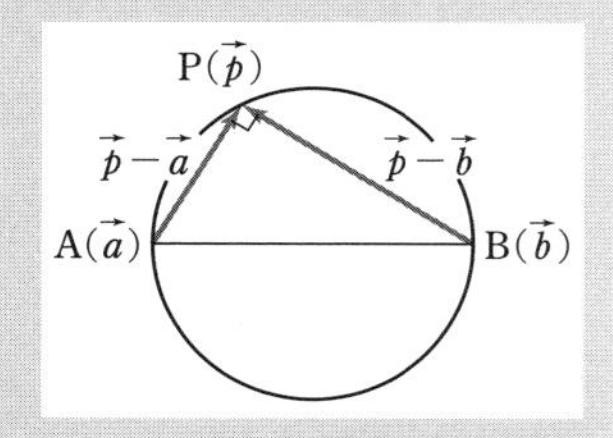

解説　円上の点を P$(\vec{p})$ とする。

P が A にも B にも一致しないとき

AP⊥BP　すなわち　$\overrightarrow{\mathrm{AP}}\cdot\overrightarrow{\mathrm{BP}}=0$

よって，⑥は成り立つ。

P が A または B に一致するときは，$\vec{p}-\vec{a}=\vec{0}$ または $\vec{p}-\vec{b}=\vec{0}$ で，このときも⑥は成り立つ。

教科書 p.43

A 直線のベクトル方程式

教 p.43

練習 39

点A(1, 4)を通り，$\vec{d}=(-4,\ -6)$に平行な直線について，次の問いに答えよ。

(1) この直線を媒介変数表示せよ。また，媒介変数を消去した式で表せ。

(2) (1)の結果と教科書の例15を比較してわかることを述べよ。

指針 **ベクトル $\vec{d}$ に平行な直線の媒介変数表示** 点A$(x_1,\ y_1)$を通り，$\vec{d}=(l,\ m)$に平行な直線の媒介変数表示は

$$\begin{cases} x=x_1+lt \\ y=y_1+mt \end{cases} \quad t\text{ は実数}$$

媒介変数 t を消去すると　$m(x-x_1)-l(y-y_1)=0$

解答 (1) 点A(1, 4)を通り，$\vec{d}=(-4,\ -6)$に平行な直線を媒介変数表示すると

$$\begin{cases} \boldsymbol{x=1-4t} \\ \boldsymbol{y=4-6t} \end{cases}$$ 答

媒介変数 t を消去すると　$-6(x-1)+4(y-4)=0$

すなわち　$\boldsymbol{3x-2y+5=0}$ 答

(2) 例15から，点A(1, 4)を通り，$\vec{d}=(2,\ 3)$に平行な直線の方程式は

$3x-2y+5=0$

これと(1)の結果から，**点A(1, 4)を通り，$\vec{d}=(2,\ 3)$に平行な直線と，点A(1, 4)を通り，$\vec{d}=(-4,\ -6)$に平行な直線は一致する。** 答

教 p.43

練習 40

点A(2, −1)を通り，$\vec{d}=(-4,\ 3)$に平行な直線を媒介変数表示せよ。また，媒介変数を消去した式で表せ。

指針 **ベクトル $\vec{d}$ に平行な直線の媒介変数表示** 練習39と同様にして解く。

解答 媒介変数表示すると

$$\begin{cases} \boldsymbol{x=2-4t} \\ \boldsymbol{y=-1+3t} \end{cases}$$ 答

媒介変数 t を消去すると

$3(x-2)-(-4)\times\{y-(-1)\}=0$

すなわち　$\boldsymbol{3x+4y-2=0}$ 答

B 平面上の点の存在範囲

【?】 教 p.45

$s\overrightarrow{\mathrm{OA}}+t\overrightarrow{\mathrm{OB}}$ を $\dfrac{s}{2}(2\overrightarrow{\mathrm{OA}})+\dfrac{t}{2}(2\overrightarrow{\mathrm{OB}})$ と変形したのはなぜだろうか。

指針 **ベクトル方程式を満たす点の存在範囲**　異なる2点 $\mathrm{A}(\vec{a})$, $\mathrm{B}(\vec{b})$ と線分 AB 上の点 $\mathrm{P}(\vec{p})$ に対して，$\vec{p}=s\vec{a}+t\vec{b}$, $s+t=1$, $s\geqq 0$, $t\geqq 0$ が成り立つ。

解説 $s\overrightarrow{\mathrm{OA}}+t\overrightarrow{\mathrm{OB}}$ を $\dfrac{s}{2}(2\overrightarrow{\mathrm{OA}})+\dfrac{t}{2}(2\overrightarrow{\mathrm{OB}})$ と変形したのは，例題の考え方で示した関係式を利用できるようにするためである。

すなわち，例題で与えられた条件 $s+t=2$ の両辺を2で割ると

$$\frac{s}{2}+\frac{t}{2}=1$$

よって，$2\overrightarrow{\mathrm{OA}}=\overrightarrow{\mathrm{OA'}}$, $2\overrightarrow{\mathrm{OB}}=\overrightarrow{\mathrm{OB'}}$, $\dfrac{s}{2}=s'$, $\dfrac{t}{2}=t'$ とおくと

$$\overrightarrow{\mathrm{OP}}=s'\overrightarrow{\mathrm{OA'}}+t'\overrightarrow{\mathrm{OB'}} \qquad s'+t'=1,\ s'\geqq 0,\ t'\geqq 0$$

と表すことができて，点Pの存在範囲は線分 A′B′ であると求めることができる。 終

練習 41 教 p.45

△OAB において，次の式を満たす点Pの存在範囲を求めよ。

$$\overrightarrow{\mathrm{OP}}=s\overrightarrow{\mathrm{OA}}+t\overrightarrow{\mathrm{OB}}, \qquad s+t=\frac{1}{2},\ s\geqq 0,\ t\geqq 0$$

指針 **ベクトル方程式を満たす点の存在範囲**
$\overrightarrow{\mathrm{OP}}=s'\overrightarrow{\square}+t'\overrightarrow{\square}$　$(s'+t'=1)$ の形に変形する。

解答 $s+t=\dfrac{1}{2}$ から　$2s+2t=1$

また　$\overrightarrow{\mathrm{OP}}=s\overrightarrow{\mathrm{OA}}+t\overrightarrow{\mathrm{OB}}=2s\left(\dfrac{1}{2}\overrightarrow{\mathrm{OA}}\right)+2t\left(\dfrac{1}{2}\overrightarrow{\mathrm{OB}}\right)$

ここで，$2s=s'$, $2t=t'$ とおくと

$$\overrightarrow{\mathrm{OP}}=s'\left(\frac{1}{2}\overrightarrow{\mathrm{OA}}\right)+t'\left(\frac{1}{2}\overrightarrow{\mathrm{OB}}\right),$$

$$s'+t'=1,\ s'\geqq 0,\ t'\geqq 0$$

よって，$\dfrac{1}{2}\overrightarrow{\mathbf{OA}}=\overrightarrow{\mathbf{OA'}}$, $\dfrac{1}{2}\overrightarrow{\mathbf{OB}}=\overrightarrow{\mathbf{OB'}}$

となる点 A′, B′ をとると，点Pの存在範囲は**線分 A′B′** である。 答

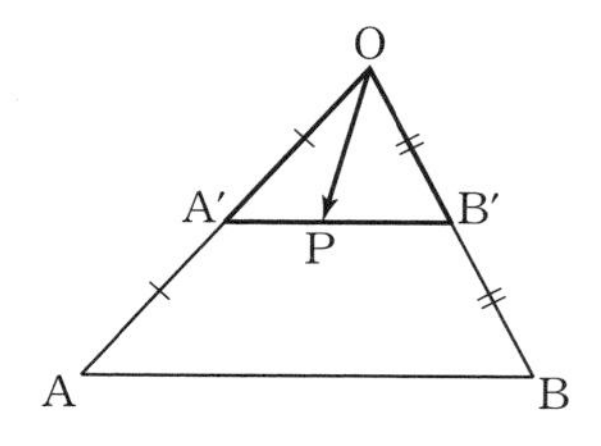

練習 42 教 p.46

$\triangle$OAB において，次の式を満たす点 P の存在範囲を求めよ。

(1) $\overrightarrow{\mathrm{OP}}=s\overrightarrow{\mathrm{OA}}+t\overrightarrow{\mathrm{OB}}$,　$0\leqq s+t\leqq 2$，$s\geqq 0$，$t\geqq 0$

(2) $\overrightarrow{\mathrm{OP}}=s\overrightarrow{\mathrm{OA}}+t\overrightarrow{\mathrm{OB}}$,　$0\leqq s+t\leqq \dfrac{1}{2}$，$s\geqq 0$，$t\geqq 0$

指針 **ベクトル方程式を満たす点の存在範囲**

練習 41 と同じように，まず，$\overrightarrow{\mathrm{OP}}=s'\overrightarrow{\square}+t'\overrightarrow{\square}$　$(s'+t'=1)$ の形に変形することを考える。

(1) $\dfrac{s}{2}=s'$，$\dfrac{t}{2}=t'$ とおくと　$0\leqq s'+t'\leqq 1$，$s'\geqq 0$，$t'\geqq 0$ となる。

(2) $2s=s'$，$2t=t'$ とおくと　$0\leqq s'+t'\leqq 1$，$s'\geqq 0$，$t'\geqq 0$ となる。

解答 (1) $0\leqq s+t\leqq 2$ から　$0\leqq \dfrac{s}{2}+\dfrac{t}{2}\leqq 1$

また　$\overrightarrow{\mathrm{OP}}=s\overrightarrow{\mathrm{OA}}+t\overrightarrow{\mathrm{OB}}=\dfrac{s}{2}(2\overrightarrow{\mathrm{OA}})+\dfrac{t}{2}(2\overrightarrow{\mathrm{OB}})$

ここで，$\dfrac{s}{2}=s'$，$\dfrac{t}{2}=t'$ とおくと

$\overrightarrow{\mathrm{OP}}=s'(2\overrightarrow{\mathrm{OA}})+t'(2\overrightarrow{\mathrm{OB}})$，

$0\leqq s'+t'\leqq 1$，$s'\geqq 0$，$t'\geqq 0$

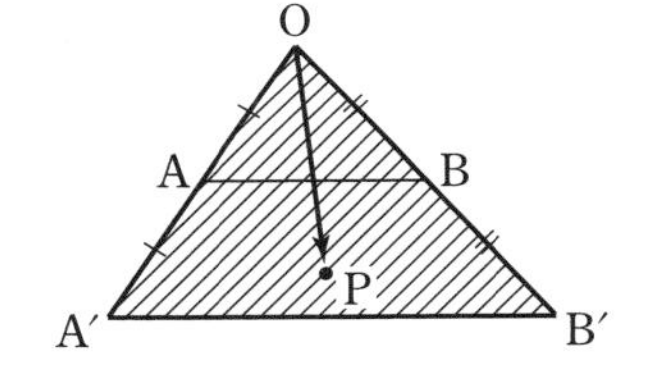

よって，$\mathbf{2\overrightarrow{OA}=\overrightarrow{OA'}}$，$\mathbf{2\overrightarrow{OB}=\overrightarrow{OB'}}$

となる点 A′，B′ をとると，点 P の存在範囲は **$\triangle$OA′B′ の周および内部** である。 答

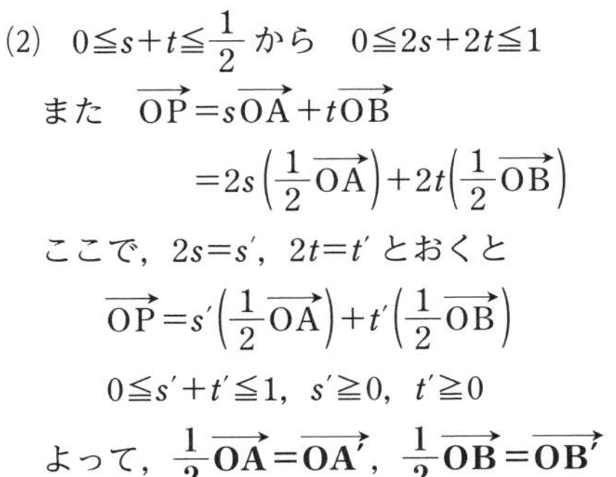

(2) $0\leqq s+t\leqq \dfrac{1}{2}$ から　$0\leqq 2s+2t\leqq 1$

また　$\overrightarrow{\mathrm{OP}}=s\overrightarrow{\mathrm{OA}}+t\overrightarrow{\mathrm{OB}}$

$=2s\left(\dfrac{1}{2}\overrightarrow{\mathrm{OA}}\right)+2t\left(\dfrac{1}{2}\overrightarrow{\mathrm{OB}}\right)$

ここで，$2s=s'$，$2t=t'$ とおくと

$\overrightarrow{\mathrm{OP}}=s'\left(\dfrac{1}{2}\overrightarrow{\mathrm{OA}}\right)+t'\left(\dfrac{1}{2}\overrightarrow{\mathrm{OB}}\right)$

$0\leqq s'+t'\leqq 1$，$s'\geqq 0$，$t'\geqq 0$

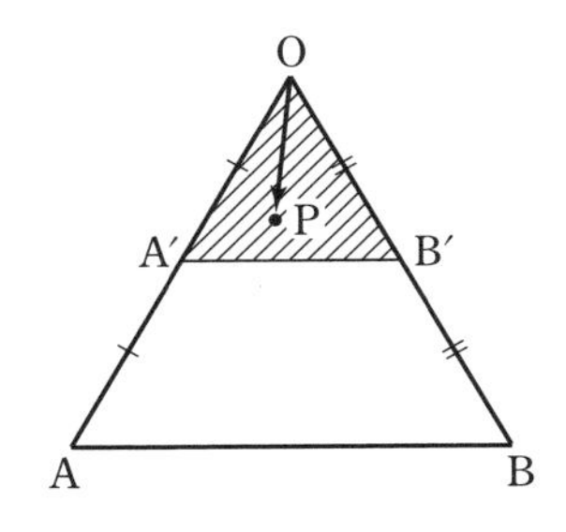

よって，$\mathbf{\dfrac{1}{2}\overrightarrow{OA}=\overrightarrow{OA'}}$，$\mathbf{\dfrac{1}{2}\overrightarrow{OB}=\overrightarrow{OB'}}$

となる点 A′，B′ をとると，点 P の存在範囲は **$\triangle$OA′B′ の周および内部** である。 答

C ベクトル $\vec{n}$ に垂直な直線

練習 43 教 p.48

次の点Aを通り，ベクトル $\vec{n}$ に垂直な直線の方程式を求めよ。

(1) $A(3,\ 4)$，$\vec{n}=(1,\ 2)$

(2) $A(-1,\ 2)$，$\vec{n}=(3,\ -4)$

指針 **定点Aを通り，ベクトル $\vec{n}$ に垂直な直線の方程式**

点$(x_1,\ y_1)$を通り，ベクトル$(a,\ b)$に垂直な直線の方程式は

$$a(x-x_1)+b(y-y_1)=0$$

与えられた値を代入して，x，y について整理する。

解答 (1) 求める直線の方程式は　$1(x-3)+2(y-4)=0$

よって　$x-3+2y-8=0$

したがって　$\boldsymbol{x+2y-11=0}$ 答

(2) 求める直線の方程式は

$$3\{x-(-1)\}-4(y-2)=0$$

よって　$3x+3-4y+8=0$

したがって　$\boldsymbol{3x-4y+11=0}$ 答

D 円のベクトル方程式

練習 44 教 p.49

点$A(\vec{a})$が与えられているとき，次のベクトル方程式において点$P(\vec{p})$全体の集合は円となる。円の中心の位置ベクトル，円の半径を求めよ。

(1) $|\vec{p}-\vec{a}|=3$　　(2) $|2\vec{p}-\vec{a}|=4$

指針 **円のベクトル方程式**

(2) 円のベクトル方程式 $|\vec{p}-\vec{b}|=r$ で表せるよう，与えられたベクトル方程式を変形する。

解答 (1) **中心の位置ベクトルは $\vec{a}$，半径は 3** 答

(2) $|2\vec{p}-\vec{a}|=4$ を変形すると

$$2\left|\vec{p}-\frac{1}{2}\vec{a}\right|=4$$

よって　$\left|\vec{p}-\frac{1}{2}\vec{a}\right|=2$

したがって，**中心の位置ベクトルは $\frac{1}{2}\vec{a}$，半径は 2** 答

教 p.49

練習 45

平面上の異なる2点O，Aに対して $\overrightarrow{\mathrm{OA}}=\vec{a}$ とするとき，ベクトル方程式 $|\vec{p}|^2-\vec{p}\cdot\vec{a}=0$ を満たす点 $\mathrm{P}(\vec{p})$ 全体の集合はどのような図形か。

指針 **円のベクトル方程式**　OP⊥AP が成り立つことを示す。

解答 $|\vec{p}|^2-\vec{p}\cdot\vec{a}=0$ から

$$\vec{p}\cdot(\vec{p}-\vec{a})=0$$

すなわち　$\overrightarrow{\mathrm{OP}}\cdot\overrightarrow{\mathrm{AP}}=0$　…… ①

ゆえに

PがOにもAにも一致しないとき

①より OP⊥AP である。

よって，点P全体の集合は線分OAを直径とする円である。ただし，点O，Aを除く。

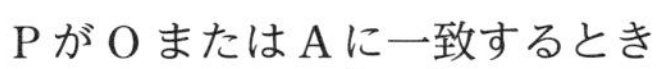

PがOまたはAに一致するとき

$$\overrightarrow{\mathrm{OP}}=\vec{0}\quad \text{または}\quad \overrightarrow{\mathrm{AP}}=\vec{0}$$

このとき，①が成り立つから，点Pは $|\vec{p}|^2-\vec{p}\cdot\vec{a}=0$ を満たす。

したがって，$|\vec{p}|^2-\vec{p}\cdot\vec{a}=0$ を満たす点P全体の集合は

線分OAを直径とする円　答

研究　点と直線の距離

まとめ

点と直線の距離

点 $\mathrm{P}(x_1,\ y_1)$ と直線 $ax+by+c=0$ の距離 d は

$$d=\frac{|ax_1+by_1+c|}{\sqrt{a^2+b^2}}$$

第1章 第2節　問　題

教 p.51

7 平行四辺形OABCの辺OAと辺OCを2：1に内分する点を，それぞれD，Eとし，対角線OBを1：2に内分する点をFとする。このとき，3点D，F，Eは一直線上にあることを証明せよ。

指針　**3点が一直線上にあることの証明**　$\overrightarrow{OA}=\vec{a}$，$\overrightarrow{OC}=\vec{c}$ として，$\overrightarrow{DE}$，$\overrightarrow{DF}$ を $\vec{a}$，$\vec{c}$ で表し，$\overrightarrow{DE}=k\overrightarrow{DF}$ となる実数 k があることを示す。

解答　$\overrightarrow{OA}=\vec{a}$，$\overrightarrow{OC}=\vec{c}$ とする。

$$\overrightarrow{DE}=\overrightarrow{OE}-\overrightarrow{OD}=\frac{2}{3}\vec{c}-\frac{2}{3}\vec{a}$$

$$\overrightarrow{DF}=\overrightarrow{OF}-\overrightarrow{OD}=\frac{1}{3}\overrightarrow{OB}-\overrightarrow{OD}$$

$$=\frac{1}{3}(\vec{a}+\vec{c})-\frac{2}{3}\vec{a}$$

$$=\frac{1}{3}\vec{c}-\frac{1}{3}\vec{a}$$

よって　$\overrightarrow{DE}=2\overrightarrow{DF}$

したがって，3点D，F，Eは一直線上にある。 終

教 p.51

8 △OABにおいて，辺OAを2：3に内分する点をC，辺OBを1：3に内分する点をD，辺ABの中点をEとし，線分BCと線分EDの交点をPとする。$\overrightarrow{OA}=\vec{a}$，$\overrightarrow{OB}=\vec{b}$ とするとき，$\overrightarrow{OP}$を $\vec{a}$，$\vec{b}$ を用いて表せ。

指針　**線分の交点**　点Pは線分BCを $s:(1-s)$ に内分する点として，$\overrightarrow{OP}$ を $\vec{a}$，$\vec{b}$ で表す。また，点Pは線分DEを $t:(1-t)$ に内分する点として，$\overrightarrow{OP}$ を $\vec{a}$，$\vec{b}$ で表す。$\overrightarrow{OP}$ の表し方はただ1通りしかないことから，s，t の値が定まる。

解答　BP：PC$=s:(1-s)$ とすると

$$\overrightarrow{OP}=s\overrightarrow{OC}+(1-s)\overrightarrow{OB}$$

$$=\frac{2}{5}s\vec{a}+(1-s)\vec{b}\quad\cdots\cdots①$$

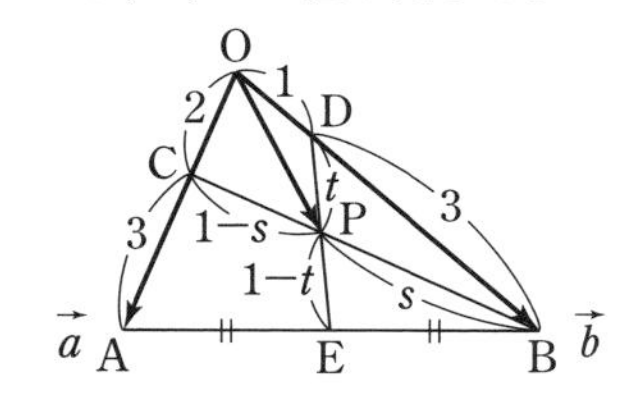

DP：PE$=t:(1-t)$ とすると

$$\overrightarrow{OP}=t\overrightarrow{OE}+(1-t)\overrightarrow{OD}$$

$$=t\left(\frac{\vec{a}+\vec{b}}{2}\right)+(1-t)\times\frac{1}{4}\vec{b}$$

$$=\frac{t}{2}\vec{a}+\frac{t+1}{4}\vec{b}\quad\cdots\cdots②$$

$\vec{a}\neq\vec{0}$，$\vec{b}\neq\vec{0}$ で，$\vec{a}$ と $\vec{b}$ は平行でないから，①，②より

$$\frac{2}{5}s=\frac{t}{2},\quad 1-s=\frac{t+1}{4}$$

これを解くと　$s=\dfrac{5}{8}$，$t=\dfrac{1}{2}$

よって　$\overrightarrow{\mathbf{OP}}=\dfrac{1}{4}\vec{a}+\dfrac{3}{8}\vec{b}$ 答

教 p.51

9 法線ベクトルを利用して，2 直線 $2x+4y+1=0$，$x-3y-7=0$ のなす鋭角 α を求めよ。

指針　**2 直線のなす鋭角**　直線 $ax+by+c=0$ の法線ベクトルの 1 つは $(a,\ b)$ である。
2 直線の法線ベクトル $\vec{m}$，$\vec{n}$ のなす角を θ とする。

[1]　$\cos\theta=\dfrac{\vec{m}\cdot\vec{n}}{|\vec{m}||\vec{n}|}$ から θ を求める。

[2]　$0^\circ\leqq\theta\leqq90^\circ$　のとき　$\alpha=\theta$
　　$90^\circ\leqq\theta\leqq180^\circ$ のとき　$\alpha=180^\circ-\theta$

解答　2 直線の法線ベクトルのなす角を θ とすると，
求める角 α は θ または $180^\circ-\theta$ に等しい。

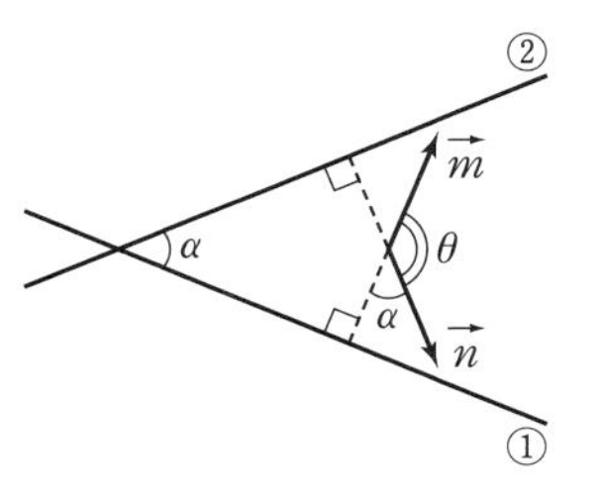

直線 $2x+4y+1=0$　……①
の法線ベクトルの 1 つを $\vec{m}$ とすると

$$\vec{m}=(2,\ 4)$$

直線 $x-3y-7=0$　……②
の法線ベクトルの 1 つを $\vec{n}$ とすると

$$\vec{n}=(1,\ -3)$$

このとき

$$\vec{m}\cdot\vec{n}=2\times1+4\times(-3)=-10$$
$$|\vec{m}|=\sqrt{2^2+4^2}=2\sqrt{5}$$
$$|\vec{n}|=\sqrt{1^2+(-3)^2}=\sqrt{10}$$

であるから

$$\cos\theta=\frac{\vec{m}\cdot\vec{n}}{|\vec{m}||\vec{n}|}=\frac{-10}{2\sqrt{5}\sqrt{10}}=-\frac{1}{\sqrt{2}}$$

$0^\circ\leqq\theta\leqq180^\circ$ の範囲で θ を求めると

$$\theta=135^\circ$$

よって，求める鋭角 α は　$\alpha=180^\circ-135^\circ=\mathbf{45^\circ}$ 答

教 p.51

10 点 $C(\vec{c})$ を中心とする半径 r の円上の点を $A(\vec{a})$ とする。このとき，点Aにおける円の接線のベクトル方程式は，その接線上の点を $P(\vec{p})$ として $(\vec{p}-\vec{c})\cdot(\vec{a}-\vec{c})=r^2$ で与えられることを示せ。

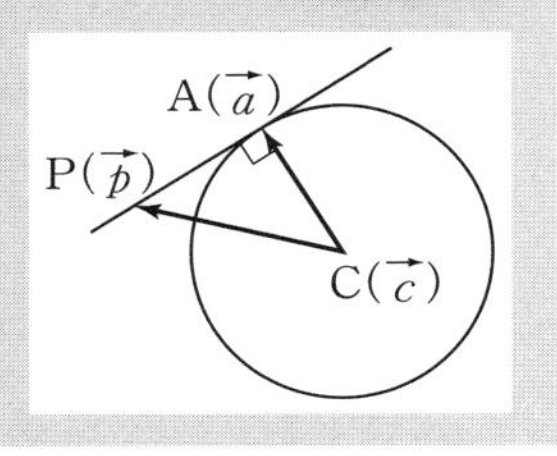

指針 **円の接線のベクトル方程式**　円の接線APは，半径CAに垂直であるから
$\overrightarrow{AP}\perp\overrightarrow{CA}$　　また　$CA=r$　　これをベクトルで表す。

解答 $P(\vec{p})$ を接線上のA以外の点とする。
接線APは点Aにおいて半径CAに垂直であるから

$$\overrightarrow{AP}\perp\overrightarrow{CA}$$

よって　$\overrightarrow{AP}\cdot\overrightarrow{CA}=0$

$\overrightarrow{AP}=\vec{p}-\vec{a}$，$\overrightarrow{CA}=\vec{a}-\vec{c}$ であるから

$$(\vec{p}-\vec{a})\cdot(\vec{a}-\vec{c})=0$$

よって　$\{(\vec{p}-\vec{c})-(\vec{a}-\vec{c})\}\cdot(\vec{a}-\vec{c})=0$

$$(\vec{p}-\vec{c})\cdot(\vec{a}-\vec{c})=|\vec{a}-\vec{c}|^2$$

$|\vec{a}-\vec{c}|^2=r^2$ であるから

$$(\vec{p}-\vec{c})\cdot(\vec{a}-\vec{c})=r^2$$

PがAに一致するときは $\overrightarrow{AP}=\vec{0}$ であるから，このときも $\overrightarrow{AP}\cdot\overrightarrow{CA}=0$ が成り立つ。
よって，上と同様にして

$$(\vec{p}-\vec{c})\cdot(\vec{a}-\vec{c})=r^2$$

したがって，接線のベクトル方程式は

$$(\vec{p}-\vec{c})\cdot(\vec{a}-\vec{c})=r^2$$ 終

教 p.51

11 海上を航行する2隻（せき）の船A，Bがあり，船Bは船Aから見て西に50 kmの位置にある。船Aは北に，船Bは北東に向かって一定の速さで航行しており，船Aの速さは時速20 kmであるとする。
(1)　船Bも時速20 kmで航行しているとき，船Bが船Aから見てちょうど南東方向に見えるのは何時間後か求めよ。
(2)　衝突を回避するために，2隻の船A，Bが衝突する船Bの速さを事前に求めたい。船Aと衝突してしまう船Bの速さを求めよ。

教科書 p.51

指針 **位置ベクトル**

(1) 東西を x 軸，南北を y 軸にとって考える。南東方向を表すベクトルの1つは$(1,\ -1)$であるから，$\overrightarrow{AB}=k(1,\ -1)$と表されることを利用する。

(2) 船Aと船Bが衝突するのは$\overrightarrow{OA}=\overrightarrow{OB}$となるときである。このときの船Bの速さを求める。

解答 x 軸の正の方向を東，y 軸の正の方向を北にとり，船Bが船Aから見て西に50 kmの位置にあるときのBの位置を原点Oとし，1 kmを距離1とする座標平面を考える。

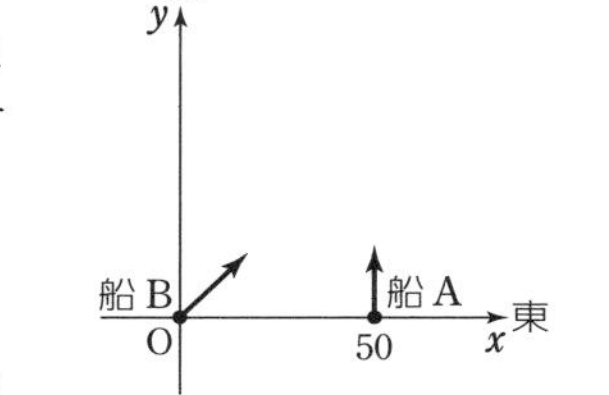

また，t 時間後の2隻の船の位置をA，Bとする。

(1) $\overrightarrow{OA}$, $\overrightarrow{OB}$を成分表示すると

$$\overrightarrow{OA}=(50,\ 20t),\ \overrightarrow{OB}=(10\sqrt{2}\,t,\ 10\sqrt{2}\,t)$$

船Bが船Aから見てちょうど南東方向に見えるとき，$\overrightarrow{AB}=k(1,\ -1)\ (k>0)$と表される。

ゆえに　$(10\sqrt{2}\,t-50,\ 10\sqrt{2}\,t-20t)=k(1,\ -1)$

すなわち　$10\sqrt{2}\,t-50=k,\ 10\sqrt{2}\,t-20t=-k$

これを解くと　$t=\dfrac{5\sqrt{2}+5}{2},\ k=25\sqrt{2}$

よって　$\boldsymbol{\dfrac{5\sqrt{2}+5}{2}}$ **時間後** 答

(2) 船Bの速さを時速 v kmとすると

$$\overrightarrow{OA}=(50,\ 20t),\ \overrightarrow{OB}=\left(\frac{v}{\sqrt{2}}t,\ \frac{v}{\sqrt{2}}t\right)$$

船Aと船Bが衝突するのは，$\overrightarrow{OA}=\overrightarrow{OB}$のときであるから

$$50=\frac{vt}{\sqrt{2}},\ 20t=\frac{vt}{\sqrt{2}}$$

これを解くと　$v=20\sqrt{2},\ t=\dfrac{5}{2}$

よって　**時速 $\boldsymbol{20\sqrt{2}}$ km** 答

第1章　章末問題A

教 p.52

1. $|\vec{a}|=1$，$|\vec{b}|=2$ のとき，次の値の最大値，最小値を求めよ。

(1) $\vec{a}\cdot\vec{b}$　　(2) $|\vec{a}-\vec{b}|$

指針 **内積の性質**

(2) $|\vec{a}-\vec{b}|^2$ として内積の計算法則を利用する。

解答 $\vec{a}$，$\vec{b}$ のなす角を θ $(0°\leqq\theta\leqq180°)$ とする。

(1) $\vec{a}\cdot\vec{b}=|\vec{a}||\vec{b}|\cos\theta=2\cos\theta$

$0°\leqq\theta\leqq180°$ より $-1\leqq\cos\theta\leqq1$ であるから

$$-2\leqq\vec{a}\cdot\vec{b}\leqq2$$

よって　**最大値 2，最小値 −2**　答

(2) $|\vec{a}-\vec{b}|^2=|\vec{a}|^2-2\vec{a}\cdot\vec{b}+|\vec{b}|^2=1^2-2\vec{a}\cdot\vec{b}+2^2$

$=5-2\vec{a}\cdot\vec{b}$

(1)より，$-2\leqq\vec{a}\cdot\vec{b}\leqq2$ であるから

$$-4\leqq-2\vec{a}\cdot\vec{b}\leqq4$$

$$1\leqq5-2\vec{a}\cdot\vec{b}\leqq9$$

すなわち　$1\leqq|\vec{a}-\vec{b}|^2\leqq9$

$|\vec{a}-\vec{b}|\geqq0$ より　$1\leqq|\vec{a}-\vec{b}|\leqq3$

よって　**最大値 3，最小値 1**　答

教 p.52

2. t を実数，$\vec{a}=(3,\ 1)$，$\vec{b}=(1,\ 2)$ とする。

(1) $|\vec{a}+t\vec{b}|$ の最小値とそのときの t の値を求めよ。

(2) $\vec{a}+t\vec{b}$ と $\vec{b}$ のなす角を θ とする。t が(1)で求めた値のとき，θ を求めよ。

指針 **ベクトルの絶対値の最小値，ベクトルのなす角**

(1) $|\vec{a}+t\vec{b}|^2$ の最小値を求める。t の2次関数の最小値の問題に帰着。

解答 (1) $\vec{a}+t\vec{b}=(3,\ 1)+t(1,\ 2)=(t+3,\ 2t+1)$ ……①

であるから　$|\vec{a}+t\vec{b}|^2=(t+3)^2+(2t+1)^2=5t^2+10t+10$

$=5(t+1)^2+5$

よって　$|\vec{a}+t\vec{b}|^2$ は $t=-1$ で最小値 5 をとる。

$|\vec{a}+t\vec{b}|\geqq0$ であるから，$|\vec{a}+t\vec{b}|$ は **$t=-1$ で最小値 $\sqrt{5}$** をとる。　答

(2) $t=-1$ のとき，①より　$\vec{a}+t\vec{b}=(2,\ -1)$

このとき　$(\vec{a}+t\vec{b})\cdot\vec{b}=2\times1+(-1)\times2=0$

$\vec{a}+t\vec{b}\neq\vec{0}$，$\vec{b}\neq\vec{0}$ であるから　**$\theta=90°$**　答

教 p.52

3. $\vec{a}=(2,\ x)$, $\vec{b}=(x+1,\ 3)$ とする。

(1) $2\vec{a}+\vec{b}$ と $\vec{a}-2\vec{b}$ が垂直になるように，x の値を定めよ。

(2) $2\vec{a}+\vec{b}$ と $\vec{a}-2\vec{b}$ が平行になるように，x の値を定めよ。

指針 **ベクトルの垂直，平行**　$\vec{a}\neq\vec{0}$, $\vec{b}\neq\vec{0}$ で，$\vec{a}=(a_1,\ a_2)$, $\vec{b}=(b_1,\ b_2)$ のとき

$$\vec{a}\perp\vec{b} \iff a_1b_1+a_2b_2=0$$

$$\vec{a}\parallel\vec{b} \iff a_1b_2-a_2b_1=0$$

解答 $2\vec{a}+\vec{b}=2(2,\ x)+(x+1,\ 3)=(x+5,\ 2x+3)$

$\vec{a}-2\vec{b}=(2,\ x)-2(x+1,\ 3)=(-2x,\ x-6)$

(1) $2\vec{a}+\vec{b}$ と $\vec{a}-2\vec{b}$ が垂直になるとき

$$(2\vec{a}+\vec{b})\cdot(\vec{a}-2\vec{b})=0$$

すなわち　$(x+5)(-2x)+(2x+3)(x-6)=0$

式を整理して　$-19x-18=0$

これを解いて　$x=-\dfrac{18}{19}$ 答

(2) $2\vec{a}+\vec{b}$ と $\vec{a}-2\vec{b}$ が平行になるとき

$$(x+5)(x-6)-(2x+3)(-2x)=0$$

式を整理して　$x^2+x-6=0$

すなわち　$(x-2)(x+3)=0$

これを解いて　$x=2,\ -3$ 答

教 p.52

4. △ABC の外心を O，重心を G とし，$\overrightarrow{OH}=\overrightarrow{OA}+\overrightarrow{OB}+\overrightarrow{OC}$ とする。

(1) 点 O，G，H は一直線上にあることを証明せよ。

(2) H は △ABC の垂心であることを証明せよ。

指針 **三角形の外心，重心**

(1) $\overrightarrow{OH}=k\overrightarrow{OG}$ となる実数 k があることを示す。

(2) △ABC が直角三角形の場合と，そうでない場合に分けて示す。

直角三角形でない場合に $|\overrightarrow{OA}|=|\overrightarrow{OB}|=|\overrightarrow{OC}|$ を利用する。

解答 (1) G は△ABC の重心であるから

$$\overrightarrow{OG}=\frac{\overrightarrow{OA}+\overrightarrow{OB}+\overrightarrow{OC}}{3}$$

よって　$\overrightarrow{OH}=\overrightarrow{OA}+\overrightarrow{OB}+\overrightarrow{OC}=3\overrightarrow{OG}$

したがって，点 O，G，H は一直線上にある。 終

(2) $\angle A=90^\circ$ のとき

B，C は外接円の直径の両端の点であるから

$$\overrightarrow{OH}=\overrightarrow{OA}+\overrightarrow{OB}+\overrightarrow{OC}=\overrightarrow{OA}$$

よって，H は A に一致する。

このとき，H は △ABC の垂心である。

同様に，$\angle B=90^\circ$，$\angle C=90^\circ$ の場合もそれぞれ $\overrightarrow{OH}=\overrightarrow{OB}$，$\overrightarrow{OH}=\overrightarrow{OC}$ となり H は B，C にそれぞれ一致し H は △ABC の垂心となる。

△ABC が直角三角形でないとき

$$\overrightarrow{AH}=\overrightarrow{OH}-\overrightarrow{OA}=\overrightarrow{OB}+\overrightarrow{OC}$$

線分 OC，線分 OB はともに外接円の半径であるから

$$\overrightarrow{AH}\cdot\overrightarrow{BC}=(\overrightarrow{OB}+\overrightarrow{OC})\cdot(\overrightarrow{OC}-\overrightarrow{OB})=|\overrightarrow{OC}|^2-|\overrightarrow{OB}|^2=0$$

$\overrightarrow{AH}\neq\vec{0}$，$\overrightarrow{BC}\neq\vec{0}$ であるから　$\overrightarrow{AH}\perp\overrightarrow{BC}$　　よって　$AH\perp BC$

同様にして $\overrightarrow{BH}\cdot\overrightarrow{CA}=0$，$\overrightarrow{CH}\cdot\overrightarrow{AB}=0$ が示されるから

$$BH\perp CA,\ CH\perp AB$$

したがって，H は△ABC の垂心である。 終

教 p.52

5. △ABC において，辺 AB を 1：2 に内分する点を D，辺 BC を 3：1 に内分する点を E，辺 CA を 2：3 に内分する点を F とする。また，線分 AE と線分 CD の交点を P とするとき，次の問いに答えよ。

(1) $\overrightarrow{AB}=\vec{b}$，$\overrightarrow{AC}=\vec{c}$ とするとき，$\overrightarrow{AP}$ を $\vec{b}$，$\vec{c}$ を用いて表せ。

(2) 3 点 B，P，F は一直線上にあることを示せ。

指針 **3 点が一直線上にあることの証明**

(1) $\overrightarrow{AP}$ を $\vec{b}$，$\vec{c}$ を用いて 2 通りに表す。

(2) $\overrightarrow{BP}=k\overrightarrow{BF}$ となる実数 k があることを示す。

解答 (1) P は線分 AE 上の点であるから

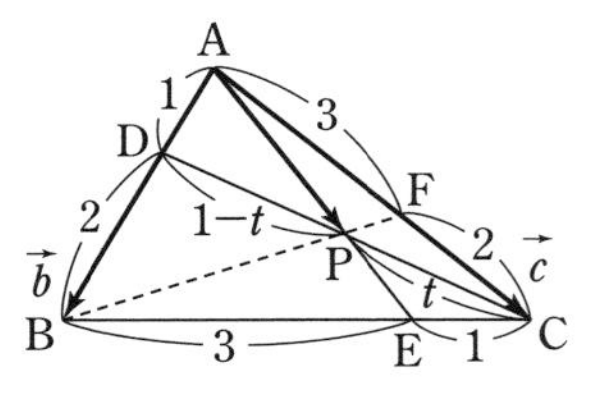

$$\overrightarrow{AP}=k\overrightarrow{AE}$$

$$=k\left(\frac{\overrightarrow{AB}+3\overrightarrow{AC}}{3+1}\right)$$

$$=\frac{1}{4}k\overrightarrow{AB}+\frac{3}{4}k\overrightarrow{AC}$$

$$=\frac{1}{4}k\vec{b}+\frac{3}{4}k\vec{c}\quad\cdots\cdots ①$$

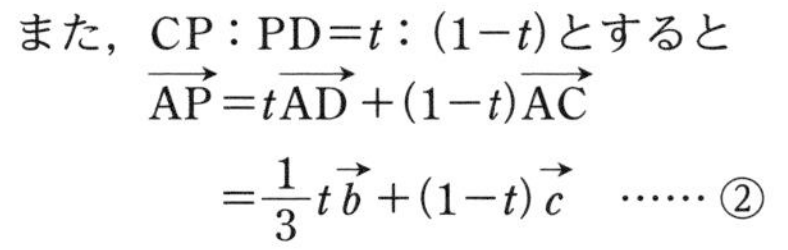

また，CP：PD$=t$：$(1-t)$とすると

$$\overrightarrow{AP}=t\overrightarrow{AD}+(1-t)\overrightarrow{AC}$$

$$=\frac{1}{3}t\vec{b}+(1-t)\vec{c}\quad\cdots\cdots ②$$

$\vec{b} \neq \vec{0}$, $\vec{c} \neq \vec{0}$ で，$\vec{b}$ と $\vec{c}$ は平行でないから，①，②より

$$\frac{1}{4}k=\frac{1}{3}t, \quad \frac{3}{4}k=1-t$$

これを解くと　$k=\frac{2}{3}$，$t=\frac{1}{2}$

よって　$\overrightarrow{\mathbf{AP}}=\frac{\mathbf{1}}{\mathbf{6}}\vec{\boldsymbol{b}}+\frac{\mathbf{1}}{\mathbf{2}}\vec{\boldsymbol{c}}$　答

(2)　$\overrightarrow{\mathrm{BP}}=\overrightarrow{\mathrm{AP}}-\overrightarrow{\mathrm{AB}}=\frac{1}{6}\vec{b}+\frac{1}{2}\vec{c}-\vec{b}=\frac{-5\vec{b}+3\vec{c}}{6}$

$\overrightarrow{\mathrm{BF}}=\overrightarrow{\mathrm{AF}}-\overrightarrow{\mathrm{AB}}=\frac{3}{5}\vec{c}-\vec{b}=\frac{-5\vec{b}+3\vec{c}}{5}$

よって　$\overrightarrow{\mathrm{BP}}=\frac{5}{6}\overrightarrow{\mathrm{BF}}$　　←$\frac{1}{6}\div\frac{1}{5}=\frac{1}{6}\times5=\frac{5}{6}$

したがって，3点B，P，Fは一直線上にある。 終

教 p.52

6. △OABにおいて，辺OAを2：1に内分する点をC，辺OBの中点をDとし，線分ADと線分BCの交点をPとする。実数 m，n を用いて，$\overrightarrow{\mathrm{OP}}=m\overrightarrow{\mathrm{OA}}+n\overrightarrow{\mathrm{OB}}$ と表すとき，次の□に適する数は何か。また，m，n の値を求めよ。

(1)　$\overrightarrow{\mathrm{OP}}=m\overrightarrow{\mathrm{OA}}+\square n\overrightarrow{\mathrm{OD}}$　　(2)　$\overrightarrow{\mathrm{OP}}=\square m\overrightarrow{\mathrm{OC}}+n\overrightarrow{\mathrm{OB}}$

指針　**ベクトルの等式と点の存在範囲**

m，n の値は，点Pが線分AD，BC上にあること，すなわち

$$\vec{p}=s\vec{a}+t\vec{b}, \quad s+t=1,\ s\geqq0,\ t\geqq0$$

を利用する。

解答　(1)　$\overrightarrow{\mathrm{OB}}=2\overrightarrow{\mathrm{OD}}$ であるから

$$\overrightarrow{\mathrm{OP}}=m\overrightarrow{\mathrm{OA}}+2n\overrightarrow{\mathrm{OD}}$$　答　2

(2)　$\overrightarrow{\mathrm{OC}}=\frac{2}{3}\overrightarrow{\mathrm{OA}}$ より，$\overrightarrow{\mathrm{OA}}=\frac{3}{2}\overrightarrow{\mathrm{OC}}$ であるから

$$\overrightarrow{\mathrm{OP}}=\frac{3}{2}m\overrightarrow{\mathrm{OC}}+n\overrightarrow{\mathrm{OB}}$$　答　$\frac{3}{2}$

次に，m，n の値を求める。

(1)より，Pは線分AD上の点であるから

$$m+2n=1 \quad \cdots\cdots ①$$

(2)より，Pは線分BC上の点であるから

$$\frac{3}{2}m+n=1 \quad \cdots\cdots ②$$

①，②を連立させて解くと　$\boldsymbol{m}=\frac{\mathbf{1}}{\mathbf{2}}$，$\boldsymbol{n}=\frac{\mathbf{1}}{\mathbf{4}}$　答

第1章　章末問題B

教 p.53

7. △ABC と点 P に対して，等式 $3\overrightarrow{AP}+4\overrightarrow{BP}+5\overrightarrow{CP}=\vec{0}$ が成り立つ。

(1) $\overrightarrow{AP}$ を $\overrightarrow{AB}$，$\overrightarrow{AC}$ を用いて表せ。

(2) 直線 AP と辺 BC の交点を D とするとき，BD：DC，AP：PD を求めよ。

(3) 面積の比 △PBC：△PCA：△PAB を求めよ。

指針　**等式を満たす点の位置，面積の比**

(2) $\overrightarrow{AP}=k\left(\dfrac{n\overrightarrow{AB}+m\overrightarrow{AC}}{m+n}\right)$ と変形し，$\overrightarrow{AD}=\dfrac{n\overrightarrow{AB}+m\overrightarrow{AC}}{m+n}$ とする。

(3) 高さが等しい三角形の面積比は，底辺の長さの比に等しい。

解答　(1) $3\overrightarrow{AP}+4\overrightarrow{BP}+5\overrightarrow{CP}=\vec{0}$ から

$3\overrightarrow{AP}+4(\overrightarrow{AP}-\overrightarrow{AB})+5(\overrightarrow{AP}-\overrightarrow{AC})=\vec{0}$

よって　$\boldsymbol{\overrightarrow{AP}=\dfrac{4\overrightarrow{AB}+5\overrightarrow{AC}}{12}}$ 答

(2) $\overrightarrow{AP}=\dfrac{4\overrightarrow{AB}+5\overrightarrow{AC}}{12}=\dfrac{9}{12}\left(\dfrac{4\overrightarrow{AB}+5\overrightarrow{AC}}{9}\right)=\dfrac{3}{4}\left(\dfrac{4\overrightarrow{AB}+5\overrightarrow{AC}}{9}\right)$ であるから

$\overrightarrow{AD}=\dfrac{4\overrightarrow{AB}+5\overrightarrow{AC}}{9}$

$\overrightarrow{AD}=\dfrac{4\overrightarrow{AB}+5\overrightarrow{AC}}{5+4}$，$\overrightarrow{AP}=\dfrac{3}{4}\overrightarrow{AD}$ であるから

BD：DC＝5：4，AP：PD＝3：1 答

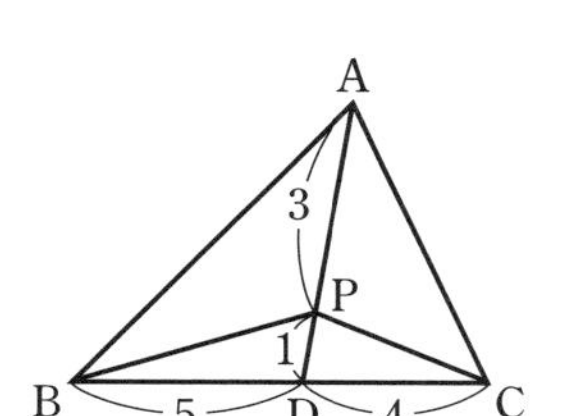

(3) △ABC の面積を S とする。

△PBC：△ABC＝PD：AD＝1：4 であるから

△PBC$=\dfrac{1}{4}S$　…… ①

△ACD：△ABC＝CD：CB＝4：9 であるから

△ACD$=\dfrac{4}{9}S$

さらに，△PCA：△ACD＝AP：AD＝3：4 であるから

△PCA$=\dfrac{3}{4}$△ACD$=\dfrac{3}{4}\times\dfrac{4}{9}S=\dfrac{1}{3}S$　…… ②

また　△PAB＝△ABC－△PBC－△PCA

$=S-\dfrac{1}{4}S-\dfrac{1}{3}S=\dfrac{5}{12}S$　…… ③

①，②，③から

△PBC：△PCA：△PAB$=\dfrac{1}{4}S:\dfrac{1}{3}S:\dfrac{5}{12}S=$**3：4：5** 答

教 p.53

8. △ABC において，辺 BC の中点を M とすると，次の等式が成り立つ。

$$AB^2+AC^2=2(AM^2+BM^2)$$

このことを，ベクトルを用いて証明せよ。

指針 **中線定理の証明** $\overrightarrow{AB}=\vec{b}$，$\overrightarrow{AC}=\vec{c}$ とおいて，AM^2，BM^2 を内積を利用して計算する。等式は **パップスの(中線)定理** という。

解答 $\overrightarrow{AB}=\vec{b}$，$\overrightarrow{AC}=\vec{c}$ とすると

$$\overrightarrow{AM}=\frac{\vec{b}+\vec{c}}{2}$$

$$\overrightarrow{BM}=\overrightarrow{AM}-\overrightarrow{AB}$$

$$=\frac{\vec{b}+\vec{c}}{2}-\vec{b}=\frac{\vec{c}-\vec{b}}{2}$$

ゆえに $AM^2=|\overrightarrow{AM}|^2=\overrightarrow{AM}\cdot\overrightarrow{AM}$

$$=\left(\frac{\vec{b}+\vec{c}}{2}\right)\cdot\left(\frac{\vec{b}+\vec{c}}{2}\right)=\frac{1}{4}(\vec{b}+\vec{c})\cdot(\vec{b}+\vec{c})$$

$$BM^2=|\overrightarrow{BM}|^2=\overrightarrow{BM}\cdot\overrightarrow{BM}$$

$$=\left(\frac{\vec{c}-\vec{b}}{2}\right)\cdot\left(\frac{\vec{c}-\vec{b}}{2}\right)=\frac{1}{4}(\vec{c}-\vec{b})\cdot(\vec{c}-\vec{b})$$

よって

$$2(AM^2+BM^2)=2\times\frac{1}{4}\{(\vec{b}+\vec{c})\cdot(\vec{b}+\vec{c})+(\vec{c}-\vec{b})\cdot(\vec{c}-\vec{b})\}$$

$$=\frac{1}{2}(|\vec{b}|^2+2\vec{b}\cdot\vec{c}+|\vec{c}|^2+|\vec{c}|^2-2\vec{b}\cdot\vec{c}+|\vec{b}|^2)$$

$$=|\vec{b}|^2+|\vec{c}|^2$$

$$=AB^2+AC^2$$

すなわち $AB^2+AC^2=2(AM^2+BM^2)$ が成り立つ。 終

教 p.53

9. △OAB において，辺 OB を 2：1 に内分する点を C，線分 AC の中点を M とし，直線 OM と辺 AB の交点を D とする。次のものを求めよ。

(1) $\overrightarrow{OD}=k\overrightarrow{OM}$ となる実数 k の値

(2) AD：DB

指針 **2 直線の交点**

(1) D は直線 AB 上の点であるから，$\overrightarrow{OD}=s\overrightarrow{OA}+t\overrightarrow{OB}$ と表したとき，$s+t=1$ である。

(2) 内分点の公式を利用して比を求める。

解答 (1) $\overrightarrow{OA}=\vec{a}$, $\overrightarrow{OB}=\vec{b}$ とすると

$$\overrightarrow{OM}=\frac{\overrightarrow{OA}+\overrightarrow{OC}}{2}=\frac{1}{2}\overrightarrow{OA}+\frac{1}{2}\left(\frac{2}{3}\overrightarrow{OB}\right)$$

$$=\frac{1}{2}\vec{a}+\frac{1}{3}\vec{b}$$

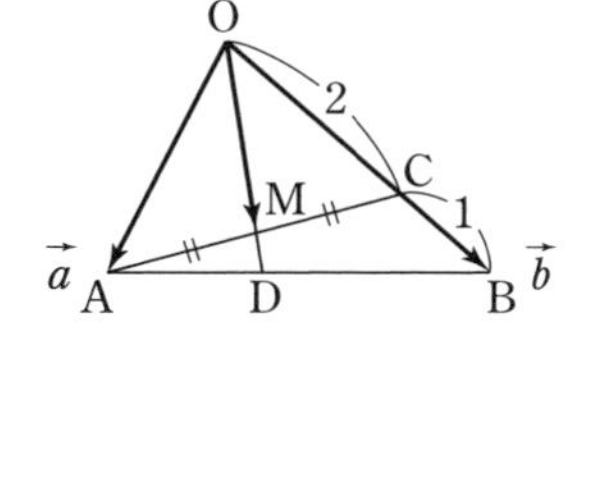

よって $\overrightarrow{OD}=k\overrightarrow{OM}$

$$=k\left(\frac{1}{2}\vec{a}+\frac{1}{3}\vec{b}\right)=\frac{1}{2}k\vec{a}+\frac{1}{3}k\vec{b}$$

D は直線 AB 上の点であるから $\frac{1}{2}k+\frac{1}{3}k=1$

これを解いて $\boldsymbol{k=\frac{6}{5}}$ 答

(2) $\overrightarrow{OD}=\frac{1}{2}\left(\frac{6}{5}\vec{a}\right)+\frac{1}{3}\left(\frac{6}{5}\vec{b}\right)=\frac{3}{5}\vec{a}+\frac{2}{5}\vec{b}=\frac{3\vec{a}+2\vec{b}}{2+3}$

よって AD : DB = 2 : 3 答

教 p.53

10. △OAB において，次の式を満たす点 P の存在範囲を求めよ。

(1) $\overrightarrow{OP}=s\overrightarrow{OA}+2t\overrightarrow{OB}$, $s+t=1$, $s\geqq 0$, $t\geqq 0$

(2) $\overrightarrow{OP}=s\overrightarrow{OA}+t\overrightarrow{OB}$, $0\leqq 3s+2t\leqq 1$, $s\geqq 0$, $t\geqq 0$

指針 **ベクトルの等式と点の存在範囲**

(1) $\overrightarrow{OP}=s\overrightarrow{OA}+t(2\overrightarrow{OB})$ とし，$2\overrightarrow{OB}=\overrightarrow{OB'}$ とおく。

(2) $3s=s'$, $2t=t'$ とおくと $0\leqq s'+t'\leqq 1$, $s'\geqq 0$, $t'\geqq 0$

解答 (1) $\overrightarrow{OP}=s\overrightarrow{OA}+2t\overrightarrow{OB}$

$$=s\overrightarrow{OA}+t(2\overrightarrow{OB})$$

$$s+t=1,\ s\geqq 0,\ t\geqq 0$$

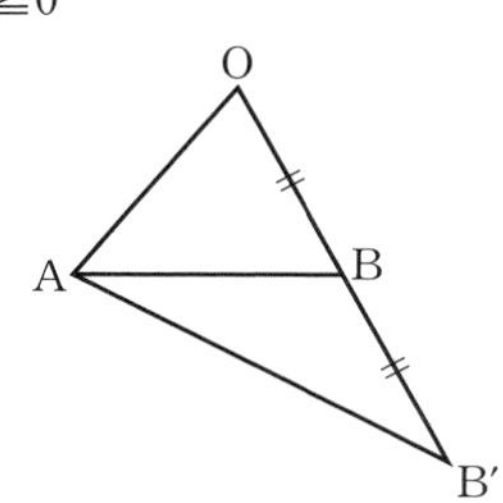

よって，$\boldsymbol{2\overrightarrow{OB}=\overrightarrow{OB'}}$ **とすると，**

点 P の存在範囲は **線分 AB′** である。 答

(2) $3s=s'$, $2t=t'$ とおくと

$$\overrightarrow{OP}=s\overrightarrow{OA}+t\overrightarrow{OB}$$

$$=3s\left(\frac{1}{3}\overrightarrow{OA}\right)+2t\left(\frac{1}{2}\overrightarrow{OB}\right)$$

$$=s'\left(\frac{1}{3}\overrightarrow{OA}\right)+t'\left(\frac{1}{2}\overrightarrow{OB}\right)$$

$$0\leqq s'+t'\leqq 1,\ s'\geqq 0,\ t'\geqq 0$$

よって，$\boldsymbol{\frac{1}{3}\overrightarrow{OA}=\overrightarrow{OA'}}$，$\boldsymbol{\frac{1}{2}\overrightarrow{OB}=\overrightarrow{OB'}}$

とすると， 点 P の存在範囲は

△OA′B′ の周および内部 である。 答

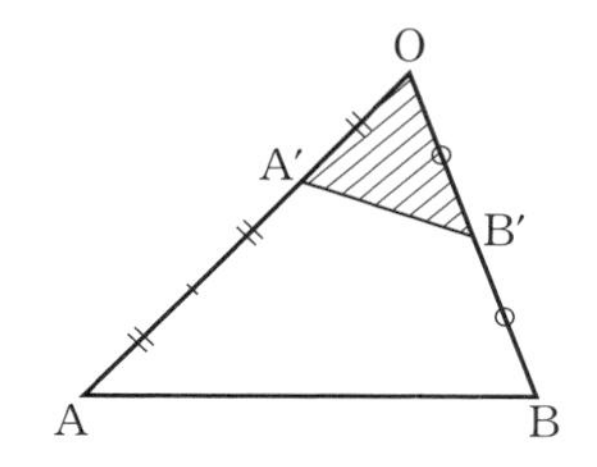

研究 教 p.53

11. 点A(1, 2)から直線 $3x+4y-1=0$ に垂線AHを下ろす。

(1) $\vec{n}=(3,\ 4)$ に対し $\overrightarrow{\mathrm{AH}}=k\vec{n}$ となる実数 k の値を求めよ。

(2) 点Hの座標と線分AHの長さを求めよ。

指針 **直線に下ろした垂線の交点の座標と線分の長さ** 直線上にない1点から，直線に下ろした垂線と直線の交点の座標および垂線の長さを，直線の法線ベクトルを利用して求める問題である。

(1) 点Hの座標を $(x,\ y)$ とおいて，$\overrightarrow{\mathrm{AH}}=k\vec{n}$ から，x，y を k で表し，Hが直線上にあることから，k の値を求める。

(2) (1)の結果を利用する。

解答 (1) 点Hの座標を $(x,\ y)$ とすると，

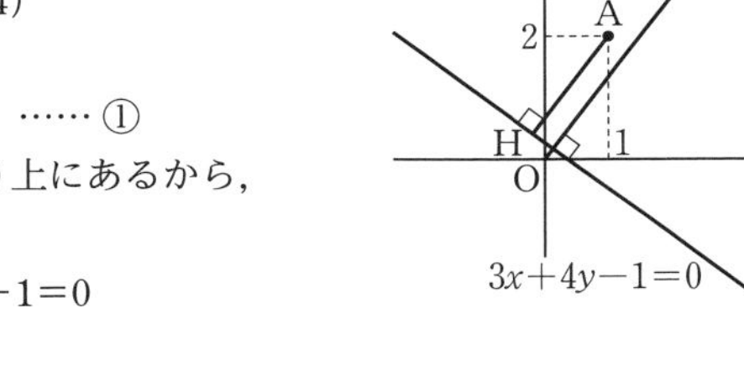

$\overrightarrow{\mathrm{AH}}=k\vec{n}$ から

$$(x-1,\ y-2)=k(3,\ 4)$$

よって

$$x=3k+1,\ y=4k+2 \quad \cdots\cdots ①$$

点Hは直線 $3x+4y-1=0$ 上にあるから，①より

$$3(3k+1)+4(4k+2)-1=0$$

よって　$25k+10=0$

これを解いて　$\boldsymbol{k=-\frac{2}{5}}$ 答

(2) (1)において，$k=-\frac{2}{5}$ を①に代入すると，点Hの座標は

$$\left(-\frac{1}{5},\ \frac{2}{5}\right) \text{ 答}$$

よって，線分AHの長さは

$$\mathbf{AH}=\sqrt{\left(-\frac{1}{5}-1\right)^2+\left(\frac{2}{5}-2\right)^2}$$

$$=\sqrt{\left(-\frac{6}{5}\right)^2+\left(-\frac{8}{5}\right)^2}=\sqrt{\frac{100}{25}}=\mathbf{2} \text{ 答}$$

教 p.53

12. 平面上の異なる 2 点 O，A に対して，$\overrightarrow{OA}=\vec{a}$ とする。このとき，次のベクトル方程式において $\overrightarrow{OP}=\vec{p}$ となる点 P 全体の集合はどのような図形か。

(1) $(\vec{p}+\vec{a})\cdot(\vec{p}-\vec{a})=0$

(2) $|\vec{p}+\vec{a}|=|\vec{p}-\vec{a}|$

指針 **ベクトル方程式の表す図形** (1)は左辺を展開する。(2)は両辺を 2 乗する。
図形的に考えると，$A'(-\vec{a})$ として，

(1) $\overrightarrow{A'P}\cdot\overrightarrow{AP}=0$ より，点 P は線分 A′A を直径とする円周上にある。

(2) $|\overrightarrow{A'P}|=|\overrightarrow{AP}|$ より，点 P は 2 点 A′，A から等距離にある。

解答 (1) $(\vec{p}+\vec{a})\cdot(\vec{p}-\vec{a})=0$ から

$$|\vec{p}|^2-|\vec{a}|^2=0 \qquad すなわち \qquad |\vec{p}|^2=|\vec{a}|^2$$

$|\vec{p}|\geqq 0$，$|\vec{a}|\geqq 0$ であるから

$$|\vec{p}|=|\vec{a}|$$

すなわち　　OP＝OA

したがって，求める点 P 全体の集合は，

点 O を中心とし，線分 OA を半径とする円 である。 答

(2) $|\vec{p}+\vec{a}|=|\vec{p}-\vec{a}|$ から

$$|\vec{p}+\vec{a}|^2=|\vec{p}-\vec{a}|^2$$

よって　　$|\vec{p}|^2+2\vec{p}\cdot\vec{a}+|\vec{a}|^2=|\vec{p}|^2-2\vec{p}\cdot\vec{a}+|\vec{a}|^2$

ゆえに　　$\vec{p}\cdot\vec{a}=0$

$\vec{a}\neq\vec{0}$ であるから

$$\vec{p}=\vec{0} \quad または \quad 「\vec{p}\neq\vec{0},\ \vec{p}\perp\vec{a}」$$

すなわち，P は O に一致するか，または　　OP⊥OA

したがって，求める点 P 全体の集合は，

点 O を通り直線 OA に垂直な直線 である。 答

教科書 $p.56$～57

第2章 ｜ 空間のベクトル

1 空間の点

まとめ

1　座標軸と座標平面

空間に点Oをとる。点Oを共通の原点とし，Oで互いに直交する3本の数直線を，右の図のように定める。これらの数直線をそれぞれ **x軸，y軸，z軸** といい，まとめて **座標軸** という。また，

x軸とy軸が定める平面を **xy平面**，
y軸とz軸が定める平面を **yz平面**，
z軸とx軸が定める平面を **zx平面**

という。これらの3つの平面を，まとめて **座標平面** という。

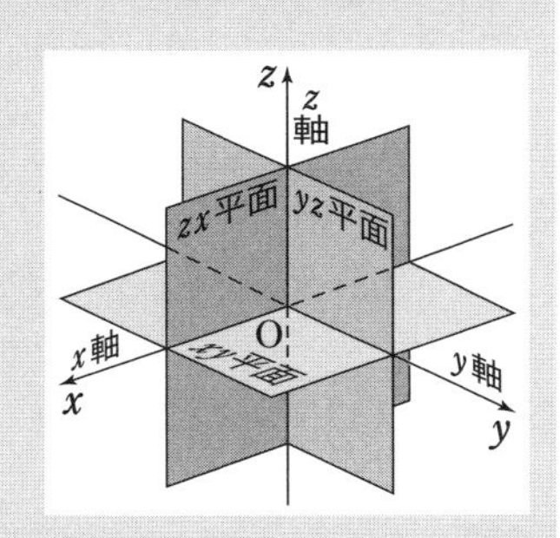

2　点の座標

空間の点Pを通る3つの平面を，それぞれx軸，y軸，z軸に垂直に作る。それらの平面とx軸，y軸，z軸との交点を，それぞれA，B，Cとし，3点A，B，Cのx軸，y軸，z軸に関する座標を，それぞれa，b，cとすると，空間の点Pの位置は，これら3つの実数の組$(a,\ b,\ c)$で表される。この組$(a,\ b,\ c)$を点Pの **座標** といい，a，b，cをそれぞれ点Pの **x座標，y座標，z座標** という。

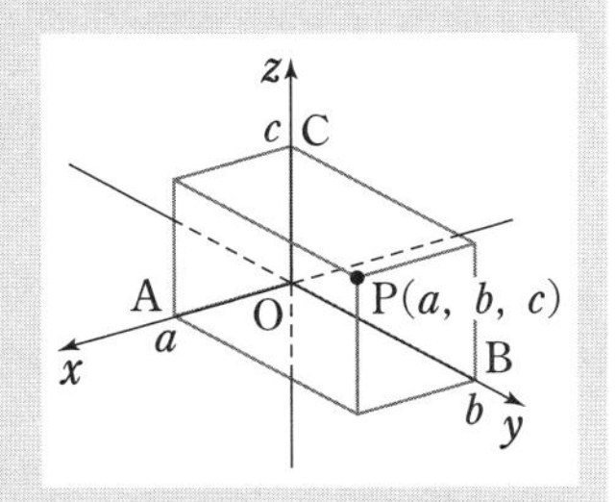

座標が$(a,\ b,\ c)$である点Pを **P$(a,\ b,\ c)$** と書く。

上のように，座標の定められた空間を **座標空間** といい，点Oを座標空間の **原点** という。

原点Oの座標は$(0,\ 0,\ 0)$である。

3　原点Oと点Pの距離

原点Oと点P$(a,\ b,\ c)$の距離は

$$\mathrm{OP}=\sqrt{a^2+b^2+c^2}$$

教科書 $p.57\sim61$

A 空間の点の座標

教 p.57

練習 1

点 $\mathrm{P}(1,\ 3,\ 2)$ に対して，次の点の座標を求めよ。

(1) yz 平面に関して対称な点　(2) zx 平面に関して対称な点

(3) z 軸に関して対称な点　(4) 原点に関して対称な点

指針 **対称な点の座標**　点 $\mathrm{P}(a,\ b,\ c)$ に対して

(1) yz 平面に関して対称な点の座標は　$(-a,\ b,\ c)$

(2) zx 平面に関して対称な点の座標は　$(a,\ -b,\ c)$

(3) z 軸に関して対称な点の座標は　$(-a,\ -b,\ c)$

(4) 原点に関して対称な点の座標は　$(-a,\ -b,\ -c)$

解答 (1) $(-1,\ 3,\ 2)$ 答　(2) $(1,\ -3,\ 2)$ 答

(3) $(-1,\ -3,\ 2)$ 答　(4) $(-1,\ -3,\ -2)$ 答

B 原点 O と点 P の距離

教 p.57

練習 2

原点 O と次の点の距離を求めよ。

(1) $\mathrm{P}(2,\ 3,\ 6)$　(2) $\mathrm{Q}(3,\ -4,\ 5)$

指針 **原点 O と点の距離**　原点 O と点 $\mathrm{P}(a,\ b,\ c)$ の距離は　$\mathrm{OP}=\sqrt{a^2+b^2+c^2}$

解答 (1) $\mathrm{OP}=\sqrt{2^2+3^2+6^2}=\sqrt{49}=7$ 答

(2) $\mathrm{OQ}=\sqrt{3^2+(-4)^2+5^2}=\sqrt{50}=5\sqrt{2}$ 答

2 空間のベクトル

まとめ

1 空間のベクトル

空間においても，平面上の場合と同じように，始点を A，終点を B とする有向線分 AB が表すベクトルを $\overrightarrow{\mathrm{AB}}$ で表す。また，空間のベクトルも $\vec{a}$，$\vec{b}$ などで表すことがある。

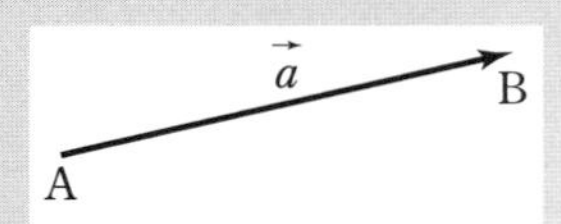

$\overrightarrow{\mathrm{AB}}$，$\vec{a}$ の大きさをそれぞれ $|\overrightarrow{\mathrm{AB}}|$，$|\vec{a}|$ で表す。

2 つのベクトルが等しいことや，$\vec{a}$ の逆ベクトル $-\vec{a}$ の定義は，平面上の場合と同様である。

大きさが 0 のベクトルを **零ベクトル** またはゼロベクトルといい，$\vec{0}$ で表す。

また，大きさが 1 のベクトルを **単位ベクトル** という。これらのことも平面上の場合と同様である。

2　空間のベクトルの和，差，実数倍

空間のベクトルの和，差，実数倍についても，平面上の場合と同様に定義され，同じ性質が成り立つ。さらに，平面上のベクトルについて成り立つ次の性質は，空間のベクトルに対してもそのまま成り立つ。

[1]　$\vec{a}+\vec{b}=\vec{b}+\vec{a}$　　交換法則

$(\vec{a}+\vec{b})+\vec{c}=\vec{a}+(\vec{b}+\vec{c})$　　結合法則

[2]　$\vec{a}+(-\vec{a})=\vec{0}$，　$\vec{a}+\vec{0}=\vec{a}$

[3]　k，l は実数とする。

$k(l\vec{a})=(kl)\vec{a}$，　$(k+l)\vec{a}=k\vec{a}+l\vec{a}$，　$k(\vec{a}+\vec{b})=k\vec{a}+k\vec{b}$

補足　空間のベクトルの加法，減法，実数倍の計算でも，教科書16ページ例4のように，$\vec{a}$，$\vec{b}$ などの式を文字式と同じように扱うことができる。

3　平行六面体

2つずつ平行な3組の平面で囲まれる立体を **平行六面体** という。
直方体も平行六面体である。平行六面体の各面は，平行四辺形である。

4　ベクトルの分解

空間において，同じ平面上にない4点O，A，B，Cが与えられたとき，
$\overrightarrow{OA}=\vec{a}$，$\overrightarrow{OB}=\vec{b}$，$\overrightarrow{OC}=\vec{c}$ とすると，
どのようなベクトル $\vec{p}$ も，$\vec{a}$，$\vec{b}$，$\vec{c}$ と適当な実数 s，t，u を用いて

$$\vec{p}=s\vec{a}+t\vec{b}+u\vec{c}$$

の形に表すことができる。また，この表し方はただ1通りである。
空間におけるこのような3つのベクトル $\vec{a}$，$\vec{b}$，$\vec{c}$ は **1次独立** であるという。

注意　一直線上にない3点O，A，Bを通る平面は，ただ1つ定まる。
この平面を，平面OABということがある。

A 空間のベクトル

練習 3　教 p.59

教科書の例2において，$\overrightarrow{AE}$ に等しいベクトルで $\overrightarrow{AE}$ 以外のものをすべてあげよ。また，$\overrightarrow{AD}$ の逆ベクトルで $\overrightarrow{DA}$ 以外のものをすべてあげよ。

指針　**等しいベクトル・逆ベクトル**　等しいベクトルは，向きが同じで大きさが等しいベクトルである。逆ベクトルは向きが反対で大きさが等しいベクトルである。よって，辺AE，ADとそれぞれ平行な辺について考える。

解答　辺AEに平行な辺は　　辺BF，CG，DH
よって，$\overrightarrow{AE}$ に等しいベクトルは
　　$\overrightarrow{\mathbf{BF}}$，$\overrightarrow{\mathbf{CG}}$，$\overrightarrow{\mathbf{DH}}$　答

また，辺ADに平行な辺は　辺BC，FG，EH

よって，$\overrightarrow{\mathrm{AD}}$ の逆ベクトルは，$\overrightarrow{\mathrm{AD}}$ と向きが反対で大きさが等しいベクトルであるから

$\overrightarrow{\mathbf{CB}}$，$\overrightarrow{\mathbf{GF}}$，$\overrightarrow{\mathbf{HE}}$　答

練習 4　教 p.60

教科書の例3の直方体において，次の□に適する頂点の文字を求めよ。

(1)　$\overrightarrow{\mathrm{AB}}+\overrightarrow{\mathrm{FG}}=\overrightarrow{\mathrm{A}\square}$　　(2)　$\overrightarrow{\mathrm{AD}}-\overrightarrow{\mathrm{EF}}=\overrightarrow{\square\mathrm{D}}$

指針　**ベクトルの和・差**　等しいベクトルを見つけ，平面上のベクトルとして考えられるようにする。たとえば，$\overrightarrow{\mathrm{FG}}=\overrightarrow{\mathrm{BC}}$ であるから，$\overrightarrow{\mathrm{AB}}+\overrightarrow{\mathrm{FG}}$ は $\overrightarrow{\mathrm{AB}}+\overrightarrow{\mathrm{BC}}$ と等しく，平面ABCD上で考えることができる。

解答　(1)　$\overrightarrow{\mathrm{AB}}+\overrightarrow{\mathrm{FG}}=\overrightarrow{\mathrm{AB}}+\overrightarrow{\mathrm{BC}}=\overrightarrow{\mathrm{AC}}$　答　**C**

(2)　$\overrightarrow{\mathrm{AD}}-\overrightarrow{\mathrm{EF}}=\overrightarrow{\mathrm{AD}}-\overrightarrow{\mathrm{AB}}=\overrightarrow{\mathrm{BD}}$　答　**B**

B　ベクトルの分解

練習 5　教 p.60

教科書の例4において，次のベクトルを $\vec{a}$，$\vec{b}$，$\vec{c}$ を用いて表せ。

(1)　$\overrightarrow{\mathrm{EC}}$　　(2)　$\overrightarrow{\mathrm{BH}}$　　(3)　$\overrightarrow{\mathrm{DF}}$　　(4)　$\overrightarrow{\mathrm{HF}}$

指針　**平行六面体**　例4の平行六面体の図で，ベクトル $\vec{a}$，$\vec{b}$，$\vec{c}$ と等しいベクトルに着目する。たとえば，$\vec{a}$ と等しいベクトルは，$\overrightarrow{\mathrm{AB}}$ 以外に $\overrightarrow{\mathrm{DC}}$，$\overrightarrow{\mathrm{EF}}$，$\overrightarrow{\mathrm{HG}}$ がある。このことを利用して，それぞれのベクトルを $\vec{a}$，$\vec{b}$，$\vec{c}$ を用いて表す。

解答　(1)　$\overrightarrow{\mathrm{EC}}=\overrightarrow{\mathrm{EG}}+\overrightarrow{\mathrm{GC}}$

$=\overrightarrow{\mathrm{EF}}+\overrightarrow{\mathrm{FG}}+\overrightarrow{\mathrm{GC}}$

$=\overrightarrow{\mathrm{AB}}+\overrightarrow{\mathrm{AD}}+\overrightarrow{\mathrm{EA}}$

$=\vec{\boldsymbol{a}}+\vec{\boldsymbol{b}}-\vec{\boldsymbol{c}}$　答

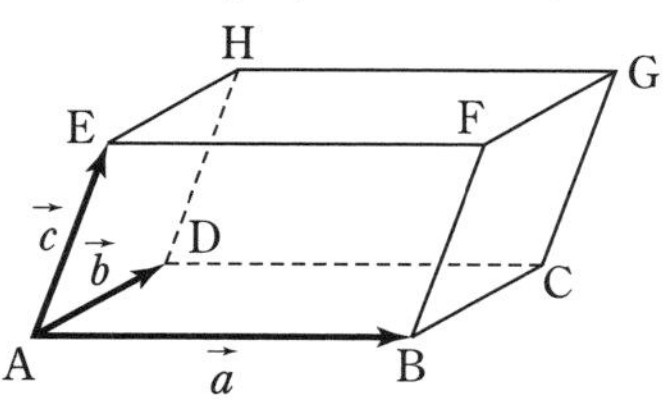

(2)　$\overrightarrow{\mathrm{BH}}=\overrightarrow{\mathrm{BD}}+\overrightarrow{\mathrm{DH}}$

$=\overrightarrow{\mathrm{AD}}-\overrightarrow{\mathrm{AB}}+\overrightarrow{\mathrm{DH}}$

$=-\overrightarrow{\mathrm{AB}}+\overrightarrow{\mathrm{AD}}+\overrightarrow{\mathrm{AE}}$

$=-\vec{\boldsymbol{a}}+\vec{\boldsymbol{b}}+\vec{\boldsymbol{c}}$　答

(3)　$\overrightarrow{\mathrm{DF}}=\overrightarrow{\mathrm{DB}}+\overrightarrow{\mathrm{BF}}=\overrightarrow{\mathrm{AB}}-\overrightarrow{\mathrm{AD}}+\overrightarrow{\mathrm{BF}}$

$=\overrightarrow{\mathrm{AB}}-\overrightarrow{\mathrm{AD}}+\overrightarrow{\mathrm{AE}}$

$=\vec{\boldsymbol{a}}-\vec{\boldsymbol{b}}+\vec{\boldsymbol{c}}$　答

(4)　$\overrightarrow{\mathrm{HF}}=\overrightarrow{\mathrm{HE}}+\overrightarrow{\mathrm{EF}}=\overrightarrow{\mathrm{DA}}+\overrightarrow{\mathrm{AB}}$

$=\overrightarrow{\mathrm{AB}}-\overrightarrow{\mathrm{AD}}$

$=\vec{\boldsymbol{a}}-\vec{\boldsymbol{b}}$　答

3 ベクトルの成分

まとめ

1 ベクトルの成分表示

Oを原点とする座標空間において，x軸，y軸，z軸の正の向きと同じ向きの単位ベクトルを**基本ベクトル**といい，それぞれ $\vec{e_1}$，$\vec{e_2}$，$\vec{e_3}$ で表す。

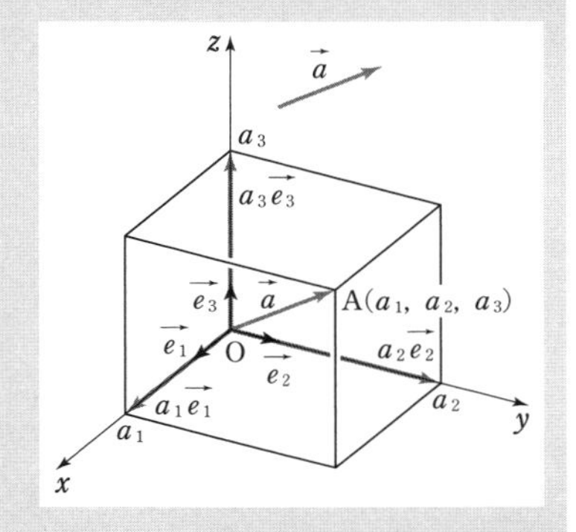

座標空間のベクトル $\vec{a}$ に対し，$\vec{a}=\overrightarrow{OA}$ である点Aの座標が$(a_1,\ a_2,\ a_3)$のとき，右の図より，$\vec{a}$ は $\vec{e_1}$，$\vec{e_2}$，$\vec{e_3}$ を用いて次のようにただ1通りに表される。

$$\vec{a}=a_1\vec{e_1}+a_2\vec{e_2}+a_3\vec{e_3}$$

この $\vec{a}$ を，次のようにも書く。

$$\vec{a}=(a_1,\ a_2,\ a_3) \quad \cdots\cdots ①$$

①の a_1，a_2，a_3 を，それぞれ $\vec{a}$ の **x成分**，**y成分**，**z成分** といい，まとめて $\vec{a}$ の **成分** という。また，①を $\vec{a}$ の **成分表示** という。

空間の基本ベクトル $\vec{e_1}$，$\vec{e_2}$，$\vec{e_3}$ および空間の零ベクトル $\vec{0}$ の成分表示は，次のようになる。

$$\vec{e_1}=(1,\ 0,\ 0),\ \vec{e_2}=(0,\ 1,\ 0),\ \vec{e_3}=(0,\ 0,\ 1),\ \vec{0}=(0,\ 0,\ 0)$$

また，空間の2つのベクトル $\vec{a}=(a_1,\ a_2,\ a_3)$，$\vec{b}=(b_1,\ b_2,\ b_3)$ について，次が成り立つ。

$$\vec{a}=\vec{b} \iff a_1=b_1 \text{ かつ } a_2=b_2 \text{ かつ } a_3=b_3$$

成分表示された空間のベクトルの大きさについて，次のことがいえる。

$\vec{a}=(a_1,\ a_2,\ a_3)$のとき　$|\vec{a}|=\sqrt{a_1^2+a_2^2+a_3^2}$

2 成分表示によるベクトルの演算

平面上の場合と同様に，空間のベクトルの和，差，実数倍の成分表示について，次のことが成り立つ。

$$(a_1,\ a_2,\ a_3)+(b_1,\ b_2,\ b_3)=(a_1+b_1,\ a_2+b_2,\ a_3+b_3)$$
$$(a_1,\ a_2,\ a_3)-(b_1,\ b_2,\ b_3)=(a_1-b_1,\ a_2-b_2,\ a_3-b_3)$$
$$k(a_1,\ a_2,\ a_3)=(ka_1,\ ka_2,\ ka_3) \quad \text{ただし，}k\text{は実数}$$

3 座標空間の点とベクトル

2点$A(a_1,\ a_2,\ a_3)$，$B(b_1,\ b_2,\ b_3)$について

$$\overrightarrow{AB}=(b_1-a_1,\ b_2-a_2,\ b_3-a_3)$$
$$|\overrightarrow{AB}|=\sqrt{(b_1-a_1)^2+(b_2-a_2)^2+(b_3-a_3)^2}$$

A ベクトルの成分表示

教 p.63

練習 6

次のベクトル $\vec{a}$，$\vec{b}$ が等しくなるように，x，y，z の値を定めよ。

$$\vec{a}=(2,\ -1,\ -3),\ \vec{b}=(x-4,\ y+2,\ -z+1)$$

指針 **等しいベクトルと成分表示**　空間の2つのベクトル
$\vec{a}=(a_1,\ a_2,\ a_3)$，$\vec{b}=(b_1,\ b_2,\ b_3)$について

$$\vec{a}=\vec{b} \iff a_1=b_1,\ a_2=b_2,\ a_3=b_3$$

が成り立つ。

解答 $\vec{a}=\vec{b}$ であるための条件は

$$2=x-4,\quad -1=y+2,\quad -3=-z+1$$

よって　$\boldsymbol{x=6,\ y=-3,\ z=4}$ 答

教 p.63

練習 7

次のベクトルの大きさを求めよ。

(1) $\vec{a}=(-1,\ 2,\ -2)$

(2) $\vec{b}=(-5,\ 3,\ -4)$

指針 **ベクトルの成分と大きさ**　$\vec{a}=(a_1,\ a_2,\ a_3)$の大きさは

$$|\vec{a}|=\sqrt{a_1^2+a_2^2+a_3^2}$$

解答 (1) $|\vec{a}|=\sqrt{(-1)^2+2^2+(-2)^2}$

$=\sqrt{9}=\boldsymbol{3}$ 答

(2) $|\vec{b}|=\sqrt{(-5)^2+3^2+(-4)^2}$

$=\sqrt{50}=\boldsymbol{5\sqrt{2}}$ 答

B 成分表示によるベクトルの演算

教 p.64

練習 8

$\vec{a}=(1,\ 3,\ -2)$，$\vec{b}=(4,\ -3,\ 0)$のとき，次のベクトルを成分表示せよ。

(1) $\vec{a}+\vec{b}$　(2) $\vec{a}-\vec{b}$

(3) $2\vec{a}+3\vec{b}$　(4) $-3(\vec{a}-2\vec{b})$

指針 **成分によるベクトルの計算**　成分表示されたベクトルの計算規則により計算する。

(4) 先に(　　)をはずしても，先に(　　)の中を計算してもよい。

教科書 p.64

解答 (1) $\vec{a}+\vec{b}=(1,\ 3,\ -2)+(4,\ -3,\ 0)$
$=(1+4,\ 3+(-3),\ -2+0)$
$=(\mathbf{5},\ \mathbf{0},\ \mathbf{-2})$ 答

(2) $\vec{a}-\vec{b}=(1,\ 3,\ -2)-(4,\ -3,\ 0)$
$=(1-4,\ 3-(-3),\ -2-0)$
$=(\mathbf{-3},\ \mathbf{6},\ \mathbf{-2})$ 答

(3) $2\vec{a}+3\vec{b}=2(1,\ 3,\ -2)+3(4,\ -3,\ 0)$
$=(2+12,\ 6+(-9),\ -4+0)$
$=(\mathbf{14},\ \mathbf{-3},\ \mathbf{-4})$ 答

(4) $-3(\vec{a}-2\vec{b})=-3\vec{a}+6\vec{b}$
$=-3(1,\ 3,\ -2)+6(4,\ -3,\ 0)$
$=(-3+24,\ -9+(-18),\ 6+0)$
$=(\mathbf{21},\ \mathbf{-27},\ \mathbf{6})$ 答

別解 (4) $-3(\vec{a}-2\vec{b})=-3\{(1,\ 3,\ -2)-2(4,\ -3,\ 0)\}$
$=-3(1-8,\ 3-(-6),\ -2-0)$
$=-3(-7,\ 9,\ -2)$
$=(\mathbf{21},\ \mathbf{-27},\ \mathbf{6})$ 答

C 座標空間の点とベクトル

教 p.64

練習 9

次の2点A，Bについて，$\overrightarrow{AB}$ を成分表示し，$|\overrightarrow{AB}|$ を求めよ。

(1) A(2, 1, 4)，B(3, −1, 5)

(2) A(3, 0, −2)，B(1, −4, 2)

指針 **ベクトルの成分と大きさ**　$A(a_1,\ a_2,\ a_3)$，$B(b_1,\ b_2,\ b_3)$のとき
$\overrightarrow{AB}=(b_1-a_1,\ b_2-a_2,\ b_3-a_3)$
$|\overrightarrow{AB}|=\sqrt{(b_1-a_1)^2+(b_2-a_2)^2+(b_3-a_3)^2}$

解答 (1) $\overrightarrow{\mathbf{AB}}=(3-2,\ -1-1,\ 5-4)$
$=(\mathbf{1},\ \mathbf{-2},\ \mathbf{1})$ 答
$|\overrightarrow{\mathbf{AB}}|=\sqrt{1^2+(-2)^2+1^2}$
$=\sqrt{\mathbf{6}}$ 答

(2) $\overrightarrow{\mathbf{AB}}=(1-3,\ -4-0,\ 2-(-2))$
$=(\mathbf{-2},\ \mathbf{-4},\ \mathbf{4})$ 答
$|\overrightarrow{\mathbf{AB}}|=\sqrt{(-2)^2+(-4)^2+4^2}$
$=\sqrt{36}=\mathbf{6}$ 答

4 ベクトルの内積

まとめ

1 ベクトルの内積

空間の $\vec{0}$ でない2つのベクトル $\vec{a}$，$\vec{b}$ について，そのなす角 θ を平面上の場合と同様に定義し，$\vec{a}$ と $\vec{b}$ の内積 $\vec{a}\cdot\vec{b}$ も同じ式

$$\vec{a}\cdot\vec{b}=|\vec{a}||\vec{b}|\cos\theta$$ で定義する。

$\vec{a}=\vec{0}$ または $\vec{b}=\vec{0}$ のとき，$\vec{a}\cdot\vec{b}=0$ と定めることも同じである。

また，次のことが成り立つ。

$\vec{a}=(a_1,\ a_2,\ a_3)$，$\vec{b}=(b_1,\ b_2,\ b_3)$のとき

$$\vec{a}\cdot\vec{b}=a_1b_1+a_2b_2+a_3b_3$$

注意 $\vec{a}=\vec{0}$ または $\vec{b}=\vec{0}$ のときも成り立つ。

2 内積の性質

空間のベクトルの内積についても，平面上の場合と同様に次の性質が成り立つ。

[1] $\vec{a}\cdot\vec{a}=|\vec{a}|^2$

[2] $\vec{a}\cdot\vec{b}=\vec{b}\cdot\vec{a}$

[3] $(\vec{a}+\vec{b})\cdot\vec{c}=\vec{a}\cdot\vec{c}+\vec{b}\cdot\vec{c}$

[4] $\vec{a}\cdot(\vec{b}+\vec{c})=\vec{a}\cdot\vec{b}+\vec{a}\cdot\vec{c}$

[5] $(k\vec{a})\cdot\vec{b}=\vec{a}\cdot(k\vec{b})=k(\vec{a}\cdot\vec{b})$　　ただし，k は実数

3 ベクトルの垂直

空間のベクトルが垂直になる条件についても，平面上の場合と同様に次のことが成り立つ。

$\vec{a}\neq\vec{0}$，$\vec{b}\neq\vec{0}$ のとき

$$\vec{a}\perp\vec{b} \iff \vec{a}\cdot\vec{b}=0$$

A ベクトルの内積

練習 10 教 p.65

1辺の長さが2の立方体ABCD-EFGHについて，次の内積を求めよ。

(1) $\overrightarrow{CD}\cdot\overrightarrow{CF}$

(2) $\overrightarrow{AF}\cdot\overrightarrow{AH}$

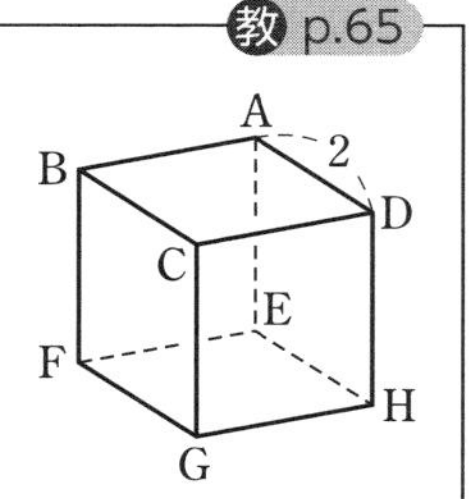

指針 **ベクトルと内積** ベクトルのなす角に関しては，次の点に着目する。

(1) CD は面 BFGC と垂直である。

(2) △AFH は正三角形である。

解答 (1) $\vec{0}$ でない2つのベクトル $\overrightarrow{CD}$ と $\overrightarrow{CF}$ のなす角は $90°$ であるから

$$\overrightarrow{CD}\cdot\overrightarrow{CF}=|\overrightarrow{CD}||\overrightarrow{CF}|\cos 90°=\mathbf{0}$$ 答

(2) $|\overrightarrow{AF}|=2\sqrt{2}$，$|\overrightarrow{AH}|=2\sqrt{2}$　また　$FH=2\sqrt{2}$

よって，△AFH が正三角形であるから

$$\overrightarrow{AF}\cdot\overrightarrow{AH}=|\overrightarrow{AF}||\overrightarrow{AH}|\cos 60°$$

$$=2\sqrt{2}\times2\sqrt{2}\times\frac{1}{2}=4$$ 答

練習 11 教 p.66

次の2つのベクトル $\vec{a}$，$\vec{b}$ について，内積とそのなす角 θ を求めよ。

(1) $\vec{a}=(2,\ -3,\ 1)$，$\vec{b}=(-3,\ 1,\ 2)$

(2) $\vec{a}=(2,\ 4,\ 3)$，　$\vec{b}=(-2,\ 1,\ 0)$

指針 **内積となす角** $\vec{a}=(a_1,\ a_2,\ a_3)$，$\vec{b}=(b_1,\ b_2,\ b_3)$ のとき，内積は

$$\vec{a}\cdot\vec{b}=a_1b_1+a_2b_2+a_3b_3$$

また，なす角 θ は

$$\cos\theta=\frac{\vec{a}\cdot\vec{b}}{|\vec{a}||\vec{b}|}$$

から求める。(2)は，$|\vec{a}|$，$|\vec{b}|$ が0でないことを確かめればよい。

解答 (1) 内積は

$$\boldsymbol{\vec{a}\cdot\vec{b}}=2\times(-3)+(-3)\times1+1\times2=\mathbf{-7}$$ 答

また　$|\vec{a}|=\sqrt{2^2+(-3)^2+1^2}=\sqrt{14}$

$|\vec{b}|=\sqrt{(-3)^2+1^2+2^2}=\sqrt{14}$

であるから

$$\cos\theta=\frac{\vec{a}\cdot\vec{b}}{|\vec{a}||\vec{b}|}=\frac{-7}{\sqrt{14}\sqrt{14}}=-\frac{1}{2}$$

$0°\leqq\theta\leqq180°$ であるから　$\boldsymbol{\theta=120°}$ 答

(2) 内積は

$$\boldsymbol{\vec{a}\cdot\vec{b}}=2\times(-2)+4\times1+3\times0=\mathbf{0}$$ 答

また，$\vec{a}\neq\vec{0}$，$\vec{b}\neq\vec{0}$，$\vec{a}\cdot\vec{b}=0$ であるから

$$\vec{a}\perp\vec{b}$$

よって　$\boldsymbol{\theta=90°}$ 答

教 p.66

練習 12

3 点 A(6, 7, −8), B(5, 5, −6), C(6, 4, −2) を頂点とする △ABC において, ∠ABC の大きさを求めよ。

指針 **三角形の内角** ∠ABC の大きさは $\overrightarrow{BA}$, $\overrightarrow{BC}$ のなす角である。したがって, $\overrightarrow{BA}$, $\overrightarrow{BC}$ の内積と, $|\overrightarrow{BA}|$, $|\overrightarrow{BC}|$ を求めてから, cos∠ABC の値を求める。

解答 $\overrightarrow{BA}=(6-5,\ 7-5,\ -8-(-6))=(1,\ 2,\ -2)$,
$\overrightarrow{BC}=(6-5,\ 4-5,\ -2-(-6))=(1,\ -1,\ 4)$

であるから

$$\overrightarrow{BA}\cdot\overrightarrow{BC}=1\times1+2\times(-1)+(-2)\times4=-9$$
$$|\overrightarrow{BA}|=\sqrt{1^2+2^2+(-2)^2}=3$$
$$|\overrightarrow{BC}|=\sqrt{1^2+(-1)^2+4^2}=3\sqrt{2}$$

よって $\cos\angle ABC=\dfrac{\overrightarrow{BA}\cdot\overrightarrow{BC}}{|\overrightarrow{BA}||\overrightarrow{BC}|}$

$$=\frac{-9}{3\times3\sqrt{2}}=-\frac{1}{\sqrt{2}}$$

$0^\circ\leqq\angle ABC\leqq180^\circ$ であるから **∠ABC＝135°** 答

B ベクトルの垂直

教 p.67

【?】

教科書例題 1 の解答では, ①, ② から y, z を x で表して連立方程式を解いた。x, y を z で表して連立方程式を解いてみよう。

指針 **2 つのベクトルに垂直なベクトル** x, y, z の連立 1 次方程式 ①～③ から, 2 文字(x と y)を消去して 1 文字(z)の方程式を導く。

解説 ※教科書例題 1 の解答の上から 4 行目までは同じ。

① から $y=2x$

② に代入して $6x-2\times2x+z=0$ すなわち $x=-\dfrac{z}{2}$

よって $y=2x=-z$

$x=-\dfrac{z}{2}$, $y=-z$ を ③ に代入すると

$$\left(-\frac{z}{2}\right)^2+(-z)^2+z^2=9$$

整理すると $\dfrac{9}{4}z^2=9$ すなわち $z=\pm2$

$z=2$ のとき $x=-1$, $y=-2$
$z=-2$ のとき $x=1$, $y=2$

答 $\vec{p}=(-1,\ -2,\ 2)$, $(1,\ 2,\ -2)$

教 p.67

練習 13 2つのベクトル $\vec{a}=(2,\ 0,\ -1)$，$\vec{b}=(1,\ 3,\ -2)$ の両方に垂直で，大きさが $\sqrt{6}$ のベクトル $\vec{p}$ を求めよ。

指針 **2つのベクトルに垂直なベクトル** $\vec{p}=(x,\ y,\ z)$ とする。
$\vec{a}\cdot\vec{p}=0$，$\vec{b}\cdot\vec{p}=0$，$|\vec{p}|=\sqrt{6}$ から，x，y，z の連立方程式を作って解く。

解答 $\vec{p}=(x,\ y,\ z)$ とする。
$\vec{a}\perp\vec{p}$ より $\vec{a}\cdot\vec{p}=0$ であるから

$2\times x+0\times y+(-1)\times z=0$

すなわち　$2x-z=0$　…… ①
$\vec{b}\perp\vec{p}$ より $\vec{b}\cdot\vec{p}=0$ であるから

$1\times x+3\times y+(-2)\times z=0$

すなわち　$x+3y-2z=0$　…… ②
$|\vec{p}|^2=(\sqrt{6})^2$ であるから

$x^2+y^2+z^2=6$　…… ③

①，②から，y，z を x で表すと

$y=x$，$z=2x$

これらを③に代入すると

$x^2+x^2+(2x)^2=6$

整理すると　$6x^2=6$
すなわち　$x=\pm1$
$x=1$ のとき　$y=1$，$z=2$
$x=-1$ のとき　$y=-1$，$z=-2$

答　$\vec{p}=(1,\ 1,\ 2)$，$(-1,\ -1,\ -2)$

注意 答のベクトル $\vec{p}$ を $\vec{p}=(\pm1,\ \pm1,\ \pm2)$（複号同順）と書いてもよい。
また，$\vec{p}=\pm(1,\ 1,\ 2)$ と書いてもよい。

5 ベクトルの図形への応用

まとめ

1 位置ベクトル

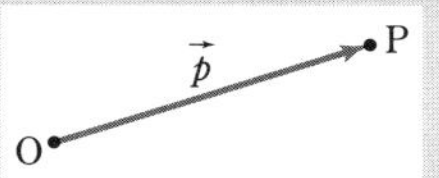

空間においても，点Oを定めておくと，どのような点Pの位置も，ベクトル $\vec{p}=\overrightarrow{\mathrm{OP}}$ によって決まる。
このようなベクトル $\vec{p}$ を，点Oに関する点Pの **位置ベクトル** という。
また，位置ベクトルが $\vec{p}$ である点Pを，$\mathrm{P}(\vec{p})$ で表す。
以下，とくに断らない限り，点Oに関する位置ベクトルを考える。
空間の位置ベクトルについて，平面上の場合と同様に，次のことが成り立つ。

[1] 2点 $\mathrm{A}(\vec{a})$，$\mathrm{B}(\vec{b})$ に対して　$\overrightarrow{\mathrm{AB}}=\vec{b}-\vec{a}$

[2] 2点 $\mathrm{A}(\vec{a})$，$\mathrm{B}(\vec{b})$ に対して，線分ABを $m:n$ に内分する点，$m:n$ に外分する点の位置ベクトルは，次のようになる。

内分 … $\dfrac{n\vec{a}+m\vec{b}}{m+n}$　　外分 … $\dfrac{-n\vec{a}+m\vec{b}}{m-n}$

とくに，線分ABの中点の位置ベクトルは　$\dfrac{\vec{a}+\vec{b}}{2}$

[3] 3点 $\mathrm{A}(\vec{a})$，$\mathrm{B}(\vec{b})$，$\mathrm{C}(\vec{c})$ を頂点とする△ABCの重心Gの位置ベクトル $\vec{g}$ は　$\vec{g}=\dfrac{\vec{a}+\vec{b}+\vec{c}}{3}$

2 一直線上にある点

3点が一直線上にある条件は，次のように空間においても成り立つ。

2点A，Bが異なるとき

点Cが直線AB上にある　⇔　$\overrightarrow{\mathrm{AC}}=k\overrightarrow{\mathrm{AB}}$ となる実数 k がある

3 同じ平面上にある点

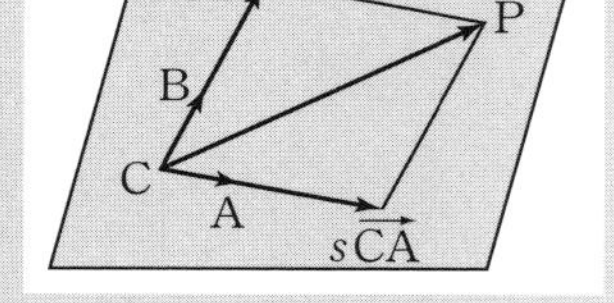

一直線上にない3点A，B，Cの定める平面ABC上に点Pがあるとき

$$\overrightarrow{\mathrm{CP}}=s\overrightarrow{\mathrm{CA}}+t\overrightarrow{\mathrm{CB}}$$

となる実数 s，t がただ1組定まる。
逆に，この式を満たす実数 s，t があるとき，点Pは平面ABC上にある。

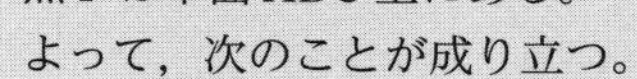

よって，次のことが成り立つ。

点Pが平面ABC上にある
⇔　$\overrightarrow{\mathrm{CP}}=s\overrightarrow{\mathrm{CA}}+t\overrightarrow{\mathrm{CB}}$ となる実数 s，t がある

4 点Pが平面ABC上にある条件

一直線上にない3点 $\mathrm{A}(\vec{a})$，$\mathrm{B}(\vec{b})$，$\mathrm{C}(\vec{c})$ と点 $\mathrm{P}(\vec{p})$ について

点Pが平面ABC上にある
⇔　$\vec{p}=s\vec{a}+t\vec{b}+u\vec{c}$，$s+t+u=1$ となる実数 s，t，u がある

教科書 p.68〜74

解説 $\overrightarrow{CP}=s\overrightarrow{CA}+t\overrightarrow{CB}$ から

$$\vec{p}-\vec{c}=s(\vec{a}-\vec{c})+t(\vec{b}-\vec{c})$$

よって $\vec{p}=s\vec{a}+t\vec{b}+(1-s-t)\vec{c}$

$1-s-t=u$ とおくと $s+t+u=1$ 終

5 内積の利用

ベクトルの内積について，次のことが成り立つ。

$\vec{a}\neq\vec{0}$，$\vec{b}\neq\vec{0}$ のとき $\vec{a}\perp\vec{b} \iff \vec{a}\cdot\vec{b}=0$

A 位置ベクトル

練習 14 教 p.69

教科書の例 8 の四面体 ABCD において，△CDA の重心を $H(\vec{h})$，線分 BH を 3：1 に内分する点を $Q(\vec{q})$ とする。$\vec{q}$ を $\vec{a}$，$\vec{b}$，$\vec{c}$，$\vec{d}$ を用いて表し，点 Q が例 8 の点 P と一致することを示せ。

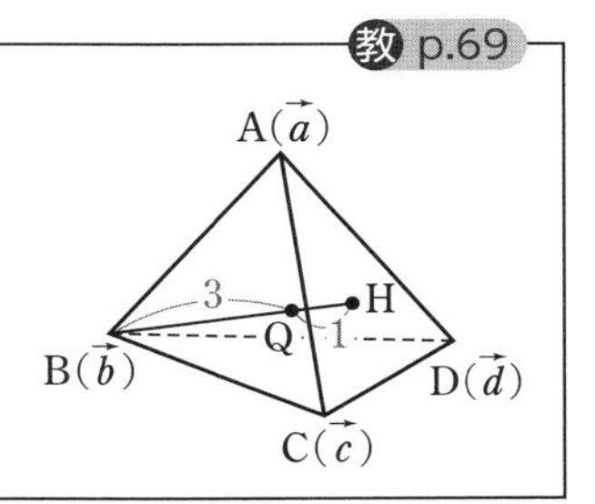

指針 **内分点のベクトル表示，点の一致** 例 8 と同様に考えて，まず $\vec{h}$ を $\vec{a}$，$\vec{c}$，$\vec{d}$ で表す。後半は，点 P，Q の位置ベクトルが一致することを示す。

解答 △CDA の重心 H の位置ベクトル $\vec{h}$ を $\vec{a}$，$\vec{c}$，$\vec{d}$ で表すと

$$\vec{h}=\frac{\vec{a}+\vec{c}+\vec{d}}{3}$$

Q は線分 BH を 3：1 に内分する点であるから

$$\vec{q}=\frac{\vec{b}+3\vec{h}}{3+1}=\frac{\vec{a}+\vec{b}+\vec{c}+\vec{d}}{4}$$ 答

これは例 8 の点 P の位置ベクトル $\vec{p}$ に一致するから，点 Q は例 8 の点 P と一致する。 終

B 一直線上にある点

【?】 教 p.70

点 G は線分 OP をどのような比に内分する点だろうか。

指針 **ベクトルと内分比** $\overrightarrow{OG}=k\overrightarrow{OP}$，$0<k<1$ なら OG：GP$=k:(1-k)$

解説 $\overrightarrow{OG}=\frac{1}{3}\overrightarrow{OP}$ であるから OG：GP$=\frac{1}{3}:\left(1-\frac{1}{3}\right)=1:2$

よって，点 G は線分 OP を **1：2 に内分する点**である。 答

教 p.70

練習 15

四面体 OABC において，辺 OA の中点を D，辺 BC の中点を E とする。
線分 DE の中点を M，△ABC の重心を G とするとき，3 点 O，M，G は一直線上にあることを証明せよ。

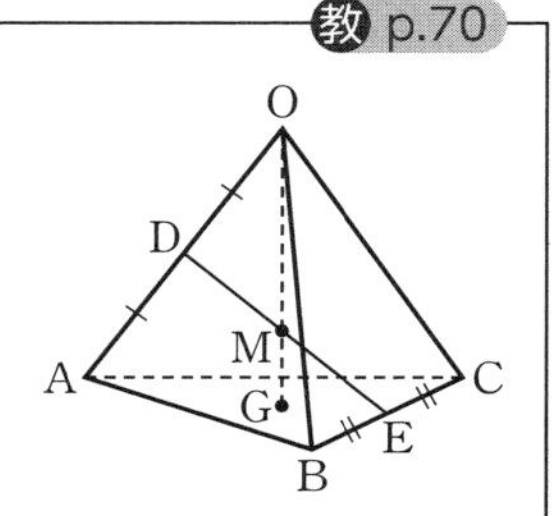

指針 **3 点が一直線上にあることの証明**　O に関する位置ベクトルを考え，$\overrightarrow{OA}=\vec{a}$，$\overrightarrow{OB}=\vec{b}$，$\overrightarrow{OC}=\vec{c}$ として，$\overrightarrow{OM}$，$\overrightarrow{OG}$ をそれぞれ $\vec{a}$，$\vec{b}$，$\vec{c}$ で表し，$\overrightarrow{OG}=k\overrightarrow{OM}$ となる実数 k があることを示す。

解答 O に関する位置ベクトルを考える。
$\overrightarrow{OA}=\vec{a}$，$\overrightarrow{OB}=\vec{b}$，$\overrightarrow{OC}=\vec{c}$ とすると

$$\overrightarrow{OD}=\frac{1}{2}\overrightarrow{OA}=\frac{1}{2}\vec{a},\quad \overrightarrow{OE}=\frac{\overrightarrow{OB}+\overrightarrow{OC}}{2}=\frac{\vec{b}+\vec{c}}{2}$$

であるから

$$\overrightarrow{OM}=\frac{\overrightarrow{OD}+\overrightarrow{OE}}{2}=\frac{\frac{1}{2}\vec{a}+\frac{\vec{b}+\vec{c}}{2}}{2}=\frac{\vec{a}+\vec{b}+\vec{c}}{4}\quad\cdots\cdots①$$

また，G は△ABC の重心であるから

$$\overrightarrow{OG}=\frac{\overrightarrow{OA}+\overrightarrow{OB}+\overrightarrow{OC}}{3}=\frac{\vec{a}+\vec{b}+\vec{c}}{3}\quad\cdots\cdots②$$

①，②から　　$\overrightarrow{OG}=\frac{4}{3}\overrightarrow{OM}$　　$\leftarrow \frac{1}{3}\div\frac{1}{4}=\frac{1}{3}\times4=\frac{4}{3}$

したがって，3 点 O，M，G は一直線上にある。 終

C 同じ平面上にある点

教 p.71

【?】

平面 ABC 上の $\overrightarrow{CA}$，$\overrightarrow{CB}$ に対して，点 P はどのような位置にあるだろうか。

指針 **同じ平面上にある点**　$\overrightarrow{CP}$ を $\overrightarrow{CA}$ と $\overrightarrow{CB}$ で表すと，すぐにわかる。

解説 例題 2 の解答から　　$\overrightarrow{CP}=\overrightarrow{CA}-\overrightarrow{CB}=\overrightarrow{BA}$
よって　　CP=BA，CP // BA
したがって，点 P は平行四辺形 APCB の頂点の位置にある。 終

教 p.71

練習 16

3点A$(-1,\ 2,\ -1)$，B$(2,\ -2,\ 3)$，C$(2,\ 4,\ -1)$の定める平面ABC上に点P$(x,\ 3,\ 1)$があるとき，xの値を求めよ。

指針 **同じ平面上にある点**　Pは平面ABC上にあるから，
$\overrightarrow{CP}=s\overrightarrow{CA}+t\overrightarrow{CB}$ となる実数s，tがある。このことを利用する。

解答　$\overrightarrow{CP}=(x-2,\ -1,\ 2)$，$\overrightarrow{CA}=(-3,\ -2,\ 0)$，$\overrightarrow{CB}=(0,\ -6,\ 4)$
に対して，$\overrightarrow{CP}=s\overrightarrow{CA}+t\overrightarrow{CB}$ となる実数s，tがあるから

$$(x-2,\ -1,\ 2)=s(-3,\ -2,\ 0)+t(0,\ -6,\ 4)$$

すなわち　$(x-2,\ -1,\ 2)=(-3s,\ -2s-6t,\ 4t)$

よって　$x-2=-3s$　……①

$-1=-2s-6t$　……②

$2=4t$　……③

③から　$t=\dfrac{1}{2}$

②に代入して　$s=-1$

①に代入して　$\boldsymbol{x=-3\times(-1)+2=5}$　答

教 p.72

【?】

$k=s$，$k=t$，$2k=1-s-t$とできるのはなぜだろうか。

指針 **空間におけるベクトル表示**　同じ平面上にない4点O，A，B，Cが与えられたとき，$\overrightarrow{OA}=\vec{a}$，$\overrightarrow{OB}=\vec{b}$，$\overrightarrow{OC}=\vec{c}$ とすると，どのようなベクトル$\vec{p}$も，$\vec{a}$，$\vec{b}$，$\vec{c}$ と適当な実数s，t，uを用いて

$$\vec{p}=s\vec{a}+t\vec{b}+u\vec{c}$$

の形に表され，この表し方はただ1通りである。

解説　$\overrightarrow{OP}$ は，$k\vec{a}+k\vec{b}+2k\vec{c}$，$s\vec{a}+t\vec{b}+(1-s-t)\vec{c}$ の2通りに表されるが，4点O，A，B，Cは同じ平面上にないから，$\overrightarrow{OP}$ の表し方はただ1通りである。
よって，$k\vec{a}+k\vec{b}+2k\vec{c}$ と $s\vec{a}+t\vec{b}+(1-s-t)\vec{c}$ は同じベクトルを表しているから，$k=s$，$k=t$，$2k=1-s-t$とできる。　終

教 p.72

練習 17

教科書の応用例題2において，辺OBの中点をMとする。直線OHと平面AMCの交点をQとするとき，$\overrightarrow{OQ}$ を $\vec{a}$，$\vec{b}$，$\vec{c}$ を用いて表せ。

指針 **直線と平面の交点のベクトル表示**　$\overrightarrow{OQ}$ を $\vec{a}$，$\vec{b}$，$\vec{c}$ を用いて2通りに表して，それらが同じベクトルを表すことを利用する。

解答　　$\overrightarrow{\mathrm{OH}}=\overrightarrow{\mathrm{OA}}+\overrightarrow{\mathrm{AD}}+\overrightarrow{\mathrm{DH}}=\vec{a}+\vec{b}+2\vec{c}$

M は辺 OB の中点であるから　　$\overrightarrow{\mathrm{OM}}=\frac{1}{2}\overrightarrow{\mathrm{OB}}=\frac{1}{2}\vec{b}$

Q は直線 OH 上にあるから，$\overrightarrow{\mathrm{OQ}}=k\overrightarrow{\mathrm{OH}}$ となる実数 k がある。

よって　　$\overrightarrow{\mathrm{OQ}}=k\overrightarrow{\mathrm{OH}}=k\vec{a}+k\vec{b}+2k\vec{c}$　……①

また, Q は平面 AMC 上にあるから, $\overrightarrow{\mathrm{CQ}}=s\overrightarrow{\mathrm{CA}}+t\overrightarrow{\mathrm{CM}}$ となる実数 s, t がある。

よって　　$\overrightarrow{\mathrm{OQ}}=\overrightarrow{\mathrm{OC}}+\overrightarrow{\mathrm{CQ}}=\vec{c}+s(\vec{a}-\vec{c})+t\left(\frac{1}{2}\vec{b}-\vec{c}\right)$

$$=s\vec{a}+\frac{1}{2}t\vec{b}+(1-s-t)\vec{c}\quad\cdots\cdots②$$

4 点 O，A，B，C は同じ平面上にないから，①，② より

$$k=s,\ k=\frac{1}{2}t,\ 2k=1-s-t$$

これを解くと　　$s=\frac{1}{5}$，$t=\frac{2}{5}$，$k=\frac{1}{5}$

したがって　　$\overrightarrow{\mathbf{OQ}}=\frac{1}{5}\vec{\boldsymbol{a}}+\frac{1}{5}\vec{\boldsymbol{b}}+\frac{2}{5}\vec{\boldsymbol{c}}$　答

D 内積の利用

練習 18　教 p.74

正四面体 ABCD において，AB⊥CD が成り立つ。このことを証明しよう。

(1)　$\overrightarrow{\mathrm{AB}}=\vec{b}$，$\overrightarrow{\mathrm{AC}}=\vec{c}$，$\overrightarrow{\mathrm{AD}}=\vec{d}$として，$\overrightarrow{\mathrm{CD}}$ を $\vec{c}$ と $\vec{d}$ で表せ。

(2)　AB⊥CD が成り立つことを証明せよ。

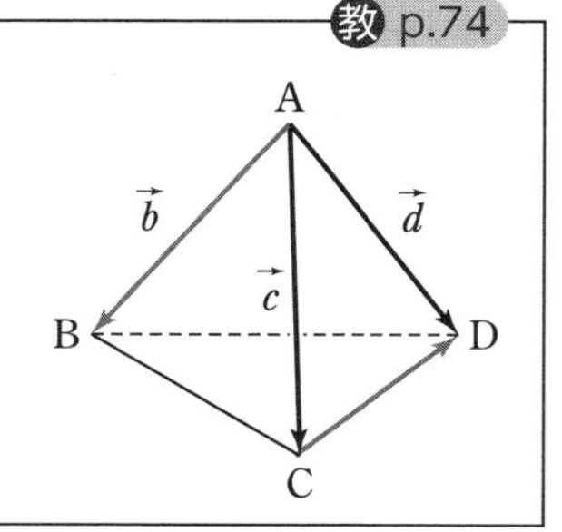

指針　**ねじれの位置にある 2 辺が垂直であることの証明**

(2)　$\overrightarrow{\mathrm{AB}}\cdot\overrightarrow{\mathrm{CD}}=0$ が成り立つことを示す。

解答　(1)　$\overrightarrow{\mathbf{CD}}=\overrightarrow{\mathrm{AD}}-\overrightarrow{\mathrm{AC}}=\vec{\boldsymbol{d}}-\vec{\boldsymbol{c}}$　答

(2)　$\overrightarrow{\mathrm{AB}}\cdot\overrightarrow{\mathrm{CD}}=\vec{b}\cdot(\vec{d}-\vec{c})=\vec{b}\cdot\vec{d}-\vec{b}\cdot\vec{c}$　……①

正四面体 ABCD においては, $\vec{b}$ と $\vec{c}$, $\vec{b}$ と $\vec{d}$ のなす角はともに 60° であるから

$$\vec{b}\cdot\vec{c}=|\vec{b}||\vec{c}|\cos 60^\circ,\qquad \vec{b}\cdot\vec{d}=|\vec{b}||\vec{d}|\cos 60^\circ$$

$|\vec{c}|=|\vec{d}|$ であるから　　$\vec{b}\cdot\vec{c}=\vec{b}\cdot\vec{d}$

よって，① より $\overrightarrow{\mathrm{AB}}\cdot\overrightarrow{\mathrm{CD}}=0$ であり，$\overrightarrow{\mathrm{AB}}\neq\vec{0}$，$\overrightarrow{\mathrm{CD}}\neq\vec{0}$ であるから

$$\overrightarrow{\mathrm{AB}}\perp\overrightarrow{\mathrm{CD}}$$

したがって　　AB⊥CD　終

教 p.74

練習 19 正四面体ABCDにおいて，△BCDの重心をGとすると，AG⊥BC が成り立つ。このことを，ベクトルを用いて証明せよ。

指針 **垂直の証明** $\overrightarrow{AB}=\vec{b}$，$\overrightarrow{AC}=\vec{c}$，$\overrightarrow{AD}=\vec{d}$，$\overrightarrow{AG}=\vec{g}$ とし，$\overrightarrow{AG}\cdot\overrightarrow{BC}=0$ を示す。正四面体の各面が正三角形であることを利用する。

解答 $\overrightarrow{AB}=\vec{b}$，$\overrightarrow{AC}=\vec{c}$，$\overrightarrow{AD}=\vec{d}$，$\overrightarrow{AG}=\vec{g}$ とすると，

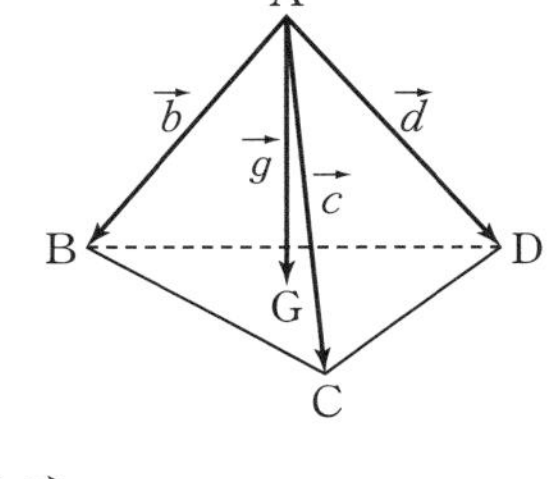

点Gは△BCDの重心であるから

$$\vec{g}=\frac{\vec{b}+\vec{c}+\vec{d}}{3}$$

よって

$$\begin{aligned}\overrightarrow{AG}\cdot\overrightarrow{BC}&=\vec{g}\cdot(\vec{c}-\vec{b})\\&=\left(\frac{\vec{b}+\vec{c}+\vec{d}}{3}\right)\cdot(\vec{c}-\vec{b})\\&=\frac{\vec{b}\cdot\vec{c}-|\vec{b}|^2+|\vec{c}|^2-\vec{c}\cdot\vec{b}+\vec{d}\cdot\vec{c}-\vec{d}\cdot\vec{b}}{3}\\&=\frac{-|\vec{b}|^2+|\vec{c}|^2+\vec{d}\cdot\vec{c}-\vec{d}\cdot\vec{b}}{3}\quad\cdots\cdots①\end{aligned}$$

正四面体ABCDにおいては，$\vec{d}$ と $\vec{c}$，$\vec{d}$ と $\vec{b}$ のなす角は，ともに60°であるから

$$\vec{d}\cdot\vec{c}=|\vec{d}||\vec{c}|\cos 60^\circ,\quad \vec{d}\cdot\vec{b}=|\vec{d}||\vec{b}|\cos 60^\circ$$

$|\vec{b}|=|\vec{c}|=|\vec{d}|$ であるから

$$\vec{d}\cdot\vec{c}=\vec{d}\cdot\vec{b}\quad\cdots\cdots②$$

また　$|\vec{b}|^2=|\vec{c}|^2\quad\cdots\cdots③$

①，②，③から　$\overrightarrow{AG}\cdot\overrightarrow{BC}=0$

$\overrightarrow{AG}\neq\vec{0}$，$\overrightarrow{BC}\neq\vec{0}$ であるから

$$\overrightarrow{AG}\perp\overrightarrow{BC}$$

したがって　AG⊥BC　終

教科書 p.75〜79

6 座標空間における図形

まとめ

1　2点間の距離と内分点・外分点の座標

座標空間の2点 $A(a_1,\ a_2,\ a_3)$，$B(b_1,\ b_2,\ b_3)$ について，次のことが成り立つ。

[1]　A，B 間の距離は

$$\mathbf{AB}=\sqrt{(b_1-a_1)^2+(b_2-a_2)^2+(b_3-a_3)^2}$$

[2]　線分 AB を $m:n$ に内分する点の座標は

$$\left(\frac{na_1+mb_1}{m+n},\ \frac{na_2+mb_2}{m+n},\ \frac{na_3+mb_3}{m+n}\right)$$

線分 AB を $m:n$ に外分する点の座標は

$$\left(\frac{-na_1+mb_1}{m-n},\ \frac{-na_2+mb_2}{m-n},\ \frac{-na_3+mb_3}{m-n}\right)$$

2　座標軸に垂直な平面の方程式

$x=a$ が平面 α を表すとき，$x=a$ を **平面 α の方程式** という。

一般に，次のことがいえる。

点 $A(a,\ 0,\ 0)$ を通り，x 軸に垂直な平面の方程式は

$$x=a$$

点 $B(0,\ b,\ 0)$ を通り，y 軸に垂直な平面の方程式は

$$y=b$$

点 $C(0,\ 0,\ c)$ を通り，z 軸に垂直な平面の方程式は

$$z=c$$

補足　平面 $x=a$ は yz 平面に平行，平面 $y=b$ は zx 平面に平行，
平面 $z=c$ は xy 平面に平行である。

3　球面の方程式

空間において，定点 C からの距離が一定の値 r であるような点全体の集合を，C を中心とする半径 r の **球面**，または単に **球** という。

球面の方程式

点 $(a,\ b,\ c)$ を中心とする半径 r の球面の方程式は

$$(x-a)^2+(y-b)^2+(z-c)^2=r^2$$

とくに，原点を中心とする半径 r の球面の方程式は

$$x^2+y^2+z^2=r^2$$

A 2点間の距離と内分点・外分点の座標

教 p.76

練習 20

2点A(1, 3, −2), B(4, −3, 1)について，次のものを求めよ。

(1) 2点A，B間の距離

(2) 線分ABの中点の座標

(3) 線分ABを2：1に内分する点の座標

(4) 線分ABを2：1に外分する点の座標

指針 **2点間の距離と内分点・外分点**　教科書 $p.75$ で示した公式にあてはめて求める。中点の座標は1：1に内分する点の座標である。

解答 (1) $AB=\sqrt{(4-1)^2+\{(-3)-3\}^2+\{1-(-2)\}^2}$

$=\sqrt{54}=3\sqrt{6}$ 答

(2) $\left(\dfrac{1+4}{2},\ \dfrac{3+(-3)}{2},\ \dfrac{(-2)+1}{2}\right)$

すなわち　$\left(\dfrac{5}{2},\ 0,\ -\dfrac{1}{2}\right)$ 答

(3) $\left(\dfrac{1\times1+2\times4}{2+1},\ \dfrac{1\times3+2\times(-3)}{2+1},\ \dfrac{1\times(-2)+2\times1}{2+1}\right)$

すなわち　$(3,\ -1,\ 0)$ 答

(4) $\left(\dfrac{-1\times1+2\times4}{2-1},\ \dfrac{-1\times3+2\times(-3)}{2-1},\ \dfrac{-1\times(-2)+2\times1}{2-1}\right)$

すなわち　$(7,\ -9,\ 4)$ 答

教 p.76

練習 21

3点A(2, −1, 4), B(1, 3, 0), C(3, 1, 2)を頂点とする△ABCの重心の座標を，原点Oに関する位置ベクトルを利用して求めよ。

指針 **重心の座標**　△ABCの重心をGとすると　$\overrightarrow{OG}=\dfrac{\overrightarrow{OA}+\overrightarrow{OB}+\overrightarrow{OC}}{3}$

解答 △ABCの重心をGとすると

$$\overrightarrow{OG}=\frac{\overrightarrow{OA}+\overrightarrow{OB}+\overrightarrow{OC}}{3}$$

と表されるから，△ABCの重心の座標は

$$\left(\frac{2+1+3}{3},\ \frac{(-1)+3+1}{3},\ \frac{4+0+2}{3}\right)$$

すなわち　$(2,\ 1,\ 2)$ 答

B 座標軸に垂直な平面の方程式

教 p.77

練習 22

点(1, 2, 3)を通り，次のような平面の方程式を求めよ。

(1) y 軸に垂直　　(2) z 軸に垂直　　(3) yz 平面に平行

指針 **座標軸に垂直な平面の方程式，座標平面に平行な平面の方程式**

(3) どの座標軸に垂直か考える。

解答 (1) 求める平面の方程式は，平面上のどの点の y 座標も 2 で，x，z 座標はどのような実数でもよいから　　$y=2$ 答

(2) 求める平面の方程式は，平面上のどの点の z 座標も 3 で，x，y 座標はどのような実数でもよいから　　$z=3$ 答

(3) 求める方程式は x 軸に垂直な平面の方程式で，平面上のどの点の x 座標も 1 で，y，z 座標はどのような実数でもよいから　　$x=1$ 答

教 p.77

練習 23

「$x=3$ かつ $y=1$」は，座標空間でどのような図形を表すか。教科書 76 ページ例 9 を参考にして答えよ。

指針 **2 平面の交わり(交線)**　平行でない 2 平面の交わりは直線になる。

解答 座標空間で「$x=3$ かつ $y=1$」が表す図形は，「$x=3$ かつ $y=1$」を満たす点 $(x,\ y,\ z)$ 全体の集合である。

$x=3$，$y=1$ であり，z はどのような実数でもよいから，求める図形は，

点(3, 1, 0)を通り z 軸に平行な直線である。　答

参考 「$x=3$　かつ　$y=1$」は平面 $x=3$ と平面 $y=1$ の共通部分を表す。この 2 平面は交わるから，その共通部分は直線である。

C 球面の方程式

教 p.78

練習 24

次のような球面の方程式を求めよ。

(1) 原点を中心とする半径 3 の球面

(2) 点(1, 2, −3)を中心とする半径 4 の球面

指針 **球面の方程式**　教科書 p.78 の球面の方程式にあてはめる。

解答 (1)　　$x^2+y^2+z^2=3^2$

すなわち　$x^2+y^2+z^2=9$ 答

(2)　　$(x-1)^2+(y-2)^2+\{z-(-3)\}^2=4^2$

すなわち　$(x-1)^2+(y-2)^2+(z+3)^2=16$ 答

教 p.78

練習 25 次のような球面の方程式を求めよ。

(1) 点 A(0, 4, 1) を中心とし，点 B(2, 4, 5) を通る球面

(2) 2 点 A(−3, 0, 2)，B(1, 6, −2) を直径の両端とする球面

指針 **球面の方程式**

(1) 半径を r とすると　$r^2=\mathrm{AB}^2$

(2) 球面の中心は線分 AB の中点である。この中心を C とすると，半径は CAの長さ，または CB の長さである。

解答 (1) この球面の半径を r とすると

$$r^2=\mathrm{AB}^2=(2-0)^2+(4-4)^2+(5-1)^2=20$$

よって，求める球面の方程式は

$$\boldsymbol{x^2+(y-4)^2+(z-1)^2=20}$$ 答

(2) 線分 AB の中点を C とすると，この球面の中心は点 C で，半径は線分 CA の長さである。

C の座標は　$\left(\dfrac{(-3)+1}{2},\ \dfrac{0+6}{2},\ \dfrac{2+(-2)}{2}\right)$

すなわち　$(-1,\ 3,\ 0)$

ゆえに　$\mathrm{CA}=\sqrt{\{-3-(-1)\}^2+(0-3)^2+(2-0)^2}$

$=\sqrt{17}$

よって，求める球面の方程式は

$$(x+1)^2+(y-3)^2+z^2=(\sqrt{17})^2$$

すなわち　$\boldsymbol{(x+1)^2+(y-3)^2+z^2=17}$ 答

別解 (1) 求める球面の方程式は，半径を r とすると

$$x^2+(y-4)^2+(z-1)^2=r^2$$

この球面が点 B(2, 4, 5) を通るから

$$2^2+(4-4)^2+(5-1)^2=r^2$$

ゆえに　$r^2=20$

よって，求める球面の方程式は

$$\boldsymbol{x^2+(y-4)^2+(z-1)^2=20}$$ 答

教 p.79

【?】 円の中心は点(4, −2, 0)であるが，z 座標が 0 なのはなぜだろうか。

指針 **球面と座標平面の交わり**　円は xy 平面上にある。

解説 円 $(x-4)^2+(y+2)^2=4^2$ は xy 平面上にあるから，その中心も xy 平面上，すなわち平面 $z=0$ 上にある。

よって，中心の z 座標は 0 である。 終

教 p.79

練習 26 教科書の応用例題 3 の球面と yz 平面が交わってできる円の中心の座標と半径を求めよ。

指針 **球面と yz 平面が交わる部分**　yz 平面は方程式 $x=0$ で表される。
球面の方程式で $x=0$ とすると，y，z の 2 次方程式が得られる。この方程式は，球面が yz 平面と交わる部分，すなわち，yz 平面上の円を表す。

解答 球面の方程式で $x=0$ とすると

$$(0-4)^2+(y+2)^2+(z-3)^2=5^2$$

すなわち　$(y+2)^2+(z-3)^2=3^2$　　← $5^2-4^2=9=3^2$

この方程式は，yz 平面上では円を表す。
よって，その **中心の座標は (0, −2, 3)，半径は 3**　答

注意 練習 26 の円は，次のような 2 つの方程式で表される。

$$(y+2)^2+(z-3)^2=3^2,\ x=0$$

発展　平面の方程式

まとめ

平面の方程式

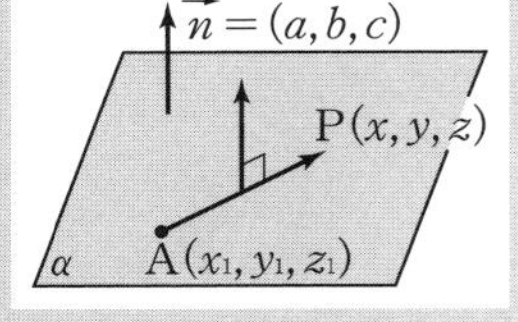

点 A$(x_1,\ y_1,\ z_1)$ を通り，ベクトル $\vec{n}=(a,\ b,\ c)$ に垂直な平面 α 上の点を P$(x,\ y,\ z)$ とする。
P が A に一致しないとき，$\vec{n}\perp\overrightarrow{\mathrm{AP}}$ であるから
$\vec{n}\cdot\overrightarrow{\mathrm{AP}}=0$　……①　が成り立つ。
P が A に一致するときも，$\overrightarrow{\mathrm{AP}}=\vec{0}$ より①が成り立つ。
この等式を成分で表した次の式が平面 α を表す方程式である。

$$\boldsymbol{a(x-x_1)+b(y-y_1)+c(z-z_1)=0}$$

教 p.79

練習 1 点 (3, 1, −1) を通り，ベクトル $\vec{n}=(2,\ -1,\ 4)$ に垂直な平面の方程式を求めよ。

指針 **平面の方程式**　点 A$(x_1,\ y_1,\ z_1)$ を通り，ベクトル $\vec{n}=(a,\ b,\ c)$ に垂直な平面の方程式は　$a(x-x_1)+b(y-y_1)+c(z-z_1)=0$

解答 求める平面の方程式は

$$2(x-3)-(y-1)+4\{z-(-1)\}=0$$

すなわち　$\boldsymbol{2x-y+4z-1=0}$　答

第2章　問　題

教 p.80

1 $\vec{a}=(1,\ -2,\ 3)$, $\vec{b}=(-2,\ 1,\ 0)$, $\vec{c}=(2,\ -3,\ 1)$ とする。
$\vec{p}=(-1,\ 5,\ 0)$を，適当な実数 s, t, u を用いて $\vec{p}=s\vec{a}+t\vec{b}+u\vec{c}$ の形に表せ。

指針　**ベクトルの分解**　$\vec{p}=s\vec{a}+t\vec{b}+u\vec{c}$ の関係を成分で表す。この関係式から，s, t, u の値を求める。

解答　$\vec{p}=s\vec{a}+t\vec{b}+u\vec{c}$ とすると

$$(-1,\ 5,\ 0)=s(1,\ -2,\ 3)+t(-2,\ 1,\ 0)+u(2,\ -3,\ 1)$$
$$=(s-2t+2u,\ -2s+t-3u,\ 3s+u)$$

よって　$s-2t+2u=-1$　…… ①
$-2s+t-3u=5$　…… ②
$3s+u=0$　…… ③

③から　$u=-3s$　…… ④

④を①，②に代入して，それぞれ整理すると
$5s+2t=1$　…… ⑤
$7s+t=5$　…… ⑥

⑤，⑥を解いて　$s=1$, $t=-2$

$s=1$ を④に代入して　$u=-3$

したがって　$\boldsymbol{\vec{p}=\vec{a}-2\vec{b}-3\vec{c}}$　答

教 p.80

2 2つのベクトル $\vec{a}=(5,\ -2+t,\ 1+2t)$, $\vec{b}=(1,\ 0,\ 0)$のなす角が45°になるように，tの値を定めよ。

指針　**ベクトルのなす角**　$\vec{a}$ と $\vec{b}$ のなす角が45°であるから $\cos 45°=\dfrac{\vec{a}\cdot\vec{b}}{|\vec{a}||\vec{b}|}$ より，tの方程式を導き，それを解く。

解答　$\vec{a}\cdot\vec{b}=5\times1+(-2+t)\times0+(1+2t)\times0=5$
$|\vec{a}|=\sqrt{5^2+(-2+t)^2+(1+2t)^2}=\sqrt{5t^2+30}$
$|\vec{b}|=1$

であるから，$\vec{a}$ と $\vec{b}$ のなす角を θ とすると

$$\cos\theta=\frac{\vec{a}\cdot\vec{b}}{|\vec{a}||\vec{b}|}=\frac{5}{\sqrt{5t^2+30}}$$

$\theta=45°$のとき $\cos\theta=\dfrac{1}{\sqrt{2}}$ であるから　$\dfrac{5}{\sqrt{5t^2+30}}=\dfrac{1}{\sqrt{2}}$

両辺を2乗して整理すると　$t^2=4$　これを解いて　$\boldsymbol{t=\pm2}$　答

教 p.80

3 右の図のような直方体において，△ABC の重心をG，辺OC の中点をM とするとき，点G は線分DM 上にあり，DM を 2：1 に内分することを証明せよ。

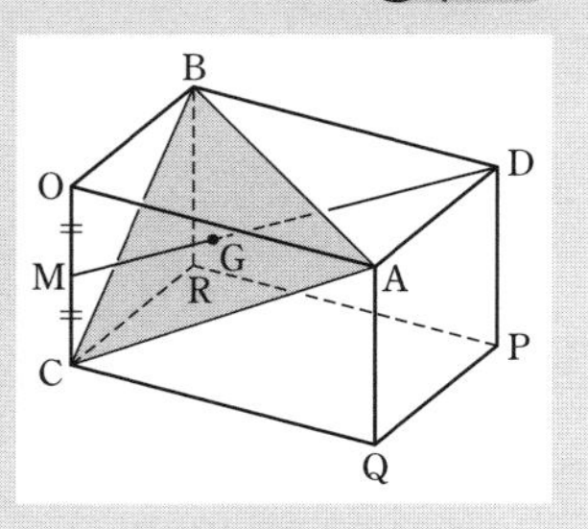

指針 **内分する点** 線分DM を2：1に内分する点を G′ とし，この点 G′ が △ABC の重心 G と一致することを示す。または $\overrightarrow{GD}=2\overrightarrow{MG}$ を導いて，点 G が DM 上の点で，GD：MG=2：1 であることを示してもよい。

解答 線分DM を2：1に内分する点を G′ とすると，OM=MC から

$$\overrightarrow{OG'}=\frac{\overrightarrow{OD}+2\overrightarrow{OM}}{2+1}=\frac{\overrightarrow{OD}+\overrightarrow{OC}}{3}$$

また，点 G は △ABC の重心であるから

$$\overrightarrow{OG}=\frac{(\overrightarrow{OA}+\overrightarrow{OB})+\overrightarrow{OC}}{3}=\frac{\overrightarrow{OD}+\overrightarrow{OC}}{3}$$

よって $\overrightarrow{OG'}=\overrightarrow{OG}$

したがって，2点 G′，G は一致するから，点 G は線分DM 上にあり，DM を 2：1 に内分する。 終

教 p.80

4 3点 O(0, 0, 0)，A(1, 2, 1)，B(−1, 0, 1) から等距離にある yz 平面上の点P の座標を求めよ。

指針 **3点から等距離にある点の座標** 点 P(0, y, z) とおける。3点から等距離にあることから方程式を作る。

解答 点P は yz 平面上にあるから，P の座標を (0, y, z) とする。

また，点P は3点 O，A，B から等距離にあるから

OP=AP,　OP=BP

すなわち　$OP^2=AP^2$,　$OP^2=BP^2$

ゆえに　$0^2+y^2+z^2=(0-1)^2+(y-2)^2+(z-1)^2$ ……①

$0^2+y^2+z^2=\{0-(-1)\}^2+(y-0)^2+(z-1)^2$ ……②

②を展開して整理すると　$2z=2$　よって　$z=1$

①に代入すると　$y^2+1=1+(y-2)^2$

よって　$y=1$

したがって，点P の座標は　(0, 1, 1)　答

教 p.80

5 2点A(4, 0, 5), B(6, −1, 7)を通る直線上の点Pを考える。このとき，点Pは直線AB上にあるから，原点をOとすると
$\overrightarrow{OP}=\overrightarrow{OA}+t\overrightarrow{AB}$ となる実数 t がある。

(1) ベクトル $\overrightarrow{OP}$ の成分を t を用いて表せ。

(2) 点Pが直線AB上を動くとき，線分OPの長さの最小値を求めよ。また，このときの点Pの座標を求めよ。

(3) OP⊥ABのとき，点Pの座標を求めよ。

指針 **直線上の点と原点との距離の最小値**

(2) 直線AB上の点の座標は，(1)の成分で表すことができる。
これとOの距離が最小になるような t の値を求めればPの座標が求められる。

(3) $\overrightarrow{OP}\cdot\overrightarrow{AB}=0$ を満たす t の値を求める。

解答 (1) $\overrightarrow{AB}=(6-4,\ (-1)-0,\ 7-5)=(2,\ -1,\ 2)$ であるから

$\overrightarrow{\mathbf{OP}}=\overrightarrow{OA}+t\overrightarrow{AB}$

$=(4,\ 0,\ 5)+t(2,\ -1,\ 2)$

$\mathbf{=(2t+4,\ -t,\ 2t+5)}$ ……① 答

(2) $OP^2=|\overrightarrow{OP}|^2$

$=(2t+4)^2+(-t)^2+(2t+5)^2$ ←①より。

$=9t^2+36t+41$

$=9(t+2)^2+5$

よって，OP^2 は $t=-2$ で最小値5をとる。

ゆえに，OPは $t=-2$ で**最小値 $\sqrt{5}$** をとる。 答

このとき，$t=-2$ を①に代入すると $\overrightarrow{OP}=(0,\ 2,\ 1)$

したがって，点Pの座標は **(0, 2, 1)** 答

(3) OP⊥ABすなわち $\overrightarrow{OP}\perp\overrightarrow{AB}$ のとき，$\overrightarrow{AB}\cdot\overrightarrow{OP}=0$ と(1)から

$2(2t+4)+(-1)\times(-t)+2(2t+5)=0$

式を整理すると $9t+18=0$ よって $t=-2$

したがって，$t=-2$ を①に代入すると $\overrightarrow{OP}=(0,\ 2,\ 1)$

したがって，点Pの座標は **(0, 2, 1)** 答

参考 原点Oを通らない直線AB上の点Pに対して，OPが最小となるとき，OP⊥ABである。

第2章　章末問題A

教 p.81

1. 四面体ABCDの辺ADの中点をM，辺BCの中点をNとするとき，$\overrightarrow{MN}=s\overrightarrow{AB}+t\overrightarrow{DC}$を満たす実数$s$，$t$の値を求めよ。

指針　**ベクトルの分解**　$\overrightarrow{MN}$を2通りに表してみる。
位置ベクトル$A(\vec{a})$，$B(\vec{b})$，$C(\vec{c})$，$D(\vec{d})$を考え，$\overrightarrow{MN}$を$\vec{a}$，$\vec{b}$，$\vec{c}$，$\vec{d}$で表してみてもよい。

解答　$\overrightarrow{MN}=\overrightarrow{MB}+\overrightarrow{BN}$
$=\overrightarrow{MA}+\overrightarrow{AB}+\overrightarrow{BN}$　……①

また
$\overrightarrow{MN}=\overrightarrow{MC}+\overrightarrow{CN}$
$=\overrightarrow{MD}+\overrightarrow{DC}+\overrightarrow{CN}$　……②

A
M
D
B
N
C

点M，NはそれぞれAD，BCの中点であるから
$\overrightarrow{MA}=-\overrightarrow{MD}$，　$\overrightarrow{BN}=-\overrightarrow{CN}$

これと，①+②より　$2\overrightarrow{MN}=\overrightarrow{AB}+\overrightarrow{DC}$

よって　　$\overrightarrow{MN}=\frac{1}{2}\overrightarrow{AB}+\frac{1}{2}\overrightarrow{DC}$

したがって，$\overrightarrow{MN}=s\overrightarrow{AB}+t\overrightarrow{DC}$を満たす実数$s$，$t$の値は

$s=\frac{1}{2}$，$t=\frac{1}{2}$　答

別解　位置ベクトル$A(\vec{a})$，$B(\vec{b})$，$C(\vec{c})$，$D(\vec{d})$を考えると，点M，Nの位置ベクトルは，それぞれ　$\frac{\vec{a}+\vec{d}}{2}$，$\frac{\vec{b}+\vec{c}}{2}$

よって　　$\overrightarrow{MN}=\frac{\vec{b}+\vec{c}}{2}-\frac{\vec{a}+\vec{d}}{2}=\frac{1}{2}(\vec{b}-\vec{a})+\frac{1}{2}(\vec{c}-\vec{d})$

$\overrightarrow{AB}=\vec{b}-\vec{a}$，$\overrightarrow{DC}=\vec{c}-\vec{d}$であるから

$\overrightarrow{MN}=\frac{1}{2}\overrightarrow{AB}+\frac{1}{2}\overrightarrow{DC}$

したがって，$\overrightarrow{MN}=s\overrightarrow{AB}+t\overrightarrow{DC}$を満たす実数$s$，$t$の値は

$s=\frac{1}{2}$，$t=\frac{1}{2}$　答

教 p.81

2. 座標空間の4点A(1，2，1)，B(5，5，−1)，C(x，y，z)，D(−4，2，3)を頂点とする四角形ABCDが平行四辺形になるように，x，y，zの値を定めよ。

指針 **平行四辺形の頂点の決定**　四角形ABCDが平行四辺形である条件は

$AD=BC,\ AD /\!/ BC$　すなわち　$\overrightarrow{AD}=\overrightarrow{BC}$

これを満たす $x,\ y,\ z$ の値を求める。

解答　$\overrightarrow{AD}=(-4-1,\ 2-2,\ 3-1)$

$=(-5,\ 0,\ 2)$

$\overrightarrow{BC}=(x-5,\ y-5,\ z-(-1))$

$=(x-5,\ y-5,\ z+1)$

四角形ABCDが平行四辺形である条件は　$\overrightarrow{AD}=\overrightarrow{BC}$

よって　$-5=x-5,\quad 0=y-5,\quad 2=z+1$

したがって　$\boldsymbol{x=0,\ y=5,\ z=1}$　答

教 p.81

3. 右の図の立方体OABC-DEFGは，1辺の長さが2である。

(1) ベクトル $\overrightarrow{OB}$ と $\overrightarrow{CF}$ を成分表示せよ。

(2) 内積 $\overrightarrow{OB}\cdot\overrightarrow{CF}$ を求めよ。

(3) ベクトル $\overrightarrow{OB}$ と $\overrightarrow{CF}$ のなす角を求めよ。

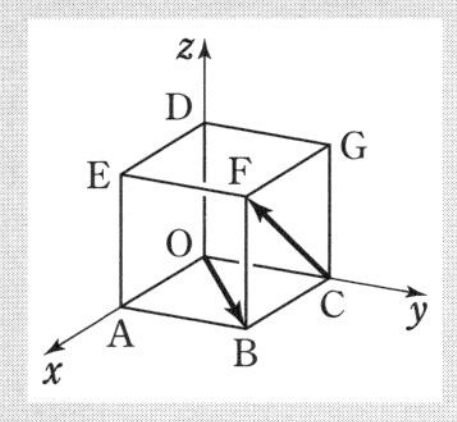

指針 **ベクトルの内積**

(1) まず，点B，C，Fの座標をそれぞれ求める。

(2)，(3) ベクトル $\vec{a}=(a_1,\ a_2,\ a_3)$，$\vec{b}=(b_1,\ b_2,\ b_3)$ の内積 $\vec{a}\cdot\vec{b}$ は

$$\vec{a}\cdot\vec{b}=a_1b_1+a_2b_2+a_3b_3$$

$\vec{a}$ と $\vec{b}$ のなす角を $\theta\,(0^\circ \leqq \theta \leqq 180^\circ)$ とすると

$$\cos\theta=\frac{\vec{a}\cdot\vec{b}}{|\vec{a}||\vec{b}|}$$

解答 (1) 点B，C，Fの座標は，それぞれ

B(2, 2, 0)，C(0, 2, 0)，F(2, 2, 2)

よって　$\overrightarrow{\mathbf{OB}}=\mathbf{(2,\ 2,\ 0)}$　答

$\overrightarrow{\mathbf{CF}}=(2-0,\ 2-2,\ 2-0)=\mathbf{(2,\ 0,\ 2)}$　答

(2) (1)から　$\overrightarrow{OB}\cdot\overrightarrow{CF}=2\times2+2\times0+0\times2$

$=4$　答

(3)　$|\overrightarrow{OB}|=\sqrt{2^2+2^2+0^2}=2\sqrt{2}$

$|\overrightarrow{CF}|=\sqrt{2^2+0^2+2^2}=2\sqrt{2}$

$\overrightarrow{OB}$ と $\overrightarrow{CF}$ のなす角を θ とすると

$$\cos\theta=\frac{\overrightarrow{OB}\cdot\overrightarrow{CF}}{|\overrightarrow{OB}||\overrightarrow{CF}|}=\frac{4}{2\sqrt{2}\times2\sqrt{2}}=\frac{1}{2}$$

$0^\circ \leqq \theta \leqq 180^\circ$ であるから　$\boldsymbol{\theta=60^\circ}$　答

教 p.81

4. $\overrightarrow{e_1}$, $\overrightarrow{e_2}$, $\overrightarrow{e_3}$ を，それぞれ x 軸，y 軸，z 軸に関する基本ベクトルとし，ベクトル $\vec{a}=(-1,\ \sqrt{2},\ 1)$ と $\overrightarrow{e_1}$, $\overrightarrow{e_2}$, $\overrightarrow{e_3}$ のなす角を，それぞれ α，β，γ とする。

(1) $\cos\alpha$，$\cos\beta$，$\cos\gamma$ の値を求めよ。

(2) α，β，γ を求めよ。

指針 **ベクトルのなす角**

(1) まず $\vec{a}$ と $\overrightarrow{e_1}$，$\vec{a}$ と $\overrightarrow{e_2}$，$\vec{a}$ と $\overrightarrow{e_3}$ のそれぞれの内積を求める。

(2) (1)で求めた $\cos\alpha$，$\cos\beta$，$\cos\gamma$ の値からそれぞれ α，β，γ を求める。

解答 (1) $\overrightarrow{e_1}=(1,\ 0,\ 0)$，$\overrightarrow{e_2}=(0,\ 1,\ 0)$，$\overrightarrow{e_3}=(0,\ 0,\ 1)$ であるから

$$\vec{a}\cdot\overrightarrow{e_1}=(-1)\times1=-1$$
$$\vec{a}\cdot\overrightarrow{e_2}=\sqrt{2}\times1=\sqrt{2}$$
$$\vec{a}\cdot\overrightarrow{e_3}=1\times1=1$$

また $\quad |\overrightarrow{e_1}|=|\overrightarrow{e_2}|=|\overrightarrow{e_3}|=1$

$$|\vec{a}|=\sqrt{(-1)^2+(\sqrt{2})^2+1^2}=2$$

であるから

$$\cos\alpha=\frac{\vec{a}\cdot\overrightarrow{e_1}}{|\vec{a}||\overrightarrow{e_1}|}=\frac{-1}{2\times1}=-\frac{1}{2} \quad \text{答}$$

$$\cos\beta=\frac{\vec{a}\cdot\overrightarrow{e_2}}{|\vec{a}||\overrightarrow{e_2}|}=\frac{\sqrt{2}}{2\times1}=\frac{\sqrt{2}}{2} \quad \text{答}$$

$$\cos\gamma=\frac{\vec{a}\cdot\overrightarrow{e_3}}{|\vec{a}||\overrightarrow{e_3}|}=\frac{1}{2\times1}=\frac{1}{2} \quad \text{答}$$

(2) $0^\circ\leqq\alpha\leqq180^\circ$，$0^\circ\leqq\beta\leqq180^\circ$，$0^\circ\leqq\gamma\leqq180^\circ$ であるから，(1)より

$$\alpha=120^\circ,\ \beta=45^\circ,\ \gamma=60^\circ \quad \text{答}$$

教 p.81

5. 2 点 A(1, 2, 2)，B(2, 3, 4) に対して，A，B から等距離にある x 軸上の点を P とする。

(1) 点 P の座標を求めよ。

(2) △ABP の重心 G の座標を求めよ。

指針 **等距離にある座標軸上の点の座標と重心の座標**

(1) 点 P は x 軸上の点であるから，その座標は $(x,\ 0,\ 0)$ とおくことができる。

(2) O を原点とすると $\quad \overrightarrow{OG}=\dfrac{\overrightarrow{OA}+\overrightarrow{OB}+\overrightarrow{OP}}{3}$

解答 (1) 点Pはx軸上の点であるから，Pの座標を$(x,\ 0,\ 0)$とおく。

AP=BPであるから　$AP^2=BP^2$

ゆえに　$(x-1)^2+(0-2)^2+(0-2)^2=(x-2)^2+(0-3)^2+(0-4)^2$

これを整理すると　$2x=20$

よって　$x=10$

したがって，点Pの座標は　**(10, 0, 0)**　答

(2) Oを原点とすると

$$\overrightarrow{OA}=(1,\ 2,\ 2),\ \overrightarrow{OB}=(2,\ 3,\ 4),\ \overrightarrow{OP}=(10,\ 0,\ 0)$$

であるから

$$\overrightarrow{OG}=\frac{\overrightarrow{OA}+\overrightarrow{OB}+\overrightarrow{OP}}{3}$$

$$=\left(\frac{1+2+10}{3},\ \frac{2+3+0}{3},\ \frac{2+4+0}{3}\right)$$

$$=\left(\frac{13}{3},\ \frac{5}{3},\ 2\right)$$

よって，△ABPの重心Gの座標は

$$\left(\frac{13}{3},\ \frac{5}{3},\ 2\right)$$ 答

教 p.81

6. 球面$(x-2)^2+(y+3)^2+(z-4)^2=5^2$と平面$z=3$が交わる部分は円である。その円の中心の座標と半径を求めよ。

指針 **球面が平面と交わってできる図形**　球面の方程式に$z=3$を代入すると，円の方程式になる。

解答 球面が平面$z=3$と交わるから

$$(x-2)^2+(y+3)^2+(3-4)^2=5^2$$

よって

$$(x-2)^2+(y+3)^2=24,\ z=3$$

←$z=3$を忘れないように。

すなわち

$$(x-2)^2+(y+3)^2=(2\sqrt{6})^2,\ z=3$$

したがって，球面$(x-2)^2+(y+3)^2+(z-4)^2=5^2$が平面$z=3$と交わってできる円の　**中心の座標は　(2, −3, 3)，**

半径は　$2\sqrt{6}$　答

注意 球面と平面が交わってできる円は，平面$z=3$上にあるから，その中心の座標は(2, −3, 3)である。(2, −3)としないように注意する。

第2章　章末問題B

教 p.82

7. 3点A$(a,\ -1,\ 5)$，B$(4,\ b,\ -7)$，C$(5,\ 5,\ -13)$が一直線上にあるとき，a，bの値を求めよ。

指針　**一直線上にある3点**　3点A，B，Cが一直線上にあれば，$\overrightarrow{AB}=k\overrightarrow{AC}$ となる実数kがある。$\overrightarrow{AB}$，$\overrightarrow{AC}$ をそれぞれ成分表示し，$\overrightarrow{AB}=k\overrightarrow{AC}$ からkの値を求める。

解答　3点A，B，Cが一直線上にあるとき，$\overrightarrow{AB}=k\overrightarrow{AC}$ となる実数kがある。

$$\overrightarrow{AB}=(4-a,\ b-(-1),\ -7-5)$$
$$=(4-a,\ b+1,\ -12)$$
$$\overrightarrow{AC}=(5-a,\ 5-(-1),\ -13-5)$$
$$=(5-a,\ 6,\ -18)$$

$\overrightarrow{AB}=k\overrightarrow{AC}$ から

$$(4-a,\ b+1,\ -12)=k(5-a,\ 6,\ -18)$$

ゆえに　$4-a=5k-ka$　……①

$b+1=6k$　……②

$-12=-18k$　……③

③から　$k=\frac{2}{3}$

①から　$4-a=5\times\frac{2}{3}-\frac{2}{3}a$　　よって　$a=2$

また，②から　$b+1=6\times\frac{2}{3}$　　よって　$b=3$

$\boldsymbol{a=2,\ b=3}$　答

教 p.82

8. 3点O$(0,\ 0,\ 0)$，A$(-1,\ -2,\ 1)$，B$(2,\ 2,\ 0)$を頂点とする△OABについて，次の問いに答えよ。

(1)　∠AOBの大きさを求めよ。　(2)　△OABの面積Sを求めよ。

指針　**ベクトルのなす角と三角形の面積**

(1)　∠AOBは $\overrightarrow{OA}$ と $\overrightarrow{OB}$ のなす角であるから

$$\cos\angle AOB=\frac{\overrightarrow{OA}\cdot\overrightarrow{OB}}{|\overrightarrow{OA}||\overrightarrow{OB}|}$$

(2)　△OABの面積Sは

$$S=\frac{1}{2}\times OA\times OB\times\sin\angle AOB$$

解答 (1) $\overrightarrow{OA}=(-1,\ -2,\ 1)$, $\overrightarrow{OB}=(2,\ 2,\ 0)$であるから

$$\overrightarrow{OA}\cdot\overrightarrow{OB}=(-1)\times2+(-2)\times2+1\times0=-6$$
$$|\overrightarrow{OA}|=\sqrt{(-1)^2+(-2)^2+1^2}=\sqrt{6}$$
$$|\overrightarrow{OB}|=\sqrt{2^2+2^2+0^2}=2\sqrt{2}$$

よって　$\cos\angle AOB=\dfrac{\overrightarrow{OA}\cdot\overrightarrow{OB}}{|\overrightarrow{OA}||\overrightarrow{OB}|}=\dfrac{-6}{\sqrt{6}\times2\sqrt{2}}=-\dfrac{\sqrt{3}}{2}$

$0^\circ\leqq\angle AOB\leqq180^\circ$であるから　$\angle AOB=\mathbf{150^\circ}$ 答

(2) $OA=|\overrightarrow{OA}|=\sqrt{6}$, $OB=|\overrightarrow{OB}|=2\sqrt{2}$ であるから

$$S=\frac{1}{2}\times OA\times OB\times\sin150^\circ$$
$$=\frac{1}{2}\times\sqrt{6}\times2\sqrt{2}\times\frac{1}{2}=\sqrt{3}$$ 答

教 p.82

9. 1辺の長さが2の立方体ABCD-EFGHにおいて，辺BF上に点Pをとり，辺GH上に点Qをとる。

(1) 内積$\overrightarrow{BP}\cdot\overrightarrow{HQ}$を求めよ。

(2) 内積$\overrightarrow{AP}\cdot\overrightarrow{AQ}$を，$|\overrightarrow{BP}|$，$|\overrightarrow{HQ}|$を用いて表せ。

(3) 内積$\overrightarrow{AP}\cdot\overrightarrow{AQ}$の最大値を求めよ。

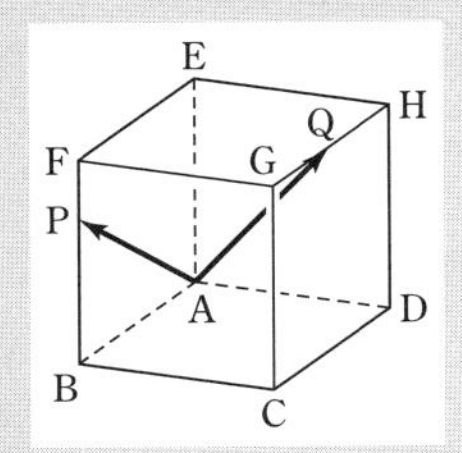

指針 **ベクトルの垂直・平行・内積**

(1) $\overrightarrow{BP}$, $\overrightarrow{HQ}$を，B，Hが点Aに一致するようにそれぞれ平行移動してみる。

(2) $\overrightarrow{AP}=\overrightarrow{AB}+\overrightarrow{BP}$, $\overrightarrow{AQ}=\overrightarrow{AE}+\overrightarrow{EH}+\overrightarrow{HQ}$として$\overrightarrow{AP}$と$\overrightarrow{AQ}$の内積を考える。

(3) (2)をもとにして考える。

解答 (1) $\overrightarrow{BP}/\!/\overrightarrow{AE}$, $\overrightarrow{HQ}/\!/\overrightarrow{AB}$, $\overrightarrow{AE}\perp\overrightarrow{AB}$ であるから　$\overrightarrow{BP}\perp\overrightarrow{HQ}$

したがって　$\overrightarrow{BP}\cdot\overrightarrow{HQ}=\mathbf{0}$ 答

(2)
$$\overrightarrow{AP}=\overrightarrow{AB}+\overrightarrow{BP}$$
$$\overrightarrow{AQ}=\overrightarrow{AH}+\overrightarrow{HQ}=\overrightarrow{AE}+\overrightarrow{EH}+\overrightarrow{HQ}$$

ゆえに

$$\overrightarrow{AP}\cdot\overrightarrow{AQ}=(\overrightarrow{AB}+\overrightarrow{BP})\cdot(\overrightarrow{AE}+\overrightarrow{EH}+\overrightarrow{HQ})$$
$$=\overrightarrow{AB}\cdot\overrightarrow{AE}+\overrightarrow{AB}\cdot\overrightarrow{EH}+\overrightarrow{AB}\cdot\overrightarrow{HQ}$$
$$+\overrightarrow{BP}\cdot\overrightarrow{AE}+\overrightarrow{BP}\cdot\overrightarrow{EH}+\overrightarrow{BP}\cdot\overrightarrow{HQ}$$

ここで，$\overrightarrow{AB}\perp\overrightarrow{AE}$ から　$\overrightarrow{AB}\cdot\overrightarrow{AE}=0$

$\overrightarrow{AB}\perp\overrightarrow{EH}$ から　$\overrightarrow{AB}\cdot\overrightarrow{EH}=0$

$\overrightarrow{BP}\perp\overrightarrow{EH}$ から　$\overrightarrow{BP}\cdot\overrightarrow{EH}=0$

また　$\overrightarrow{BP}\cdot\overrightarrow{HQ}=0$

よって

$$\overrightarrow{AP}\cdot\overrightarrow{AQ}=\overrightarrow{AB}\cdot\overrightarrow{HQ}+\overrightarrow{BP}\cdot\overrightarrow{AE}$$
$$=|\overrightarrow{AB}||\overrightarrow{HQ}|\cos 0^\circ+|\overrightarrow{BP}||\overrightarrow{AE}|\cos 0^\circ$$
$$=2|\overrightarrow{HQ}|+2|\overrightarrow{BP}|$$

← $|\overrightarrow{AB}|=|\overrightarrow{AE}|=2$, $\cos 0^\circ=1$

すなわち　$\boldsymbol{\overrightarrow{AP}\cdot\overrightarrow{AQ}=2|\overrightarrow{BP}|+2|\overrightarrow{HQ}|}$　答

(3)　(2)から　$\overrightarrow{AP}\cdot\overrightarrow{AQ}=2|\overrightarrow{BP}|+2|\overrightarrow{HQ}|$
$$\leqq 2\times 2+2\times 2=8$$

← $0\leqq|\overrightarrow{BP}|\leqq 2$, $0\leqq|\overrightarrow{HQ}|\leqq 2$

よって，$\overrightarrow{AP}\cdot\overrightarrow{AQ}$ の最大値は　**8**　答

教 p.82

10. 四面体 OABC において，△ABC の重心を G，辺 OB の中点を M，辺 OC の中点を N とする。直線 OG と平面 AMN の交点を P とするとき，OG：OP を求めよ。

指針　**平面上の点の位置ベクトル**　O に関する位置ベクトルを考え，$A(\vec{a})$，$B(\vec{b})$，$C(\vec{c})$ とする。P が平面 AMN 上にあることと，線分 OG 上にあることから，$\overrightarrow{OP}$ を $\vec{a}$，$\vec{b}$，$\vec{c}$ を用いて 2 通りに表す。

解答　O に関する位置ベクトルを考え，$A(\vec{a})$，$B(\vec{b})$，$C(\vec{c})$ とする。
P は平面 AMN 上にあるから，$\overrightarrow{AP}=s\overrightarrow{AM}+t\overrightarrow{AN}$ とおく。
点 M，N は辺 OB，OC それぞれの中点であるから

$$\overrightarrow{OM}=\frac{1}{2}\vec{b},\quad \overrightarrow{ON}=\frac{1}{2}\vec{c}$$

よって　$\overrightarrow{OP}=\overrightarrow{OA}+\overrightarrow{AP}=\overrightarrow{OA}+s\overrightarrow{AM}+t\overrightarrow{AN}$
$$=\overrightarrow{OA}+s(\overrightarrow{OM}-\overrightarrow{OA})+t(\overrightarrow{ON}-\overrightarrow{OA})$$
$$=\vec{a}+s\left(\frac{1}{2}\vec{b}-\vec{a}\right)+t\left(\frac{1}{2}\vec{c}-\vec{a}\right)$$
$$=(1-s-t)\vec{a}+\frac{1}{2}s\vec{b}+\frac{1}{2}t\vec{c}\quad\cdots\cdots①$$

G は △ABC の重心であるから

$$\overrightarrow{OG}=\frac{1}{3}(\vec{a}+\vec{b}+\vec{c})$$

P は線分 OG 上にあるから，OG：OP$=1:k$ とおくと

$$\overrightarrow{OP}=k\overrightarrow{OG}=\frac{1}{3}k(\vec{a}+\vec{b}+\vec{c})$$
$$=\frac{1}{3}k\vec{a}+\frac{1}{3}k\vec{b}+\frac{1}{3}k\vec{c}\quad\cdots\cdots②$$

4 点 O，A，B，C は同じ平面上にないから，①，②より

$$1-s-t=\frac{1}{3}k,\quad \frac{1}{2}s=\frac{1}{3}k,\quad \frac{1}{2}t=\frac{1}{3}k$$

$\frac{1}{2}s=\frac{1}{3}k$ から　$s=\frac{2}{3}k$,　$\frac{1}{2}t=\frac{1}{3}k$ から　$t=\frac{2}{3}k$

$1-s-t=\frac{1}{3}k$ に代入すると　$1-\frac{2}{3}k-\frac{2}{3}k=\frac{1}{3}k$　　よって　$k=\frac{3}{5}$

したがって　$\mathrm{OG}:\mathrm{OP}=1:\frac{3}{5}=5:3$　答

教 p.82

11. 四面体ABCDにおいて，次のことが成り立つ。

$\mathrm{AC}\perp\mathrm{BD}$　ならば　$\mathrm{AD}^2+\mathrm{BC}^2=\mathrm{AB}^2+\mathrm{CD}^2$

このことを，ベクトルを用いて証明せよ。

指針　**線分の長さの2乗とベクトルの内積**　点Aに関する位置ベクトルを考え，線分の長さの2乗をベクトルの内積で表す。

解答　$\overrightarrow{\mathrm{AB}}=\vec{b}$，$\overrightarrow{\mathrm{AC}}=\vec{c}$，$\overrightarrow{\mathrm{AD}}=\vec{d}$ とする。

$\mathrm{AC}\perp\mathrm{BD}$ であるから　$\overrightarrow{\mathrm{AC}}\cdot\overrightarrow{\mathrm{BD}}=0$

すなわち　$\vec{c}\cdot(\vec{d}-\vec{b})=0$

ゆえに　$\vec{c}\cdot\vec{d}=\vec{b}\cdot\vec{c}$　……①

$$\begin{aligned}\mathrm{AD}^2+\mathrm{BC}^2&=|\vec{d}|^2+|\vec{c}-\vec{b}|^2\\&=|\vec{d}|^2+|\vec{c}|^2-2\vec{c}\cdot\vec{b}+|\vec{b}|^2\\&=|\vec{b}|^2+|\vec{c}|^2+|\vec{d}|^2-2\vec{b}\cdot\vec{c}\end{aligned}$$

$$\begin{aligned}\mathrm{AB}^2+\mathrm{CD}^2&=|\vec{b}|^2+|\vec{d}-\vec{c}|^2\\&=|\vec{b}|^2+|\vec{d}|^2-2\vec{d}\cdot\vec{c}+|\vec{c}|^2\\&=|\vec{b}|^2+|\vec{c}|^2+|\vec{d}|^2-2\vec{c}\cdot\vec{d}\end{aligned}$$

①から　$\mathrm{AB}^2+\mathrm{CD}^2=|\vec{b}|^2+|\vec{c}|^2+|\vec{d}|^2-2\vec{b}\cdot\vec{c}$

よって　$\mathrm{AD}^2+\mathrm{BC}^2=\mathrm{AB}^2+\mathrm{CD}^2$

したがって　$\mathrm{AC}\perp\mathrm{BD}$　ならば　$\mathrm{AD}^2+\mathrm{BC}^2=\mathrm{AB}^2+\mathrm{CD}^2$　終

教 p.82

12. 3点A(2, 0, 0)，B(0, 1, 0)，C(0, 0, 2)の定める平面ABCに原点Oから垂線OHを下ろす。

(1)　$\overrightarrow{\mathrm{OH}}=s\overrightarrow{\mathrm{OA}}+t\overrightarrow{\mathrm{OB}}+u\overrightarrow{\mathrm{OC}}$ と表すとき，$\overrightarrow{\mathrm{OH}}\perp\overrightarrow{\mathrm{AB}}$，$\overrightarrow{\mathrm{OH}}\perp\overrightarrow{\mathrm{AC}}$ から，t，u をそれぞれ s を用いて表せ。

(2)　点Hの座標を求めよ。

(3)　垂線OHの長さを求めよ。

指針 **垂線と平面の交点の座標と垂線の長さ**

(1) ベクトルの垂直→内積が 0

(2) $\overrightarrow{\mathrm{OH}}$ の成分を 2 通りに表す。

解答 (1) $\overrightarrow{\mathrm{OH}}=s\overrightarrow{\mathrm{OA}}+t\overrightarrow{\mathrm{OB}}+u\overrightarrow{\mathrm{OC}}$

$=s(2,\ 0,\ 0)+t(0,\ 1,\ 0)+u(0,\ 0,\ 2)$

$=(2s,\ t,\ 2u)$

$\overrightarrow{\mathrm{AB}}=(-2,\ 1,\ 0)$，$\overrightarrow{\mathrm{AC}}=(-2,\ 0,\ 2)$ であり，$\overrightarrow{\mathrm{OH}}\perp\overrightarrow{\mathrm{AB}}$，$\overrightarrow{\mathrm{OH}}\perp\overrightarrow{\mathrm{AC}}$ であるから

$\overrightarrow{\mathrm{OH}}\cdot\overrightarrow{\mathrm{AB}}=0$　すなわち　$-4s+t=0$　よって　$\boldsymbol{t=4s}$ 答

$\overrightarrow{\mathrm{OH}}\cdot\overrightarrow{\mathrm{AC}}=0$　すなわち　$-4s+4u=0$　よって　$\boldsymbol{u=s}$ 答

(2) (1)より，$t=4s$，$u=s$ であるから

$\overrightarrow{\mathrm{OH}}=(2s,\ t,\ 2u)=(2s,\ 4s,\ 2s)$ ……①

H は 3 点 A，B，C の定める平面 ABC 上にあるから，$\overrightarrow{\mathrm{AH}}=p\overrightarrow{\mathrm{AB}}+q\overrightarrow{\mathrm{AC}}$ となる実数 p，q がある。

よって　$\overrightarrow{\mathrm{OH}}=\overrightarrow{\mathrm{OA}}+\overrightarrow{\mathrm{AH}}$

$=\overrightarrow{\mathrm{OA}}+(p\overrightarrow{\mathrm{AB}}+q\overrightarrow{\mathrm{AC}})$

$=(2,\ 0,\ 0)+p(-2,\ 1,\ 0)+q(-2,\ 0,\ 2)$

$=(2-2p-2q,\ p,\ 2q)$ ……②

①，② から　$2s=2-2p-2q$，$4s=p$，$2s=2q$

これを解くと　$s=\dfrac{1}{6}$，$p=\dfrac{2}{3}$，$q=\dfrac{1}{6}$

したがって，$\overrightarrow{\mathrm{OH}}=\left(\dfrac{1}{3},\ \dfrac{2}{3},\ \dfrac{1}{3}\right)$ であるから，H の座標は

$\left(\dfrac{1}{3},\ \dfrac{2}{3},\ \dfrac{1}{3}\right)$ 答

(3) (2)から　$\mathrm{OH}=\sqrt{\left(\dfrac{1}{3}\right)^2+\left(\dfrac{2}{3}\right)^2+\left(\dfrac{1}{3}\right)^2}=\dfrac{\sqrt{6}}{3}$ 答

別解 (2) $t=4s$，$u=s$ であるから　$\overrightarrow{\mathrm{OH}}=s\overrightarrow{\mathrm{OA}}+4s\overrightarrow{\mathrm{OB}}+s\overrightarrow{\mathrm{OC}}$

H は 3 点 A，B，C の定める平面上にあるから

$s+4s+s=1$　よって　$s=\dfrac{1}{6}$

したがって

$$\overrightarrow{\mathrm{OH}}=\frac{1}{6}(2,\ 0,\ 0)+\frac{2}{3}(0,\ 1,\ 0)+\frac{1}{6}(0,\ 0,\ 2)=\left(\frac{1}{3},\ \frac{2}{3},\ \frac{1}{3}\right)$$

であるから，H の座標は　$\left(\dfrac{1}{3},\ \dfrac{2}{3},\ \dfrac{1}{3}\right)$ 答

第3章 | 複素数平面

 複素数平面

まとめ

注意 以下，複素数 $a+bi$ や $c+di$ などでは，文字 a，b，c，d は実数を表すものとする。

1 複素数平面

複素数 $a+bi$ に対して，座標平面上の点 $(a,\ b)$ を対応させると，どのような複素数も座標平面上の点で表すことができる。このように，複素数を点で表す座標平面を **複素数平面** または **複素平面** という。複素数平面上の1つの点は，1つの複素数を表す。

複素数平面を考える場合，x 軸を **実軸**，y 軸を **虚軸** という。実軸上の点は実数を表し，虚軸上の原点O以外の点は純虚数を表す。

複素数平面上で複素数 z を表す点Pを $\mathrm{P}(z)$ と書く。また，この点を点 z ということがある。たとえば，点0とは原点Oのことである。

複素数 $z=a+bi$ に対して，

$$-z=-a-bi$$

であるから，複素数平面上で，点 $\mathrm{P}(z)$ と点 $\mathrm{Q}(-z)$ は原点に関して対称である。

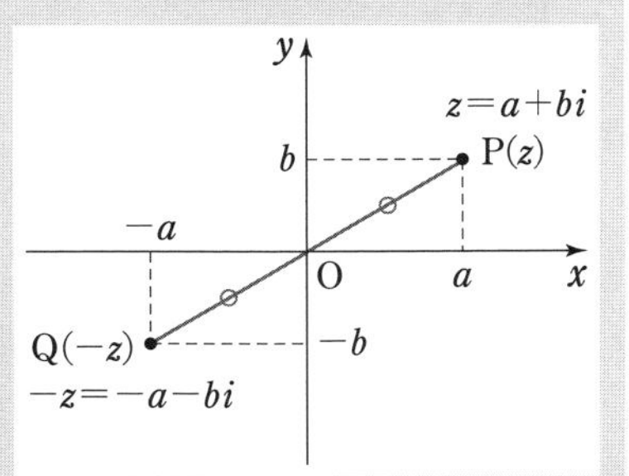

2 複素数の和，差の図示

2つの複素数 $\alpha=a+bi$，$\beta=c+di$ の和は $\alpha+\beta=(a+c)+(b+d)i$ である。よって，点 $\alpha+\beta$ は，点 α を，実軸方向に c，虚軸方向に d だけ平行移動した点である。

補足 点 $\alpha+\beta$ は，点0を点 β に移す平行移動によって点 α が移る点である。

3点0，α，β が一直線上にないとき，図において，4点0，α，$\alpha+\beta$，β を頂点とする四角形は平行四辺形である。

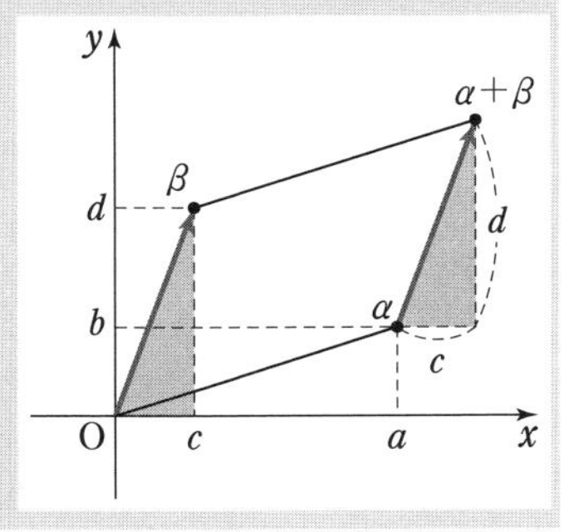

和と同じように考えると，
α と β の差は　$\alpha-\beta=(a-c)+(b-d)i$ であるから，点 $\alpha-\beta$ は，点 α を，実軸方向に $-c$，虚軸方向に $-d$ だけ平行移動した点である。

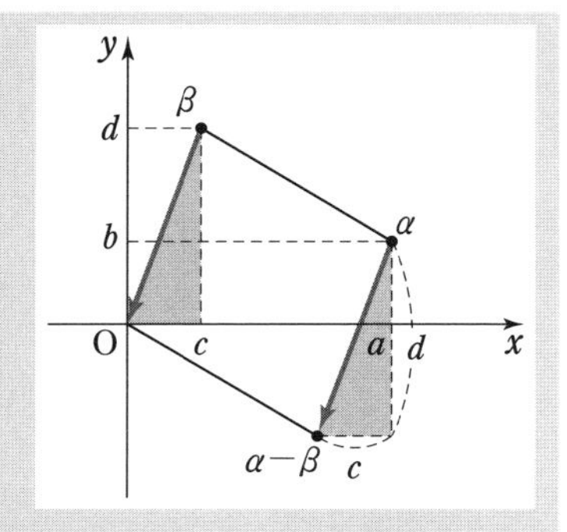

補足　点 $\alpha-\beta$ は，点 β を点 0 に移す平行移動によって点 α が移る点である。

また，$\alpha-\beta=\alpha+(-\beta)$ であるから，3 点 0，α，β が一直線上にないとき，右の図のように，点 $\alpha-\beta$ は，4 点 0，$-\beta$，$\alpha-\beta$，α を頂点とする四角形が平行四辺形となるような点とみることもできる。

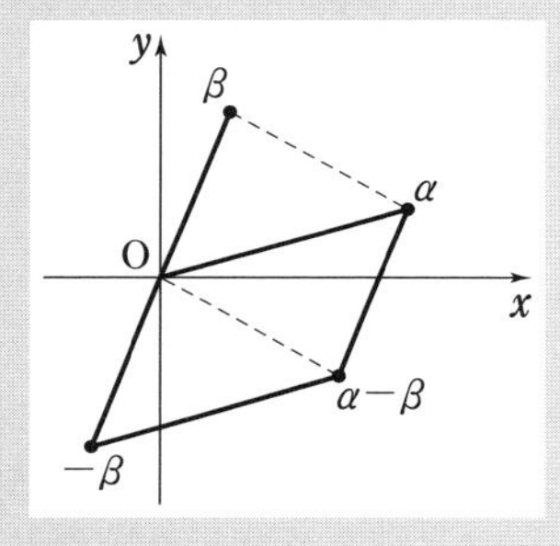

3　複素数の実数倍

実数 k と複素数 $\alpha=a+bi$ について，
$k\alpha=ka+kbi$ である。よって，$\alpha\neq0$ のとき，点 $k\alpha$ は 2 点 0，α を通る直線 ℓ 上にある。
逆に，この直線 ℓ 上の点は，α の実数倍の複素数を表す。
よって，$\alpha\neq0$ のとき，次のことが成り立つ。

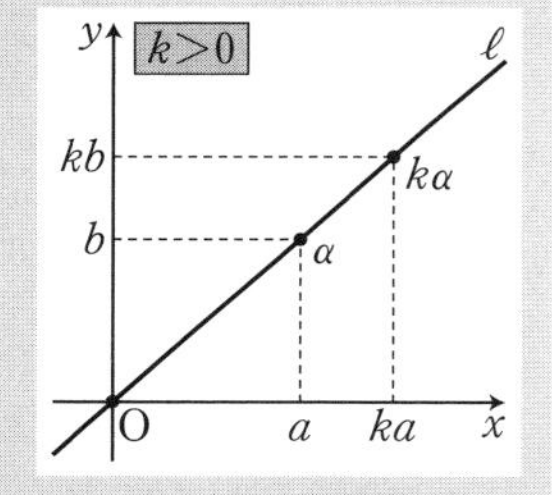

3 点 0，α，β が一直線上にある
$\iff$　$\beta=k\alpha$ となる実数 k がある

複素数 α を表す点を A，$k\alpha$ を表す点を B とすると，線分 OB の長さは線分 OA の長さの $|k|$ 倍である。すなわち，$\mathrm{OB}=|k|\mathrm{OA}$ である。

4　複素数の絶対値

原点 O と点 $\mathrm{P}(z)$ との距離，すなわち線分 OP の長さを，複素数 z の **絶対値** といい，$|z|$ で表す。
$z=a+bi$ のとき，$\mathrm{OP}=\sqrt{a^2+b^2}$ であるから
複素数 $a+bi$ の絶対値は　　$\boldsymbol{|a+bi|=\sqrt{a^2+b^2}}$

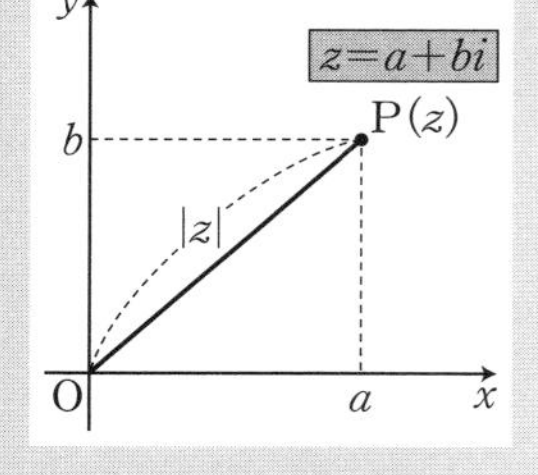

補足　z が実数のとき，$|z|$ は実数 z の絶対値と一致する。実数の絶対値も，数直線上における原点からの距離を表している。

2 点 $\mathrm{A}(\alpha)$，$\mathrm{B}(\beta)$ 間の距離 AB は　　$\boldsymbol{\mathrm{AB}=|\beta-\alpha|}$

5 共役複素数

複素数 $z=a+bi$ に対し，$a-bi$ を z と **共役な複素数** または z の **共役複素数** といい，$\overline{z}$ で表す。

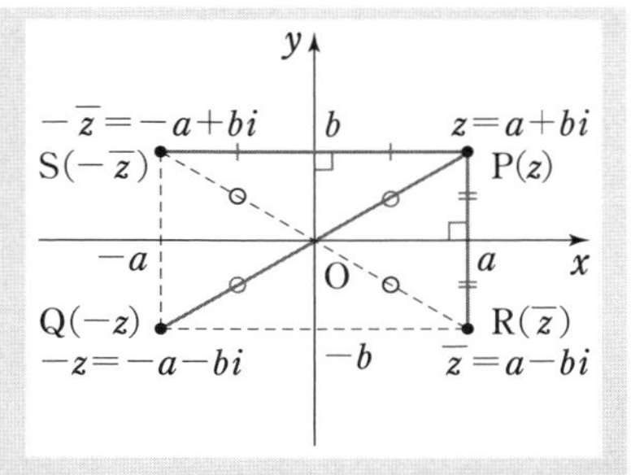

右の図のように，点 $R(\overline{z})$ は，点 $P(z)$ と実軸に関して対称である。

また，図において OP=OQ=OR であるから，複素数 z について，

$|z|=|-z|=|\overline{z}|$ 　が成り立つ。

複素数 z について，次のことが成り立つ。

[1] **z が実数** $\Longleftrightarrow$ $\overline{z}=z$

[2] **z が純虚数** $\Longleftrightarrow$ $\overline{z}=-z$ 　ただし，$z \neq 0$

6 共役複素数の性質

複素数 α，β について，次のことが成り立つ。

[1] $\overline{\alpha+\beta}=\overline{\alpha}+\overline{\beta}$ 　[2] $\overline{\alpha-\beta}=\overline{\alpha}-\overline{\beta}$

[3] $\overline{\alpha\beta}=\overline{\alpha}\,\overline{\beta}$ 　[4] $\overline{\left(\dfrac{\alpha}{\beta}\right)}=\dfrac{\overline{\alpha}}{\overline{\beta}}$

補足 [3] から，n を自然数とするとき，$\overline{\alpha^n}=(\overline{\alpha})^n$ が成り立つ。

上の共役複素数の性質を用いると，次のことが証明できる。

係数が実数である n 次方程式について，解の 1 つが虚数 z ならば，その共役複素数 $\overline{z}$ も解である。

複素数 z とその共役複素数 $\overline{z}$ について，次のことが成り立つ。

[1] **$z+\overline{z}$ は実数である** 　[2] $z\overline{z}=|z|^2$

補足 互いに共役な 2 つの複素数の和と積はともに実数である。

A 複素数平面

教 p.87

練習 1

次の点を右の図にしるせ。

$P(3-2i)$，$Q(-1+i)$，
$R(4)$，$S(-i)$

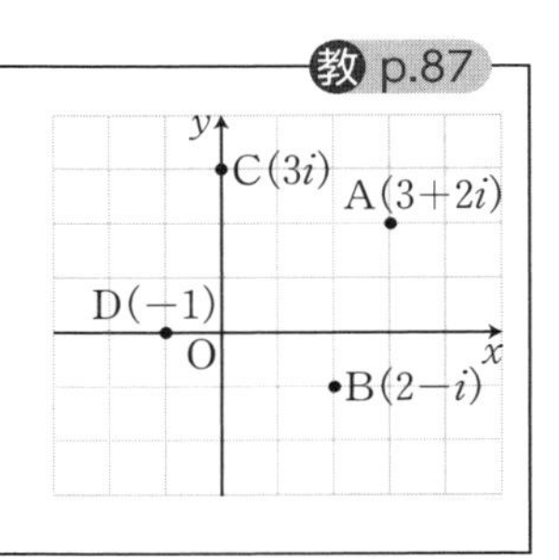

指針 **複素数と座標平面上の点** 複素数 $a+bi$ に対して座標平面上の点 $(a,\ b)$ を対応させると，実数 a は $a+0i$ から点 $(a,\ 0)$ で表され，純虚数 bi は $0+bi$ から点 $(0,\ b)$ で表される。

解答　複素数 $a+bi$ と座標平面上の点 $(a,\ b)$ との対応は次のようになる。

P$(3-2i)$　　$(3,\ -2)$
Q$(-1+i)$　　$(-1,\ 1)$
R(4)　　$(4,\ 0)$
S$(-i)$　　$(0,\ -1)$

よって，図のようになる。

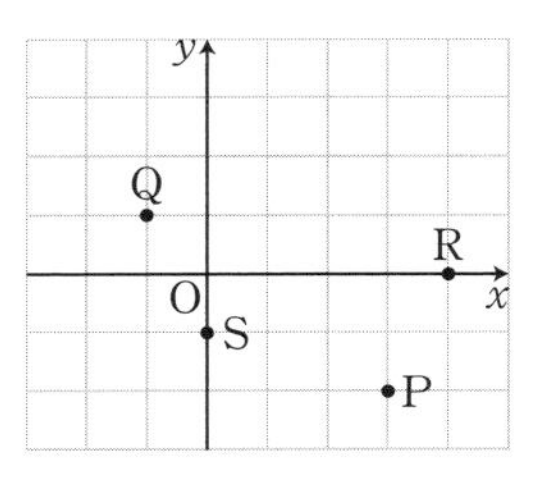

B 複素数の和，差の図示

教 p.88

練習 2　右の図の複素数平面上の点 α，β について，次の点を図にしるせ。

(1)　$\alpha+\beta$
(2)　$\alpha-\beta$

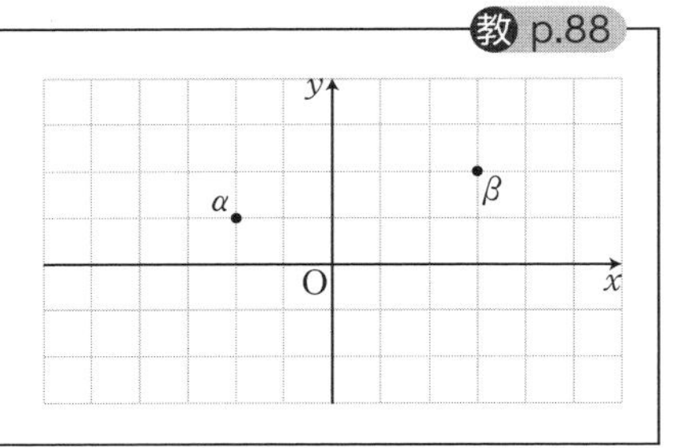

指針　**複素数の和，差の図示**

(1)　点 $\alpha+\beta$ は，原点 O を点 β に移す平行移動によって点 α が移る点である。
(2)　点 $\alpha-\beta$ は，点 β を原点 O に移す平行移動によって点 α が移る点である。

解答

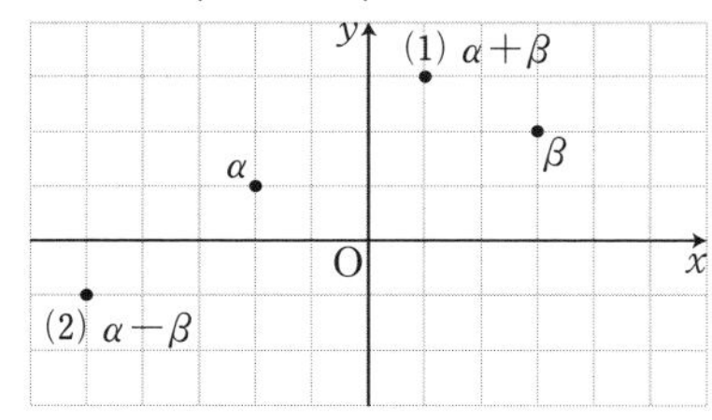

C 複素数の実数倍

教 p.89

練習 3　$\alpha=3-6i$，$\beta=1+yi$ とする。2 点 A(α)，B(β) と原点 O が一直線上にあるとき，実数 y の値を求めよ。

指針　**複素数の実数倍**　$\alpha \neq 0$ のとき，次のことが成り立つことを利用する。

3 点 0，α，β が一直線上にある　$\Longleftrightarrow$　$\beta=k\alpha$ となる実数 k がある

解答　$\beta=k\alpha$ となる実数 k がある。

$1+yi=k(3-6i)$ から　　$1+yi=3k-6ki$

y，$3k$，$-6k$ は実数であるから　　$1=3k$，$y=-6k$

$k=\frac{1}{3}$ であるから　　　　$y=-6\cdot\frac{1}{3}=\mathbf{-2}$ 答

D 複素数の絶対値

教 p.90

練習 4

次の複素数の絶対値を求めよ。

(1) $3-2i$　(2) $-2+4i$　(3) -5　(4) $3i$

指針 **複素数の絶対値**　複素数 $a+bi$ の絶対値は　$|a+bi|=\sqrt{a^2+b^2}$　これにあてはめる。

解答 (1) $|3-2i|=\sqrt{3^2+(-2)^2}=\sqrt{13}$ 答

(2) $|-2+4i|=\sqrt{(-2)^2+4^2}=\sqrt{20}=2\sqrt{5}$ 答

(3) $|-5|=\sqrt{(-5)^2+0^2}=5$ 答

(4) $|3i|=\sqrt{0^2+3^2}=3$ 答

教 p.91

練習 5

次の2点間の距離を求めよ。

(1) A$(2+3i)$, B$(1+6i)$　(2) C$(3-4i)$, D$(1-2i)$

指針 **2点間の距離**

(1) $\alpha=2+3i$, $\beta=1+6i$ とおくと

$$\beta-\alpha=(1+6i)-(2+3i)$$
$$=(1-2)+(6-3)i=-1+3i$$

$\beta-\alpha=a+bi$ のとき，$|\beta-\alpha|=\sqrt{a^2+b^2}$ である。

解答 (1) $\mathrm{AB}=|(1+6i)-(2+3i)|$

$=|-1+3i|=\sqrt{(-1)^2+3^2}=\sqrt{10}$ 答

(2) $\mathrm{CD}=|(1-2i)-(3-4i)|$

$=|-2+2i|=\sqrt{(-2)^2+2^2}=\sqrt{8}=2\sqrt{2}$ 答

E 共役複素数

教 p.91

練習 6

点 P(z) と点 S$(-\overline{z})$ は虚軸に関して対称である。その理由を述べよ。

指針 **共役複素数**　複素数平面上で，虚軸に関して対称な2点を表す複素数は，実部の符号が反対になる。

解答 $z=a+bi$ とすると　　$-\overline{z}=-(a-bi)=-a+bi$

複素数平面上で，点 P$(a+bi)$ と虚軸に関して対称な点を表す複素数は $-a+bi$ であるから，点 P$(a+bi)$ と点 S$(-\overline{z})$ は，虚軸に関して対称である。 終

教 p.92

練習 7

複素数 $z=a+bi$ について，次の問いに答えよ。

(1)　a，b をそれぞれ z と $\overline{z}$ を用いて表せ。

(2)　(1)の結果を利用して，

1　z が実数　$\Longleftrightarrow$　$\overline{z}=z$

2　z が純虚数　$\Longleftrightarrow$　$\overline{z}=-z$　　ただし，$z\neq0$

が成り立つことを確かめよ。

指針　**実数，純虚数を表す条件**

(1)　$z=a+bi$，$\overline{z}=a-bi$ を a，b についての連立方程式とみて解く。

(2)　z が実数　$\Longleftrightarrow$　$b=0$　　z が純虚数　$\Longleftrightarrow$　$a=0$，$b\neq0$

これに(1)の結果をあてはめる。

解答　(1)　$z=a+bi$，$\overline{z}=a-bi$ であるから

$$z+\overline{z}=2a,\ z-\overline{z}=2bi$$

よって　　$\boldsymbol{a=\frac{1}{2}(z+\overline{z}),\ b=\frac{1}{2i}(z-\overline{z})}$　答

(2)　**1 の証明**

$z=a+bi$ について，z が実数であるとすると　　$b=0$

ゆえに，(1)から　　$\frac{1}{2i}(z-\overline{z})=0$

よって，$z-\overline{z}=0$ から　　$\overline{z}=z$

逆に，$\overline{z}=z$ とすると，(1)から　　$b=\frac{1}{2i}(z-\overline{z})=0$

よって，z は実数である。

以上により，「z が実数　$\Longleftrightarrow$　$\overline{z}=z$」が成り立つ。　終

2 の証明

$z=a+bi$ について，z が純虚数であるとすると　　$a=0$，$b\neq0$

ゆえに，(1)から　　$\frac{1}{2}(z+\overline{z})=0$　ただし，$z\neq0$

よって，$z+\overline{z}=0$ から　　$\overline{z}=-z$　ただし，$z\neq0$

逆に，$\overline{z}=-z$，$z\neq0$ とする。

このとき　　$z+\overline{z}=0$

ゆえに，(1)から　　$a=\frac{1}{2}(z+\overline{z})=0$

このとき，$z\neq0$ から　　$b\neq0$

よって，z は純虚数である。

以上により，「z が純虚数　$\Longleftrightarrow$　$\overline{z}=-z$　ただし，$z\neq0$」が成り立つ。終

教 p.92

練習 8 複素数α，βについて，$\alpha+\beta=i$のとき，$\overline{\alpha}+\overline{\beta}$を求めよ。

指針 **共役複素数の性質**
条件式の両辺の共役複素数を考え，$\overline{\alpha+\beta}=\overline{\alpha}+\overline{\beta}$を利用する。

解答 $\alpha+\beta=i$の両辺の共役複素数を考えると
$\overline{\alpha+\beta}=\overline{i}$　　すなわち　　$\overline{\alpha}+\overline{\beta}=-i$ 答

教 p.93

練習 9 教科書 91 ページで学んだ複素数が実数である条件を用いて，93 ページの **1** が成り立つこと，すなわち$z+\overline{z}$が実数であることを示せ。

指針 **共役複素数の性質**　複素数wに関して，wが実数　$\Leftrightarrow$　$\overline{w}=w$　が成り立つ。

解答 $z+\overline{z}$について　　$\overline{z+\overline{z}}=\overline{z}+\overline{\overline{z}}=\overline{z}+z=z+\overline{z}$
よって，$\overline{z+\overline{z}}=z+\overline{z}$が成り立つから，$z+\overline{z}$は実数である。 終

2 複素数の極形式

まとめ

1 極形式

複素数平面上で，0 でない複素数$z=a+bi$を表す点をPとし，線分OPの長さをrとする。また，半直線OPを，実軸の正の部分を始線とした動径と考えて，動径OPの表す角をθとすると

$r=\sqrt{a^2+b^2}$，$a=r\cos\theta$，$b=r\sin\theta$

である。

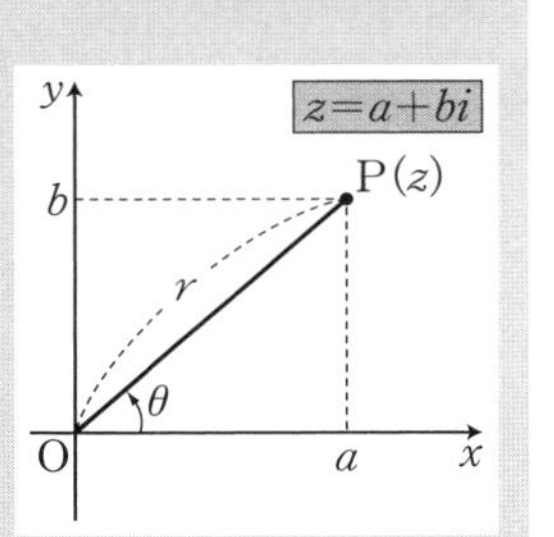

よって，0 でない複素数zは次の形にも表される。

$$\boldsymbol{z=r(\cos\theta+i\sin\theta)}$$

ただし，$r>0$で，θは弧度法で表された一般角である。

これを複素数zの **極形式** という。rはzの絶対値である。
また，角θをzの **偏角** といい，$\arg z$で表す。
すなわち　　$r=|z|$，$\theta=\arg z$

注意 以下，複素数を極形式で表すときその複素数は 0 でないものとする。

一般に，複素数zの偏角の 1 つをθ_0とすると，zの偏角は
$\arg z=\theta_0+2n\pi$　(nは整数)　で表すことができる。

注意 偏角の 1 つθ_0は，$0\leqq\theta<2\pi$の範囲や$-\pi<\theta\leqq\pi$の範囲で選ぶことが多い。

2　$\overline{z}$ の極形式

複素数 z の偏角を θ とするとき，$\overline{z}$ の偏角の1つは，$\arg\overline{z}=-\theta$ である。

また，$|z|=|\overline{z}|$ であるから，z と $\overline{z}$ の極形式について，次のことがいえる。

$z=r(\cos\theta+i\sin\theta)$ のとき

$$\overline{z}=r\{\cos(-\theta)+i\sin(-\theta)\}$$

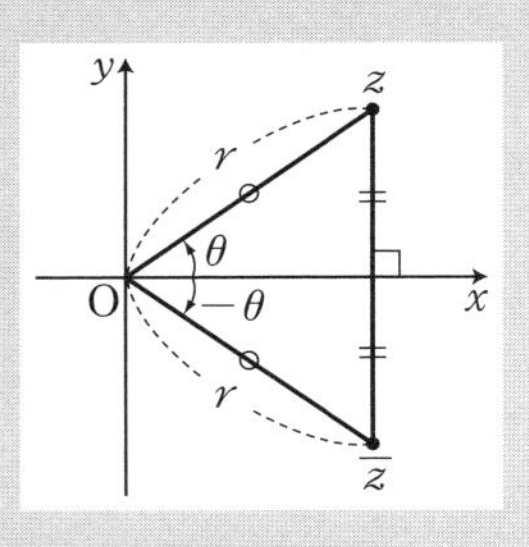

3　極形式で表された複素数の積と商

$\alpha=r_1(\cos\theta_1+i\sin\theta_1)$，$\beta=r_2(\cos\theta_2+i\sin\theta_2)$ のとき

$$\alpha\beta=r_1r_2\{\cos(\theta_1+\theta_2)+i\sin(\theta_1+\theta_2)\}$$

$$\frac{\alpha}{\beta}=\frac{r_1}{r_2}\{\cos(\theta_1-\theta_2)+i\sin(\theta_1-\theta_2)\}$$

4　複素数の積と商の絶対値と偏角

[1]　$|\alpha\beta|=|\alpha||\beta|$　　　$\arg\alpha\beta=\arg\alpha+\arg\beta$

[2]　$\left|\dfrac{\alpha}{\beta}\right|=\dfrac{|\alpha|}{|\beta|}$　　　$\arg\dfrac{\alpha}{\beta}=\arg\alpha-\arg\beta$

注意　偏角についての等式では，2π の整数倍の違いは無視して考える。

[1] より，複素数 z と自然数 n について，$|z^n|=|z|^n$ が成り立つ。

5　複素数の積と図形

2つの複素数 α と z の積 αz について，その絶対値と偏角は次のようになる。

$$|\alpha z|=|\alpha||z|,\quad \arg\alpha z=\arg\alpha+\arg z$$

一般に，0でない2つの複素数 α，z について次のことが成り立つ。

$\alpha=r(\cos\theta+i\sin\theta)$ と z との積 αz について，点 αz は点 z を

原点を中心として θ だけ回転し，
原点からの距離を r 倍した点である。

α の絶対値が1の場合，

複素数 $\alpha=\cos\theta+i\sin\theta$ と z との積 αz について，次のことが成り立つ。

点 αz は点 z を
原点を中心として θ だけ回転した点である。

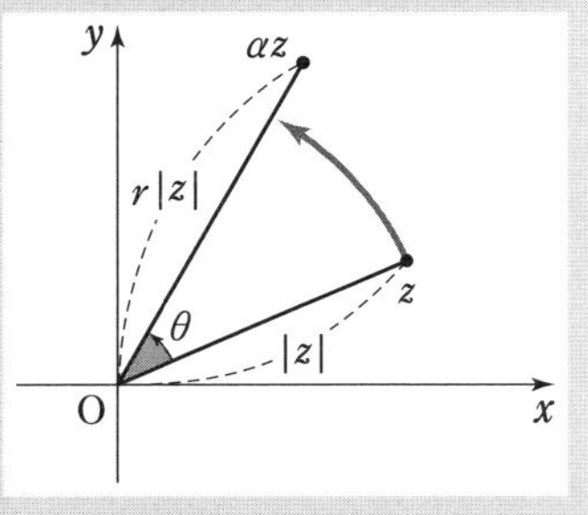

補足　とくに，点 iz は，点 z を原点を中心として $\dfrac{\pi}{2}$ だけ回転した点である。

教科書 p.95

A 極形式

練習 10 教 p.95

次の複素数を極形式で表せ。ただし，偏角 θ の範囲は，(1)，(2)では $0 \leqq \theta < 2\pi$，(3)，(4)では $-\pi < \theta \leqq \pi$ とする。

(1) $\sqrt{3}+i$　　(2) $2-2i$

(3) $-1-\sqrt{3}i$　　(4) $-i$

指針 **複素数の極形式**　複素数 $z=a+bi$ を複素数平面上で考えると $a=r\cos\theta$，$b=r\sin\theta$ から，絶対値 r について　$r=\sqrt{a^2+b^2}$

偏角 θ について　$\cos\theta=\dfrac{a}{r}$，$\sin\theta=\dfrac{b}{r}$

解答 (1) $\sqrt{3}+i$ の絶対値を r とすると

$$r=\sqrt{(\sqrt{3})^2+1^2}=2,\ \cos\theta=\frac{\sqrt{3}}{2},\ \sin\theta=\frac{1}{2}$$

$0 \leqq \theta < 2\pi$ では　$\theta=\dfrac{\pi}{6}$

よって　$\sqrt{3}+i=2\left(\cos\dfrac{\pi}{6}+i\sin\dfrac{\pi}{6}\right)$ 答

(2) $2-2i$ の絶対値を r とすると

$$r=\sqrt{2^2+(-2)^2}=2\sqrt{2},\ \cos\theta=\frac{1}{\sqrt{2}},\ \sin\theta=-\frac{1}{\sqrt{2}}$$

$0 \leqq \theta < 2\pi$ では　$\theta=\dfrac{7}{4}\pi$

よって　$2-2i=2\sqrt{2}\left(\cos\dfrac{7}{4}\pi+i\sin\dfrac{7}{4}\pi\right)$ 答

(3) $-1-\sqrt{3}i$ の絶対値を r とすると

$$r=\sqrt{(-1)^2+(-\sqrt{3})^2}=2,\ \cos\theta=-\frac{1}{2},\ \sin\theta=-\frac{\sqrt{3}}{2}$$

$-\pi < \theta \leqq \pi$ では　$\theta=-\dfrac{2}{3}\pi$

よって　$-1-\sqrt{3}i=2\left\{\cos\left(-\dfrac{2}{3}\pi\right)+i\sin\left(-\dfrac{2}{3}\pi\right)\right\}$ 答

(4) $-i$ の絶対値を r とすると

$$r=\sqrt{0^2+(-1)^2}=1,\ \cos\theta=0,\ \sin\theta=-1$$

$-\pi < \theta \leqq \pi$ では　$\theta=-\dfrac{\pi}{2}$

よって　$-i=\cos\left(-\dfrac{\pi}{2}\right)+i\sin\left(-\dfrac{\pi}{2}\right)$ 答

教 p.96

練習 11

複素数 z の極形式を $z=r(\cos\theta+i\sin\theta)$ とする。このとき，$-z$ の極形式について，次のことを示せ。

$$-z=r\{\cos(\theta+\pi)+i\sin(\theta+\pi)\}$$

指針 **$-z$ の極形式** z と $-z$ が原点に関して対称であるから，$-z$ の偏角の 1 つは z の偏角 θ を π だけ回転させたものである。

解答 点 $-z$ は点 z と原点に関して対称である。

ゆえに，$-z$ の偏角の 1 つは　$\theta+\pi$

また　$|-z|=|z|$

よって　$-z=r\{\cos(\theta+\pi)+i\sin(\theta+\pi)\}$ 終

参考 $r\{\cos(\theta+\pi)+i\sin(\theta+\pi)\}=-r(\cos\theta+i\sin\theta)=-z$

B 極形式で表された複素数の積と商

教 p.97

練習 12

教科書の例 7 において，$\alpha=1+\sqrt{3}i$，$\beta=1+i$ である。例 7 の結果を用いて $\cos\frac{7}{12}\pi$，$\sin\frac{7}{12}\pi$ の値を求めよ。

指針 **極形式表示の複素数の利用**

まず，α，β の複素数による表示を利用して，$\alpha\beta$ を計算する。

解答 $\alpha\beta=(1+\sqrt{3}i)(1+i)=(1-\sqrt{3})+(1+\sqrt{3})i$

例 7 より，$\alpha\beta=2\sqrt{2}\left(\cos\frac{7}{12}\pi+i\sin\frac{7}{12}\pi\right)$ であるから

$$2\sqrt{2}\cos\frac{7}{12}\pi=1-\sqrt{3},\quad 2\sqrt{2}\sin\frac{7}{12}\pi=1+\sqrt{3}$$

よって　$\cos\frac{7}{12}\pi=\frac{1-\sqrt{3}}{2\sqrt{2}}=\frac{\sqrt{2}-\sqrt{6}}{4}$

$\sin\frac{7}{12}\pi=\frac{1+\sqrt{3}}{2\sqrt{2}}=\frac{\sqrt{2}+\sqrt{6}}{4}$ 答

教 p.97

練習 13

次の複素数 α，β について，$\alpha\beta$，$\frac{\alpha}{\beta}$ をそれぞれ極形式で表せ。ただし，偏角 θ の範囲は $0\leqq\theta<2\pi$ とする。

$$\alpha=2\sqrt{2}\left(\cos\frac{\pi}{4}+i\sin\frac{\pi}{4}\right),\ \beta=2\left(\cos\frac{\pi}{6}+i\sin\frac{\pi}{6}\right)$$

教科書 p.97～98

指針　**複素数の積と商の極形式**

$\alpha=r_1(\cos\theta_1+i\sin\theta_1)$，$\beta=r_2(\cos\theta_2+i\sin\theta_2)$

のとき

$\alpha\beta=r_1r_2\{\cos(\theta_1+\theta_2)+i\sin(\theta_1+\theta_2)\}$

$\dfrac{\alpha}{\beta}=\dfrac{r_1}{r_2}\{\cos(\theta_1-\theta_2)+i\sin(\theta_1-\theta_2)\}$

解答　$\alpha\beta=2\sqrt{2}\cdot2\left\{\cos\left(\dfrac{\pi}{4}+\dfrac{\pi}{6}\right)+i\sin\left(\dfrac{\pi}{4}+\dfrac{\pi}{6}\right)\right\}$

$=4\sqrt{2}\left(\cos\dfrac{5}{12}\pi+i\sin\dfrac{5}{12}\pi\right)$　答

$\dfrac{\alpha}{\beta}=\dfrac{2\sqrt{2}}{2}\left\{\cos\left(\dfrac{\pi}{4}-\dfrac{\pi}{6}\right)+i\sin\left(\dfrac{\pi}{4}-\dfrac{\pi}{6}\right)\right\}$

$=\sqrt{2}\left(\cos\dfrac{\pi}{12}+i\sin\dfrac{\pi}{12}\right)$　答

練習 14　教 p.98

複素数α，βについて，$|\alpha|=2$，$|\beta|=3$のとき，次の値を求めよ。

(1)　$|\alpha\beta|$　　(2)　$|\alpha^3|$　　(3)　$\left|\dfrac{\alpha}{\beta}\right|$　　(4)　$\left|\dfrac{\beta}{\alpha^2}\right|$

指針　**複素数の積と商の絶対値**　$|\alpha\beta|=|\alpha||\beta|$，$\left|\dfrac{\alpha}{\beta}\right|=\dfrac{|\alpha|}{|\beta|}$である。

また，nを自然数とするとき$|z^n|=|z|^n$が成り立つことを利用する。

解答　(1)　$|\alpha\beta|=|\alpha||\beta|=2\cdot3=6$　答

(2)　$|\alpha^3|=|\alpha|^3=2^3=8$　答

(3)　$\left|\dfrac{\alpha}{\beta}\right|=\dfrac{|\alpha|}{|\beta|}=\dfrac{2}{3}$　答

(4)　$\left|\dfrac{\beta}{\alpha^2}\right|=\dfrac{|\beta|}{|\alpha|^2}=\dfrac{3}{2^2}=\dfrac{3}{4}$　答

C　複素数の積と図形

練習 15　教 p.98

次の点は，点zをどのように移動した点であるか。

(1)　$(1+\sqrt{3}i)z$　　(2)　$(-1+i)z$　　(3)　$2iz$

指針　**原点を中心とする回転と原点からの距離の実数倍**

zの係数を極形式で表し，その絶対値と偏角に着目する。

解答 (1) $1+\sqrt{3}i=2\left(\cos\dfrac{\pi}{3}+i\sin\dfrac{\pi}{3}\right)$

よって，点$(1+\sqrt{3}i)z$は，点zを

原点を中心として$\dfrac{\pi}{3}$だけ回転し，原点からの距離を2倍した点

である。 答

(2) $-1+i=\sqrt{2}\left(\cos\dfrac{3}{4}\pi+i\sin\dfrac{3}{4}\pi\right)$

よって，点$(-1+i)z$は，点zを

原点を中心として$\dfrac{3}{4}\pi$だけ回転し，原点からの距離を$\sqrt{2}$倍した点

である。 答

(3) $2i=2\left(\cos\dfrac{\pi}{2}+i\sin\dfrac{\pi}{2}\right)$

よって，点$2iz$は，点zを

原点を中心として$\dfrac{\pi}{2}$だけ回転し，原点からの距離を2倍した点

である。 答

【?】 教 p.99

$|z|$ および $|w|$ の値を求めてみよう。

指針 **複素数の絶対値** $|a+bi|=\sqrt{a^2+b^2}$ 回転しても絶対値は変わらない。

解説 $z=2-4i$ であるから $|z|=\sqrt{2^2+(-4)^2}=\sqrt{20}=2\sqrt{5}$

また，$w=(\sqrt{3}+2)+(-2\sqrt{3}+1)i$ であるから

$$|w|=\sqrt{(\sqrt{3}+2)^2+(-2\sqrt{3}+1)^2}=\sqrt{7+4\sqrt{3}+13-4\sqrt{3}}$$
$$=\sqrt{20}=2\sqrt{5}$$

答 $|z|=|w|=2\sqrt{5}$

練習 16 教 p.99

$z=4-2i$ とする。点zを原点を中心として次の角だけ回転した点を表す複素数を求めよ。

(1) $\dfrac{3}{4}\pi$　　(2) $-\dfrac{\pi}{2}$　　(3) $-\dfrac{\pi}{3}$

指針 **原点を中心として回転した点を表す複素数**

$z=a+bi$ を原点を中心としてθだけ回転した点を表す複素数は

$$(\cos\theta+i\sin\theta)(a+bi)$$

解答 (1) $\left(\cos\frac{3}{4}\pi+i\sin\frac{3}{4}\pi\right)(4-2i)=\left(-\frac{1}{\sqrt{2}}+\frac{1}{\sqrt{2}}i\right)(4-2i)$
$=-\sqrt{2}+3\sqrt{2}\,i$ 答

(2) $\left\{\cos\left(-\frac{\pi}{2}\right)+i\sin\left(-\frac{\pi}{2}\right)\right\}(4-2i)=-i(4-2i)$
$=-2-4i$ 答

(3) $\left\{\cos\left(-\frac{\pi}{3}\right)+i\sin\left(-\frac{\pi}{3}\right)\right\}(4-2i)=\left(\frac{1}{2}-\frac{\sqrt{3}}{2}i\right)(4-2i)$
$=(2-\sqrt{3})-(1+2\sqrt{3})i$ 答

練習 17 教 p.99

$\alpha=5+\sqrt{3}\,i$ とする。複素数平面上の3点0，α，β を頂点とする三角形が正三角形であるとき，β の値を求めよ。

指針 **正三角形の頂点を表す複素数** A(α)，B(β) とすると∠AOB$=60°$ であるから，点 β は点 α を原点を中心に $\frac{\pi}{3}$ または $-\frac{\pi}{3}$ だけ回転した点である。

解答 点 β は，点 α を原点を中心に

$\frac{\pi}{3}$ または $-\frac{\pi}{3}$ だけ回転した点であるから

$\beta=\left(\cos\frac{\pi}{3}+i\sin\frac{\pi}{3}\right)\alpha$
$=\left(\frac{1}{2}+\frac{\sqrt{3}}{2}i\right)(5+\sqrt{3}\,i)$
$=1+3\sqrt{3}\,i$

または

$\beta=\left\{\cos\left(-\frac{\pi}{3}\right)+i\sin\left(-\frac{\pi}{3}\right)\right\}\alpha$
$=\left(\frac{1}{2}-\frac{\sqrt{3}}{2}i\right)(5+\sqrt{3}\,i)$
$=4-2\sqrt{3}\,i$

よって　$\beta=1+3\sqrt{3}\,i$　または
$\beta=4-2\sqrt{3}\,i$ 答

3 ド・モアブルの定理

まとめ

1　ド・モアブルの定理

n が整数のとき

$$(\cos\theta+i\sin\theta)^n=\cos n\theta+i\sin n\theta$$

注意　0 でない複素数 z と自然数 n に対して，$z^0=1$，$z^{-n}=\dfrac{1}{z^n}$ と定める。

2　複素数の n 乗根

複素数 α と正の整数 n に対して，方程式 $z^n=\alpha$ の解を α の **n 乗根** という。
0 でない複素数の n 乗根は n 個あることが知られている。
一般に，方程式 $z^n=1$ の解，すなわち 1 の n 乗根について次のことがいえる。
1 の n 乗根は，次の式から得られる n 個の複素数である。

$$z_k=\cos\frac{2k\pi}{n}+i\sin\frac{2k\pi}{n}\qquad(k=0,\ 1,\ 2,\ \cdots\cdots,\ n-1)$$

補足　$n\geqq3$ のとき，1 の n 乗根を表す点は，単位円に内接する正 n 角形の各頂点である。頂点の 1 つは点 1 である。

A　ド・モアブルの定理

【?】　教 p.101

複素数を 6 乗すると，その絶対値と偏角はそれぞれどのようになるか，言葉で説明してみよう。

指針　**ド・モアブルの定理**

$a+bi=r(\cos\theta+i\sin\theta)$ のとき　$(a+bi)^n=r^n(\cos n\theta+i\sin n\theta)$

解説　複素数を 6 乗とすると

絶対値は 6 乗した値になり，偏角は 6 倍した値になる。　答

練習 18　教 p.101

次の式を計算せよ

(1)　$(1+\sqrt{3}\,i)^5$　　(2)　$(-1+i)^8$　　(3)　$(1-\sqrt{3}\,i)^{-4}$

指針　**複素数 $(a+bi)^n$ の値**　複素数 $a+bi$ を極形式で表し，ド・モアブルの定理を利用する。n が整数のとき

$$\{r(\cos\theta+i\sin\theta)\}^n=r^n(\cos\theta+i\sin\theta)^n=r^n(\cos n\theta+i\sin n\theta)$$

解答 (1) $1+\sqrt{3}\,i=2\left(\cos\dfrac{\pi}{3}+i\sin\dfrac{\pi}{3}\right)$ であるから

$$(1+\sqrt{3})^5=2^5\left(\cos\frac{\pi}{3}+i\sin\frac{\pi}{3}\right)^5=32\left(\cos\frac{5}{3}\pi+i\sin\frac{5}{3}\pi\right)$$

$$=32\left(\frac{1}{2}-\frac{\sqrt{3}}{2}i\right)$$

$$=\mathbf{16-16\sqrt{3}\,i}$$ 答

(2) $-1+i=\sqrt{2}\left(\cos\dfrac{3}{4}\pi+i\sin\dfrac{3}{4}\pi\right)$ であるから

$$(-1+i)^8=(\sqrt{2})^8\left(\cos\frac{3}{4}\pi+i\sin\frac{3}{4}\pi\right)^8$$

$$=16(\cos 6\pi+i\sin 6\pi)$$

$$=\mathbf{16}$$ 答

(3) $1-\sqrt{3}\,i=2\left\{\cos\left(-\dfrac{\pi}{3}\right)+i\sin\left(-\dfrac{\pi}{3}\right)\right\}$ であるから

$$(1-\sqrt{3}\,i)^{-4}=2^{-4}\left\{\cos\left(-\frac{\pi}{3}\right)+i\sin\left(-\frac{\pi}{3}\right)\right\}^{-4}$$

$$=\frac{1}{16}\left(\cos\frac{4}{3}\pi+i\sin\frac{4}{3}\pi\right)$$

$$=\frac{1}{16}\left(-\frac{1}{2}-\frac{\sqrt{3}}{2}i\right)$$

$$=\mathbf{-\frac{1}{32}-\frac{\sqrt{3}}{32}i}$$ 答

B 複素数の n 乗根

教 p.102

練習 19

教科書 102 ページの①において，z_k と z_{k+3} が同じ複素数を表すことを示せ。

指針 **1の3乗根** $z_{k+3}=\cos\dfrac{2(k+3)\pi}{3}+i\sin\dfrac{2(k+3)\pi}{3}$ である。右辺を変形する。

解答 $z_{k+3}=\cos\dfrac{2(k+3)\pi}{3}+i\sin\dfrac{2(k+3)\pi}{3}$

$$=\cos\left(\frac{2k\pi}{3}+2\pi\right)+i\sin\left(\frac{2k\pi}{3}+2\pi\right)$$

$$=\cos\frac{2k\pi}{3}+i\sin\frac{2k\pi}{3}$$

$$=z_k$$

よって，z_{k+3} と z_k は同じ複素数を表す。 終

3章 複素数平面

教 p.103

練習 20 1の8乗根を求めよ。

指針 **1の8乗根** 1の8乗根は次の式から得られる8個の複素数である。

$$z_k=\cos\frac{2k\pi}{8}+i\sin\frac{2k\pi}{8}\quad (k=0,\ 1,\ 2,\ \cdots\cdots,\ 7)$$

解答 1の8乗根は $z_k=\cos\frac{2k\pi}{8}+i\sin\frac{2k\pi}{8}\quad (k=0,\ 1,\ 2,\ \cdots\cdots,\ 7)$

よって $z_0=\cos 0+i\sin 0=1$

$$z_1=\cos\frac{\pi}{4}+i\sin\frac{\pi}{4}=\frac{1}{\sqrt{2}}+\frac{1}{\sqrt{2}}i$$

$$z_2=\cos\frac{\pi}{2}+i\sin\frac{\pi}{2}=i$$

$$z_3=\cos\frac{3}{4}\pi+i\sin\frac{3}{4}\pi=-\frac{1}{\sqrt{2}}+\frac{1}{\sqrt{2}}i$$

$$z_4=\cos\pi+i\sin\pi=-1$$

$$z_5=\cos\frac{5}{4}\pi+i\sin\frac{5}{4}\pi=-\frac{1}{\sqrt{2}}-\frac{1}{\sqrt{2}}i$$

$$z_6=\cos\frac{3}{2}\pi+i\sin\frac{3}{2}\pi=-i$$

$$z_7=\cos\frac{7}{4}\pi+i\sin\frac{7}{4}\pi=\frac{1}{\sqrt{2}}-\frac{1}{\sqrt{2}}i$$

答 $\pm 1,\ \pm i,\ \frac{1}{\sqrt{2}}\pm\frac{1}{\sqrt{2}}i,\ -\frac{1}{\sqrt{2}}\pm\frac{1}{\sqrt{2}}i$

教 p.104

【?】 求めた3つの解を表す点を複素数平面上に図示してみよう。どのようなことがいえるだろうか。

指針 **方程式 $z^3=8i$ の解** 長さが2の動径を回転して求める。

解説 3つの解 $z=\sqrt{3}+i,\ -\sqrt{3}+i,\ -2i$ を表す点は，複素数平面上では，絶対値が2，偏角がそれぞれ $\frac{\pi}{6},\ \frac{5}{6}\pi,\ \frac{3}{2}\pi$ であるから，

$\mathrm{A}(\sqrt{3}+i)$，$\mathrm{B}(-\sqrt{3}+i)$，$\mathrm{C}(-2i)$

とすると，右の図のようになる。答

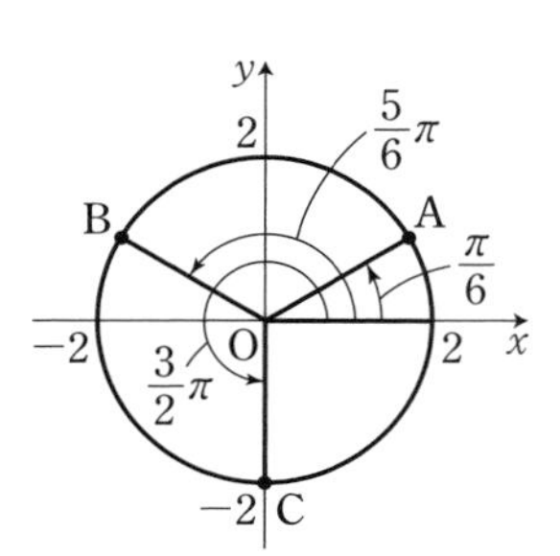

また，$\angle\mathrm{AOB}=\angle\mathrm{BOC}=\angle\mathrm{COA}=\frac{2}{3}\pi$

となるから，3つの解が表す点は，正三角形の頂点であることがいえる。終

練習 21 教 p.104

次の方程式を解け。また，解を表す点を，それぞれ複素数平面上に図示せよ。

(1) $z^2=i$　　(2) $z^4=-4$　　(3) $z^2=1+\sqrt{3}\,i$

指針 **複素数 α の n 乗根**　$z^n=\alpha$ において，複素数 z，α の極形式を

$$z=r(\cos\theta+i\sin\theta),\ \alpha=r_0(\cos\theta_0+i\sin\theta_0)$$

とおくと　$r^n(\cos n\theta+i\sin n\theta)=r_0(\cos\theta_0+i\sin\theta_0)$

両辺の絶対値と偏角を比較して，r，θ を求める。

このとき，$r>0$，$n\theta=\theta_0+2k\pi$ （k は整数）に注意する。

解答 z の極形式を　$z=r(\cos\theta+i\sin\theta)$　……①　とする。

(1)　$z^2=r^2(\cos 2\theta+i\sin 2\theta)$

また，i を極形式で表すと　$i=\cos\dfrac{\pi}{2}+i\sin\dfrac{\pi}{2}$

よって，方程式は

$$r^2(\cos 2\theta+i\sin 2\theta)=\cos\frac{\pi}{2}+i\sin\frac{\pi}{2}$$

両辺の絶対値と偏角を比較すると

$$r^2=1,\ 2\theta=\frac{\pi}{2}+2k\pi\quad(k \text{ は整数})$$

$r>0$ であるから

$$r=1\quad\cdots\cdots②$$

また　$\theta=\dfrac{\pi}{4}+k\pi$

$0\leqq\theta<2\pi$ の範囲では，$k=0,\ 1$ であるから

$$\theta=\frac{\pi}{4},\ \frac{5}{4}\pi\quad\cdots\cdots③$$

②，③を①に代入して，求める解は

$$\boldsymbol{z=\frac{1}{\sqrt{2}}+\frac{1}{\sqrt{2}}i,\ -\frac{1}{\sqrt{2}}-\frac{1}{\sqrt{2}}i}\quad 答$$

この解を複素数平面上に図示すると，図のようになる。

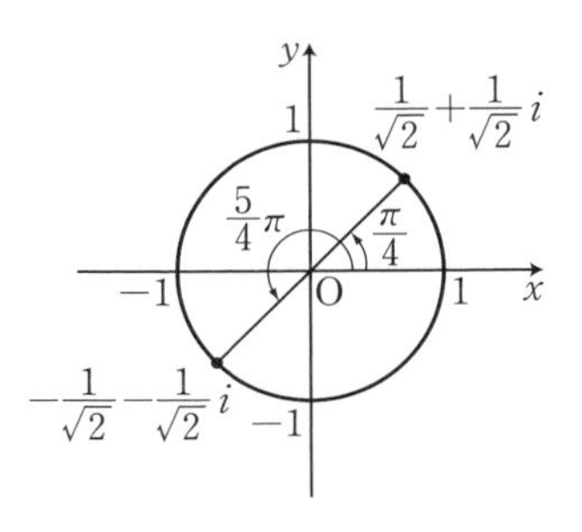

(2) $z^4=r^4(\cos 4\theta+i\sin 4\theta)$

また，-4 を極形式で表すと　$-4=4(\cos\pi+i\sin\pi)$

よって，方程式は

$$r^4(\cos 4\theta+i\sin 4\theta)=4(\cos\pi+i\sin\pi)$$

両辺の絶対値と偏角を比較すると

$$r^4=4,\ 4\theta=\pi+2k\pi\quad (k は整数)$$

$r>0$ であるから

$$r=\sqrt{2}\quad \cdots\cdots ②$$

また　$\theta=\dfrac{\pi}{4}+\dfrac{k\pi}{2}$

$0\leqq\theta<2\pi$ の範囲では，$k=0,\ 1,\ 2,\ 3$ であるから

$$\theta=\frac{\pi}{4},\ \frac{3}{4}\pi,\ \frac{5}{4}\pi,\ \frac{7}{4}\pi\quad \cdots\cdots ③$$

②，③を①に代入して，求める解は

$$\boldsymbol{z=1+i,\ -1+i,\ -1-i,\ 1-i}$$ 答

この解を複素数平面上に図示すると，図のようになる。

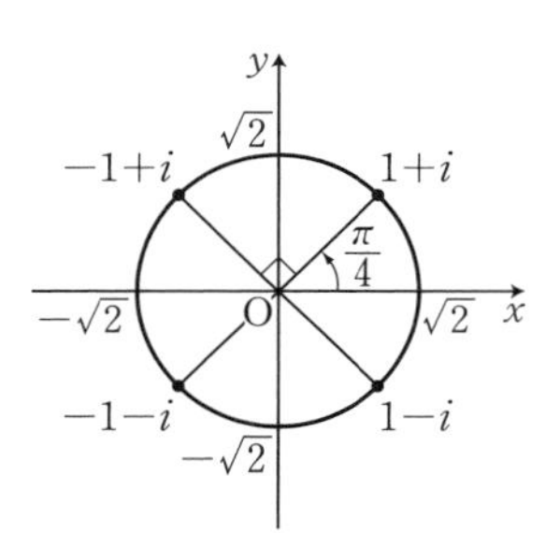

(3) $z^2=r^2(\cos 2\theta+i\sin 2\theta)$

また，$1+\sqrt{3}\,i$ を極形式で表すと　$1+\sqrt{3}\,i=2\left(\cos\dfrac{\pi}{3}+i\sin\dfrac{\pi}{3}\right)$

よって，方程式は

$$r^2(\cos 2\theta+i\sin 2\theta)=2\left(\cos\frac{\pi}{3}+i\sin\frac{\pi}{3}\right)$$

両辺の絶対値と偏角を比較すると

$$r^2=2,\ 2\theta=\frac{\pi}{3}+2k\pi\quad (k は整数)$$

$r>0$ であるから

$$r=\sqrt{2}\quad \cdots\cdots ②$$

また　$\theta=\dfrac{\pi}{6}+k\pi$

$0\leqq\theta<2\pi$ の範囲では，$k=0,\ 1$ であるから　$\theta=\dfrac{\pi}{6},\ \dfrac{7}{6}\pi\quad \cdots\cdots ③$

②，③を①に代入して，求める解は

$$\boldsymbol{z=\frac{\sqrt{6}}{2}+\frac{\sqrt{2}}{2}i,\ -\frac{\sqrt{6}}{2}-\frac{\sqrt{2}}{2}i}$$ 答

この解を複素数平面上に図示すると，図のようになる。

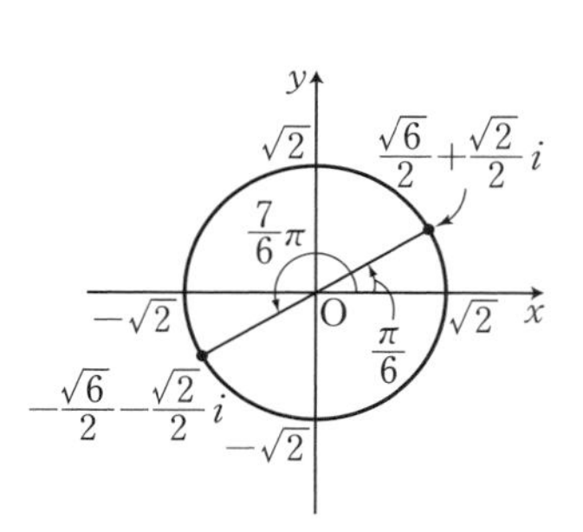

4 複素数と図形

まとめ

1 線分の内分点，外分点

2点 A(α)，B(β) に対して，線分 AB を $m:n$ に内分する点，$m:n$ に外分する点を表す複素数は，次のようになる。

内分 … $\dfrac{n\alpha+m\beta}{m+n}$　　外分 … $\dfrac{-n\alpha+m\beta}{m-n}$

とくに，線分 AB の中点を表す複素数は　$\dfrac{\alpha+\beta}{2}$

2 方程式の表す図形

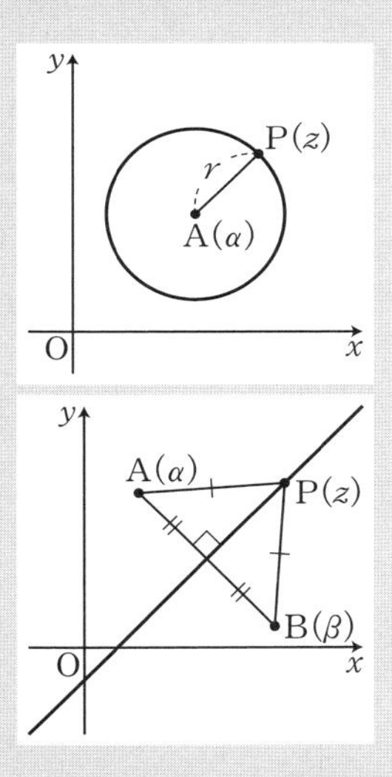

点 A(α) を中心とする半径 r の円上の点を P(z) とする。このとき AP$=r$ である。

よって，次の方程式を満たす点 z 全体の集合は，点 A を中心とする半径 r の円である。

$$|z-\alpha|=r$$

とくに，原点を中心とする半径 r の円は，

方程式　$|z|=r$　で表される。

また，2点 A(α)，B(β) を結ぶ線分 AB の垂直二等分線上の点を P(z) とする。このとき AP$=$BP である。

よって，次の方程式を満たす点 z 全体の集合は，線分 AB の垂直二等分線である。

$$|z-\alpha|=|z-\beta|$$

3 点 α を中心とする回転

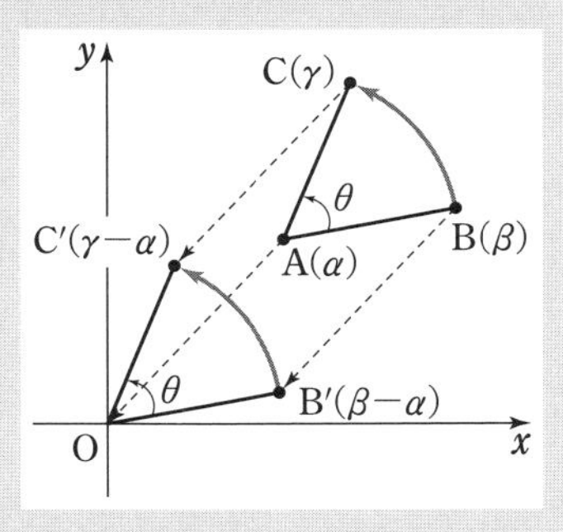

2点 A(α)，B(β) について，点 B を点 A を中心として θ だけ回転した点を C(γ) とする。

点 A を原点に移す平行移動によって，点 B，C がそれぞれ点 B′(β')，C′(γ') に移るとすると　$\beta'=\beta-\alpha$，$\gamma'=\gamma-\alpha$ であり，点 C′ は，点 B′ を原点を中心として θ だけ回転した点である。

以上から，点 β を，点 α を中心として θ だけ回転した点を表す複素数を γ とすると，次の式が成り立つ。

$$\gamma-\alpha=(\cos\theta+i\sin\theta)(\beta-\alpha)$$

4　半直線のなす角

異なる3点A(α)，B(β)，C(γ)に対して，点Aを中心として半直線ABを半直線ACの位置まで回転させたときの角θを，半直線ABから半直線ACまでの回転角という。ただし，θは弧度法で表された一般角である。

点Aを原点に移す平行移動によって，点B，Cはそれぞれ点B$'(\beta-\alpha)$，C$'(\gamma-\alpha)$に移る。θは半直線OB$'$から半直線OC$'$までの回転角に等しいから，次が成り立つ。

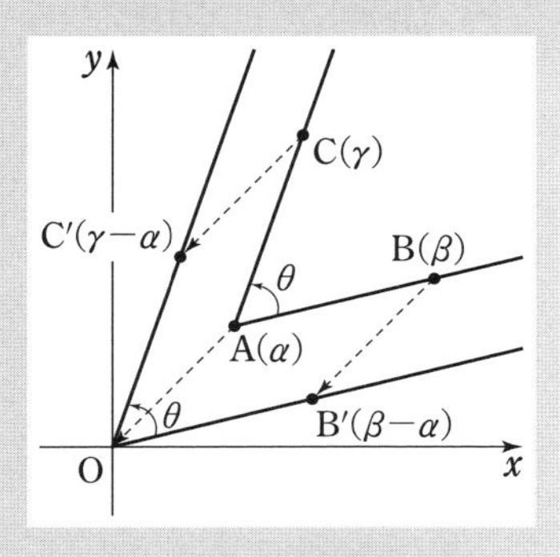

$$\theta=\arg(\gamma-\alpha)-\arg(\beta-\alpha)=\arg\frac{\gamma-\alpha}{\beta-\alpha}$$

したがって，半直線ABから半直線ACまでの回転角θは　　$\boldsymbol{\theta=\arg\dfrac{\gamma-\alpha}{\beta-\alpha}}$

5　異なる3点が特別な位置関係にある条件

異なる3点A(α)，B(β)，C(γ)が一直線上にあるのは，$\arg\dfrac{\gamma-\alpha}{\beta-\alpha}$が0または$\pi$のときであり，$\dfrac{\gamma-\alpha}{\beta-\alpha}$は実数である。また，2直線AB，ACが垂直に交わるのは，$\arg\dfrac{\gamma-\alpha}{\beta-\alpha}$が$\dfrac{\pi}{2}$または$-\dfrac{\pi}{2}$のときであり，$\dfrac{\gamma-\alpha}{\beta-\alpha}$は純虚数である。
したがって，次のことが成り立つ。

3点A，B，Cが一直線上にある　$\Leftrightarrow$　$\dfrac{\gamma-\alpha}{\beta-\alpha}$が実数

2直線AB，ACが垂直に交わる　$\Leftrightarrow$　$\dfrac{\gamma-\alpha}{\beta-\alpha}$が純虚数

A 線分の内分点，外分点

教 p.106

練習22　2点A$(1+5i)$，B$(7-i)$を結ぶ線分ABについて，次の点を表す複素数を求めよ。

(1)　1：2に内分する点　　　(2)　3：2に外分する点
(3)　中点

指針　**線分の内分点，外分点**　2点A(α)，B(β)を$m:n$に内分，外分する点は

内分　…　$\dfrac{n\alpha+m\beta}{m+n}$　　　外分　…　$\dfrac{-n\alpha+m\beta}{m-n}$

とくに，線分ABの中点を表す複素数は　$\dfrac{\alpha+\beta}{2}$

解答 (1) $\dfrac{2(1+5i)+(7-i)}{1+2}=\dfrac{9+9i}{3}=\boldsymbol{3+3i}$ 答

(2) $\dfrac{-2(1+5i)+3(7-i)}{3-2}=\boldsymbol{19-13i}$ 答

(3) $\dfrac{(1+5i)+(7-i)}{2}=\dfrac{8+4i}{2}=\boldsymbol{4+2i}$ 答

練習 23 教 p.106

3点A(α)，B(β)，C(γ)を頂点とする△ABCについて，その重心をG(δ)（デルタ）とするとき，$\boldsymbol{\delta=\dfrac{\alpha+\beta+\gamma}{3}}$ であることを示せ。

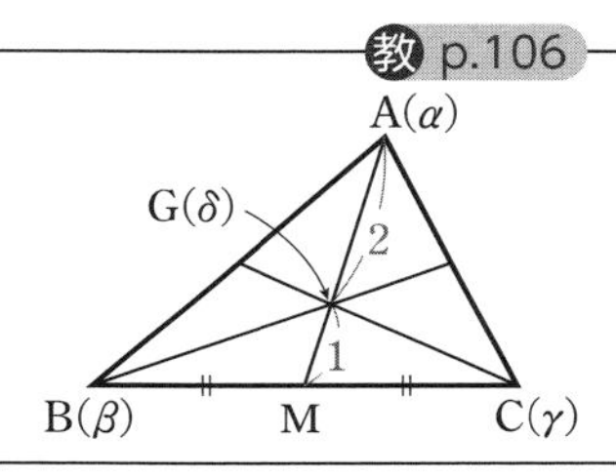

指針 **三角形の重心**　△ABCの重心Gは，中線AMを2：1に内分する点であるから　$\delta=\dfrac{1\cdot\alpha+2w}{2+1}$ (wはMを表す複素数)

解答 辺BCの中点をMとすると，Mを表す複素数は

$$\frac{\beta+\gamma}{2}$$

重心G(δ)は中線AMを2：1に内分するから

$$\delta=\frac{\alpha+2\left(\frac{\beta+\gamma}{2}\right)}{2+1}=\frac{\alpha+\beta+\gamma}{3}$$ 終

B 方程式の表す図形

練習 24 教 p.107

次の方程式を満たす点z全体の集合は，どのような図形か。

(1) $|z|=2$　　(2) $|z-1-i|=1$

(3) $|z-2|=|z-4i|$

指針 **方程式の表す図形**

(1), (2)　方程式$|z-\alpha|=r$ ($r>0$) の形に変形すると，方程式を満たす点z全体の集合は，点αを中心とし，半径がrの円である。

(3)　$|z-2|$は，点zと点2の距離を表し，$|z-4i|$は，点zと点$4i$の距離を表す。これらが等しいことから，点zは2点2と$4i$から等しい距離にある点である。すなわち，A(2)，B($4i$)とすると，線分ABの垂直二等分線上にあることがわかる。

解答 (1) $|z-0|=2$ であるから　**原点を中心とする半径 2 の円** 答

(2) $|z-(1+i)|=1$ であるから　**点 $1+i$ を中心とする半径 1 の円** 答

(3) 2 点 A(2)，B($4i$)から等距離にある点 z 全体の集合であるから

2 点 A(2)，B($4i$)を結ぶ線分 AB の垂直二等分線 答

教 p.107

【?】

方程式の両辺を 2 乗したのはなぜだろうか。

指針 **絶対値を含む方程式の扱い**　これまで学習した実数の絶対値，ベクトルの絶対値の扱いと同様に，複素数の絶対値の計算も 2 乗して扱うのが原則。

解説 絶対値を含む式のままでは扱いにくいので，**絶対値記号をはずすために，方程式の両辺を 2 乗した。** 答

教 p.107

練習 25

方程式 $2|z-3i|=|z|$ を満たす点 z 全体の集合は，どのような図形か。

指針 **方程式の表す図形(円)**　与えられた方程式の両辺を 2 乗し，絶対値の性質 $|z|^2=z\overline{z}$ を利用して，式を整理する。

解答 方程式の両辺を 2 乗すると　$4|z-3i|^2=|z|^2$

よって　$4(z-3i)(\overline{z-3i})=z\overline{z}$

すなわち　$4(z-3i)(\overline{z}+3i)=z\overline{z}$

左辺を展開して整理すると

$z\overline{z}+4iz-4i\overline{z}+12=0$　ゆえに　$z\overline{z}+4iz-4i\overline{z}+16=4$

左辺を変形して　$(z-4i)(\overline{z}+4i)=4$

よって　$(z-4i)(\overline{z-4i})=4$　すなわち　$|z-4i|^2=2^2$

したがって　$|z-4i|=2$

これは，**点 $4i$ を中心とする半径 2 の円** である。答

教 p.108

【?】

$w=iz+2$ を $z=\dfrac{w-2}{i}$ と変形したのはなぜだろうか。

指針 **方程式の表す図形(円)**

必要なのは w だけの方程式であるから，z を消去することを考える。

解説 与えられた条件は z に関するもの，すなわち $|z|=1$ であり，求めるのは w だけに関する方程式である。

よって，z を消去するために $w=iz+2$ を $z=\dfrac{w-2}{i}$ と変形し，条件式 $|z|=1$ に代入して w だけに関する方程式 $|w-2|=1$ を導いた。 終

教 p.108

練習 26

$w=i(z+2)$ とする。点 z が原点 O を中心とする半径 1 の円上を動くとき，点 w はどのような図形を描くか。

指針 **条件を満たす点が描く図形**　条件は，「点 z が原点 O を中心とする半径 1 の円上を動くとき」であるから $|z|=1$ と表される。そこで，$w=i(z+2)$ を $z=\dfrac{w-2i}{i}$ と変形して，z を w の式で表し，$|z|=1$ に代入する。すると，w についての方程式が得られ，点 w の描く図形が求められる。

解答 条件から，点 z は等式 $|z|=1$ を満たす。

$w=i(z+2)$ より $z=\dfrac{w-2i}{i}$ であるから

$$|z|=\left|\frac{w-2i}{i}\right|=\frac{|w-2i|}{|i|}=|w-2i|$$

$|z|=1$ であるから　$|w-2i|=1$

よって，点 w は **点 $2i$ を中心とする半径 1 の円** を描く。 答

教 p.108

練習 27

(1) 練習 26 の $w=i(z+2)$ について，点 w は点 z をどのように移動した点であるか。

(2) 応用例題 2 の $w=iz+2$ と練習 26 の $w=i(z+2)$ の違いについて説明せよ。

指針 **条件を満たす点が描く図形**　点 $z+2$ は，点 z を実軸方向に 2 だけ平行移動したものである。さらに，これを i 倍するというのはどういうことかを考える。

解答 (1) 点 w は，点 z を **実軸方向に 2 だけ平行移動し，さらに原点を中心として $\dfrac{\pi}{2}$ だけ回転した点** である。 答

(2) $w=iz+2$ は，z に i を掛けてから 2 を加えており，$w=i(z+2)$ は，z に 2 を加えてから i を掛けている。

よって，$w=iz+2$ と $w=i(z+2)$ の違いは，次の 2 つの操作

実軸方向に 2 だけ平行移動する。原点を中心として $\dfrac{\pi}{2}$ だけ回転する。

について，その順序が互いに逆になっている。 終

3章 複素数平面

C 点 α を中心とする回転

教 p.109

練習 28

$\alpha=1+i$，$\beta=5+3i$ とする。点 β を，点 α を中心として $\dfrac{\pi}{6}$ だけ回転した点を表す複素数 γ を求めよ。

指針 **原点以外の点を中心とする回転**　点 $(\gamma-\alpha)$ は点 $(\beta-\alpha)$ を原点を中心に $\dfrac{\pi}{6}$ だけ回転した点である。これを利用する。

解答 $\gamma-\alpha=\left(\cos\dfrac{\pi}{6}+i\sin\dfrac{\pi}{6}\right)(\beta-\alpha)$ であるから

$$\gamma=\left(\cos\frac{\pi}{6}+i\sin\frac{\pi}{6}\right)\{(5+3i)-(1+i)\}+(1+i)$$
$$=\left(\frac{\sqrt{3}}{2}+\frac{1}{2}i\right)(4+2i)+(1+i)$$
$$=2\sqrt{3}+(\sqrt{3}+3)i$$ 答

D 半直線のなす角

教 p.110

練習 29

教科書 109 ページの $\gamma-\alpha=(\cos\theta+i\sin\theta)(\beta-\alpha)$ において，$\beta\neq\alpha$ のとき $\theta=\arg\dfrac{\gamma-\alpha}{\beta-\alpha}$ であることを確かめよ。

指針 **半直線の回転角**　$\cos\theta+i\sin\theta$ の偏角は θ である。

解答 $\gamma-\alpha=(\cos\theta+i\sin\theta)(\beta-\alpha)$ において，$\beta\neq\alpha$ であるから

$$\cos\theta+i\sin\theta=\frac{\gamma-\alpha}{\beta-\alpha}$$

両辺の偏角を考えると

$$\theta=\arg\frac{\gamma-\alpha}{\beta-\alpha}$$ 終

教 p.111

練習 30

3 点 A$(1-i)$，B$(2+i)$，C$(2i)$ に対して，半直線 AB から半直線 AC までの回転角 θ を求めよ。ただし，$-\pi<\theta\leqq\pi$ とする。

指針 **半直線のなす角**

A(α)，B(β)，C(γ) のとき，複素数 $w=\dfrac{\gamma-\alpha}{\beta-\alpha}$ を考え，$\arg w$ を求める。

解答 $\alpha=1-i$, $\beta=2+i$, $\gamma=2i$ とする。

$$\frac{\gamma-\alpha}{\beta-\alpha}=\frac{-1+3i}{1+2i}=\frac{(-1+3i)(1-2i)}{(1+2i)(1-2i)}=1+i$$

偏角 θ の範囲を $-\pi<\theta\leqq\pi$ として，$1+i$ を極形式で表すと

$$1+i=\sqrt{2}\left(\cos\frac{\pi}{4}+i\sin\frac{\pi}{4}\right)$$

よって　$\theta=\arg\dfrac{\gamma-\alpha}{\beta-\alpha}=\dfrac{\pi}{4}$ 答

教 p.111

練習 31

3 点 A$(-1+i)$，B$(3-i)$，C$(x+3i)$ について，次の問いに答えよ。

(1) 2 直線 AB，AC が垂直に交わるように，実数 x の値を定めよ。

(2) 3 点 A，B，C が一直線上にあるように，実数 x の値を定めよ。

指針 **2 直線の垂直・3 点が一直線上**　3 点 A(α)，B(β)，C(γ) とすると

(1) AB と AC が垂直 $\Leftrightarrow$ $\dfrac{\gamma-\alpha}{\beta-\alpha}$ が純虚数

(2) A，B，C が一直線上 $\Leftrightarrow$ $\dfrac{\gamma-\alpha}{\beta-\alpha}$ が実数

解答
$$\frac{(x+3i)-(-1+i)}{(3-i)-(-1+i)}=\frac{(x+1)+2i}{4-2i}=\frac{\{(x+1)+2i\}(4+2i)}{(4-2i)(4+2i)}$$
$$=\frac{2x+(x+5)i}{10}\quad\cdots\cdots①$$

(1) 2 直線 AB，AC が垂直に交わるのは，①が純虚数のときであるから

$2x=0$　かつ　$x+5\neq0$

よって　$\boldsymbol{x=0}$ 答

(2) 3 点 A，B，C が一直線上にあるのは，①が実数のときであるから

$x+5=0$

よって　$\boldsymbol{x=-5}$ 答

教 p.112

【?】

$\left|\dfrac{\gamma-\alpha}{\beta-\alpha}\right|$ の値を用いずに∠B の大きさを直接求めるには，どのような複素数の値を考えればよいだろうか。

指針 **複素数の等式と三角形の角の大きさ**　∠B の大きさを求めるのであるから

$\arg\dfrac{\gamma-\beta}{\alpha-\beta}$ または $\arg\dfrac{\alpha-\beta}{\gamma-\beta}$ を考える。

解説 $\gamma=(1+\sqrt{3}i)\beta-\sqrt{3}i\alpha$ から　　$\gamma-\beta=-\sqrt{3}i(\alpha-\beta)$

$\alpha \neq \beta$ であるから　　$\dfrac{\gamma-\beta}{\alpha-\beta}=-\sqrt{3}i$

$-\sqrt{3}i$ の偏角は $-\dfrac{\pi}{2}$ であるから，∠CBA すなわち∠B は直角である。

同様に，$\dfrac{\alpha-\beta}{\gamma-\beta}=-\dfrac{1}{\sqrt{3}}i$ としても，∠B が直角であることがわかる。

よって，**複素数 $\dfrac{\gamma-\beta}{\alpha-\beta}$ または $\dfrac{\alpha-\beta}{\gamma-\beta}$ の値を考えればよい。** 答

教 p.112

練習 32

3 点 A(α)，B(β)，C(γ) を頂点とする△ABC について，等式 $\gamma=(1-i)\alpha+i\beta$ が成り立つとき，次のものを求めよ。

(1) 複素数 $\dfrac{\gamma-\alpha}{\beta-\alpha}$ の値

(2) △ABC の 3 つの角の大きさ

指針 **複素数の等式と式の値，三角形の角の大きさ**

(1) 等式を変形して，$\dfrac{\gamma-\alpha}{\beta-\alpha}$ をつくる。

(2) $\dfrac{\gamma-\alpha}{\beta-\alpha}$ の絶対値はどうなるかを考える。(1)の結果を利用する。

解答 (1) 等式から　　$\gamma-\alpha=i(\beta-\alpha)$

よって　　$\dfrac{\gamma-\alpha}{\beta-\alpha}=\boldsymbol{i}$ 答

(2) (1)より，$\left|\dfrac{\gamma-\alpha}{\beta-\alpha}\right|=1$ であるから　$|\gamma-\alpha|=|\beta-\alpha|$

ゆえに　　AB=AC

また，$\dfrac{\gamma-\alpha}{\beta-\alpha}$ は純虚数であるから，2 直線 AB，AC は垂直に交わり

$$\angle A=\frac{\pi}{2}$$

よって，△ABC は，AB=AC の直角二等辺三角形で

$$\angle B=\angle C=\frac{\pi}{4}$$

答　$\boldsymbol{\angle A=\dfrac{\pi}{2}}$，$\boldsymbol{\angle B=\dfrac{\pi}{4}}$，$\boldsymbol{\angle C=\dfrac{\pi}{4}}$

教科書 $p.113$

研究 △ABC の形状を決める複素数

まとめ

三角形の形状

次のように，辺の比と角の大きさを調べることにより，三角形の形状を確かめることができる。

3 点 $A(\alpha)$，$B(\beta)$，$C(\gamma)$を頂点とする△ABC があるとき，原点 O と点 $D\left(\dfrac{\gamma-\alpha}{\beta-\alpha}\right)$，$E(1)$を頂点とする△OED を考えると

$$\triangle OED \backsim \triangle ABC$$

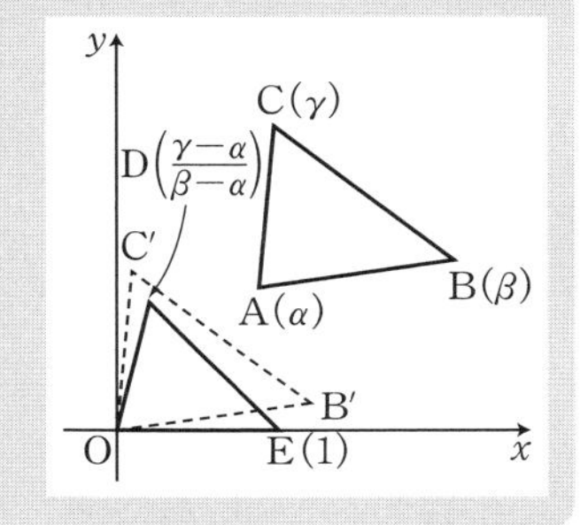

教 p.113

練習 1 上の研究において，△OED ∽△ABC であることを証明せよ。

指針 **複素数の利用(三角形の形状)** 2 組の辺の長さの比とその間の角がそれぞれ等しいことを示す。

解答 △OED と△ABC において

$$OE : AB = 1 : |\beta-\alpha|$$

$$OD : AC = \left|\frac{\gamma-\alpha}{\beta-\alpha}\right| : |\gamma-\alpha| = \frac{|\gamma-\alpha|}{|\beta-\alpha|} : |\gamma-\alpha|$$

$$= 1 : |\beta-\alpha|$$

よって　　$OE : AB = OD : AC$

$\angle EOD$，$\angle BAC$ はともに $\arg\dfrac{\gamma-\alpha}{\beta-\alpha}$ であるから

$$\angle EOD = \angle BAC$$

2 組の辺の比とその間の角がそれぞれ等しいから

$$\triangle OED \backsim \triangle ABC$$ 終

教 p.113

練習 2 3 点 $A(i)$，$B(4-i)$，$C(2+\sqrt{3}+2\sqrt{3}\,i)$ を頂点とする△ABC はどのような三角形か。

指針 **複素数の利用(三角形の形状)** 複素数平面上に 3 点をとると，△ABC は正三角形であると見当がつく。まず，$\dfrac{\gamma-\alpha}{\beta-\alpha}$ を極形式で表す。

解答　$\alpha=i$, $\beta=4-i$, $\gamma=2+\sqrt{3}+2\sqrt{3}\,i$ とする。

$$\frac{\gamma-\alpha}{\beta-\alpha}=\frac{(2+\sqrt{3}+2\sqrt{3}\,i)-i}{(4-i)-i}=\frac{(2+\sqrt{3})+(2\sqrt{3}-1)i}{2(2-i)}$$

$$=\frac{\{(2+\sqrt{3})+(2\sqrt{3}-1)i\}(2+i)}{2(2-i)(2+i)}$$

$$=\frac{5+5\sqrt{3}\,i}{10}=\frac{1}{2}+\frac{\sqrt{3}}{2}i=\cos\frac{\pi}{3}+i\sin\frac{\pi}{3}$$

ゆえに　$\left|\dfrac{\gamma-\alpha}{\beta-\alpha}\right|=1$, $\arg\dfrac{\gamma-\alpha}{\beta-\alpha}=\dfrac{\pi}{3}$

よって，原点 O と点 $\mathrm{D}\left(\dfrac{\gamma-\alpha}{\beta-\alpha}\right)$，点 E(1) を頂点とする△OED は正三角形であり，△OED ∽△ABC であるから，△ABC は **正三角形** である。 答

第3章　問題

教 p.114

1　複素数 z が，等式 $2z+\overline{z}=1+i$ を満たすとき，次の問いに答えよ。

(1)　$2\overline{z}+z$ を求めよ。

(2)　z を求めよ。

指針　**共役複素数の性質**

(1)　$2z+\overline{z}=1+i$ の両辺の共役複素数を考える。

(2)　$2z+\overline{z}=1+i$ と(1)の結果から $\overline{z}$ を消去する。

解答　(1)　$2\overline{z}+z=\overline{2z+\overline{z}}=\overline{1+i}=\boldsymbol{1-i}$ 答

(2)　$2z+\overline{z}=1+i$　……①

$2\overline{z}+z=1-i$　……②

①×2−② から　$3z=1+3i$　よって　$\boldsymbol{z=\dfrac{1}{3}+i}$ 答

教 p.114

2　$z=\cos\dfrac{\pi}{3}+i\sin\dfrac{\pi}{3}$ とするとき，複素数 $z+1$ を極形式で表せ。ただし，偏角 θ の範囲は $0\leqq\theta<2\pi$ とする。

指針　**極形式**　複素数 $z+1$ を $a+bi$ の形で表し，絶対値 r，偏角 θ を求めて $r(\cos\theta+i\sin\theta)$ の形に表す。

r と θ は $r=\sqrt{a^2+b^2}$, $\cos\theta=\dfrac{a}{r}$, $\sin\theta=\dfrac{b}{r}$ から求める。

解答　$z=\cos\frac{\pi}{3}+i\sin\frac{\pi}{3}=\frac{1}{2}+\frac{\sqrt{3}}{2}i$　　ゆえに　$z+1=\frac{3}{2}+\frac{\sqrt{3}}{2}i$

$z+1$ の絶対値を r とすると　　$r=\sqrt{\left(\frac{3}{2}\right)^2+\left(\frac{\sqrt{3}}{2}\right)^2}=\sqrt{3}$

$$\cos\theta=\frac{\sqrt{3}}{2},\ \sin\theta=\frac{1}{2}$$

$0\leqq\theta<2\pi$ では　　$\theta=\frac{\pi}{6}$

よって　　$z+1=\sqrt{3}\left(\cos\frac{\pi}{6}+i\sin\frac{\pi}{6}\right)$ 答

教 p.114

3 座標平面上の点 P(2, 1) を，原点 O を中心として $\frac{\pi}{6}$ だけ回転した点を Q とするとき，Q の座標を求めよ。

指針　**原点を中心として回転した点の座標**　P(α)，Q(β) とすると，座標平面上の点 P(2, 1) は，複素数平面上で $\alpha=2+i$ と表される。点 Q(β) は，点 P(α) を原点 O を中心として $\frac{\pi}{6}$ だけ回転した点であるから，$\beta=\left(\cos\frac{\pi}{6}+i\sin\frac{\pi}{6}\right)\alpha$ より求めることができる。

解答　複素数平面上で考える。P(α)，Q(β) とすると　　$\alpha=2+i$

点 Q(β) は，点 P(α) を原点 O を中心として $\frac{\pi}{6}$ だけ回転した点であるから

$$\beta=\left(\cos\frac{\pi}{6}+i\sin\frac{\pi}{6}\right)\alpha=\left(\frac{\sqrt{3}}{2}+\frac{1}{2}i\right)(2+i)$$
$$=\left(\sqrt{3}-\frac{1}{2}\right)+\left(\frac{\sqrt{3}}{2}+1\right)i$$

よって，求める Q の座標は　　$\left(\sqrt{3}-\frac{1}{2},\ \frac{\sqrt{3}}{2}+1\right)$ 答

教 p.114

4 方程式 $z^4=8(-1+\sqrt{3}i)$ を解け。また，解を表す点を，複素数平面上に図示せよ。

指針　**複素数 α の n 乗根**　$z^n=\alpha$ において，複素数 z，α の極形式を

$$z=r(\cos\theta+i\sin\theta),\ \alpha=r_0(\cos\theta_0+i\sin\theta_0)$$

とおくと　$r^n(\cos n\theta+i\sin n\theta)=r_0(\cos\theta_0+i\sin\theta_0)$

両辺の絶対値と偏角を比較して，r，θ を求める。

このとき，$r>0$，$n\theta=\theta_0+2k\pi$（k は整数）に注意する。

解答 z の極形式を　$z=r(\cos\theta+i\sin\theta)$　…… ①　とすると

$$z^4=r^4(\cos 4\theta+i\sin 4\theta)$$

また　$8(-1+\sqrt{3}i)=16\left(-\frac{1}{2}+\frac{\sqrt{3}}{2}i\right)$

$$=16\left(\cos\frac{2}{3}\pi+i\sin\frac{2}{3}\pi\right)$$

よって，方程式は　$r^4(\cos 4\theta+i\sin 4\theta)=16\left(\cos\frac{2}{3}\pi+i\sin\frac{2}{3}\pi\right)$

両辺の絶対値と偏角を比較すると

$$r^4=16,\quad 4\theta=\frac{2}{3}\pi+2k\pi\quad (k\text{ は整数})$$

$r>0$ であるから　$r=2$　…… ②

また　$\theta=\frac{\pi}{6}+\frac{k\pi}{2}$

$0\leqq\theta<2\pi$ の範囲では，$k=0,\ 1,\ 2,\ 3$ であるから

$$\theta=\frac{\pi}{6},\ \frac{2}{3}\pi,\ \frac{7}{6}\pi,\ \frac{5}{3}\pi\quad \cdots\cdots ③$$

②，③を①に代入して，求める解は

$\boldsymbol{z=\sqrt{3}+i,\ -1+\sqrt{3}i,\ -\sqrt{3}-i,\ 1-\sqrt{3}i}$ 答

この解を複素数平面上に図示すると，右の図のようになる。

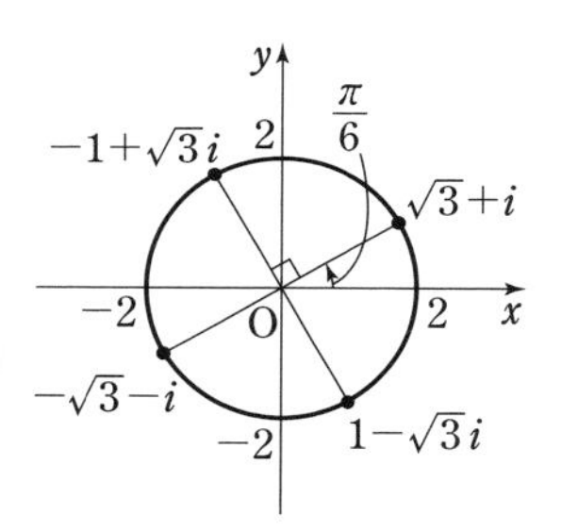

教 p.114

5 $w=\overline{z}$ とする。複素数平面上で，点 z が円 $|z-i|=1$ 上を動くとき，点 w はどのような図形を描くか。

指針 **条件を満たす点が描く図形**　点 z は方程式 $|z-i|=1$ を満たすから，$w=\overline{z}$ より z を w で表し，方程式に代入して，w についての方程式を導く。このとき，共役複素数の性質を利用する。

解答 $w=\overline{z}$ より　$\overline{w}=\overline{\overline{z}}$　ゆえに　$z=\overline{w}$

これを $|z-i|=1$ に代入すると　$|\overline{w}-i|=1$

$\overline{w}-i=\overline{w+i}$ であるから

$|\overline{w+i}|=1$　すなわち　$|w+i|=1$

よって，点 w は **点 $-i$ を中心とする半径 1 の円** を描く。 答

教 p.114

6 複素数平面上の 3 点 A$(6-i)$，B$(2+i)$，C$(4+yi)$ を頂点とする△ABC について，$\angle\mathrm{B}=\frac{\pi}{2}$ であるように，実数 y の値を定めよ。

教科書 p.114

指針 **直角三角形の頂点と複素数**　$A(\alpha)$，$B(\beta)$，$C(\gamma)$とするとき，

$\angle B=\dfrac{\pi}{2}$ となる条件は $\dfrac{\gamma-\beta}{\alpha-\beta}$ が純虚数になることである。

解答 $\alpha=6-i$，$\beta=2+i$，$\gamma=4+yi$ とする。

$\angle B=\dfrac{\pi}{2}$ となるのは，$\dfrac{\gamma-\beta}{\alpha-\beta}$ が純虚数のときである。

$$\frac{\gamma-\beta}{\alpha-\beta}=\frac{(4+yi)-(2+i)}{(6-i)-(2+i)}=\frac{2+(y-1)i}{4-2i}$$
$$=\frac{\{2+(y-1)i\}(2+i)}{2(2-i)(2+i)}$$
$$=\frac{(5-y)+2yi}{10}$$

であるから　　$5-y=0$　かつ　$2y\neq 0$

よって，求める実数 y の値は　　$y=5$　答

教 p.114

7 複素数αについて，次のことを証明せよ。

(1) $|\alpha|=1$ ならば，$\alpha+\dfrac{1}{\alpha}$ は実数である。

(2) α が実数ではなく，$\alpha+\dfrac{1}{\alpha}$ が実数ならば，$|\alpha|=1$ である。

指針 **複素数が実数であることの条件と性質**

(1) $\overline{\alpha+\dfrac{1}{\alpha}}=\alpha+\dfrac{1}{\alpha}$　　(2) $\alpha\overline{\alpha}=1$　であることを，それぞれを示す。

解答 (1) $|\alpha|=1$ のとき，$|\alpha|^2=1$ であるから

$\alpha\overline{\alpha}=1$　すなわち　$\overline{\alpha}=\dfrac{1}{\alpha}$

ここで　　$\overline{\alpha+\dfrac{1}{\alpha}}=\overline{\alpha}+\overline{\left(\dfrac{1}{\alpha}\right)}=\overline{\alpha}+\dfrac{1}{\overline{\alpha}}=\dfrac{1}{\alpha}+\alpha$

よって，$\overline{\alpha+\dfrac{1}{\alpha}}=\alpha+\dfrac{1}{\alpha}$ であるから，$\alpha+\dfrac{1}{\alpha}$ は実数である。　終

(2) $\alpha+\dfrac{1}{\alpha}$ が実数であるとき

$\overline{\alpha+\dfrac{1}{\alpha}}=\alpha+\dfrac{1}{\alpha}$　すなわち　$\overline{\alpha}+\dfrac{1}{\overline{\alpha}}=\alpha+\dfrac{1}{\alpha}$

が成り立つ。

ゆえに，$\alpha(\overline{\alpha})^2+\alpha=\alpha^2\overline{\alpha}+\overline{\alpha}$ から $(\alpha\overline{\alpha}-1)(\alpha-\overline{\alpha})=0$

α が実数ではないから　　$\alpha-\overline{\alpha}\neq 0$

よって，$\alpha\overline{\alpha}-1=0$ から　　$|\alpha|^2=1$

したがって，$|\alpha|=1$ である。　終

第3章　章末問題A

教 p.115

1. 次の式を計算せよ。

(1) $\left(\dfrac{1+\sqrt{3}\,i}{1-i}\right)^6$　　(2) $\left\{\left(\dfrac{\sqrt{3}+i}{2}\right)^8+\left(\dfrac{\sqrt{3}-i}{2}\right)^8\right\}^2$

指針　**$(a+bi)^n$ の値**

(1) まず，$1+\sqrt{3}\,i$ と $1-i$ を極形式で表し，極形式で表された複素数の商の公式を利用して，(　)内を極形式で表す。

$$\frac{\cos\theta_1+i\sin\theta_1}{\cos\theta_2+i\sin\theta_2}=\cos(\theta_1-\theta_2)+i\sin(\theta_1-\theta_2)$$

そして，ド・モアブルの定理を利用して求める。

(2) $\dfrac{\sqrt{3}+i}{2}$，$\dfrac{\sqrt{3}-i}{2}$ を極形式で表し，ド・モアブルの定理を利用する。

解答　(1) $1+\sqrt{3}\,i=2\left(\dfrac{1}{2}+\dfrac{\sqrt{3}}{2}i\right)=2\left(\cos\dfrac{\pi}{3}+i\sin\dfrac{\pi}{3}\right)$

$1-i=\sqrt{2}\left(\dfrac{1}{\sqrt{2}}-\dfrac{1}{\sqrt{2}}i\right)=\sqrt{2}\left\{\cos\left(-\dfrac{\pi}{4}\right)+i\sin\left(-\dfrac{\pi}{4}\right)\right\}$

ゆえに　$(1+\sqrt{3}\,i)^6=2^6(\cos 2\pi+i\sin 2\pi)=64$

$(1-i)^6=(\sqrt{2})^6\left\{\cos\left(-\dfrac{3}{2}\pi\right)+i\sin\left(-\dfrac{3}{2}\pi\right)\right\}=8i$

よって　$\left(\dfrac{1+\sqrt{3}\,i}{1-i}\right)^6=\dfrac{(1+\sqrt{3}\,i)^6}{(1-i)^6}=\dfrac{64}{8i}=\dfrac{8}{i}=\boldsymbol{-8i}$　答

(2) $\dfrac{\sqrt{3}+i}{2}=\cos\dfrac{\pi}{6}+i\sin\dfrac{\pi}{6}$

$\dfrac{\sqrt{3}-i}{2}=\cos\left(-\dfrac{\pi}{6}\right)+i\sin\left(-\dfrac{\pi}{6}\right)$

ゆえに　$\left(\dfrac{\sqrt{3}+i}{2}\right)^8+\left(\dfrac{\sqrt{3}-i}{2}\right)^8$

$=\left(\cos\dfrac{4}{3}\pi+i\sin\dfrac{4}{3}\pi\right)+\left\{\cos\left(-\dfrac{4}{3}\pi\right)+i\sin\left(-\dfrac{4}{3}\pi\right)\right\}$

$=2\cos\dfrac{4}{3}\pi=2\cdot\left(-\dfrac{1}{2}\right)=-1$

よって　$\left\{\left(\dfrac{\sqrt{3}+i}{2}\right)^8+\left(\dfrac{\sqrt{3}-i}{2}\right)^8\right\}^2=(-1)^2=1$　答

教 p.115

2. 複素数 z が $z+\dfrac{1}{z}=\sqrt{3}$ を満たすとき，$z^{12}+\dfrac{1}{z^{12}}$ の値を求めよ。

指針 **ド・モアブルの定理の利用**　条件式から z の値を求め，極形式で表す。

解答 $z+\dfrac{1}{z}=\sqrt{3}$ から　　$z^2-\sqrt{3}z+1=0$

これを解くと　　$z=\dfrac{\sqrt{3}\pm i}{2}=\cos\left(\pm\dfrac{\pi}{6}\right)+i\sin\left(\pm\dfrac{\pi}{6}\right)$

よって　　$z^{12}+\dfrac{1}{z^{12}}=\{\cos(\pm2\pi)+i\sin(\pm2\pi)\}+\{\cos(\mp2\pi)+i\sin(\mp2\pi)\}$

（複号同順）

したがって　　$z^{12}+\dfrac{1}{z^{12}}=1+1=\mathbf{2}$ 答

教 p.115

3. 複素数平面上の 3 点 $\mathrm{A}(1+i)$，$\mathrm{B}(-2-3i)$，$\mathrm{C}(5-2i)$ を頂点とする △ABC について，次のものを求めよ。

(1) ∠A の大きさ　　(2) 外接円の中心を表す複素数 δ

指針 **三角形の角の大きさ，外心**

(1) $\mathrm{A}(\alpha)$，$\mathrm{B}(\beta)$，$\mathrm{C}(\gamma)$ とすると，∠BAC の大きさは，$\dfrac{\gamma-\alpha}{\beta-\alpha}$ の偏角を考えることで求められる。

(2) (1)の結果より，辺 BC の中点が外接円の中心となる。

解答 $\alpha=1+i$，$\beta=-2-3i$，$\gamma=5-2i$ とする。

(1) $\dfrac{\gamma-\alpha}{\beta-\alpha}=\dfrac{(5-2i)-(1+i)}{(-2-3i)-(1+i)}=\dfrac{4-3i}{-3-4i}=-\dfrac{(4-3i)(3-4i)}{(3+4i)(3-4i)}=i$

$i=\cos\dfrac{\pi}{2}+i\sin\dfrac{\pi}{2}$ であるから　　$\angle\mathrm{A}=\dfrac{\pi}{2}$ 答

(2) (1)から，△ABC は∠A が直角である直角三角形である。よって，辺 BC は外接円の直径となり，中心は辺 BC の中点となる。その点を表す複素数 δ は

$$\delta=\frac{\beta+\gamma}{2}=\frac{(-2-3i)+(5-2i)}{2}=\frac{3}{2}-\frac{5}{2}i$$ 答

教 p.115

4. $\alpha=1+i$，$\beta=5+3i$ とする。複素数平面上で 3 点 $\mathrm{A}(\alpha)$，$\mathrm{B}(\beta)$，$\mathrm{C}(\gamma)$ を頂点とする正三角形 ABC を作るとき，複素数 γ を求めよ。

指針 **正三角形の頂点を表す複素数** AB=AC，$\angle \mathrm{BAC}=\dfrac{\pi}{3}$ であるから，点 $\mathrm{C}(\gamma)$ は，点 $\mathrm{B}(\beta)$ を点 $\mathrm{A}(\alpha)$ を中心として $\dfrac{\pi}{3}$ または $-\dfrac{\pi}{3}$ だけ回転した点である。

よって　$\gamma-\alpha=\left\{\cos\left(\pm\dfrac{\pi}{3}\right)+i\sin\left(\pm\dfrac{\pi}{3}\right)\right\}(\beta-\alpha)$　（複号同順）

解答 点 β を，点 α を中心として $\dfrac{\pi}{3}$ または $-\dfrac{\pi}{3}$ だけ回転した点が点 γ である。

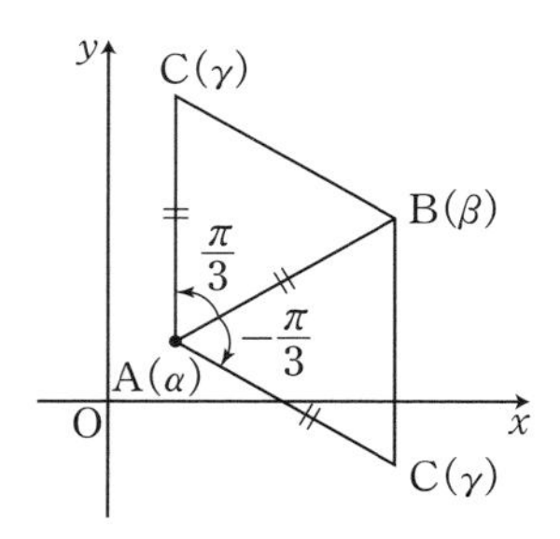

$\gamma-\alpha=\left(\cos\dfrac{\pi}{3}+i\sin\dfrac{\pi}{3}\right)(\beta-\alpha)$ のとき

$$\gamma=\left(\cos\frac{\pi}{3}+i\sin\frac{\pi}{3}\right)\{(5+3i)-(1+i)\}+(1+i)$$
$$=\left(\frac{1}{2}+\frac{\sqrt{3}}{2}i\right)(4+2i)+(1+i)$$
$$=(3-\sqrt{3})+(2+2\sqrt{3})i$$

$\gamma-\alpha=\left\{\cos\left(-\dfrac{\pi}{3}\right)+i\sin\left(-\dfrac{\pi}{3}\right)\right\}(\beta-\alpha)$ のとき

$$\gamma=\left\{\cos\left(-\frac{\pi}{3}\right)+i\sin\left(-\frac{\pi}{3}\right)\right\}\{(5+3i)-(1+i)\}+(1+i)$$
$$=\left(\frac{1}{2}-\frac{\sqrt{3}}{2}i\right)(4+2i)+(1+i)$$
$$=(3+\sqrt{3})+(2-2\sqrt{3})i$$

よって

$\gamma=(3-\sqrt{3})+(2+2\sqrt{3})i$　または　$\gamma=(3+\sqrt{3})+(2-2\sqrt{3})i$ 答

教 p.115

5. 複素数 z の絶対値が 1，偏角が $\dfrac{\pi}{6}$ のとき，$\dfrac{z^8+1}{z^4}$ の値を求めよ。

指針 **ド・モアブルの定理**　z を極形式で表して，ド・モアブルの定理を適用する。

$$(\cos\theta+i\sin\theta)^n=\cos n\theta+i\sin n\theta$$

解答 z は絶対値が 1，偏角が $\dfrac{\pi}{6}$ であるから　$z=\cos\dfrac{\pi}{6}+i\sin\dfrac{\pi}{6}$

よって　$\dfrac{z^8+1}{z^4}=z^4+\dfrac{1}{z^4}$

$$=\left(\cos\frac{\pi}{6}+i\sin\frac{\pi}{6}\right)^4+\left(\cos\frac{\pi}{6}+i\sin\frac{\pi}{6}\right)^{-4}$$
$$=\left(\cos\frac{2}{3}\pi+i\sin\frac{2}{3}\pi\right)+\left\{\cos\left(-\frac{2}{3}\pi\right)+i\sin\left(-\frac{2}{3}\pi\right)\right\}$$

$$=2\cos\frac{2}{3}\pi=2\times\left(-\frac{1}{2}\right)=\mathbf{-1}$$ 答

教 p.115

6. 0でない2つの複素数α，βが等式$4\alpha^2-2\alpha\beta+\beta^2=0$を満たす。

(1) $\dfrac{\beta}{\alpha}$を極形式で表せ。ただし，偏角θの範囲は$-\pi<\theta\leqq\pi$とする。

(2) 複素数平面上の3点0，α，βを頂点とする三角形の3つの角の大きさを求めよ。

指針 **等式を満たす複素数，三角形の角の大きさ**

(1) αは0でない複素数であるから，等式$4\alpha^2-2\alpha\beta+\beta^2=0$の両辺を$\alpha^2$で割り，$\left(\dfrac{\beta}{\alpha}\right)^2-2\left(\dfrac{\beta}{\alpha}\right)+4=0$と変形して，まず，$\dfrac{\beta}{\alpha}$を求める。

(2) O(0)，A(α)，B(β)とすると，(1)から∠AOBの大きさがわかる。

また，$\left|\dfrac{\beta}{\alpha}\right|=2$から　$|\beta|=2|\alpha|$　すなわち　OB=2OA　となり，

△OABの形がわかる。このことから3つの角を求める。

解答 (1) 等式の両辺を$\alpha^2(\neq 0)$で割ると

$$4-\frac{2\beta}{\alpha}+\frac{\beta^2}{\alpha^2}=0 \qquad \text{すなわち} \qquad \left(\frac{\beta}{\alpha}\right)^2-2\left(\frac{\beta}{\alpha}\right)+4=0$$

よって　$\dfrac{\beta}{\alpha}=1\pm\sqrt{1-4}=1\pm\sqrt{3}\,i=2\left(\dfrac{1}{2}\pm\dfrac{\sqrt{3}}{2}i\right)$

偏角θについて$-\pi<\theta\leqq\pi$であるから

$$\boldsymbol{\frac{\beta}{\alpha}=2\left(\cos\frac{\pi}{3}+i\sin\frac{\pi}{3}\right),\ 2\left\{\cos\left(-\frac{\pi}{3}\right)+i\sin\left(-\frac{\pi}{3}\right)\right\}}$$ 答

(2) (1)より　$\dfrac{\beta-0}{\alpha-0}=2\left(\cos\dfrac{\pi}{3}+i\sin\dfrac{\pi}{3}\right)$，

$\dfrac{\beta-0}{\alpha-0}=2\left\{\cos\left(-\dfrac{\pi}{3}\right)+i\sin\left(-\dfrac{\pi}{3}\right)\right\}$

であるから，O(0)，A(α)，B(β)とすると

$$\angle \mathrm{AOB}=\frac{\pi}{3}$$

また　$\left|\dfrac{\beta-0}{\alpha-0}\right|=\left|\dfrac{\beta}{\alpha}\right|=2$

ゆえに　OB=2OA

よって，△OABは，$\angle\mathrm{A}=\dfrac{\pi}{2}$，$\angle\mathrm{AOB}=\dfrac{\pi}{3}$の直角三角形であるから，求める3つの角の大きさは

$$\boldsymbol{\frac{\pi}{3},\ \frac{\pi}{2},\ \frac{\pi}{6}}$$ 答

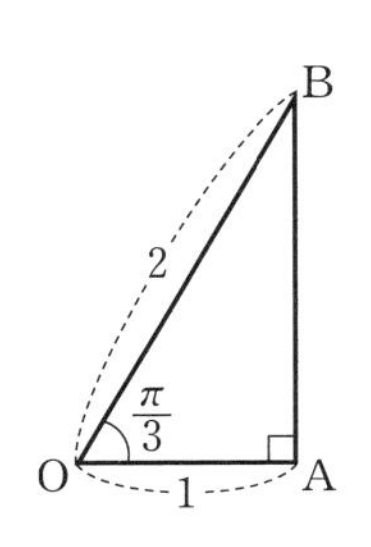

第3章　章末問題B

教 p.116

7. 複素数 $z=\dfrac{1+i}{\sqrt{3}-i}$ について，次の問いに答えよ。

(1) z^n が実数となるような自然数 n のうち，最小のものを求めよ。

(2) z^n が純虚数となるような自然数 n のうち，最小のものを求めよ。

指針　**ド・モアブルの定理の利用**　まず，$1+i$ と $\sqrt{3}-i$ を極形式で表す。

解答　$1+i=\sqrt{2}\left(\cos\dfrac{\pi}{4}+i\sin\dfrac{\pi}{4}\right)$，$\sqrt{3}-i=2\left\{\cos\left(-\dfrac{\pi}{6}\right)+i\sin\left(-\dfrac{\pi}{6}\right)\right\}$

であるから　$z=\dfrac{1+i}{\sqrt{3}-i}=\dfrac{\sqrt{2}}{2}\left\{\cos\left(\dfrac{\pi}{4}+\dfrac{\pi}{6}\right)+i\sin\left(\dfrac{\pi}{4}+\dfrac{\pi}{6}\right)\right\}$

$=\dfrac{\sqrt{2}}{2}\left(\cos\dfrac{5}{12}\pi+i\sin\dfrac{5}{12}\pi\right)$

よって　$z^n=\left(\dfrac{\sqrt{2}}{2}\right)^n\left(\cos\dfrac{5n}{12}\pi+i\sin\dfrac{5n}{12}\pi\right)$

(1) z^n が実数となるとき　$\dfrac{5n}{12}\pi=k\pi$　(k は整数)　←$\sin\frac{5n}{12}\pi=0$

これを満たす最小の自然数 n は　$n=12$　答

(2) z^n が純虚数となるとき　$\dfrac{5n}{12}\pi=\left(k+\dfrac{1}{2}\right)\pi$　(k は整数)　←$\cos\frac{5n}{12}\pi=0$

これを満たす最小の自然数 n は　$n=6$　答

教 p.116

8. 複素数 α を方程式 $z^5=1$ の1でない解の1つとする。

(1) $1+\alpha+\alpha^2+\alpha^3+\alpha^4$ の値を求めよ。

(2) $t=\alpha+\dfrac{1}{\alpha}$ とするとき，$t^2+t-1=0$ であることを示せ。

(3) $\cos\dfrac{4}{5}\pi$ の値を求めよ。

指針　**複素数の5乗根の性質**

(2) $\alpha+\dfrac{1}{\alpha}$ の形を出すために，(1)で求めた等式を変形する。

(3) $\alpha+\dfrac{1}{\alpha}$ を極形式で表す。

解答　(1) α が方程式 $z^5=1$ の解であるから　$\alpha^5=1$

すなわち，$\alpha^5-1=0$ から　$(\alpha-1)(\alpha^4+\alpha^3+\alpha^2+\alpha+1)=0$

$\alpha\neq1$ であるから　$1+\alpha+\alpha^2+\alpha^3+\alpha^4=0$　答

(2) $\alpha \neq 0$ であるから，$1+\alpha+\alpha^2+\alpha^3+\alpha^4=0$ の両辺を α^2 で割ると

$$\frac{1}{\alpha^2}+\frac{1}{\alpha}+1+\alpha+\alpha^2=0$$

$$\left(\alpha^2+\frac{1}{\alpha^2}\right)+\left(\alpha+\frac{1}{\alpha}\right)+1=0$$

ここで，$t=\alpha+\dfrac{1}{\alpha}$ より $\alpha^2+\dfrac{1}{\alpha^2}=t^2-2$ であるから

$(t^2-2)+t+1=0$　　すなわち　$t^2+t-1=0$　終

(3) $\alpha=\cos\dfrac{4}{5}\pi+i\sin\dfrac{4}{5}\pi$ とすると

$$\alpha^5=\cos 4\pi+i\sin 4\pi=1,\ \alpha \neq 1$$

よって，$t=\alpha+\dfrac{1}{\alpha}$ とおくと，(2)より　$t^2+t-1=0$

これを解くと　$t=\dfrac{-1\pm\sqrt{5}}{2}$　……①

ここで　$t=\alpha+\dfrac{1}{\alpha}$

$$=\left(\cos\frac{4}{5}\pi+i\sin\frac{4}{5}\pi\right)+\left\{\cos\left(-\frac{4}{5}\pi\right)+i\sin\left(-\frac{4}{5}\pi\right)\right\}$$

$$=2\cos\frac{4}{5}\pi$$

また，$\cos\dfrac{4}{5}\pi<0$ であるから，① より

$$2\cos\frac{4}{5}\pi=\frac{-1-\sqrt{5}}{2}$$

したがって　$\cos\dfrac{4}{5}\pi=\dfrac{-1-\sqrt{5}}{4}$　答

教 p.116

9. 複素数平面上の 3 点 $A(\alpha)$，$B(\beta)$，$C(\gamma)$ を頂点とする△ABC について，等式 $2\alpha^2+\beta^2+\gamma^2-2\alpha\beta-2\alpha\gamma=0$ が成り立つとき，次の問いに答えよ。

(1) 複素数 $\dfrac{\gamma-\alpha}{\beta-\alpha}$ の値を求めよ。

(2) △ABC はどのような三角形か。

指針　複素数の等式と三角形の形状決定

(1) まず，与えられた等式の左辺を $\gamma-\alpha$，$\beta-\alpha$ が出てくるように変形する。

(2) (1)から $\dfrac{\gamma-\alpha}{\beta-\alpha}$ の絶対値がわかる。

解答 (1) 等式を変形すると　$(\gamma-\alpha)^2+(\beta-\alpha)^2=0$

$\alpha \neq \beta$ より，$\beta-\alpha \neq 0$ であるから，両辺を $(\beta-\alpha)^2$ で割って整理すると

$$\left(\frac{\gamma-\alpha}{\beta-\alpha}\right)^2=-1$$

よって　$\boldsymbol{\dfrac{\gamma-\alpha}{\beta-\alpha}=\pm i}$ 答

(2) (1)から　$\left|\dfrac{\gamma-\alpha}{\beta-\alpha}\right|=|\pm i|=1$　すなわち　$|\gamma-\alpha|=|\beta-\alpha|$

ゆえに　AC=AB

また，$\dfrac{\gamma-\alpha}{\beta-\alpha}$ は純虚数であるから　$\angle A=\dfrac{\pi}{2}$

よって，△ABC は **$\angle A=\dfrac{\pi}{2}$ の直角二等辺三角形** である。 答

教 p.116

10. $\alpha=1+\sqrt{3}\,i$，$\beta=-4+2i$ とし，複素数平面上の原点を O とする。

(1) 点 $A(\alpha)$ を実軸に関して対称移動させた点を $A'(\alpha')$ とする。
複素数 α' の値を求めよ。

(2) 点 $B(\beta)$ を直線 OA に関して対称移動させた点を $B'(\beta')$ とする。
複素数 β' の値を求めよ。

指針 **実軸，直線に関する対称移動**

(2) 直線 OA を実軸に重なるように角 θ だけ回転し，点 B を実軸に関して対称移動した点を求め，それを $-\theta$ だけ回転して求める。

解答 (1) $\boldsymbol{\alpha'=\overline{\alpha}=1-\sqrt{3}\,i}$ 答

(2) $\alpha=1+\sqrt{3}\,i=2\left(\cos\dfrac{\pi}{3}+i\sin\dfrac{\pi}{3}\right)$ であるから，直線 OA と実軸の正の向きとのなす角は $\dfrac{\pi}{3}$ である。

よって，2 点 B，B′ を，点 O を中心として $-\dfrac{\pi}{3}$ だけ回転させると，実軸に関して対称な 2 点に移動する。

点 $B(-4+2i)$ を，点 O を中心として $-\dfrac{\pi}{3}$ だけ回転した点を表す複素数は

$$\left\{\cos\left(-\frac{\pi}{3}\right)+i\sin\left(-\frac{\pi}{3}\right)\right\}(-4+2i)=\left(\frac{1}{2}-\frac{\sqrt{3}}{2}i\right)(-4+2i)$$
$$=(-2+\sqrt{3})+(1+2\sqrt{3})i$$

この点について，実軸に関して対称な点を表す複素数は

$$\overline{(-2+\sqrt{3})+(1+2\sqrt{3})i}=(-2+\sqrt{3})-(1+2\sqrt{3})i$$

この点を，点Oを中心として $\dfrac{\pi}{3}$ だけ回転した点を表す複素数は

$$\left(\cos\frac{\pi}{3}+i\sin\frac{\pi}{3}\right)\{(-2+\sqrt{3})-(1+2\sqrt{3})i\}$$
$$=\left(\frac{1}{2}+\frac{\sqrt{3}}{2}i\right)\{(-2+\sqrt{3})-(1+2\sqrt{3})i\}$$
$$=(2+\sqrt{3})+(1-2\sqrt{3})i$$

したがって　　$\boldsymbol{\beta'=(2+\sqrt{3})+(1-2\sqrt{3})i}$ 答

教 p.116

11. 2つの複素数 w, z が，等式 $w=\dfrac{z-4}{z+2}$ を満たす。複素数平面上で，点 w が原点を中心とする半径2の円上を動くとき，点 z はどのような図形を描くか。

指針　**条件を満たす点が描く図形**　点 w は原点を中心とする半径2の円上を動くから $|w|=2$ である。この方程式に $w=\dfrac{z-4}{z+2}$ を代入する。

解答　点 w は原点を中心とする半径2の円上を動くから　　$|w|=2$

ゆえに　　$\left|\dfrac{z-4}{z+2}\right|=2$　　すなわち　　$|z-4|=2|z+2|$

両辺を2乗すると

$$|z-4|^2=4|z+2|^2$$
$$(z-4)(\overline{z-4})=4(z+2)(\overline{z+2})$$
$$(z-4)(\overline{z}-4)=4(z+2)(\overline{z}+2)$$

展開して整理すると

$$z\overline{z}+4z+4\overline{z}=0$$

式を変形すると

$$(z+4)(\overline{z}+4)=16$$
$$(z+4)(\overline{z+4})=16$$

すなわち　　$|z+4|^2=4^2$

よって　　$|z+4|=4$

したがって，点 z は，**点 -4 を中心とする半径4の円** を描く。 答

第4章 式と曲線

第1節 2次曲線

1 放物線

まとめ

1　放物線の方程式

平面上で，定点Fからの距離と，Fを通らない定直線 ℓ からの距離が等しい点の軌跡を **放物線** といい，この点Fを放物線の **焦点**，直線 ℓ を放物線の **準線** という。

$p \neq 0$ とする。点 $\mathrm{F}(p,\ 0)$ を焦点とし，直線 $x=-p$ を準線 ℓ とする放物線の方程式は

$$y^2=4px \quad \cdots\cdots ①$$

①を放物線の方程式の **標準形** という。また，放物線の焦点を通り，準線に垂直な直線を，放物線の **軸** といい，軸と放物線の交点を，放物線の **頂点** という。放物線は，その軸に関して対称である。

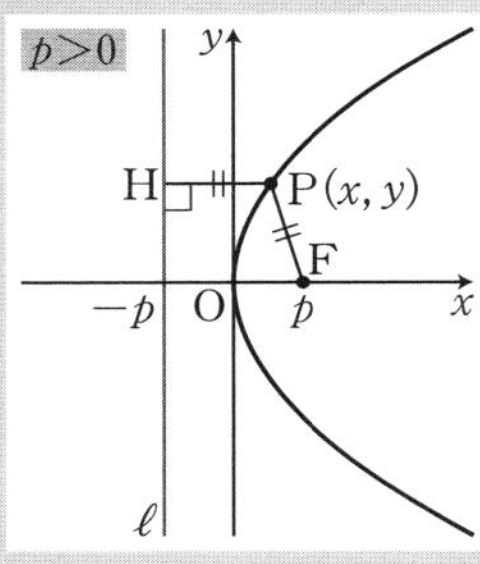

放物線の標準形　$y^2=4px$　$(p \neq 0)$

［1］ 焦点は点 $(p,\ 0)$，準線は直線 $x=-p$，頂点は原点O

［2］ 軸は x 軸であり，曲線は x 軸に関して対称

2　y 軸が軸となる放物線

$p \neq 0$ とする。点 $\mathrm{F}(0,\ p)$ を焦点とし，直線 $y=-p$ を準線とする放物線の方程式は

$$x^2=4py$$

この放物線の軸は y 軸である。

なお，放物線 $y=ax^2$ は，$x^2=4\cdot\dfrac{1}{4a}y$ と表されるから，その焦点は点 $\left(0,\ \dfrac{1}{4a}\right)$，準線は直線 $y=-\dfrac{1}{4a}$ である。

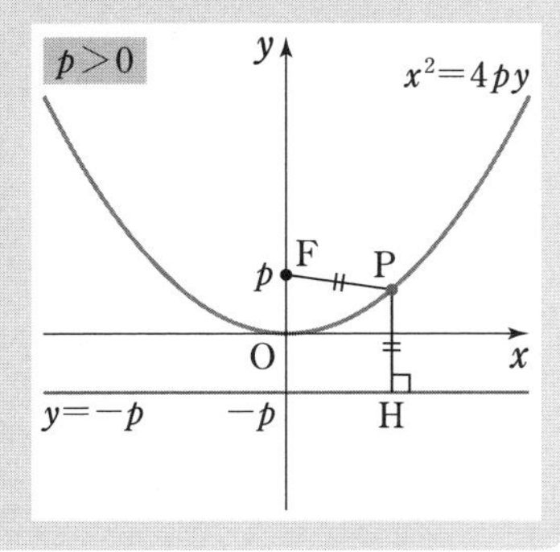

A 放物線の方程式

教 p.121

練習 1

次の放物線の概形をかけ。また，その焦点と準線を求めよ。

(1)　$y^2=8x$　　(2)　$y^2=-4x$　　(3)　$y^2=x$

指針　**放物線の方程式**　与えられた方程式は $y^2=4px$ の形をしている。p の値を求めると，焦点 $\mathrm{F}(p,\ 0)$ と準線 $x=-p$ がわかる。

解答　(1)　$y^2=8x$ を変形すると

$$y^2=4\cdot 2x$$

よって，焦点は **点 $(2,\ 0)$**，準線は **直線 $x=-2$**

概形は図のようになる。　答

(2)　$y^2=-4x$ を変形すると

$$y^2=4\cdot(-1)x$$

よって，焦点は **点 $(-1,\ 0)$**，準線は **直線 $x=1$**

概形は図のようになる。　答

(3)　$y^2=x$ を変形すると

$$y^2=4\cdot\frac{1}{4}x$$

よって，焦点は **点 $\left(\frac{1}{4},\ 0\right)$**，準線は **直線 $x=-\frac{1}{4}$**

概形は図のようになる。　答

(1)
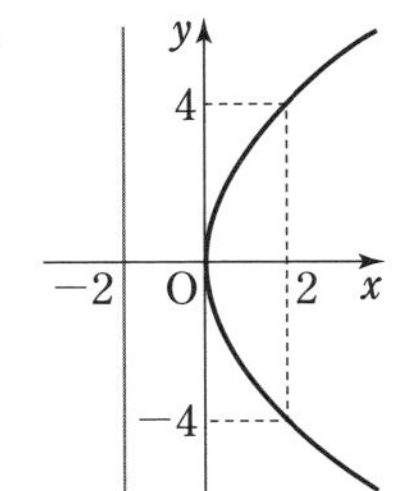

(2)
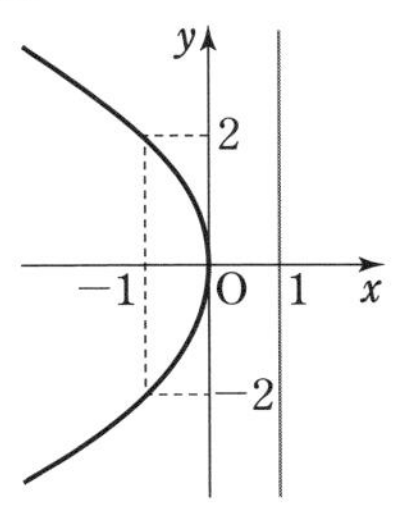

(3)
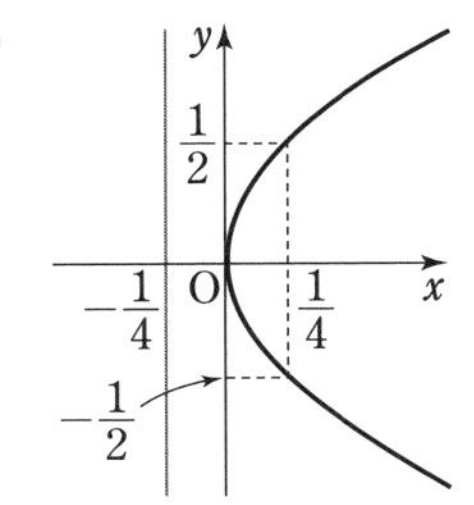

教 p.121

練習 2

焦点が点 $(-2,\ 0)$ で，準線が直線 $x=2$ である放物線の方程式を求めよ。

指針　**放物線の方程式**　焦点 $(p,\ 0)$ と準線 $x=-p$ が与えられているから，放物線の標準形 $y^2=4px$ にあてはめて求める。

解答　　$y^2=4\cdot(-2)x$

すなわち　　$\boldsymbol{y^2=-8x}$　答

B y 軸が軸となる放物線

教 p.121

練習 3

次の放物線の概形をかけ。また，その焦点と準線を求めよ。

(1) $x^2=4y$　　　　(2) $y=-2x^2$

指針 **放物線の方程式（y 軸が軸となる場合）** $x^2=4py$ の形の方程式で表される曲線は，y 軸を軸とする放物線であり，焦点は点 $(0,\ p)$，準線は直線 $y=-p$ である。与えられた式を $x^2=4py$ としたときの p の値を求めると，焦点，準線がわかり，その概形をかくことができる。

(2)は，$y=-2x^2 \longrightarrow -2x^2=y \longrightarrow x^2=-\frac{1}{2}y$ として考える。

解答 (1) $x^2=4y$ を変形すると

$$x^2=4\cdot1\cdot y$$

よって，焦点は **点 $(0,\ 1)$**，準線は **直線 $y=-1$**

概形は図 のようになる。 答

(2) $y=-2x^2$ を変形すると　$x^2=-\frac{1}{2}y$

ゆえに　　$x^2=4\cdot\left(-\frac{1}{8}\right)y$

よって，焦点は **点 $\left(0,\ -\frac{1}{8}\right)$**，準線は **直線 $y=\frac{1}{8}$**

概形は図 のようになる。 答

(1)

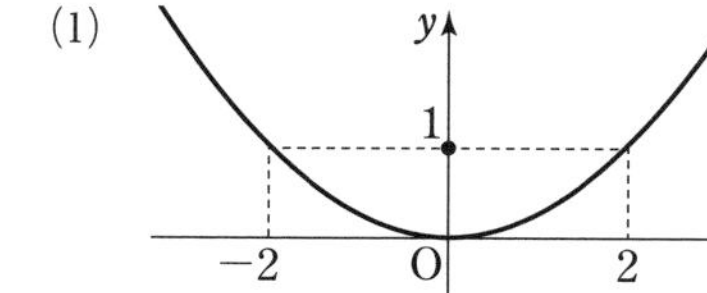

(2)

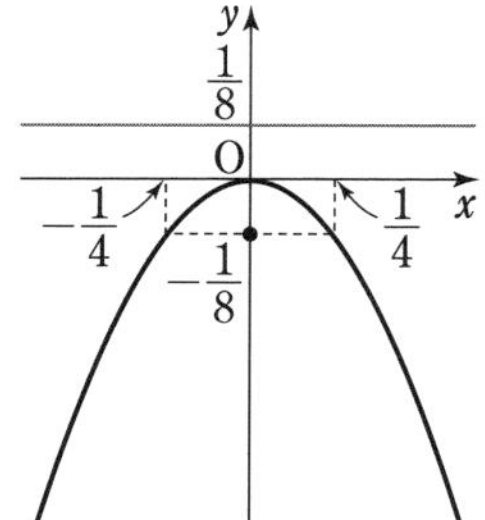

注意 放物線 $y^2=4px$ と放物線 $x^2=4py$ は，直線 $y=x$ に関して対称な関係になっている。

2 楕円

まとめ

1　楕円の方程式

平面上で，2 定点 F，F′ からの距離の和が一定である点の軌跡を **楕円** といい，この 2 点 F，F′ を楕円の **焦点** という。

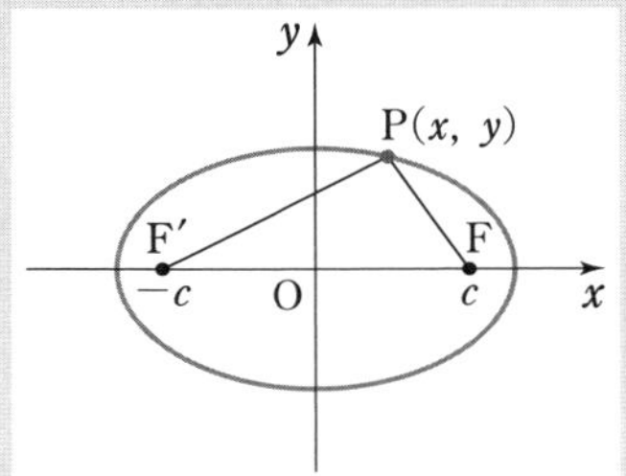

ただし，焦点 F，F′ からの距離の和は，線分 FF′ の長さより大きいとする。

$a>c>0$ とする。2 点 $\mathrm{F}(c,\ 0)$，$\mathrm{F}'(-c,\ 0)$ からの距離の和が $2a$ である楕円の方程式は，$\sqrt{a^2-c^2}=b$ とおくと，$a>b>0$ であり

$$\frac{x^2}{a^2}+\frac{y^2}{b^2}=1 \quad \cdots\cdots ①$$

①を楕円の方程式の **標準形** という。

2　楕円の長軸，短軸，中心，頂点

2 点 F，F′ を焦点とする楕円において，直線 FF′ と楕円の交点を A，A′，線分 AA′ の垂直二等分線と楕円の交点を B，B′ とするとき，線分 AA′ を **長軸**，線分 BB′ を **短軸** という。焦点は長軸上にある。また，長軸と短軸の交点を楕円の **中心** といい，4 点 A，A′，B，B′ を楕円の **頂点** という。

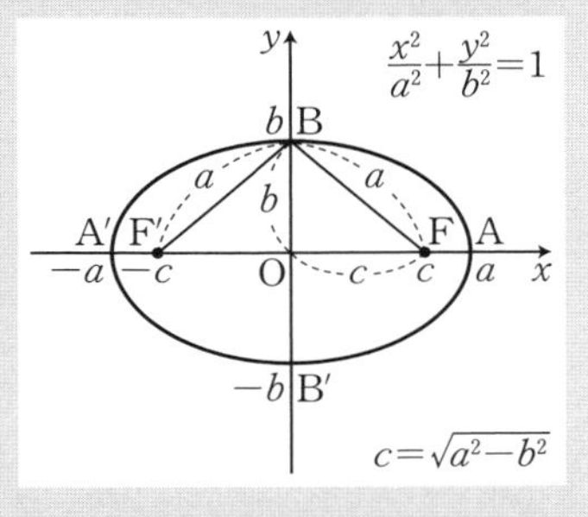

楕円は，長軸，短軸，中心に関して対称である。

楕円 $\frac{x^2}{a^2}+\frac{y^2}{b^2}=1$ について，頂点は 4 点 $(a,\ 0)$，$(-a,\ 0)$，$(0,\ b)$，$(0,\ -b)$ で，中心は原点 O である。

楕円の標準形　$\boldsymbol{\frac{x^2}{a^2}+\frac{y^2}{b^2}=1}$　$(a>b>0)$

[1]　焦点は　2 点 $(\sqrt{a^2-b^2},\ 0)$，$(-\sqrt{a^2-b^2},\ 0)$

[2]　楕円上の点から 2 つの焦点までの距離の和は　$\boldsymbol{2a}$

[3]　長軸の長さは　$\boldsymbol{2a}$，　短軸の長さは　$\boldsymbol{2b}$

[4]　曲線は x 軸，y 軸，原点 O に関して対称

補足　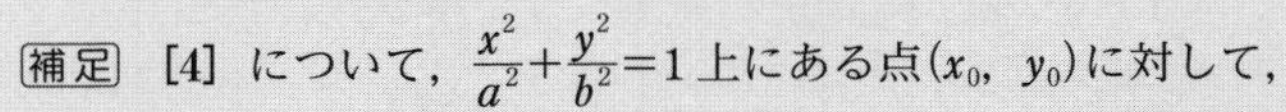
[4] について，$\frac{x^2}{a^2}+\frac{y^2}{b^2}=1$ 上にある点 $(x_0,\ y_0)$ に対して，

点 $(x_0,\ -y_0)$，$(-x_0,\ y_0)$，$(-x_0,\ -y_0)$ もすべて $\frac{x^2}{a^2}+\frac{y^2}{b^2}=1$ 上にある。

よって，曲線は x 軸，y 軸，原点 O に関して対称である。

3　焦点が y 軸上にある楕円

$b>a>0$ のとき，方程式 $\dfrac{x^2}{a^2}+\dfrac{y^2}{b^2}=1$ は右の図のような楕円を表す。この楕円の2つの焦点F, F′ は y 軸上にあり，座標は次のようになる。

$\mathbf{F}(0,\ \sqrt{b^2-a^2})$，　$\mathbf{F}'(0,\ -\sqrt{b^2-a^2})$

この楕円上の点から2つの焦点までの距離の和は $2b$ である。

また，長軸は y 軸上，短軸は x 軸上にあり，長軸の長さは $2b$，短軸の長さは $2a$ である。

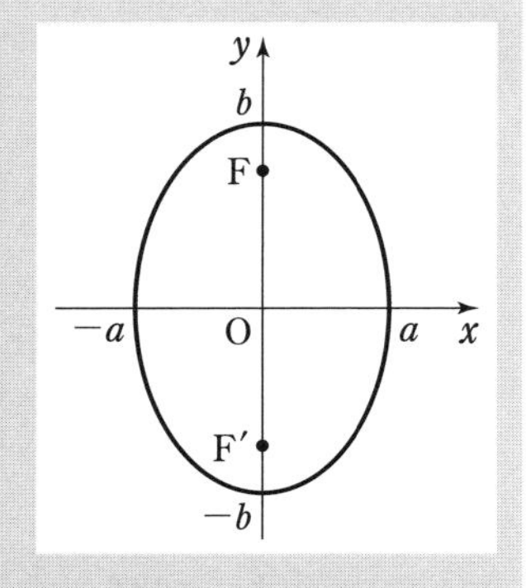

4　円と楕円

楕円 $\dfrac{x^2}{a^2}+\dfrac{y^2}{b^2}=1$ は，円 $x^2+y^2=a^2$ を，x 軸をもとにして y 軸方向に $\dfrac{b}{a}$ 倍して得られる曲線である。

補足　円は楕円の特別な場合であると考えることができる。

5　軌跡と楕円

長さが一定の線分 AB の端点 A が x 軸上を，端点 B が y 軸上を動くとき，線分 AB を $m:n$ に内分する点 P の軌跡は楕円になる。

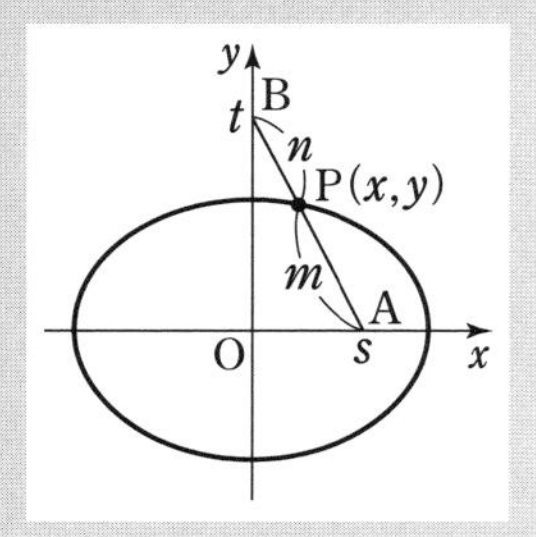

A 楕円の方程式

教 p.124

練習 4

次の楕円の概形をかけ。また，その焦点，長軸の長さ，短軸の長さを求めよ。

(1)　$\dfrac{x^2}{5^2}+\dfrac{y^2}{3^2}=1$　　(2)　$\dfrac{x^2}{9}+y^2=1$　　(3)　$x^2+16y^2=16$

指針　**楕円の標準形**　方程式 $\dfrac{x^2}{a^2}+\dfrac{y^2}{b^2}=1$ $(a>b>0)$ において，

焦点は2点 $(\sqrt{a^2-b^2},\ 0)$，$(-\sqrt{a^2-b^2},\ 0)$ で，

長軸の長さは $2a$，短軸の長さは $2b$

と表される。

解答 (1) $\dfrac{x^2}{5^2}+\dfrac{y^2}{3^2}=1$ から

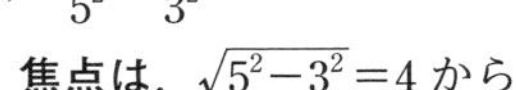

焦点は, $\sqrt{5^2-3^2}=4$ から

2点 $(4,\ 0),\ (-4,\ 0)$

長軸の長さは $2\cdot5=10$

短軸の長さは $2\cdot3=6$ 答

概形は図 のようになる。

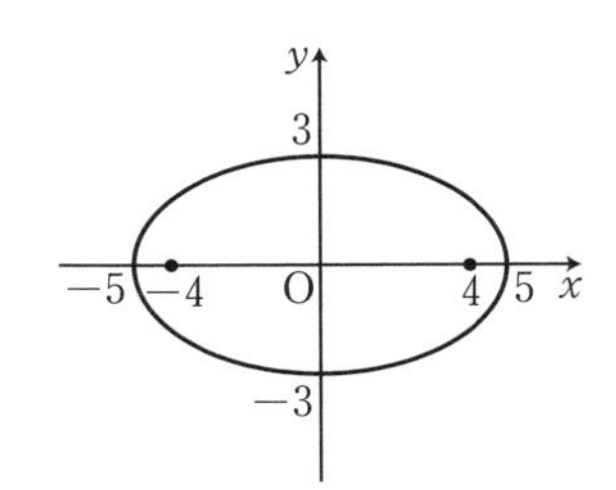

(2) $\dfrac{x^2}{9}+y^2=1$ から

$$\frac{x^2}{3^2}+\frac{y^2}{1^2}=1$$

焦点は, $\sqrt{3^2-1^2}=2\sqrt{2}$ から

2点 $(2\sqrt{2},\ 0),\ (-2\sqrt{2},\ 0)$

長軸の長さは $2\cdot3=6$

短軸の長さは $2\cdot1=2$ 答

概形は図 のようになる。

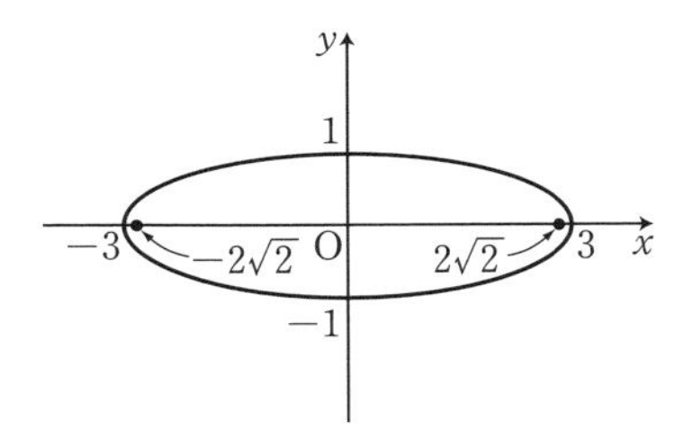

(3) $x^2+16y^2=16$ から

$$\frac{x^2}{4^2}+\frac{y^2}{1^2}=1$$

焦点は, $\sqrt{4^2-1^2}=\sqrt{15}$ から

2点 $(\sqrt{15},\ 0),\ (-\sqrt{15},\ 0)$

長軸の長さは $2\cdot4=8$

短軸の長さは $2\cdot1=2$ 答

概形は図 のようになる。

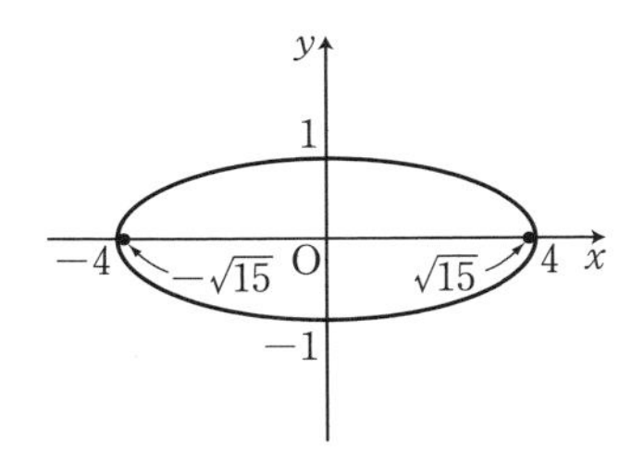

B 焦点が y 軸上にある楕円

練習 5 教 p.125

次の楕円の概形をかけ。また，その焦点，長軸の長さ，短軸の長さを求めよ。

(1) $\dfrac{x^2}{2^2}+\dfrac{y^2}{3^2}=1$　　　(2) $25x^2+y^2=25$

指針 **楕円の方程式(焦点が y 軸上)**　楕円 $\dfrac{x^2}{a^2}+\dfrac{y^2}{b^2}=1$ は，$b>a>0$ のとき焦点は y 軸上にあり，その座標は $(0,\ \sqrt{b^2-a^2})$，$(0,\ -\sqrt{b^2-a^2})$ である。頂点の座標は $(a,\ 0)$，$(-a,\ 0)$，$(0,\ b)$，$(0,\ -b)$ で，$b>a$ より，長軸は y 軸上，短軸は x 軸上で，y 軸方向に細長い形をしている。与えられた方程式が $b>a$ の形であることをまず確認しておく。

解答 (1) $\dfrac{x^2}{2^2}+\dfrac{y^2}{3^2}=1$ から

焦点は, $\sqrt{3^2-2^2}=\sqrt{5}$ から

2 点 $(0,\ \sqrt{5})$, $(0,\ -\sqrt{5})$

長軸の長さは $2\cdot3=6$

短軸の長さは $2\cdot2=4$ 答

概形は図 のようになる。

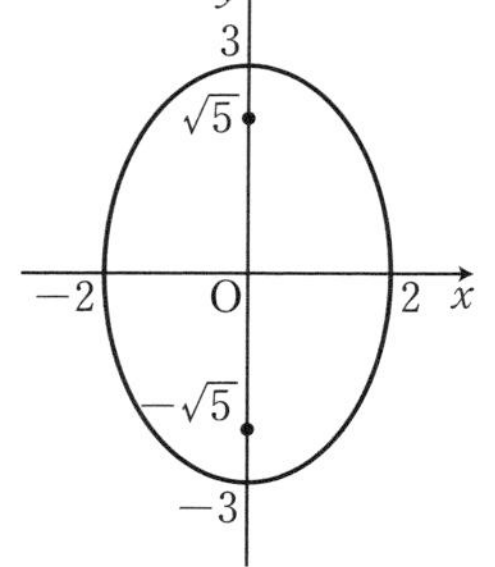

(2) $25x^2+y^2=25$ から

$\dfrac{x^2}{1^2}+\dfrac{y^2}{5^2}=1$

焦点は, $\sqrt{5^2-1^2}=2\sqrt{6}$ から

2 点 $(0,\ 2\sqrt{6})$, $(0,\ -2\sqrt{6})$

長軸の長さは $2\cdot5=10$

短軸の長さは $2\cdot1=2$ 答

概形は図 のようになる。

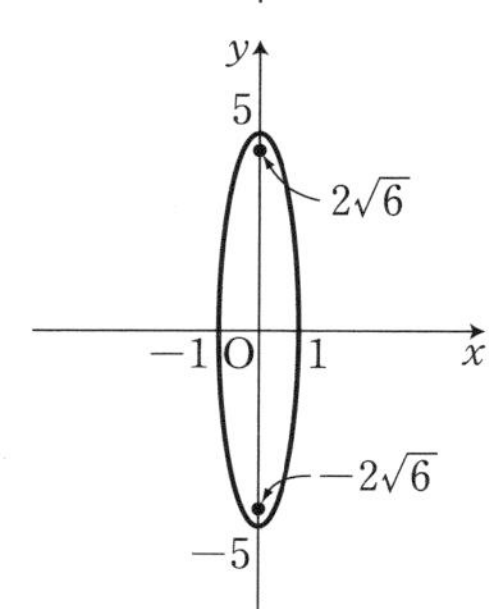

教 p.125

【?】 焦点からの距離の和について, $2a=10$ でなく $2b=10$ としたのはなぜだろうか。

指針 **楕円の標準形** 焦点が x 軸上か y 軸上かで計算が変わる。

解説 楕円の焦点 $(0,\ 3)$, $(0,\ -3)$ は y 軸上にあるから $b>a>0$ であり, この楕円上の点から焦点までの距離の和は $2b$ である。
よって, $2b=10$ として b の値を求めた。 終

教 p.125

練習 6 2 点 $(\sqrt{3},\ 0)$, $(-\sqrt{3},\ 0)$ を焦点とし, 焦点からの距離の和が 4 である楕円の方程式を求めよ。

指針 **楕円の方程式(焦点が x 軸上)** 焦点が x 軸上の 2 点 $(c,\ 0)$, $(-c,\ 0)$ で, 焦点からの距離の和が $2a$ である楕円の方程式は

$\dfrac{x^2}{a^2}+\dfrac{y^2}{b^2}=1$ ただし $b=\sqrt{a^2-c^2}$ で, $a>b>0$

と表される。$c=\sqrt{3}$, $2a=4$ であることから, a^2, b^2 の値を求める。

解答　求める方程式は $\dfrac{x^2}{a^2}+\dfrac{y^2}{b^2}=1\ (a>b>0)$ とおける。

焦点からの距離の和について，$2a=4$ であるから　　$a=2$

焦点の座標について，$\sqrt{a^2-b^2}=\sqrt{3}$ であるから

$$b^2=a^2-(\sqrt{3})^2=4-3=1$$

よって，求める楕円の方程式は　　$\dfrac{x^2}{4}+y^2=1$　答

C 円と楕円

教 p.126

練習 7

円 $x^2+y^2=3^2$ を，x 軸をもとにして次のように縮小または拡大して得られる楕円の方程式を求めよ。

(1)　y 軸方向に $\dfrac{2}{3}$ 倍　　(2)　y 軸方向に $\dfrac{4}{3}$ 倍

指針　**円と楕円**　円 $x^2+y^2=a^2$ を，x 軸をもとにして y 軸方向に $\dfrac{b}{a}$ 倍したとき，円上の点 $\mathrm{Q}(s,\ t)$ が移る点を $\mathrm{P}(x,\ y)$ とすると

$$x=s,\ y=\frac{b}{a}t \qquad すなわち \qquad s=x,\ t=\frac{a}{b}y$$

ここで，点 Q が円上にあることから，$s^2+t^2=a^2$ に代入して，x と y が満たす方程式を求める。

解答　(1)　円上の点 $\mathrm{Q}(s,\ t)$ が移る点を $\mathrm{P}(x,\ y)$ とすると

$$s^2+t^2=3^2 \quad \cdots\cdots ①,\quad x=s,\ y=\frac{2}{3}t \quad \cdots\cdots ②$$

②より　$s=x,\ t=\dfrac{3}{2}y$　……③

③を①に代入すると　　$x^2+\left(\dfrac{3}{2}y\right)^2=3^2$　　すなわち　　$\dfrac{x^2}{3^2}+\dfrac{y^2}{2^2}=1$

よって，求める楕円の方程式は　　$\dfrac{x^2}{9}+\dfrac{y^2}{4}=1$　答

(2)　円上の点 $\mathrm{Q}(s,\ t)$ が移る点を $\mathrm{P}(x,\ y)$ とすると

$$s^2+t^2=3^2 \quad \cdots\cdots ①,\quad x=s,\ y=\frac{4}{3}t \quad \cdots\cdots ②$$

②より　$s=x,\ t=\dfrac{3}{4}y$　……③

③を①に代入すると　　$x^2+\left(\dfrac{3}{4}y\right)^2=3^2$　　すなわち　　$\dfrac{x^2}{3^2}+\dfrac{y^2}{4^2}=1$

よって，求める楕円の方程式は　　$\dfrac{x^2}{9}+\dfrac{y^2}{16}=1$　答

注意 円 $x^2+y^2=a^2$ を，x 軸をもとにして y 軸方向に $\dfrac{b}{a}$ 倍すると楕円 $\dfrac{x^2}{a^2}+\dfrac{y^2}{b^2}=1$ になることを直接利用して楕円の方程式を求めてもよい。

(1) $a=3$，$b=2 \longrightarrow \dfrac{x^2}{9}+\dfrac{y^2}{4}=1$

(2) $a=3$，$b=4 \longrightarrow \dfrac{x^2}{9}+\dfrac{y^2}{16}=1$

D 軌跡と楕円

教 p.127

【?】 線分 AB の中点を Q とするとき，Q の軌跡はどのようになるだろうか。

指針 **軌跡と楕円** 例題における内分の比 2：3 を 1：1 に変えて考える。

解説 ※例題の解答の 3 行目以降を次のようにする。

点 Q の座標を $(x,\ y)$ とすると，Q は線分 AB を 1：1 に内分するから

$$x=\frac{s}{2},\ y=\frac{t}{2} \qquad \text{すなわち} \qquad s=2x,\ t=2y$$

これらを ① に代入すると

$$(2x)^2+(2y)^2=5^2 \qquad \text{すなわち} \qquad x^2+y^2=\left(\frac{5}{2}\right)^2$$

よって，点 Q は円 $x^2+y^2=\dfrac{25}{4}$ 上にある。

逆に，この円上のすべての点 $\mathrm{Q}(x,\ y)$ は，条件を満たす。

したがって，求める軌跡は，**円 $x^2+y^2=\dfrac{25}{4}$** である。 答

教 p.127

練習 8 座標平面上において，長さが 7 の線分 AB の端点 A は x 軸上を，端点 B は y 軸上を動くとき，線分 AB を 4：3 に内分する点 P の軌跡を求めよ。

指針 **軌跡と楕円** $\mathrm{A}(s,\ 0)$，$\mathrm{B}(0,\ t)$，$\mathrm{P}(x,\ y)$ として，長さに関する条件より s，t の満たす式を求める。一方，内分の関係より s，t を x，y で表し，代入によって s，t を消去して x，y の等式を求める。

解答 点 A の座標を $(s,\ 0)$，点 B の座標を $(0,\ t)$ とすると，AB＝7 から

$$s^2+t^2=7^2 \quad \cdots\cdots ①$$

点 P の座標を $(x,\ y)$ とすると，P は線分 AB を 4：3 に内分するから

$$x=\frac{3}{7}s,\ y=\frac{4}{7}t \qquad \text{すなわち} \qquad s=\frac{7}{3}x,\ t=\frac{7}{4}y$$

これらを①に代入すると　$\left(\dfrac{7}{3}x\right)^2+\left(\dfrac{7}{4}y\right)^2=7^2$

両辺を 7^2 で割ると　$\dfrac{x^2}{9}+\dfrac{y^2}{16}=1$

よって，点Pは楕円 $\dfrac{x^2}{9}+\dfrac{y^2}{16}=1$ 上にある。

逆に，この楕円上のすべての点 $P(x,\ y)$ は，条件を満たす。

したがって，求める軌跡は　**楕円 $\dfrac{x^2}{9}+\dfrac{y^2}{16}=1$**　答

3 双曲線

まとめ

1　双曲線の方程式

平面上で，2定点F，F′ からの距離の差が0でなく一定である点の軌跡を**双曲線**といい，この2点F，F′ を双曲線の**焦点**という。ただし，焦点F，F′ からの距離の差は線分FF′ の長さより小さいとする。

$c>a>0$ とする。2点 $F(c,\ 0)$，$F'(-c,\ 0)$ を焦点とし，この2点からの距離の差が $2a$ である双曲線の方程式は，$\sqrt{c^2-a^2}=b$ とおくと，$b>0$ であり

$$\frac{x^2}{a^2}-\frac{y^2}{b^2}=1 \quad \cdots\cdots ①$$

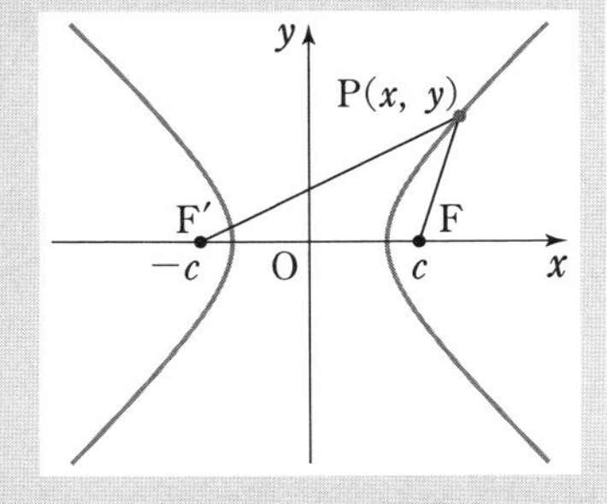

①を双曲線の方程式の**標準形**という。

2　双曲線の頂点，中心

2点F，F′ を焦点とする双曲線において，直線FF′ と双曲線の交点を，双曲線の**頂点**という。また，線分FF′ の中点を，双曲線の**中心**という。

双曲線の標準形 $\dfrac{x^2}{a^2}-\dfrac{y^2}{b^2}=1$　$(a>0,\ b>0)$

[1]　焦点は　　2点 $(\sqrt{a^2+b^2},\ 0)$，$(-\sqrt{a^2+b^2},\ 0)$

[2]　双曲線上の点から2つの焦点までの距離の差は　$2a$

[3]　漸近線は　　2直線 $y=\dfrac{b}{a}x$，$y=-\dfrac{b}{a}x$

[4]　曲線は x 軸，y 軸，原点Oに関して対称

補足　[3] について，2本の漸近線の方程式は $\dfrac{x}{a}+\dfrac{y}{b}=0$，$\dfrac{x}{a}-\dfrac{y}{b}=0$ と表すこともできる。

3　焦点が y 軸上にある双曲線

$a>0$，$b>0$ のとき，方程式

$$\frac{x^2}{a^2}-\frac{y^2}{b^2}=-1$$

は右の図のような双曲線を表す。

双曲線　$\dfrac{x^2}{a^2}-\dfrac{y^2}{b^2}=-1$ $(a>0,\ b>0)$

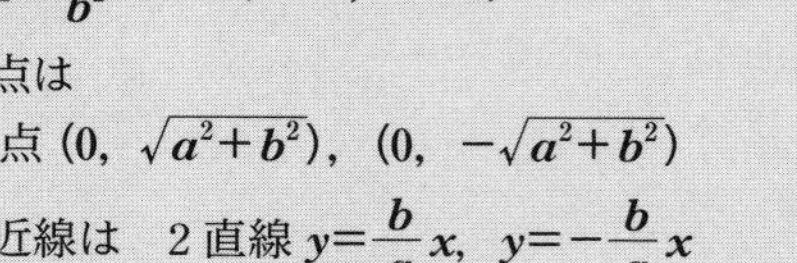

[1]　焦点は

2点 $(0,\ \sqrt{a^2+b^2})$，$(0,\ -\sqrt{a^2+b^2})$

[2]　漸近線は　2直線 $y=\dfrac{b}{a}x$，$y=-\dfrac{b}{a}x$

[3]　双曲線上の点から2つの焦点までの距離の差は　$2b$

4　直角双曲線

双曲線 $\dfrac{x^2}{a^2}-\dfrac{y^2}{a^2}=1$，$\dfrac{x^2}{a^2}-\dfrac{y^2}{a^2}=-1$ の漸近線は2直線 $y=x$，$y=-x$ であり，これらは直角に交わる。このように，直角に交わる漸近線をもつ双曲線を **直角双曲線** という。

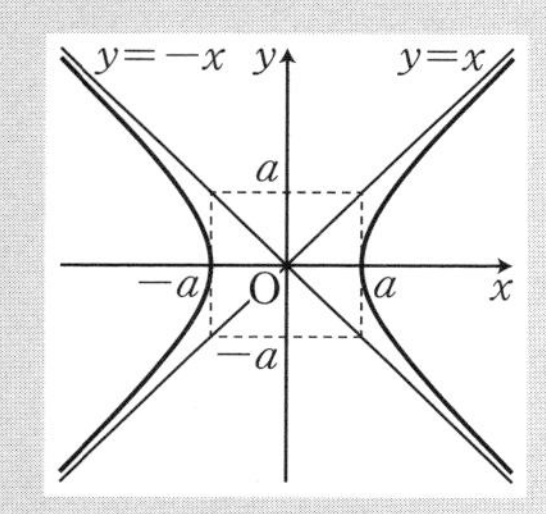

5　2次曲線

これまでに学んだ放物線，楕円，双曲線と円は，x，y の2次方程式で表される。これらの曲線をまとめて **2次曲線** という。

A 双曲線の方程式

練習 9　教 p.131

次の双曲線の概形をかけ。また，その焦点，頂点，漸近線を求めよ。

(1)　$\dfrac{x^2}{5^2}-\dfrac{y^2}{4^2}=1$　　(2)　$x^2-\dfrac{y^2}{4}=1$　　(3)　$x^2-9y^2=9$

指針　**双曲線の方程式**　与えられた方程式が $\dfrac{x^2}{a^2}-\dfrac{y^2}{b^2}=1$ の形に変形できるとき，焦点が x 軸上にある双曲線を表し

焦点は　　2点$(\sqrt{a^2+b^2},\ 0)$，$(-\sqrt{a^2+b^2},\ 0)$

頂点は　　2点$(a,\ 0)$，$(-a,\ 0)$

漸近線は　2直線 $y=\dfrac{b}{a}x$，$y=-\dfrac{b}{a}x$

解答 (1) $\dfrac{x^2}{5^2}-\dfrac{y^2}{4^2}=1$ であるから

焦点は，$\sqrt{5^2+4^2}=\sqrt{41}$ より

2 点 $(\sqrt{41},\ 0)$，$(-\sqrt{41},\ 0)$

頂点は　2 点 $(5,\ 0)$，$(-5,\ 0)$

漸近線は

2 直線 $y=\dfrac{4}{5}x$，$y=-\dfrac{4}{5}x$

概形は図 のようになる。 答

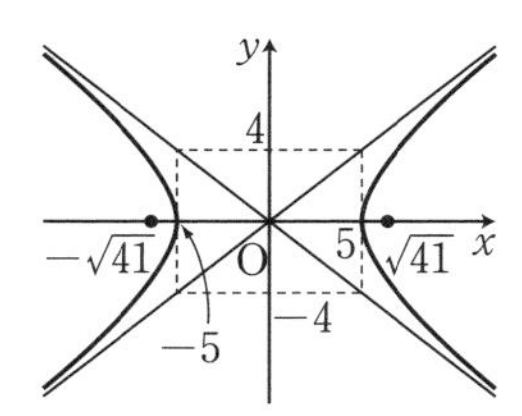

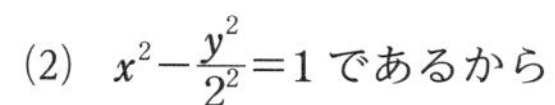

(2) $x^2-\dfrac{y^2}{2^2}=1$ であるから

焦点は，$\sqrt{1^2+2^2}=\sqrt{5}$ より

2 点 $(\sqrt{5},\ 0)$，$(-\sqrt{5},\ 0)$

頂点は　2 点 $(1,\ 0)$，$(-1,\ 0)$

漸近線は

2 直線 $y=2x$，$y=-2x$

概形は図 のようになる。 答

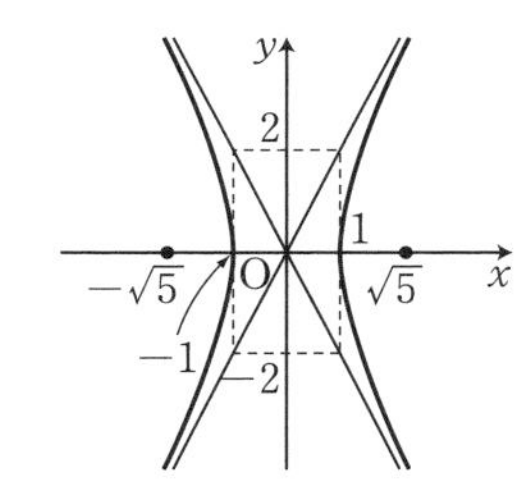

(3) $\dfrac{x^2}{3^2}-\dfrac{y^2}{1^2}=1$ であるから

焦点は，$\sqrt{3^2+1^2}=\sqrt{10}$ より

2 点 $(\sqrt{10},\ 0)$，$(-\sqrt{10},\ 0)$

頂点は　2 点 $(3,\ 0)$，$(-3,\ 0)$

漸近線は

2 直線 $y=\dfrac{1}{3}x$，$y=-\dfrac{1}{3}x$

概形は図 のようになる。 答

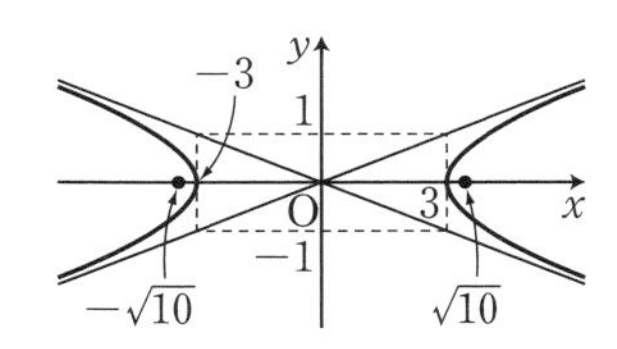

B 焦点が y 軸上にある双曲線

教 p.132

練習 10

次の双曲線の概形をかけ。また，その焦点，頂点，漸近線を求めよ。

(1) $\dfrac{x^2}{3^2}-\dfrac{y^2}{2^2}=-1$　　(2) $16x^2-y^2=-16$

指針 **焦点が y 軸上にある双曲線の方程式** $\dfrac{x^2}{a^2}-\dfrac{y^2}{b^2}=-1$ の形に変形できるとき，

焦点が y 軸上にある双曲線を表し

焦点は　2 点 $(0,\ \sqrt{a^2+b^2})$，$(0,\ -\sqrt{a^2+b^2})$

頂点は　2 点 $(0,\ b)$，$(0,\ -b)$

漸近線は　2 直線 $y=\dfrac{b}{a}x$，$y=-\dfrac{b}{a}x$

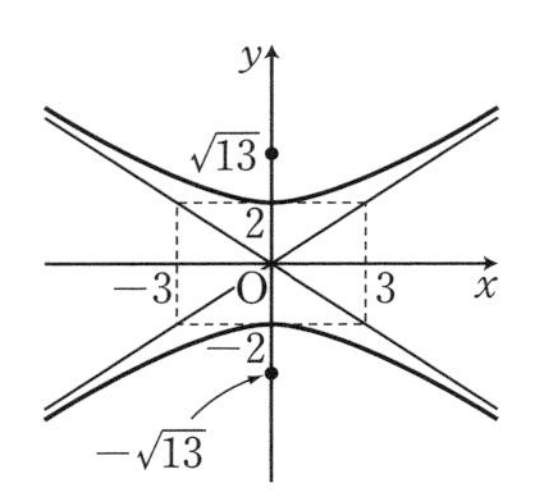

解答 (1) $\dfrac{x^2}{3^2}-\dfrac{y^2}{2^2}=-1$ であるから

焦点は， $\sqrt{3^2+2^2}=\sqrt{13}$ より

2 点 $(0,\ \sqrt{13})$，$(0,\ -\sqrt{13})$

頂点は　　**2 点** $(0,\ 2)$，$(0,\ -2)$

漸近線は

2 直線 $y=\dfrac{2}{3}x$，$y=-\dfrac{2}{3}x$

概形は図 のようになる。 答

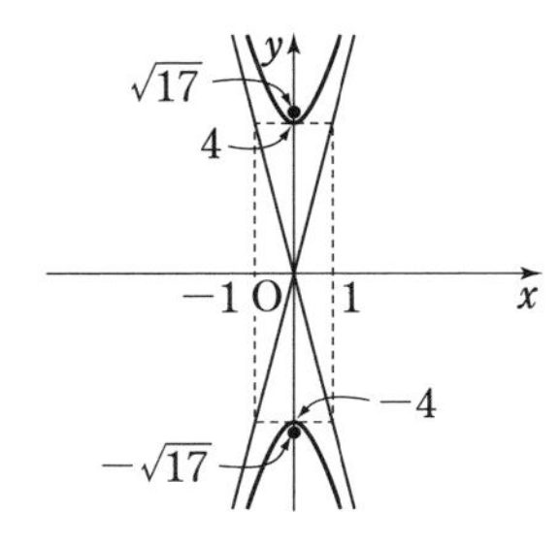

(2) 与えられた方程式を変形すると

$$\frac{x^2}{1^2}-\frac{y^2}{4^2}=-1$$

焦点は， $\sqrt{1^2+4^2}=\sqrt{17}$ より

2 点 $(0,\ \sqrt{17})$，$(0,\ -\sqrt{17})$

頂点は　　**2 点** $(0,\ 4)$，$(0,\ -4)$

漸近線は

2 直線 $y=4x$，$y=-4x$

概形は図 のようになる。 答

【?】 教 p.132

求める方程式を $\dfrac{x^2}{a^2}-\dfrac{y^2}{b^2}=-1$ とおいたのはなぜだろうか。

指針 **双曲線の標準形**　焦点が x 軸上か y 軸上かで標準形の表し方が変わる。

解説 双曲線の焦点$(0,\ 4)$，$(0,\ -4)$は y 軸上にあるから，双曲線の方程式は
$\dfrac{x^2}{a^2}-\dfrac{y^2}{b^2}=1$ ではなく，$\dfrac{x^2}{a^2}-\dfrac{y^2}{b^2}=-1$ $(a>0,\ b>0)$ とおいた。 終

練習 11 教 p.132

2 点$(5,\ 0)$，$(-5,\ 0)$を焦点とし，焦点からの距離の差が 8 である双曲線の方程式を求めよ。

指針 **双曲線の方程式（焦点が x 軸上）**　焦点は $\mathrm{F}(c,\ 0)$，$\mathrm{F}'(-c,\ 0)$の形をしているから，直線 FF′ は x 軸と一致する。

よって，双曲線の方程式を $\dfrac{x^2}{a^2}-\dfrac{y^2}{b^2}=1$ とおける。

焦点からの距離の差について　　$2a=8$

焦点について　　$\sqrt{a^2+b^2}=5$

これから a^2，b^2 の値を求めることができる。

解答　求める双曲線の方程式は，$\dfrac{x^2}{a^2}-\dfrac{y^2}{b^2}=1$ $(a>0,\ b>0)$ とおける。

焦点からの距離の差について，$2a=8$ であるから　　$a=4$

焦点の座標について，$\sqrt{a^2+b^2}=5$ であるから

$$b^2=5^2-a^2=25-16=9$$

よって，求める双曲線の方程式は　$\boldsymbol{\dfrac{x^2}{16}-\dfrac{y^2}{9}=1}$　答

教 p.133

練習 12　2点$(0,\ 6)$，$(0,\ -6)$を焦点とする直角双曲線の方程式を求めよ。

指針　**直角双曲線**　焦点が y 軸上にある直角双曲線であるから，

$\dfrac{x^2}{a^2}-\dfrac{y^2}{a^2}=-1$ $(a>0)$とおける。焦点の座標について $\sqrt{a^2+a^2}=6$ であるから，

a^2 の値が求められる。

解答　求める直角双曲線の方程式は，$\dfrac{x^2}{a^2}-\dfrac{y^2}{a^2}=-1$ $(a>0)$ とおける。

焦点の座標について，$\sqrt{a^2+a^2}=6$ であるから　　$a^2=18$

よって，求める直角双曲線の方程式は　$\boldsymbol{\dfrac{x^2}{18}-\dfrac{y^2}{18}=-1}$　答

4　2次曲線の平行移動

まとめ

1　曲線の平行移動

変数 x，y を含む式を $F(x,\ y)$のように書くことがある。放物線，楕円，双曲線，円などは，x，y の方程式 $F(x,\ y)=0$ の形で表される。

x，y の方程式 $F(x,\ y)=0$ を満たす点$(x,\ y)$全体の集合が曲線となるとき，この曲線を **方程式 $F(x,\ y)=0$ の表す曲線**，または **曲線 $F(x,\ y)=0$** という。

また，方程式 $F(x,\ y)=0$ を，この **曲線の方程式** という。

曲線 $F(x,\ y)=0$ を，x 軸方向に p，y 軸方向に q だけ平行移動すると，移動後の曲線の方程式は　　$\boldsymbol{F(x-p,\ y-q)=0}$

補足　円$(x-a)^2+(y-b)^2=r^2$ は，円 $x^2+y^2=r^2$ を x 軸方向に a，y 軸方向に b だけ平行移動した曲線とみることができる。

2　$ax^2+by^2+cx+dy+e=0$ の表す図形

2次方程式　$ax^2+by^2+cx+dy+e=0$　…… ①　が表す曲線を調べるには，

①を変形することによって，円，楕円，双曲線，放物線などを表す方程式にすることができるかどうかを考えるとよい。

A 曲線の平行移動

教 p.136

練習 13

(1) 楕円 $x^2+\dfrac{y^2}{4}=1$ を，x 軸方向に 3，y 軸方向に -2 だけ平行移動するとき，移動後の楕円の方程式とその焦点を求めよ。

(2) 放物線 $y^2=4x$ を，x 軸方向に -1，y 軸方向に 2 だけ平行移動するとき，移動後の放物線の方程式とその焦点，準線を求めよ。

指針 **楕円・放物線の平行移動** x 軸方向に p，y 軸方向に q だけ平行移動した後の方程式は，もとの方程式の x を $x-p$，y を $y-q$ におき換えるとよい。
また，移動によって，点$(a,\ b)$は点$(a+p,\ b+q)$に移るから，もとの焦点を点$(c,\ 0)$とすると，移動後の焦点は点$(c+p,\ q)$となる。

解答 (1) $x^2+\dfrac{y^2}{4}=1$ から　$\dfrac{x^2}{1^2}+\dfrac{y^2}{2^2}=1$

$\sqrt{2^2-1^2}=\sqrt{3}$ から，もとの楕円の焦点は　2 点$(0,\ \sqrt{3})$，$(0,\ -\sqrt{3})$

移動後の楕円の方程式は　$(x-3)^2+\dfrac{\{y-(-2)\}^2}{4}=1$

すなわち　$\boldsymbol{(x-3)^2+\dfrac{(y+2)^2}{4}=1}$ 答

焦点は　**2 点$\boldsymbol{(3,\ \sqrt{3}-2)}$，$\boldsymbol{(3,\ -\sqrt{3}-2)}$** 答

(2) 放物線 $y^2=4x$ を $y^2=4\cdot1\cdot x$ と変形すると，焦点は　点$(1,\ 0)$

移動後の放物線の方程式は　$(y-2)^2=4\{x-(-1)\}$

すなわち　$\boldsymbol{(y-2)^2=4(x+1)}$ 答

移動後の放物線の焦点は　点$(1+(-1),\ 2)$　すなわち　**点$\boldsymbol{(0,\ 2)}$** 答

また，放物線 $y^2=4x$ の準線は，直線 $x=-1$ であるから，移動後の放物線の準線は　直線 $x=-1+(-1)$　すなわち　**直線 $\boldsymbol{x=-2}$** 答

B $ax^2+by^2+cx+dy+e=0$ の表す図形

教 p.137

【?】

方程式 $ax^2+by^2+cx+dy+e=0$ が双曲線を表すとき，係数 a，b についてどのようなことが成り立つだろうか。

指針 **x，y の 2 次方程式の表す曲線**　a，b の符号に着目する。

解説 方程式 $ax^2+by^2+cx+dy+e=0$ を，双曲線 $\dfrac{(x+p)^2}{s^2}-\dfrac{(y+q)^2}{t^2}=\pm1$ に式変形できるとすると，x^2 の係数は $\dfrac{1}{s^2}>0$，y^2 の係数は $-\dfrac{1}{t^2}<0$　である。
よって，方程式 $ax^2+by^2+cx+dy+e=0$ が双曲線を表すとき，
係数 $\boldsymbol{a}$ と $\boldsymbol{b}$ は異符号である。 答

教 p.137

練習 14 次の方程式はどのような図形を表すか。また，その概形をかけ。

(1) $x^2+4y^2+6x-8y+9=0$　　(2) $y^2+8y-16x=0$

(3) $4x^2-9y^2-16x-36y+16=0$

指針 **x, y の 2 次方程式の表す曲線**　$ax^2+by^2+cx+dy+e=0$ の形の方程式が表す曲線を調べるには，その方程式を，放物線，楕円，双曲線などを表す方程式に変形できるかどうかを考えるとよい。

解答 (1) $x^2+4y^2+6x-8y+9=0$ を変形すると

$$(x^2+6x+9)-9+4(y^2-2y+1)-4+9=0$$

すなわち　$(x+3)^2+4(y-1)^2=4$

両辺を 4 で割ると　$\dfrac{(x+3)^2}{4}+(y-1)^2=1$

よって，この方程式は，**楕円 $\dfrac{x^2}{4}+y^2=1$ を x 軸方向に -3，y 軸方向に 1 だけ平行移動した楕円** を表す。 答

その **概形は図(1)** のようになる。

(2) $y^2+8y-16x=0$ を変形すると

$$(y^2+8y+16)-16-16x=0 \qquad \text{すなわち} \qquad (y+4)^2=16(x+1)$$

よって，この方程式は，**放物線 $y^2=16x$ を x 軸方向に -1，y 軸方向に -4 だけ平行移動した放物線** を表す。 答

その **概形は図(2)** のようになる。

(3) $4x^2-9y^2-16x-36y+16=0$ を変形すると

$$4(x^2-4x+4)-16-9(y^2+4y+4)+36+16=0$$

すなわち　$4(x-2)^2-9(y+2)^2=-36$

両辺を 36 で割ると　$\dfrac{(x-2)^2}{9}-\dfrac{(y+2)^2}{4}=-1$

よって，この方程式は，**双曲線 $\dfrac{x^2}{9}-\dfrac{y^2}{4}=-1$ を x 軸方向に 2，y 軸方向に -2 だけ平行移動した双曲線** を表す。 答

その **概形は図(3)** のようになる。

(1)
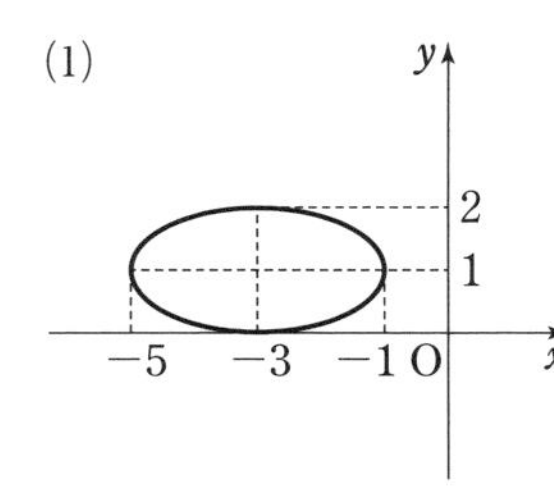

(2)
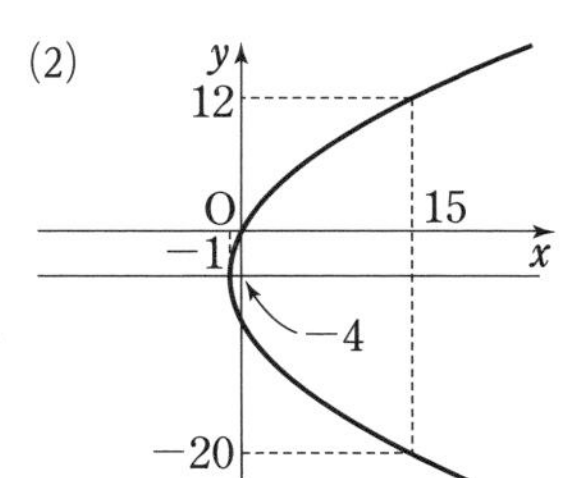

(3)
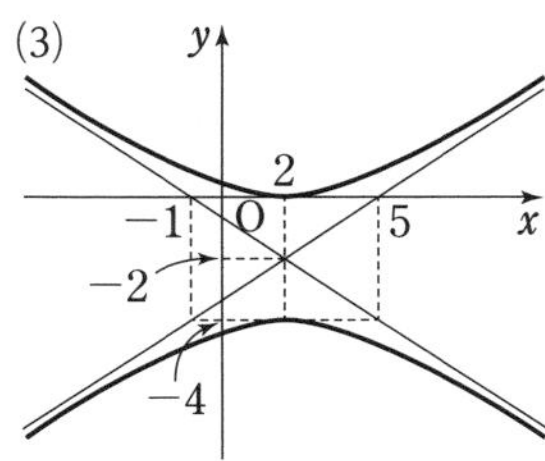

5 2次曲線と直線

まとめ

1　2次曲線と直線の共有点

2次曲線と直線の方程式から1文字を消去して2次方程式が得られるとき，その2次方程式が重解をもつならば，2次曲線と直線は **接する** といい，その直線を2次曲線の **接線**，共有点を **接点** という。

2　2次曲線に引いた接線の方程式

2次曲線の(y軸に平行でない)接線の方程式は，次の手順で求めるとよい。

[1]　接線の方程式を $y=mx+n$ などとおく。

[2]　この接線の方程式と2次曲線の方程式を連立させて得られる x の2次方程式の判別式を D とすると，$D=0$ となる。このことから，m，n を求める。

注意　y軸に平行な接線の場合については，別に検討すること。

A 2次曲線と直線の共有点

教 p.138

練習 15　楕円 $\dfrac{x^2}{4}+\dfrac{y^2}{9}=1$ と直線 $x-y=3$ の共有点の座標を求めよ。

指針　**楕円と直線の共有点**　直線の方程式から y を x で表し，楕円の方程式に代入。

解答　$\dfrac{x^2}{4}+\dfrac{y^2}{9}=1$ ……①，　$x-y=3$ ……②

②から　$y=x-3$ ……③

これを①に代入すると　$\dfrac{x^2}{4}+\dfrac{(x-3)^2}{9}=1$

整理すると　$13x^2-24x=0$

これを解くと　$x=0,\ \dfrac{24}{13}$

③に代入して

$x=0$ のとき　$y=-3$，　$x=\dfrac{24}{13}$ のとき　$y=-\dfrac{15}{13}$

よって，求める共有点の座標は

$(0,\ -3)$，$\left(\dfrac{24}{13},\ -\dfrac{15}{13}\right)$　答

教 p.139

【?】 $k=5$ のとき，共有点の座標を求めてみよう。

指針 **楕円と直線の共有点**　直線の方程式から y を x で表し，楕円の方程式に代入。

解説　$x^2+4y^2=20$ …… ①，　$y=x+5$ …… ②

②を①に代入すると　$x^2+4(x+5)^2=20$

整理すると　$x^2+8x+16=0$　すなわち　$(x+4)^2=0$

これを解くと　$x=-4$

これを②に代入すると　$y=1$

よって，求める共有点の座標は　$(-4,\ 1)$　答

補足 $k=5$ のとき楕円 ① と直線 ② は接し，その接点の座標が $(-4,\ 1)$ である。

教 p.139

練習 16 k は定数とする。双曲線 $x^2-2y^2=4$ と直線 $y=x+k$ の共有点の個数を調べよ。

指針 **2 次曲線と直線の共有点の個数**　双曲線の方程式と直線の方程式から y を消去して得られる 2 次方程式の実数解の個数を調べる。

解答

$x^2-2y^2=4$ …… ①

$y=x+k$ …… ②

②を①に代入すると

$x^2-2(x+k)^2=4$

整理すると　$x^2+4kx+2k^2+4=0$ …… ③

x の 2 次方程式③の判別式を D とすると

$$\frac{D}{4}=(2k)^2-1\cdot(2k^2+4)=2(k^2-2)$$

$$=2(k+\sqrt{2})(k-\sqrt{2})$$

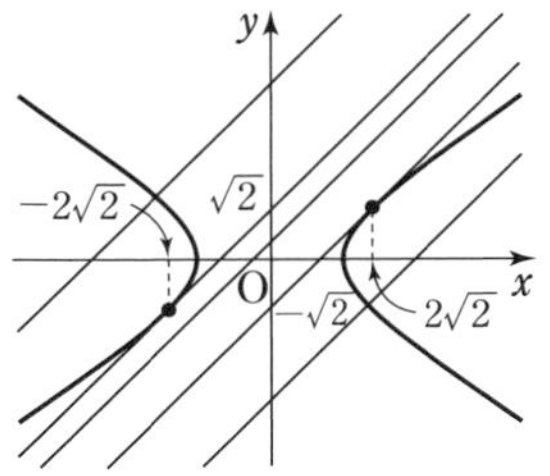

よって，双曲線①と直線②の共有点の個数は，次のようになる。

$D>0$　すなわち　$k<-\sqrt{2}$，$\sqrt{2}<k$ のとき　**2 個**

$D=0$　すなわち　$k=\pm\sqrt{2}$　のとき　**1 個**

$D<0$　すなわち　$-\sqrt{2}<k<\sqrt{2}$　のとき　**0 個**　答

B 2 次曲線に引いた接線の方程式

教 p.140

【?】 それぞれの接線について，接点の x 座標を求めてみよう。

指針 **2 次曲線の接線の方程式と接点の座標**　応用例題 2 の解答の 7 行目の，x の 2 次方程式の重解が，求める接点の x 座標である。

解説　$(2m^2+1)x^2+12mx+16=0$　…… ① とおく。

接線 $y=2x+3$ のとき，$m=2$ を ① に代入すると

$9x^2+24x+16=0$　　すなわち　　$(3x+4)^2=0$

これを解くと，接点の x 座標は　　$x=-\dfrac{4}{3}$　答

接線 $y=-2x+3$ のとき，$m=-2$ を ① に代入すると

$9x^2-24x+16=0$　　すなわち　　$(3x-4)^2=0$

これを解くと，接点の x 座標は　　$x=\dfrac{4}{3}$　答

補足　上の 2 次方程式 ① が重解をもつとき，その重解は $x=-\dfrac{6m}{2m^2+1}$ である。この式に $m=\pm2$ を代入して，接点の x 座標を求めてもよい。

教 p.140

練習 17　点 C(4，0) から放物線 $y^2=-4x$ に接線を引くとき，その接線の方程式を求めよ。また，そのときの接点の座標を求めよ。

指針　**2 次曲線の接線の方程式**　接線の方程式を $y=m(x-4)$ とおき，放物線の方程式に代入して得られる 2 次方程式が重解をもつことから，m の値を定める。

解答　点 C を通る接線は，x 軸に垂直ではないから，その方程式は

$y=m(x-4)$　…… ①

とおける。この接線は y 軸にも垂直ではないから，$m\neq0$ である。

これを $y^2=-4x$ に代入すると　　$m^2(x-4)^2=-4x$

整理すると　$m^2x^2-4(2m^2-1)x+16m^2=0$

この x の 2 次方程式の判別式を D とすると

$$\frac{D}{4}=\{-2(2m^2-1)\}^2-m^2\cdot16m^2=-4(4m^2-1)$$

$D=0$ とすると　　$m=\pm\dfrac{1}{2}$

$m=\dfrac{1}{2}$ のとき，①から接線の方程式は　　$y=\dfrac{1}{2}x-2$　…… ②

このとき，接点の x 座標は

$$x=\frac{4(2m^2-1)}{2m^2}=\frac{2\left\{2\left(\frac{1}{2}\right)^2-1\right\}}{\left(\frac{1}{2}\right)^2}=-4$$

よって，接点の座標は②に $x=-4$ を代入して　　$(-4,\ -4)$

$m=-\dfrac{1}{2}$ のとき，①から接線の方程式は　　$y=-\dfrac{1}{2}x+2$　…… ③

このとき，接点の x 座標は

$$x=\frac{4(2m^2-1)}{2m^2}=\frac{2\left\{2\left(-\frac{1}{2}\right)^2-1\right\}}{\left(-\frac{1}{2}\right)^2}=-4$$

よって，接点の座標は③に $x=-4$ を代入して　　$(-4,\ 4)$

答　**接線 $y=\frac{1}{2}x-2$，接点 $(-4,\ -4)$；　接線 $y=-\frac{1}{2}x+2$，接点 $(-4,\ 4)$**

研究　2次曲線の接線の方程式

まとめ

2次曲線の接線の方程式

放物線 $y^2=4px$ 上の点 $(x_1,\ y_1)$ における接線の方程式は

$$y_1y=2p(x+x_1)$$

楕円 $\frac{x^2}{a^2}+\frac{y^2}{b^2}=1$ 上の点 $(x_1,\ y_1)$ における接線の方程式は

$$\frac{x_1x}{a^2}+\frac{y_1y}{b^2}=1$$

双曲線 $\frac{x^2}{a^2}-\frac{y^2}{b^2}=1$ 上の点 $(x_1,\ y_1)$ における接線の方程式は

$$\frac{x_1x}{a^2}-\frac{y_1y}{b^2}=1$$

練習 1　教 p.141

次の曲線上の点Pにおける接線の方程式を求めよ。

(1)　放物線 $y^2=4x$，P$(1,\ 2)$　　(2)　楕円 $\frac{x^2}{12}+\frac{y^2}{4}=1$，P$(3,\ 1)$

指針　**2次曲線の接線の方程式**　曲線上の点 $(x_1,\ y_1)$ における接線の方程式は，次のようになる。

(1)　放物線 $y^2=4px$ の接線の方程式は　　$y_1y=2p(x+x_1)$

(2)　楕円 $\frac{x^2}{a^2}+\frac{y^2}{b^2}=1$ の接線の方程式は　　$\frac{x_1x}{a^2}+\frac{y_1y}{b^2}=1$

解答　(1)　求める接線の方程式は

$2y=2(x+1)$　　すなわち　　$y=x+1$　答

(2)　求める接線の方程式は

$\frac{3x}{12}+\frac{1\cdot y}{4}=1$　　すなわち　　$y=-x+4$　答

6 2次曲線と離心率

まとめ

1　2次曲線と離心率

定点からの距離と定直線からの距離の比が一定である点の軌跡として2次曲線を求めることができる。

定点Fからの距離と，Fを通らない定直線 ℓ からの距離の比が $e:1$ である点Pの軌跡は，次のようになる。

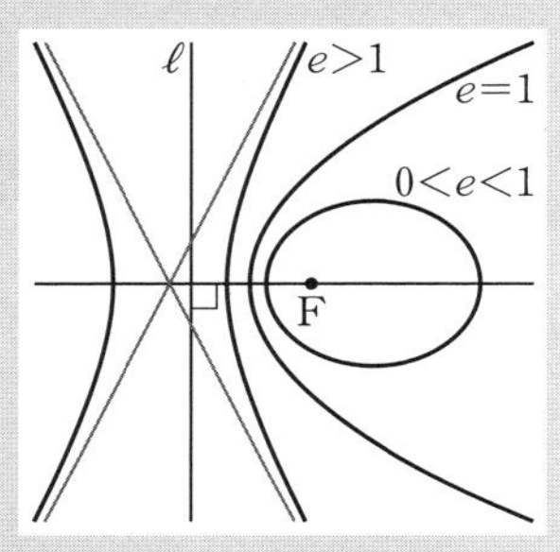

[1]　$0<e<1$ のとき
　Fを焦点の1つとする楕円

[2]　$e=1$ のとき
　Fを焦点，ℓ を準線とする放物線

[3]　$e>1$ のとき

　Fを焦点の1つとする双曲線

この e の値を，2次曲線の **離心率** といい，直線 ℓ を **準線** という。
また，この方法で円を表すことはできない。

A 2次曲線と離心率

教 p.142

【?】 点F(4, 0)が楕円①の焦点の1つであることを確かめてみよう。

指針　**楕円の焦点**　まず，楕円 $\dfrac{x^2}{4}+\dfrac{y^2}{3}=1$ の焦点の座標を求める。

解説　楕円①は，楕円 $\dfrac{x^2}{4}+\dfrac{y^2}{3}=1$　…… ② を x 軸方向に5だけ平行移動したものである。

楕円②の焦点は，2点 $(\sqrt{4-3},\ 0)$，$(-\sqrt{4-3},\ 0)$
すなわち，2点 $(1,\ 0)$，$(-1,\ 0)$ である。
楕円①の焦点は，この2点を x 軸方向に5だけ平行移動したものである。
よって，その座標は　$(1+5,\ 0)$，$(-1+5,\ 0)$
すなわち，$(6,\ 0)$，$(4,\ 0)$ である。
したがって，点F(4, 0)は，楕円①の焦点の1つである。　終

教 p.143

練習 18

点 F(4, 0) からの距離と，直線 $x=1$ からの距離の比が 2：1 である点 P の軌跡を求めよ。

指針 **2 次曲線の性質**　点 P の座標を (x, y) とし，P から直線 $x=1$ に下ろした垂線を PH とする。PF：PH＝2：1 が条件であるから，これを x, y で表し，軌跡を求める。

解答 点 P の座標を (x, y) とする。

P から直線 $x=1$ に下ろした垂線を PH とすると

$$\mathrm{PF}:\mathrm{PH}=2:1$$

これより　$2\mathrm{PH}=\mathrm{PF}$

すなわち　$4\mathrm{PH}^2=\mathrm{PF}^2$

$\mathrm{PH}^2=(x-1)^2$, $\mathrm{PF}^2=(x-4)^2+y^2$ を代入すると

$$4(x-1)^2=(x-4)^2+y^2$$

すなわち　$3x^2-y^2=12$

この方程式を変形すると

$$\frac{x^2}{4}-\frac{y^2}{12}=1 \quad \cdots\cdots ①$$

ゆえに，点 P は双曲線 ① 上にある。

逆に，双曲線 ① 上のすべての点 P(x, y) は，条件を満たす。

よって，点 P の軌跡は，**双曲線 $\boldsymbol{\frac{x^2}{4}-\frac{y^2}{12}=1}$** である。 答

第4章 第1節 問題

教 p.145

1 次のような2次曲線の方程式を求めよ。

(1) 焦点が点(2, 0)で，準線が y 軸である放物線

(2) 2点(−3, 1)，(3, 1)からの距離の和が10である楕円

(3) 2点(0, 3)，(0, −3)を焦点とし，2点(0, 2)，(0, −2)を頂点とする双曲線

指針 **2次曲線の方程式** (1)は準線が y 軸，(2)は2つの焦点を通る直線が x 軸に平行であるから，それぞれ標準形の表す放物線，楕円を平行移動して得られる曲線である。(3)は双曲線の標準形である。

解答 (1) 焦点が点(1, 0)で，準線が直線 $x=-1$ である放物線の方程式は $y^2=4x$ である。この放物線を，x 軸方向に1だけ平行移動すると，焦点は点(2, 0)，準線は直線 $x=0$ (y 軸)に移動するから，求める放物線になることがわかる。

よって，求める方程式は $\boldsymbol{y^2=4(x-1)}$ 答

(2) 2点(−3, 1)，(3, 1)は，それぞれ2点(−3, 0)，(3, 0)を y 軸方向に1だけ平行移動した点である。

ここで，2点(−3, 0)，(3, 0)を焦点とし，焦点からの距離の和が10である楕円の方程式を $\dfrac{x^2}{a^2}+\dfrac{y^2}{b^2}=1$ $(a>b>0)$ とする。

焦点からの距離の和について，$2a=10$ であるから

$$a=5$$

焦点の座標について，$\sqrt{a^2-b^2}=3$ であるから

$$b^2=a^2-3^2=25-9=16$$

ゆえに，求める楕円は，楕円 $\dfrac{x^2}{25}+\dfrac{y^2}{16}=1$ を y 軸方向に1だけ平行移動したものである。

よって，求める方程式は $\boldsymbol{\dfrac{x^2}{25}+\dfrac{(y-1)^2}{16}=1}$ 答

(3) 求める双曲線の方程式を $\dfrac{x^2}{a^2}-\dfrac{y^2}{b^2}=-1$ $(a>0,\ b>0)$ とする。

2点(0, 2)，(0, −2)が頂点であるから　$b=2$

焦点の座標について，$\sqrt{a^2+b^2}=3$ であるから

$$a^2=3^2-b^2=9-4=5$$

よって，求める方程式は $\boldsymbol{\dfrac{x^2}{5}-\dfrac{y^2}{4}=-1}$ 答

教 p.145

2 曲線 $9x^2+4y^2+18x-8y-23=0$ は楕円であることを示し，その概形をかけ。また，焦点の座標を求めよ。

指針 **楕円を表す 2 次方程式** 方程式 $9x^2+4y^2+18x-8y-23=0$ の表す図形が楕円であるとき，方程式を変形すると $\dfrac{(x-p)^2}{a^2}+\dfrac{(y-q)^2}{b^2}=1$ の形になる。これは，楕円 $\dfrac{x^2}{a^2}+\dfrac{y^2}{b^2}=1$ を x 軸方向に p，y 軸方向に q だけ平行移動した楕円を表す。

解答 $9x^2+4y^2+18x-8y-23=0$ を変形すると

$$9(x^2+2x+1)-9+4(y^2-2y+1)-4=23$$

すなわち　$9(x+1)^2+4(y-1)^2=36$

両辺を 36 で割ると　$\dfrac{(x+1)^2}{4}+\dfrac{(y-1)^2}{9}=1$

よって，この方程式は楕円 $\dfrac{x^2}{4}+\dfrac{y^2}{9}=1$ を x 軸方向に -1，y 軸方向に 1 だけ平行移動した楕円を表す。**概形は図** のようになる。

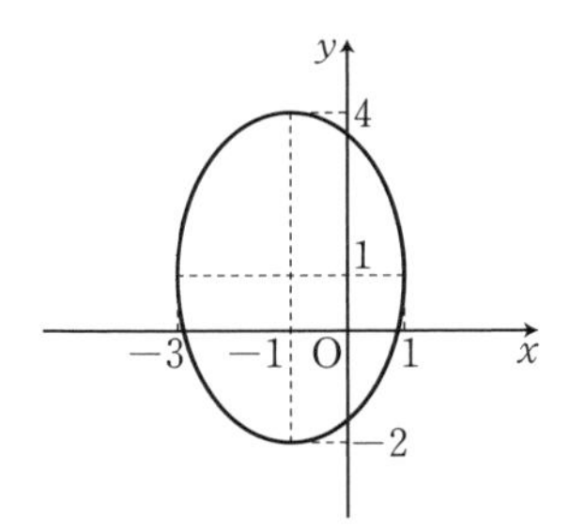

また，楕円 $\dfrac{x^2}{4}+\dfrac{y^2}{9}=1$ の焦点は，

2 点 $(0,\ \sqrt{5})$，$(0,\ -\sqrt{5})$ であるから，求める焦点の座標は

$(-1,\ \sqrt{5}+1)$，$(-1,\ -\sqrt{5}+1)$ 答

教 p.145

3 k は定数とする。双曲線 $4x^2-9y^2=36$ と直線 $x+y=k$ の共有点の個数を調べよ。また，双曲線と直線が接するとき，その接点の座標を求めよ。

指針 **双曲線と直線の共有点の個数，接点の座標** 双曲線の方程式と直線の方程式から y を消去して得られる 2 次方程式の判別式を調べる。この判別式を D とすると，双曲線と直線が接するとき，$D=0$ である。

解答　$4x^2-9y^2=36$ …… ①

$x+y=k$ …… ②

②から　$y=-x+k$

これを ① に代入すると

$$4x^2-9(-x+k)^2=36$$

整理すると　$5x^2-18kx+9k^2+36=0$ …… ③

x の 2 次方程式 ③ の判別式を D とすると

$$\frac{D}{4}=(-9k)^2-5(9k^2+36)=36(k^2-5)=36(k+\sqrt{5})(k-\sqrt{5})$$

よって，双曲線 ① と直線 ② の共有点の個数は，次のようになる。

$D>0$ すなわち $\boldsymbol{k<-\sqrt{5}}$，$\boldsymbol{\sqrt{5}<k}$ **のとき 2 個**

$D=0$ すなわち $\boldsymbol{k=\pm\sqrt{5}}$ **のとき 1 個**

$D<0$ すなわち $\boldsymbol{-\sqrt{5}<k<\sqrt{5}}$ **のとき 0 個** 答

また，双曲線 ① と直線 ② が接するのは $D=0$ のときである。

このとき 2 次方程式③の解は $x=\dfrac{18k}{2\cdot5}=\dfrac{9k}{5}$

このとき，② から $y=-\dfrac{4k}{5}$

よって，求める接点の座標は

$\boldsymbol{k=\sqrt{5}}$ **のとき** $\boldsymbol{\left(\dfrac{9\sqrt{5}}{5},\ -\dfrac{4\sqrt{5}}{5}\right)}$，

$\boldsymbol{k=-\sqrt{5}}$ **のとき** $\boldsymbol{\left(-\dfrac{9\sqrt{5}}{5},\ \dfrac{4\sqrt{5}}{5}\right)}$ 答

教 p.145

4 点 C(3, 0) から楕円 $2x^2+y^2=2$ に接線を引くとき，その接線の方程式を求めよ。また，そのときの接点の座標を求めよ。

指針 **2 次曲線の接線の方程式** 接線の方程式を $y=m(x-3)$ とおき，楕円の方程式に代入して得られる 2 次方程式が重解をもつことから，m の値を求める。

解答 点 C を通る接線は，x 軸に垂直ではないから，

その方程式は

$y=m(x-3)$ …… ①

とおける。

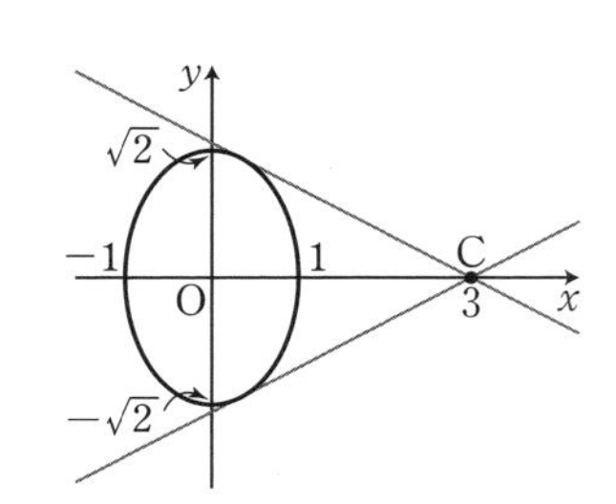

これを楕円の式 $2x^2+y^2=2$ に代入すると

$2x^2+m^2(x-3)^2=2$

整理すると

$(m^2+2)x^2-6m^2x+9m^2-2=0$ …… ②

この x の 2 次方程式の判別式を D とすると

$\dfrac{D}{4}=(-3m^2)^2-(m^2+2)(9m^2-2)=-4(4m^2-1)$

$=-4(2m+1)(2m-1)$

直線が楕円に接するのは $D=0$ のときであるから $m=\pm\dfrac{1}{2}$

よって，①から，接線の方程式は

$m=\dfrac{1}{2}$ のとき $\boldsymbol{y=\dfrac{1}{2}x-\dfrac{3}{2}}$

$m=-\dfrac{1}{2}$ のとき $\boldsymbol{y=-\dfrac{1}{2}x+\dfrac{3}{2}}$ 答

また，接点の座標を$(a,\ b)$とする。

②より，$a=\dfrac{6m^2}{2(m^2+2)}=\dfrac{3m^2}{m^2+2}$ であるから，$m=\pm\dfrac{1}{2}$ のとき　$a=\dfrac{1}{3}$

$m=\dfrac{1}{2}$ のとき　　$b=\dfrac{1}{2}\cdot\dfrac{1}{3}-\dfrac{3}{2}=-\dfrac{4}{3}$　　← $b=\dfrac{1}{2}a-\dfrac{3}{2}$

$m=-\dfrac{1}{2}$ のとき　　$b=-\dfrac{1}{2}\cdot\dfrac{1}{3}+\dfrac{3}{2}=\dfrac{4}{3}$　　← $b=-\dfrac{1}{2}a+\dfrac{3}{2}$

したがって，接点の座標は　$\left(\dfrac{1}{3},\ -\dfrac{4}{3}\right)$，$\left(\dfrac{1}{3},\ \dfrac{4}{3}\right)$　答

教 p.145

5 原点Oからの距離と，直線 $x=3$ からの距離の比が一定で $e:1$ である点Pについて，e が次の値のときの点Pの軌跡を求めよ。

(1)　$e=\dfrac{1}{2}$　　(2)　$e=1$　　(3)　$e=2$

指針　**2次曲線の離心率と準線**　定点Fと，Fを通らない定直線 ℓ からの距離の比が $e:1$ である点Pの軌跡は，次のようになる。

$0<e<1$ のとき，Fを焦点の1つとする楕円
$e=1$　　のとき，Fを焦点，ℓ を準線とする放物線
$e>1$　　のとき，Fを焦点の1つとする双曲線

本問は，Fが原点O，定直線 ℓ が直線 $x=3$ の場合である。Pの座標を$(x,\ y)$，Pから直線 $x=3$ に下ろした垂線をPHとし

(1)　$\mathrm{PO}:\mathrm{PH}=\dfrac{1}{2}:1$　　(2)　$\mathrm{PO}:\mathrm{PH}=1:1$　　(3)　$\mathrm{PO}:\mathrm{PH}=2:1$

の関係から，曲線の方程式を求める。

解答　点Pの座標を$(x,\ y)$，Pから直線 $x=3$ に下ろした垂線をPHとする。

(1)　$\mathrm{PO}:\mathrm{PH}=\dfrac{1}{2}:1$ から　　$\mathrm{PH}=2\mathrm{PO}$

すなわち　　$\mathrm{PH}^2=4\mathrm{PO}^2$

$\mathrm{PH}^2=(3-x)^2$，$\mathrm{PO}^2=x^2+y^2$ を代入すると

$(3-x)^2=4(x^2+y^2)$　すなわち　$3x^2+6x+4y^2-9=0$

この方程式を変形すると　$\dfrac{(x+1)^2}{4}+\dfrac{y^2}{3}=1$　……①

ゆえに，点Pは楕円①上にある。

逆に，楕円①上のすべての点$\mathrm{P}(x,\ y)$は，条件を満たす。

よって，求める軌跡は

楕円 $\dfrac{x^2}{4}+\dfrac{y^2}{3}=1$ を x 軸方向に -1 だけ平行移動した楕円　答

(2) PO：PH＝1：1 から　　PH＝PO

すなわち　　$PH^2=PO^2$

$PH^2=(3-x)^2$，$PO^2=x^2+y^2$ を代入すると

$$(3-x)^2=x^2+y^2$$

すなわち　　$y^2+6x-9=0$

この方程式を変形すると

$$y^2=-6\left(x-\frac{3}{2}\right) \quad \cdots\cdots ①$$

ゆえに，点 P は放物線 ① 上にある。

逆に，放物線 ① 上のすべての点 P$(x,\ y)$は，条件を満たす。

よって，求める軌跡は

放物線 $y^2=-6x$ を x 軸方向に $\frac{3}{2}$ だけ平行移動した放物線 答

(3) PO：PH＝2：1 から　　2PH＝PO

すなわち　　$4PH^2=PO^2$

$PH^2=(3-x)^2$，$PO^2=x^2+y^2$ を代入すると

$$4(3-x)^2=x^2+y^2$$

すなわち　　$3x^2-24x-y^2+36=0$

この方程式を変形すると

$$\frac{(x-4)^2}{4}-\frac{y^2}{12}=1 \quad \cdots\cdots ①$$

ゆえに，点 P は双曲線 ① 上にある。

逆に，双曲線 ① 上のすべての点 P$(x,\ y)$は，条件を満たす。

よって，求める軌跡は

双曲線 $\frac{x^2}{4}-\frac{y^2}{12}=1$ を x 軸方向に 4 だけ平行移動した双曲線 答

教 p.145

6 次の条件を満たす円について，その中心 P はどのような曲線上にあるか，2 次曲線の定義にもとづいて答えよ。

(1) 直線 $x=-1$ に接し，点 A(1, 0)を通る円

(2) 点 B(−3, 0)を中心とする半径 3 の円と，点 C(3, 0)を中心とする半径 1 の円にともに外接する円

指針　**2 次曲線の定義**　図示して考える。

教科書 $p.145$

解答 (1) 円Pと直線$x=-1$との接点をHとすると，右の図から

$$PA=PH$$

よって，点Pは，点A(1, 0)を焦点，直線$x=-1$を準線とする放物線$y^2=4x$上にある。

答 **放物線 $y^2=4x$**

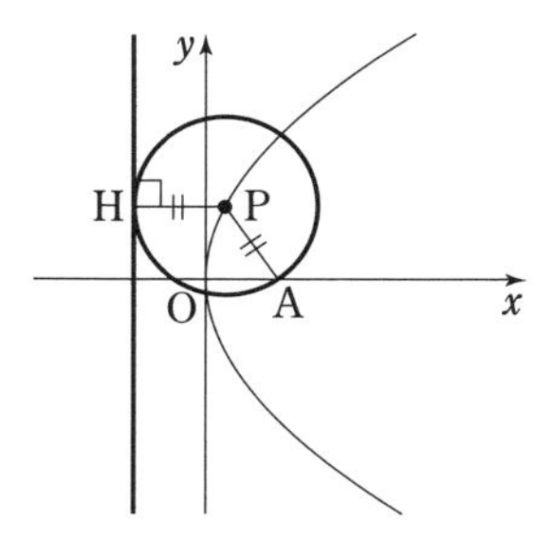

(2) 円Pの半径をrとすると，右下の図より

$$PB=r+3,\ PC=r+1$$

であるから　$PB-PC=(r+3)-(r+1)=2$

よって，点Pから2定点B，Cまでの距離の差が一定である。

したがって，点Pは，2点B(−3, 0)，C(3, 0)を焦点とする双曲線$x^2-\dfrac{y^2}{8}=1$上にある。

また，図より，点Pはy軸より右側にあるから，求める曲線は

双曲線 $x^2-\dfrac{y^2}{8}=1$ の $x\geqq1$ の部分 答

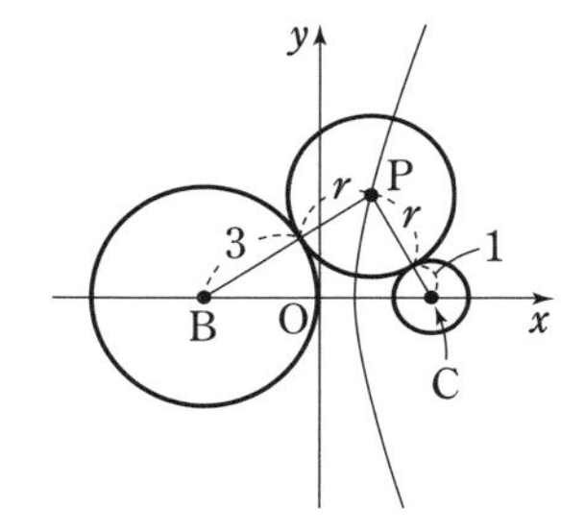

4章 式と曲線

教科書 p.146〜153

第2節　媒介変数表示と極座標

7 曲線の媒介変数表示

まとめ

1　媒介変数表示

点 P$(x,\ y)$の座標が，変数 t によって

$$x=f(t),\quad y=g(t)\quad \cdots\cdots ①$$

の形に表されるとき，これはある曲線 C を表す。このように曲線 C を表すことを，曲線 C の **媒介変数表示** といい，変数 t を **媒介変数** または **パラメータ** という。

①から媒介変数 t を消去して $x,\ y$ の方程式 $F(x,\ y)=0$ が得られるとき，これは曲線 C の方程式である。

注意　曲線の媒介変数表示の方法は，一通りではない。

2　一般角 θ を用いた媒介変数表示

円 $x^2+y^2=a^2$ は，次のように媒介変数表示される。

$$x=a\cos\theta,\ y=a\sin\theta$$

注意　ここで，θ は弧度法で表すことにする。

楕円 $\dfrac{x^2}{a^2}+\dfrac{y^2}{b^2}=1$ は，たとえば次のように媒介変数表示される。

$$x=a\cos\theta,\ y=b\sin\theta$$

双曲線 $\dfrac{x^2}{a^2}-\dfrac{y^2}{b^2}=1$ は，たとえば次のように媒介変数表示される。

$$x=\frac{a}{\cos\theta},\ y=b\tan\theta$$

3　媒介変数表示された曲線の平行移動

次のことが成り立つ。

媒介変数表示 $x=f(t)+p,\ y=g(t)+q$ で表される曲線は，
媒介変数表示 $x=f(t),\ y=g(t)$ で表される曲線を，
x 軸方向に p，y 軸方向に q だけ平行移動したものである。

4　サイクロイド

円が定直線上をすべることなく回転していくとき，円上の定点 P が描く曲線を **サイクロイド** といい，次のページの図のようになる。

サイクロイドの媒介変数表示は，次のようになる。

$$x=a(\theta-\sin\theta),\ y=a(1-\cos\theta)$$

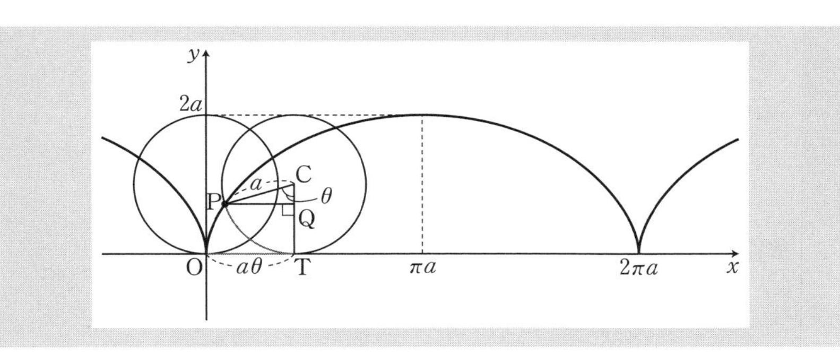

A 媒介変数表示

教 p.147

練習 19

次のように媒介変数表示された曲線について，t を消去して x，y の方程式を求め，曲線の概形をかけ。

(1) $x=t+1$，$y=t^2+4t$

(2) $x=2t$，$y=2t-t^2$

指針 **曲線の媒介変数表示** 与えられた 2 つの式から t を消去して得られる x，y の方程式が，曲線の方程式になる。

解答 (1) $x=t+1$ から

$$t=x-1$$

これを $y=t^2+4t$ に代入すると

$$y=(x-1)^2+4(x-1)$$

よって　　$\boldsymbol{y=x^2+2x-3}$ 答

$y=(x+1)^2-4$ と変形できるから，

曲線の **概形は図** のようになる。

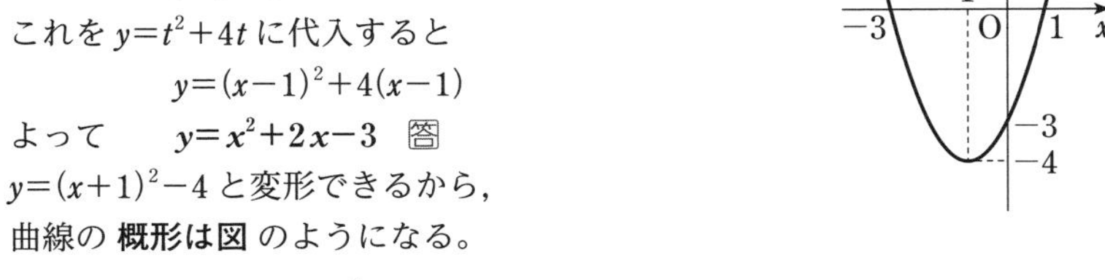

(2) $x=2t$ から　　$t=\dfrac{x}{2}$

これを $y=2t-t^2$ に代入すると

$$y=2\cdot\frac{x}{2}-\left(\frac{x}{2}\right)^2$$

よって　　$\boldsymbol{y=-\dfrac{x^2}{4}+x}$ 答

$y=-\dfrac{1}{4}(x-2)^2+1$ と変形できるから，

曲線の **概形は図** のようになる。

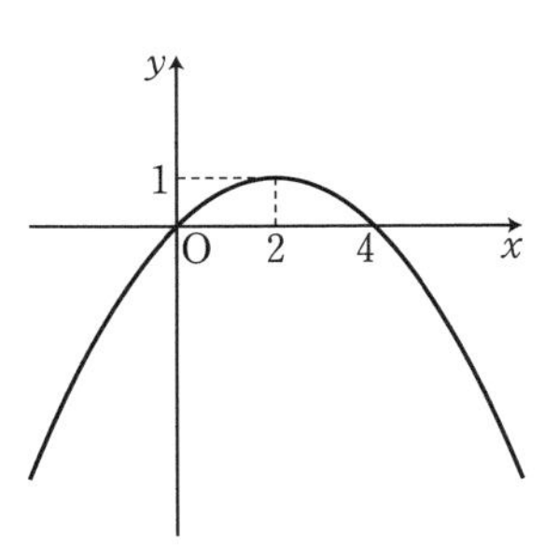

教 p.147

練習 20

放物線 $y=x^2+2tx-2t$ の頂点は，t の値が変化するとき，どのような曲線を描くか考えよう。

(1) 放物線の頂点を P$(x,\ y)$ とする。x，y をそれぞれ t で表せ。

(2) 放物線の頂点が描く曲線の方程式を求めよ。

指針 **放物線の頂点の軌跡**(媒介変数の利用)

(2) (1)で求めた点 P$(x,\ y)$ の媒介変数表示から，媒介変数 t を消去する。

解答 (1) 放物線の方程式を変形すると　$y=(x+t)^2-t^2-2t$

よって，放物線 $y=x^2+2tx-2t$ の頂点の座標は　$(-t,\ -t^2-2t)$

したがって　$\boldsymbol{x=-t,\ y=-t^2-2t}$ 答

(2) (1)より，$x=-t$ から $t=-x$　これを，$y=-t^2-2t$ に代入して

$y=-(-x)^2-2(-x)$　すなわち　$\boldsymbol{y=-x^2+2x}$ 答

教 p.147

練習 21

放物線 $y=-x^2+4tx+2t$ の頂点は，t の値が変化するとき，どのような曲線を描くか。

指針 **放物線の頂点が描く図形と媒介変数表示**　与えられた放物線の頂点の座標を t の式で表し，t を消去すると，頂点が描く曲線の x，y の方程式を得られる。

解答 放物線の方程式 $y=-x^2+4tx+2t$ を変形すると

$$y=-(x-2t)^2+4t^2+2t$$

ゆえに，放物線の頂点を P$(x,\ y)$ とすると　$x=2t,\ y=4t^2+2t$

$x=2t$ から　$t=\dfrac{x}{2}$　これを $y=4t^2+2t$ に代入して

$y=4\left(\dfrac{x}{2}\right)^2+2\cdot\dfrac{x}{2}$　すなわち　$y=x^2+x$

よって，頂点 P が描く曲線は　**放物線 $\boldsymbol{y=x^2+x}$** 答

B 一般角 θ を用いた媒介変数表示

教 p.148

練習 22

角 θ を媒介変数として，次の円を表せ。

(1) $x^2+y^2=2^2$　　(2) $x^2+y^2=2$

指針 **角 θ を用いた円の媒介変数表示**　円 $x^2+y^2=a^2$ は，角 θ を用いて $x=a\cos\theta$，$y=a\sin\theta$ と表される。(1)，(2)で，a の値を考える。

解答 (1) $x^2+y^2=2^2$ から　$\boldsymbol{x=2\cos\theta,\ y=2\sin\theta}$ 答

(2) $x^2+y^2=(\sqrt{2})^2$ から　$\boldsymbol{x=\sqrt{2}\cos\theta,\ y=\sqrt{2}\sin\theta}$ 答

練習 23 教 p.149

角 θ を媒介変数として，次の楕円を表せ。

(1) $\dfrac{x^2}{3^2}+\dfrac{y^2}{2^2}=1$　　(2) $x^2+3y^2=3$

指針 **角 θ を用いた楕円の媒介変数表示**　楕円 $\dfrac{x^2}{a^2}+\dfrac{y^2}{b^2}=1$ の媒介変数表示は，$x=a\cos\theta$，$y=b\sin\theta$ である。

解答 (1) $\dfrac{x^2}{3^2}+\dfrac{y^2}{2^2}=1$ から，媒介変数表示は　$\boldsymbol{x=3\cos\theta,\ y=2\sin\theta}$ 答

(2) 楕円の方程式を変形すると　$\dfrac{x^2}{3}+y^2=1$

よって，媒介変数表示は　$\boldsymbol{x=\sqrt{3}\cos\theta,\ y=\sin\theta}$ 答

練習 24 教 p.149

θ が変化するとき，点 $\mathrm{P}\left(\dfrac{1}{\cos\theta},\ \tan\theta\right)$ は双曲線 $x^2-y^2=1$ 上を動くことを示せ。

指針 **双曲線と媒介変数表示**　点 P の座標を双曲線の方程式に代入して，式が成り立つことを示せばよい。

解答 $x=\dfrac{1}{\cos\theta}$，$y=\tan\theta$ とすると

$$x^2-y^2=\left(\frac{1}{\cos\theta}\right)^2-(\tan\theta)^2$$
$$=\frac{1}{\cos^2\theta}-\frac{\sin^2\theta}{\cos^2\theta}=\frac{1-\sin^2\theta}{\cos^2\theta}=\frac{\cos^2\theta}{\cos^2\theta}=1$$

よって，$x=\dfrac{1}{\cos\theta}$，$y=\tan\theta$ は $x^2-y^2=1$ を満たすから，

点 $\mathrm{P}\left(\dfrac{1}{\cos\theta},\ \tan\theta\right)$ は双曲線 $x^2-y^2=1$ 上を動く。 終

練習 25 教 p.149

双曲線 $\dfrac{x^2}{5^2}-\dfrac{y^2}{4^2}=1$ を媒介変数 θ を用いて表せ。

指針 **角 θ を用いた双曲線の媒介変数表示**　双曲線 $\dfrac{x^2}{a^2}-\dfrac{y^2}{b^2}=1$ は，$x=\dfrac{a}{\cos\theta}$，$y=b\tan\theta$ のように媒介変数表示される。この a，b の値を考える。

解答 $\boldsymbol{x=\dfrac{5}{\cos\theta},\ y=4\tan\theta}$ 答　　← $\dfrac{x^2}{5^2}-\dfrac{y^2}{4^2}=1$ から　$a=5$，$b=4$

4章 式と曲線

C 媒介変数表示された曲線の平行移動

教 p.150

【?】 点$(2\cos\theta+1,\ 2\sin\theta+3)$と点$(2\cos\theta,\ 2\sin\theta)$はどのような関係にあるだろうか。

指針 **媒介変数表示された点の平行移動** 点$(x+p,\ y+q)$は，点$(x,\ y)$をx軸方向にp，y軸方向にqだけ平行移動したものである。

解説 **点$(2\cos\theta+1,\ 2\sin\theta+3)$は，点$(2\cos\theta,\ 2\sin\theta)$を$x$軸方向に1，$y$軸方向に3だけ平行移動したものである。** 答

教 p.150

練習 26 次の媒介変数表示は，どのような曲線を表すか。

$$x=3\cos\theta+2,\ y=2\sin\theta-1$$

指針 **媒介変数表示される曲線の平行移動** $\cos\theta$，$\sin\theta$をx，yで表し，$\sin^2\theta+\cos^2\theta=1$に代入すると，曲線を表す$x$, yの方程式が得られる。なお，$x=f(t)+p$，$y=g(t)+q$で表される曲線は，$x=f(t)$，$y=g(t)$で表される曲線をx軸方向にp，y軸方向にqだけ平行移動した曲線である。

解答 $x=3\cos\theta+2$，$y=2\sin\theta-1$から

$$\cos\theta=\frac{x-2}{3},\ \sin\theta=\frac{y+1}{2}$$

これらを$\sin^2\theta+\cos^2\theta=1$に代入すると

$$\left(\frac{y+1}{2}\right)^2+\left(\frac{x-2}{3}\right)^2=1 \quad すなわち \quad \frac{(x-2)^2}{9}+\frac{(y+1)^2}{4}=1$$

これは，

楕円 $\dfrac{x^2}{9}+\dfrac{y^2}{4}=1$ をx軸方向に2，y軸方向に-1だけ平行移動した楕円

を表す。 答

別解 求める曲線は，曲線$x=3\cos\theta$，$y=2\sin\theta$ ……① を，x軸方向に2，y軸方向に-1だけ平行移動した曲線である。

ここで，曲線①は楕円$\dfrac{x^2}{3^2}+\dfrac{y^2}{2^2}=1$を表す。

よって，求める曲線は，楕円$\dfrac{(x-2)^2}{3^2}+\dfrac{\{y-(-1)\}^2}{2^2}$

すなわち，

楕円 $\dfrac{x^2}{9}+\dfrac{y^2}{4}=1$ をx軸方向に2，y軸方向に-1だけ平行移動した楕円

を表す。 答

D サイクロイド

教 p.151

練習 27

サイクロイド $x=2(\theta-\sin\theta)$, $y=2(1-\cos\theta)$ において, θ が次の値をとったときの点の座標を求めよ。

(1) $\theta=\dfrac{\pi}{3}$　(2) $\theta=\pi$　(3) $\theta=\dfrac{3}{2}\pi$　(4) $\theta=2\pi$

指針 **サイクロイドの媒介変数表示**　θ の値を $x=2(\theta-\sin\theta)$, $y=2(1-\cos\theta)$ に代入して x, y を求める。

解答 (1)

$$x=2\left(\frac{\pi}{3}-\sin\frac{\pi}{3}\right)=2\left(\frac{\pi}{3}-\frac{\sqrt{3}}{2}\right)=\frac{2}{3}\pi-\sqrt{3}$$

$$y=2\left(1-\cos\frac{\pi}{3}\right)=2\left(1-\frac{1}{2}\right)=1$$

よって　$\left(\dfrac{2}{3}\pi-\sqrt{3},\ 1\right)$ 答

(2)

$$x=2(\pi-\sin\pi)=2(\pi-0)=2\pi$$

$$y=2(1-\cos\pi)=2\{1-(-1)\}=4$$

よって　$(2\pi,\ 4)$ 答

(3)

$$x=2\left(\frac{3}{2}\pi-\sin\frac{3}{2}\pi\right)=2\left\{\frac{3}{2}\pi-(-1)\right\}=3\pi+2$$

$$y=2\left(1-\cos\frac{3}{2}\pi\right)=2(1-0)=2$$

よって　$(3\pi+2,\ 2)$ 答

(4)

$$x=2(2\pi-\sin 2\pi)=2(2\pi-0)=4\pi$$

$$y=2(1-\cos 2\pi)=2(1-1)=0$$

よって　$(4\pi,\ 0)$ 答

教科書 p.154〜162

8 極座標と極方程式

まとめ

1 極座標と直交座標

平面上に点Oと半直線OXを定めると，この平面上の点Pの位置は，OPの長さ r とOXからOPへ測った角 θ の大きさで決まる。ただし，θ は弧度法で表された一般角である。このとき，2つの数の組 $(r,\ \theta)$ を，点Pの **極座標** という。極座標が $(r,\ \theta)$ である点Pを $\mathrm{P}(r,\ \theta)$ と書くことがある。また，点Oを **極**，半直線OXを **始線**，θ を **偏角** という。

極Oと異なる点Pの偏角 θ は，$0 \leqq \theta < 2\pi$ の範囲でただ1通りに定まる。なお，θ の範囲を制限しないこともある。

注意　極Oの極座標は $(0,\ \theta)$ とし，θ は任意の値と考える。

極座標に対して，これまで用いてきた x 座標と y 座標の組 $(x,\ y)$ で表した座標を **直交座標** という。

点Pの直交座標を $(x,\ y)$，極座標を $(r,\ \theta)$ とすると，次の関係が成り立つ。

[1]　$x=r\cos\theta,\ y=r\sin\theta$

[2]　$r=\sqrt{x^2+y^2}$

　　$r \neq 0$ のとき　$\cos\theta=\dfrac{x}{r},\ \sin\theta=\dfrac{y}{r}$

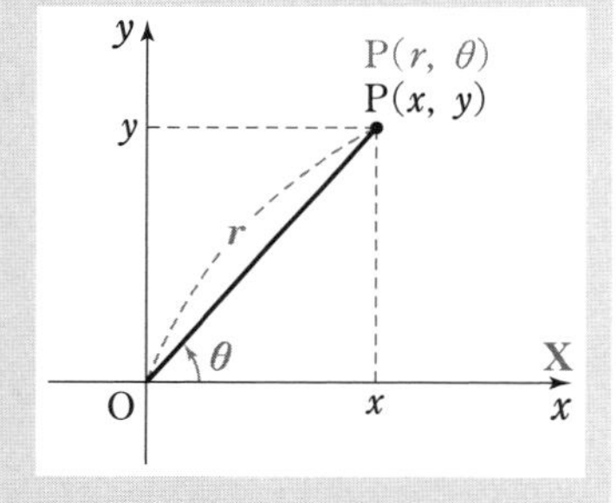

2 極方程式

極座標 $(r,\ \theta)$ の方程式 $F(r,\ \theta)=0$ や $r=f(\theta)$ を満たす点 $(r,\ \theta)$ 全体の集合がある曲線となることがある。

このとき，その方程式をこの曲線の **極方程式** という。

注意　極座標 $(r,\ \theta)$ において，$r<0$ の極座標の点も考える。$r<0$ のときの $(r,\ \theta)$ は，極座標が $(|r|,\ \theta+\pi)$ である点を表すと考えることにする。

参考　・極Oを中心とする半径 a の円の極方程式は　　$r=a$

・始線OX上の点 $(a,\ 0)$ を通り，始線に垂直な直線の極方程式は，この直線上の点の極座標を $(r,\ \theta)$ とすると

$$r\cos\theta=a \quad \text{すなわち} \quad r=\frac{a}{\cos\theta}$$

・極Oを通り，始線OXと θ_0 の角をなす直線の極方程式は　　$\theta=\theta_0$

・中心の極座標が$(a,\ 0)$である半径aの円の極方程式は，
この円上の点の極座標を$(r,\ \theta)$とすると

$$r=2a\cos\theta$$

・極Oと異なる極座標$(a,\ \alpha)$の定点Aを通り，OAに垂直な直線の極方程式は，この直線上の点の極座標を$(r,\ \theta)$とすると

$$r\cos(\theta-\alpha)=a$$

3　直交座標の x，y の方程式と極方程式

直交座標のx，yの方程式で表された曲線を極方程式で表すには，x，yの方程式に$x=r\cos\theta$，$y=r\sin\theta$を代入し，r，θの方程式を求めるとよい。
また，r，θの極方程式で表された曲線を，直交座標のx，yの方程式で表すには

$$r\cos\theta=x,\qquad r\sin\theta=y,\qquad r^2=x^2+y^2$$

などの関係を用いて，r，θを含む部分をx，yでおき換えるとよい。

4　2次曲線の極方程式

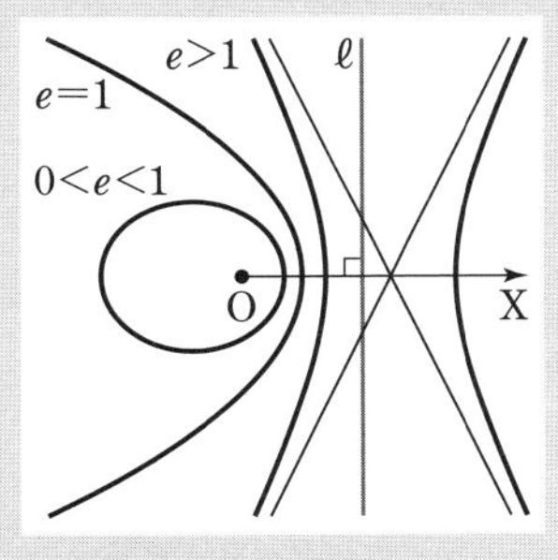

2次曲線の極方程式は，$r=\dfrac{ea}{1+e\cos\theta}$で与えられ，$e$の値によって次の2次曲線を表す。
$0<e<1$のとき　Oを焦点の1つとする楕円
$e=1$　のとき　Oを焦点，ℓを準線とする放物線
$e>1$　のとき　Oを焦点の1つとする双曲線

解説　定点Oと，$\mathrm{A}(a,\ 0)$を通り，始線OXに垂直な直線ℓに対して，点$\mathrm{P}(r,\ \theta)$からℓに下ろした垂線をPHとする。
このとき，2次曲線は$\mathrm{OP}:\mathrm{PH}=e:1$である点Pの軌跡である。
ここで

$$\mathrm{OP}=r,\qquad \mathrm{PH}=a-r\cos\theta$$

より　$r:(a-r\cos\theta)=e:1$

これより　$r=\dfrac{ea}{1+e\cos\theta}$

4章　式と曲線

A 極座標と直交座標

練習 28 教 p.155

右の図の 4 点 A，B，C，D の極座標を求めよ。ただし，偏角 θ の範囲は $0 \leqq \theta < 2\pi$ とする。

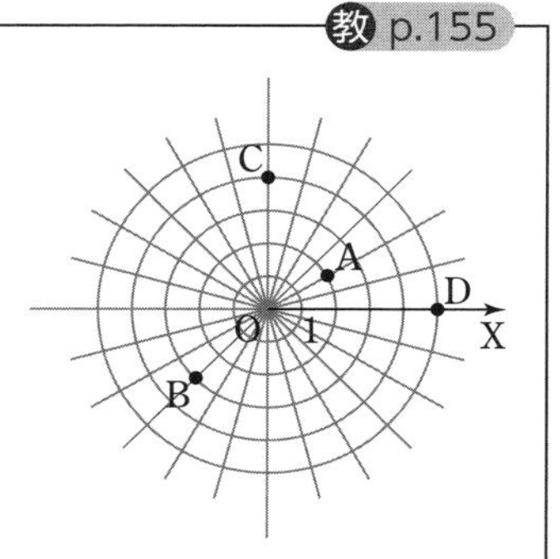

指針 **極座標による点の表示**　OP の長さ r と偏角 θ を用いて $(r,\ \theta)$ で表す。

解答 図から　　$\mathbf{A}\left(2,\ \dfrac{\pi}{6}\right)$，$\mathbf{B}\left(3,\ \dfrac{5}{4}\pi\right)$，$\mathbf{C}\left(4,\ \dfrac{\pi}{2}\right)$，$\mathbf{D}(5,\ 0)$　答

練習 29 教 p.155

極座標がそれぞれ次のような点を練習 28 の図にしるせ。

(1)　$\mathrm{E}\left(5,\ \dfrac{4}{3}\pi\right)$　(2)　$\mathrm{F}\left(4,\ \dfrac{19}{12}\pi\right)$　(3)　$\mathrm{G}(3,\ \pi)$　(4)　$\mathrm{H}\left(2,\ -\dfrac{3}{4}\pi\right)$

指針 **極座標による点の図示**

(1)　$\mathrm{OE}=5$，$\angle \mathrm{XOE}=\dfrac{4}{3}\pi$　他も同様。

解答 答 〔図〕

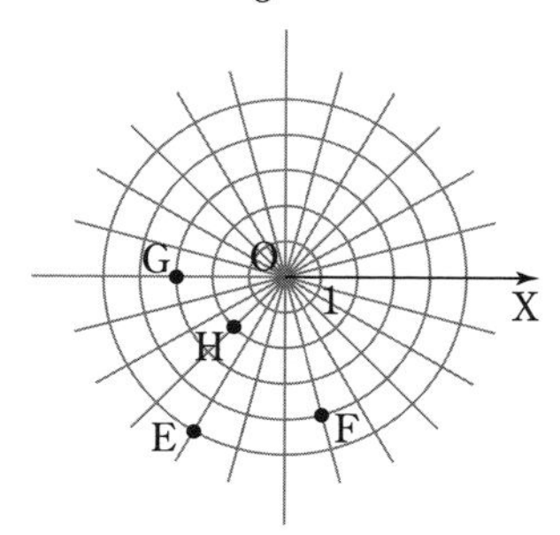

練習 30 教 p.156

極座標が次のような点の直交座標を求めよ。

(1)　$\left(2,\ \dfrac{\pi}{6}\right)$　　(2)　$\left(\sqrt{2},\ \dfrac{5}{4}\pi\right)$　　(3)　$(3,\ \pi)$

指針 **極座標から直交座標を求める**　極座標$(r,\ \theta)$と直交座標$(x,\ y)$の間には，$x=r\cos\theta$，$y=r\sin\theta$ の関係がある。この関係を使って，与えられた r，θ の値から，x，y の値を求める。

解答 求める直交座標を$(x,\ y)$とする。

(1)　$x=2\cos\dfrac{\pi}{6}=2\cdot\dfrac{\sqrt{3}}{2}=\sqrt{3}$

$y=2\sin\dfrac{\pi}{6}=2\cdot\dfrac{1}{2}=1$

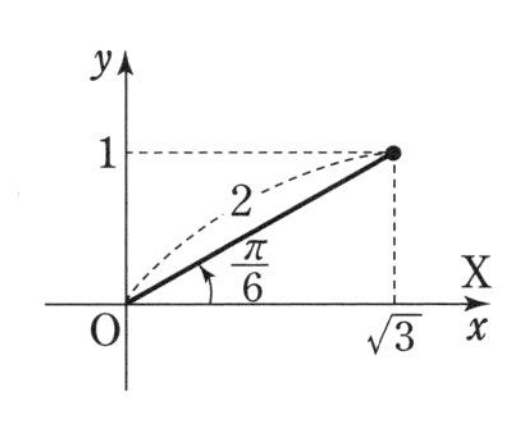

よって，直交座標は

$(\sqrt{3},\ 1)$ 答

(2)　$x=\sqrt{2}\cos\dfrac{5}{4}\pi=\sqrt{2}\cdot\left(-\dfrac{1}{\sqrt{2}}\right)=-1$

$y=\sqrt{2}\sin\dfrac{5}{4}\pi=\sqrt{2}\cdot\left(-\dfrac{1}{\sqrt{2}}\right)=-1$

よって，直交座標は

$(-1,\ -1)$ 答

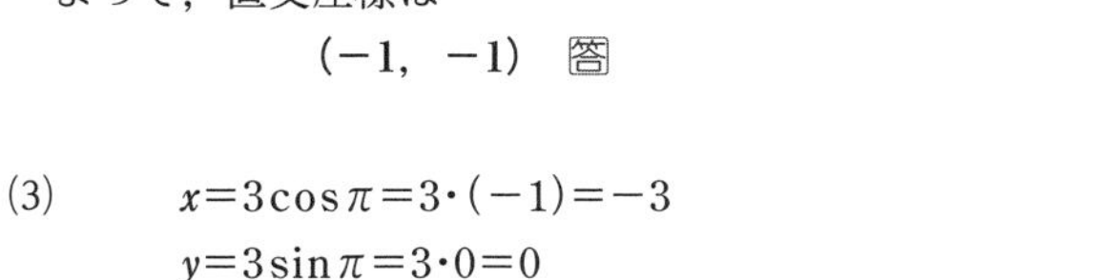

(3)　$x=3\cos\pi=3\cdot(-1)=-3$

$y=3\sin\pi=3\cdot0=0$

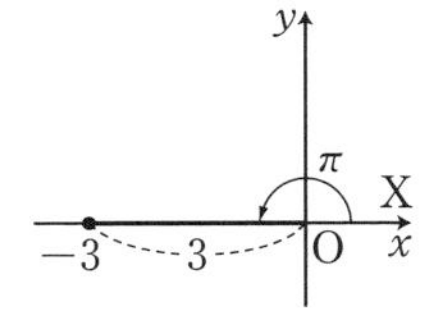

よって，直交座標は

$(-3,\ 0)$ 答

練習 31　教 p.156

直交座標が次のような点の極座標を求めよ。ただし，偏角 θ の範囲は $0\leqq\theta<2\pi$ とする。

(1)　$(2,\ 2)$　　(2)　$(-1,\ \sqrt{3})$　　(3)　$(0,\ -2)$

指針 **直交座標から極座標を求める**　極座標$(r,\ \theta)$と直交座標$(x,\ y)$の関係 $r=\sqrt{x^2+y^2}$，$\cos\theta=\dfrac{x}{r}$，$\sin\theta=\dfrac{y}{r}$ から，x，y の値が与えられたときの r，θ の値を求める。$0\leqq\theta<2\pi$ より，θ の値は定まる。

解答 与えられた直交座標を$(x,\ y)$，求める極座標を$(r,\ \theta)$とする。

(1)　$r=\sqrt{x^2+y^2}=\sqrt{2^2+2^2}=2\sqrt{2}$

$\cos\theta=\dfrac{x}{r}=\dfrac{2}{2\sqrt{2}}=\dfrac{1}{\sqrt{2}}$

$\sin\theta=\dfrac{y}{r}=\dfrac{2}{2\sqrt{2}}=\dfrac{1}{\sqrt{2}}$

$0\leqq\theta<2\pi$ では　$\theta=\dfrac{\pi}{4}$

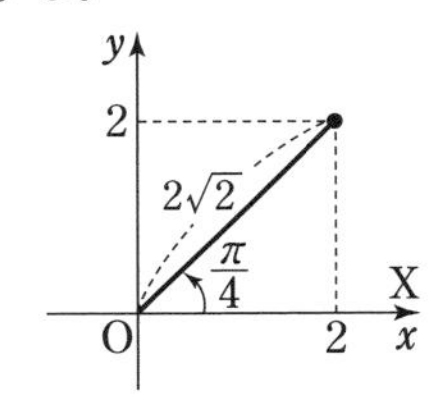

よって，極座標は　$\left(2\sqrt{2},\ \dfrac{\pi}{4}\right)$　答

(2)　　$r=\sqrt{x^2+y^2}=\sqrt{(-1)^2+(\sqrt{3})^2}=2$

$\cos\theta=\dfrac{x}{r}=\dfrac{-1}{2}=-\dfrac{1}{2}$

$\sin\theta=\dfrac{y}{r}=\dfrac{\sqrt{3}}{2}$

$0\leqq\theta<2\pi$ では　　$\theta=\dfrac{2}{3}\pi$

よって，極座標は　$\left(2,\ \dfrac{2}{3}\pi\right)$　答

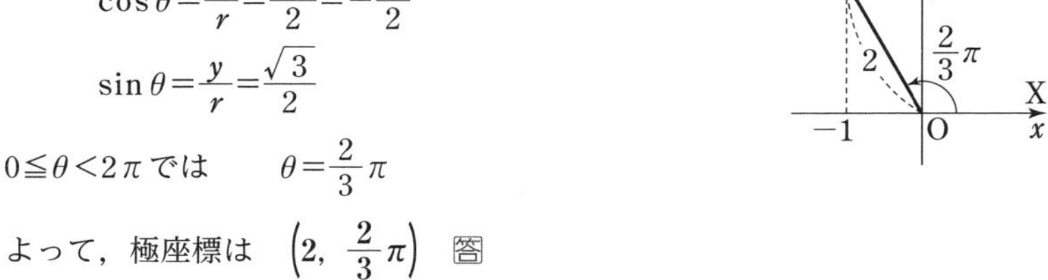

(3)　　$r=\sqrt{x^2+y^2}=\sqrt{0^2+(-2)^2}=2$

$\cos\theta=\dfrac{x}{r}=\dfrac{0}{2}=0$

$\sin\theta=\dfrac{y}{r}=\dfrac{-2}{2}=-1$

$0\leqq\theta<2\pi$ では　　$\theta=\dfrac{3}{2}\pi$

よって，極座標は　$\left(2,\ \dfrac{3}{2}\pi\right)$　答

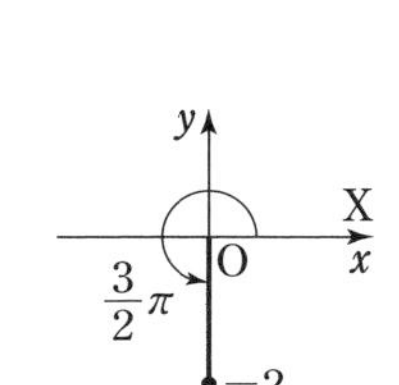

B 極方程式

教 p.157

練習 32

次の表は，

$$r=2\cos\theta$$

における θ と r の対応表である。
表の空らんをうめ，各 r，θ の組について，極座標が $(r,\ \theta)$ である点を右の図にしるせ。

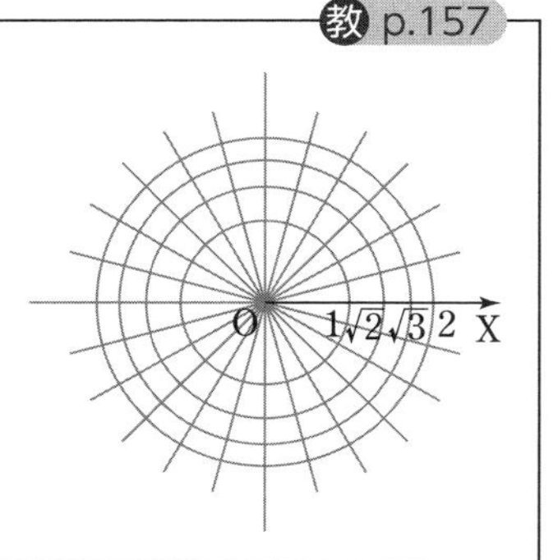

θ	$-\dfrac{\pi}{2}$	$-\dfrac{\pi}{3}$	$-\dfrac{\pi}{4}$	$-\dfrac{\pi}{6}$	0	$\dfrac{\pi}{6}$	$\dfrac{\pi}{4}$	$\dfrac{\pi}{3}$	$\dfrac{\pi}{2}$
r	0								0

指針　**極方程式と極座標**　$r=2\cos\theta$ に θ の値を代入して r の値を求める。

解答　r と θ の対応表は，次のようになる。
また，それぞれの値について，極座標が $(r,\ \theta)$ である点の位置は右の図のようになる。　答

θ	$-\frac{\pi}{2}$	$-\frac{\pi}{3}$	$-\frac{\pi}{4}$	$-\frac{\pi}{6}$	0	$\frac{\pi}{6}$	$\frac{\pi}{4}$	$\frac{\pi}{3}$	$\frac{\pi}{2}$
r	0	1	$\sqrt{2}$	$\sqrt{3}$	2	$\sqrt{3}$	$\sqrt{2}$	1	0

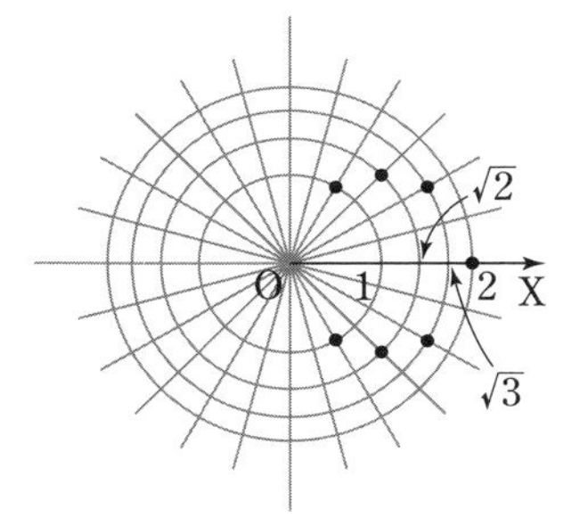

練習 33　　教 p.158

次の極方程式で表される曲線を図示せよ。

(1)　$r=5$　　　(2)　$\theta=\frac{2}{3}\pi$

指針　**極方程式で表された曲線の図示**
(1)の偏角 θ，(2)の r は，それぞれ任意の値をとる。

解答　曲線上の点を極座標 $P(r,\ \theta)$ で表す。
(1)　$r=5$，θ は任意の値であるから，極 O を中心とする半径 5 の円を表す。
よって，**図(1)** のようになる。
(2)　r は任意の値をとり，$\theta=\frac{2}{3}\pi$ であるから，極 O を通り，始線 OX と $\frac{2}{3}\pi$ の角をなす直線を表す。
よって，**図(2)** のようになる。

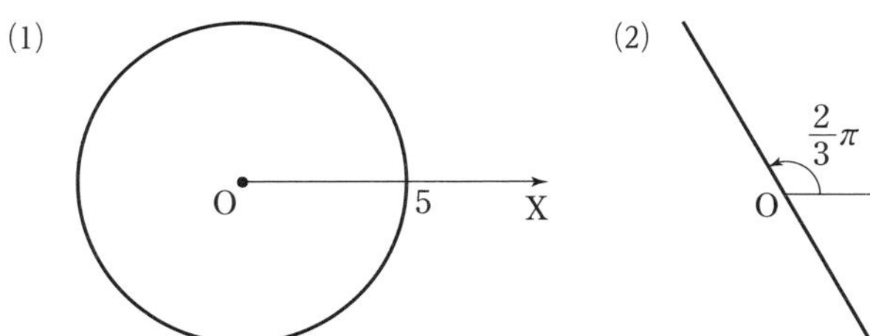

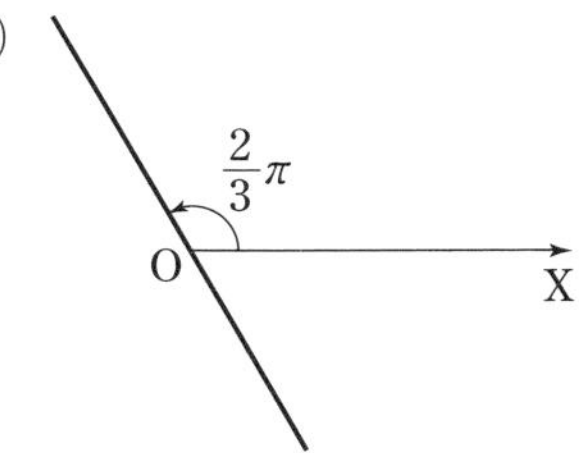

練習 34　　教 p.159

中心 A の極座標が $(4,\ 0)$ である半径 4 の円を，極方程式で表せ。

指針　**円の極方程式**　図示して考える。

教科書 p.159

解答 この円上の点Pの極座標を$(r,\ \theta)$とすると

$\mathrm{OP}=2\mathrm{OA}\cos\angle\mathrm{AOP}$

ここで　$\mathrm{OP}=r$，$\mathrm{OA}=4$，

$\cos\angle\mathrm{AOP}=\cos\theta$であるから，

この円の極方程式は

$\boldsymbol{r=8\cos\theta}$　答

練習 35　教 p.159

極座標が$\left(1,\ \dfrac{\pi}{2}\right)$である点Aを通り，始線に平行な直線を，極方程式で表せ。

指針　**極座標を用いた直線の表し方**　直線上の点$\mathrm{P}(r,\ \theta)$に対して，rとθの間の関係式を，図形的に調べる。

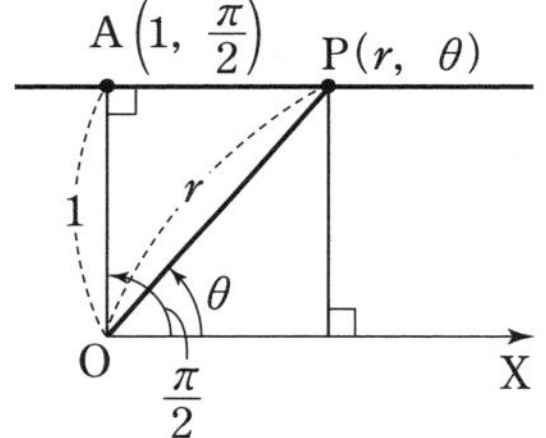

解答 この直線上の点Pの極座標を$(r,\ \theta)$とすると，

$\mathrm{OP}\sin\theta=1$から

$r\sin\theta=1$

よって，この直線の極方程式は

$\boldsymbol{r\sin\theta=1}$　答

練習 36　教 p.159

極座標が$\left(1,\ \dfrac{\pi}{4}\right)$である点Aを通り，OAに垂直な直線の極方程式は

$r\cos\left(\theta-\dfrac{\pi}{4}\right)=1$であることを示せ。

指針　**極方程式で表される直線**　直線上の点をPとすると，$\mathrm{OP}\cos\angle\mathrm{AOP}=\mathrm{OA}$が成り立つ。Pの極座標を$(r,\ \theta)$として，この関係式を$r$，$\theta$で表す。

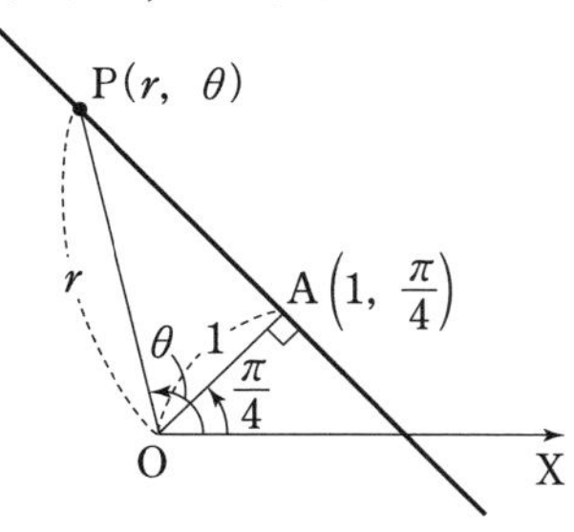

解答 この直線上の点Pの極座標を$(r,\ \theta)$とすると

$\mathrm{OP}\cos\angle\mathrm{AOP}=\mathrm{OA}$

ここで

$\mathrm{OP}=r$，$\mathrm{OA}=1$，

$\cos\angle\mathrm{AOP}=\cos\left(\theta-\dfrac{\pi}{4}\right)$

であるから，直線ℓの極方程式は

$r\cos\left(\theta-\dfrac{\pi}{4}\right)=1$　終

C 直交座標の x, y の方程式と極方程式

教 p.160

【?】

$\theta=\dfrac{\pi}{4}$ のとき $\cos 2\theta=0$ より，$r^2\cos 2\theta=1$ を満たす実数 r は存在しない。これは，双曲線 $x^2-y^2=1$ について何を意味するだろうか。

指針 **極方程式で表された曲線**　極座標で表された点 $\mathrm{P}\left(r,\ \dfrac{\pi}{4}\right)$ は，直交座標ではどのような図形上にあるかを考える。

解説 極方程式 $\theta=\dfrac{\pi}{4}$ は，直線 $y=x$ を表す。直線 $y=x$ は双曲線 $x^2-y^2=1$ の漸近線であるから，双曲線と共有点をもたない。

すなわち，点 $\left(r,\ \dfrac{\pi}{4}\right)$ は双曲線上の点ではないことを意味する。 終

教 p.160

練習 37

楕円 $x^2+2y^2=4$ を極方程式で表せ。

指針 **直交座標の方程式を極方程式で表す**　$x=r\cos\theta$, $y=r\sin\theta$ の関係を用いて，与えられた x, y の方程式を r, θ の方程式で表す。
この場合，与えられた x, y の方程式がどのような形をしていても，r, θ の方程式に変形できることに注意する。

解答 楕円上の点 $\mathrm{P}(x,\ y)$ の極座標を $(r,\ \theta)$ とすると

$$x=r\cos\theta,\ y=r\sin\theta$$

これらを $x^2+2y^2=4$ に代入すると

$$r^2\cos^2\theta+2r^2\sin^2\theta=4$$

すなわち $r^2(\cos^2\theta+2\sin^2\theta)=4$ から

$$\boldsymbol{r^2(1+\sin^2\theta)=4}$$ 答

教 p.160

【?】

$r=2(\cos\theta+\sin\theta)$ の両辺に r を掛けたのはなぜだろうか。

指針 **極方程式**　例題 6 の解答の ① に着目する。

解説 $r=2(\cos\theta+\sin\theta)$ の両辺に r を掛けることにより，例題の解答の ①

$$r\cos\theta=x,\ r\sin\theta=y,\ r^2=x^2+y^2$$

が使えるようになる。すなわち，r と θ を消去して，x, y だけの方程式 $x^2+y^2=2x+2y$ を導くためである。 終

教 p.161

練習 38 次の極方程式の表す曲線を，直交座標の x，y の方程式で表せ。

(1) $r(\sin\theta+\cos\theta)=1$　　(2) $r=2\sin\theta$

指針 **極方程式を直交座標の方程式で表す**　与えられた r，θ の極方程式に対して，$r\cos\theta=x$，$r\sin\theta=y$，$r^2=x^2+y^2$ などの関係を用いて，x，y の方程式を導く。

解答 この曲線上の点 $\mathrm{P}(r,\ \theta)$ の直交座標を $(x,\ y)$ とすると

$$r\cos\theta=x,\ r\sin\theta=y,\ r^2=x^2+y^2 \quad \cdots\cdots ①$$

(1) $r(\sin\theta+\cos\theta)=1$ から

$$r\sin\theta+r\cos\theta=1$$

これに ① を代入すると　$y+x=1$

よって　$\boldsymbol{x+y=1}$ 答

(2) 極方程式 $r=2\sin\theta$ の両辺に r を掛けると

$$r^2=2r\sin\theta$$

これに ① を代入すると

$$x^2+y^2=2y$$

よって　$\boldsymbol{x^2+y^2-2y=0}$ 答

D 2次曲線の極方程式

教 p.161

【?】 $r=\dfrac{2}{1+\cos\theta}$ を直交座標の x，y の方程式で表してみよう。

指針 **極方程式を直交座標の方程式で表す**　与えられた極方程式に対して，$r\cos\theta=x$，$r\sin\theta=y$，$r^2=x^2+y^2$ などの関係を用いて，x，y の方程式を導く。

解説 $r=\dfrac{2}{1+\cos\theta}$ の分母を払うと

$$r+r\cos\theta=2$$

$r\cos\theta=x$ を代入すると　$r=2-x$

両辺を 2 乗すると　$r^2=x^2-4x+4$

$r^2=x^2+y^2$ を代入すると　$x^2+y^2=x^2-4x+4$

整理して　$\boldsymbol{y^2=-4(x-1)}$ 答

練習 39 教 p.162

(1) 始線 OX 上の点 A(2, 0) を通り，始線に垂直な直線を ℓ とする。点 $P(r,\ \theta)$ から ℓ に下ろした垂線を PH とするとき，$\dfrac{OP}{PH}=\dfrac{1}{2}$ であるような P の軌跡を，極方程式で表せ。

(2) (1) で求めた極方程式を直交座標 x, y の方程式で表し，それがどのような曲線であるか述べよ。

指針 **定点と定直線からの距離の比が一定である曲線**

(1) 図をかいて，OP, PH をそれぞれ r, θ を用いて表して，極方程式を導く。

解答 (1) 点 P から直線 OA に垂線 PK を下ろすと，

右の図で　$OK=r\cos\theta$

よって　$PH=OA-OK$

$=2-r\cos\theta$

これは，任意の θ の値に対して成り立つ。

また　$OP=r$

ゆえに，$\dfrac{OP}{PH}=\dfrac{1}{2}$ から　$\dfrac{r}{2-r\cos\theta}=\dfrac{1}{2}$

分母を払うと　$2r=2-r\cos\theta$

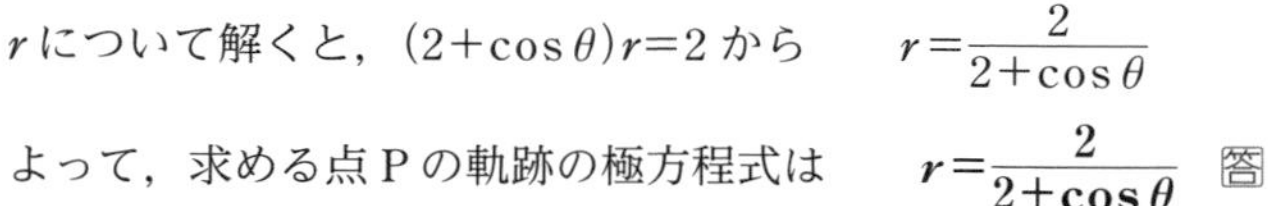

r について解くと，$(2+\cos\theta)r=2$ から　$r=\dfrac{2}{2+\cos\theta}$

よって，求める点 P の軌跡の極方程式は　$\boldsymbol{r=\dfrac{2}{2+\cos\theta}}$ 答

(2) $r=\dfrac{2}{2+\cos\theta}$ 上の点 $P(r,\ \theta)$ の直交座標を $(x,\ y)$ とすると

$r\cos\theta=x,\ r^2=x^2+y^2$ …… ①

$r=\dfrac{2}{2+\cos\theta}$ から　$2r=2-r\cos\theta$　①から　$2r=2-x$

両辺を 2 乗すると　$4r^2=(2-x)^2$

① から　$4(x^2+y^2)=(2-x)^2$　ゆえに　$3x^2+4y^2+4x=4$

式変形すると　$3\left\{\left(x+\dfrac{2}{3}\right)^2-\left(\dfrac{2}{3}\right)^2\right\}+4y^2=4$ から　$3\left(x+\dfrac{2}{3}\right)^2+4y^2=\dfrac{16}{3}$

よって　$\dfrac{\left(x+\dfrac{2}{3}\right)^2}{\dfrac{16}{9}}+\dfrac{y^2}{\dfrac{4}{3}}=1$

したがって，この曲線は，**楕円** $\boldsymbol{\dfrac{\left(x+\dfrac{2}{3}\right)^2}{\dfrac{16}{9}}+\dfrac{y^2}{\dfrac{4}{3}}=1}$ である。 答

9 コンピュータの利用

まとめ

1　リサージュ曲線

有理数 a, b に対して，媒介変数表示

$$x=\sin at,\ y=\sin bt$$

で表される曲線を，**リサージュ曲線** という。

2　アルキメデスの渦巻線

$a>0$ のとき，極方程式

$$r=a\theta \quad (\theta \geqq 0)$$

で表される曲線を，**アルキメデスの渦巻線** という。

3　正葉曲線

a を有理数とするとき，極方程式

$$r=\sin a\theta$$

で表される曲線を **正葉曲線** という。

A コンピュータを利用した曲線の描画

教 p.163

練習 40

リサージュ曲線 $x=\sin at$, $y=\sin bt$ において，a, b の値をいろいろに変えた曲線をコンピュータで描き，気付いたことを述べてみよう。

指針　**リサージュ曲線とコンピュータ**

解答　k を自然数とするとき，リサージュ曲線 $x=\sin at$, $y=\sin bt$ と，リサージュ曲線 $x=\sin kat$, $y=\sin kbt$ は，同じ曲線を表す。　終

教 p.164

練習 41

次のように媒介変数表示される曲線をコンピュータで描いてみよう。

(1) $x=2\cos t$, $y=2\sin t$　　(2) $x=3\cos t$, $y=2\sin t$

(3) $x=\cos t$, $y=\sin^2 t$　　(4) $x=\sin 2t$, $y=\sin^2 t$

(5) $x=\sin t-\cos t$, $y=\sin t+\cos t$

(6) $x=t-\sin t$, $y=1-\cos t$

(7) $x=2\cos^3 t$, $y=2\sin^3 t$

教科書 p.164

解答 (1)

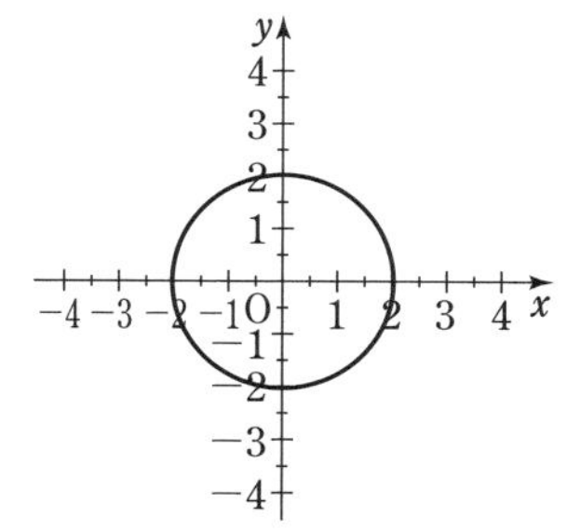

(2)

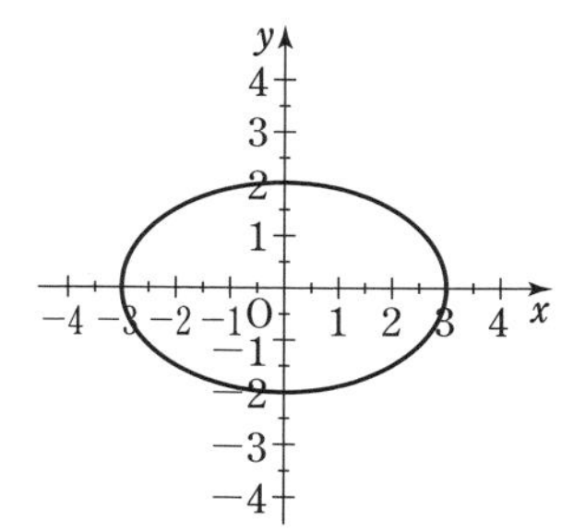

(3)

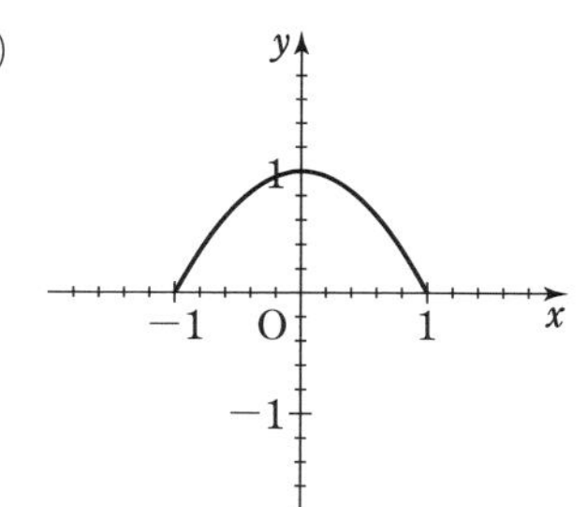

(4)

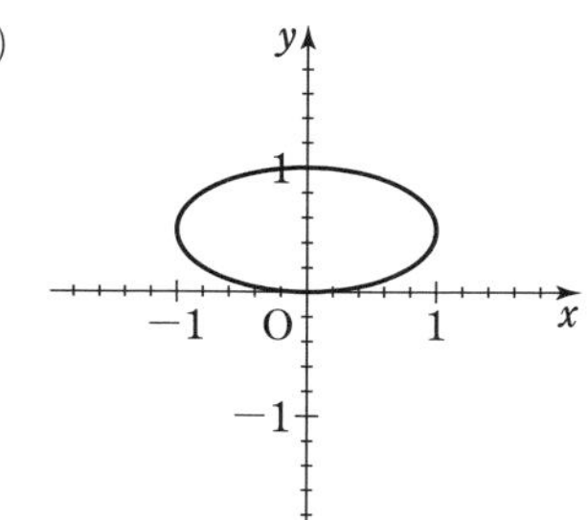

(5)

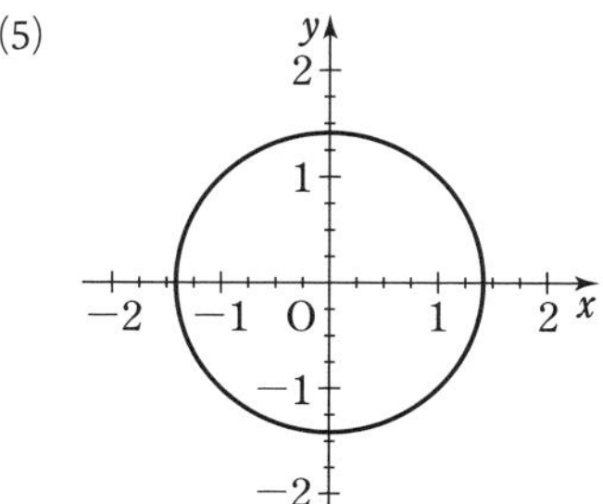

(6)

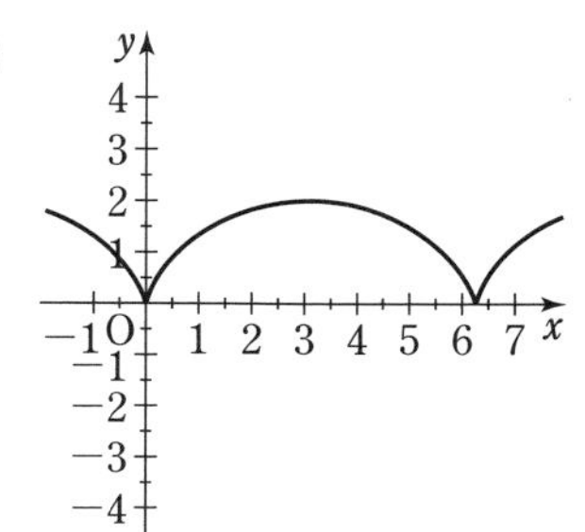

(7)

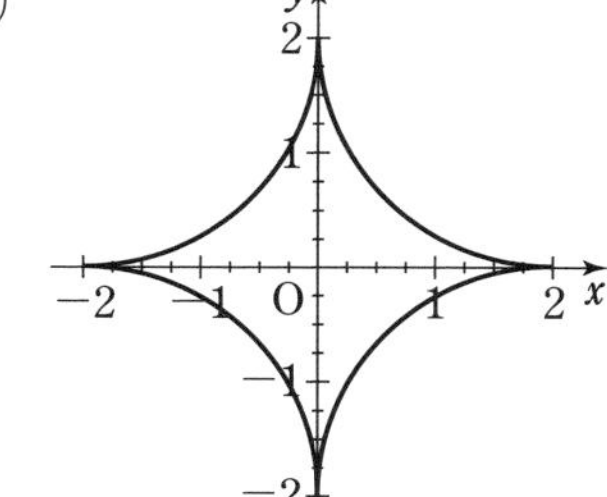

注意 (6)はサイクロイド，(7)はアステロイドである。

教 p.164

練習 42 次の極方程式で表される曲線をコンピュータで描いてみよう。ただし，$\theta \geqq 0$ とする。

(1) $r=\theta$　　(2) $r=\sin 4\theta$　　(3) $r=2(1+\cos\theta)$

解答 (1)

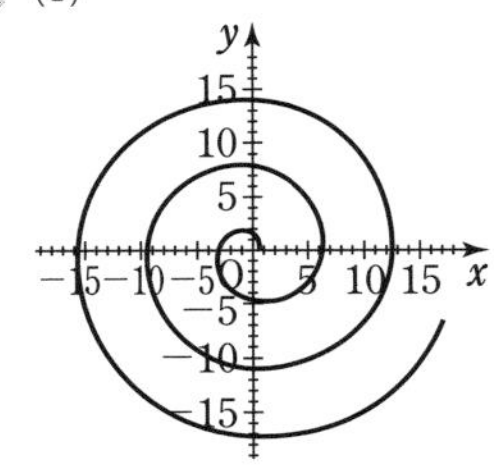

(2)

(3)

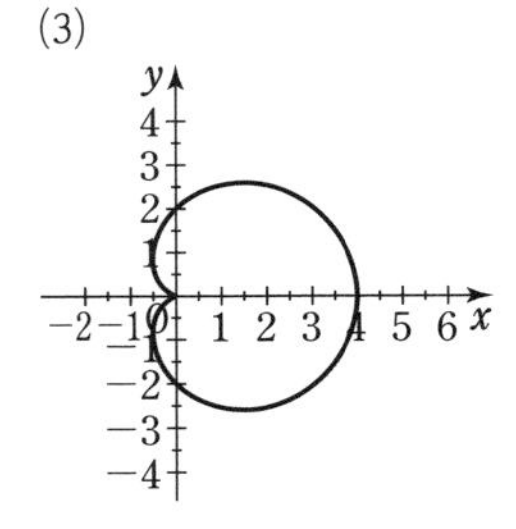

注意 (1)はアルキメデスの渦巻線，(2)は正葉曲線，(3)はカージオイドである。

第4章 第2節　問　題

教 p.165

7 媒介変数表示 $x=\dfrac{1}{2}\left(t+\dfrac{1}{t}\right)$，$y=\dfrac{1}{2}\left(t-\dfrac{1}{t}\right)$ で表される曲線がある。

(1) $x+y$，$x-y$ を，それぞれ t の式で表せ。

(2) t を消去して x，y の方程式を求めよ。

指針 **媒介変数表示と x，y の方程式**

(2) (1)の結果を利用する。

解答 (1) $\boldsymbol{x+y}=\dfrac{1}{2}\left(t+\dfrac{1}{t}\right)+\dfrac{1}{2}\left(t-\dfrac{1}{t}\right)=\boldsymbol{t}$ 答

$\boldsymbol{x-y}=\dfrac{1}{2}\left(t+\dfrac{1}{t}\right)-\dfrac{1}{2}\left(t-\dfrac{1}{t}\right)=\boldsymbol{\dfrac{1}{t}}$ 答

(2) $x+y=t$，$x-y=\dfrac{1}{t}$ から t を消去すると

$$x-y=\frac{1}{x+y}$$

両辺に $x+y$ を掛けると

$$(x+y)(x-y)=1$$

よって　$\boldsymbol{x^2-y^2=1}$ 答

教 p.165

8 次のように媒介変数表示された曲線について，θ を消去して x，y の方程式を求めよ。

(1) $x=2\cos\theta-1$，$y=3\sin\theta$

(2) $x=\dfrac{1}{\cos\theta}+2$，$y=2\tan\theta+1$

指針 **媒介変数表示と x，y の方程式**　$\sin\theta$ と $\cos\theta$ の間の関係式や $\cos\theta$ と $\tan\theta$ の間の関係式に着目して，x と y だけの関係式を導く。

解答 (1) $x=2\cos\theta-1$，$y=3\sin\theta$ から

$$\cos\theta=\frac{x+1}{2},\quad \sin\theta=\frac{y}{3}$$

これらを $\sin^2\theta+\cos^2\theta=1$ に代入すると

$$\left(\frac{y}{3}\right)^2+\left(\frac{x+1}{2}\right)^2=1$$

すなわち　$\boldsymbol{\dfrac{(x+1)^2}{4}+\dfrac{y^2}{9}=1}$　答

(2) $x=\dfrac{1}{\cos\theta}+2$，$y=2\tan\theta+1$ から

$$\frac{1}{\cos\theta}=x-2,\quad \tan\theta=\frac{y-1}{2}$$

これらを $1+\tan^2\theta=\dfrac{1}{\cos^2\theta}$ に代入すると

$$1+\left(\frac{y-1}{2}\right)^2=(x-2)^2$$

すなわち　$\boldsymbol{(x-2)^2-\dfrac{(y-1)^2}{4}=1}$　答

教 p.165

9 極座標が$(4,\ 0)$である点Aを通り，始線OXと $\dfrac{\pi}{6}$ の角をなす直線の極方程式を求めよ。

指針 **極方程式で表される直線**　極Oから直線に垂線OHを下ろすと，直線上の点Pと点O，Hの関係 $\mathrm{OP}\cos\angle\mathrm{POH}=\mathrm{OH}$ が成り立つ。
Pの極座標を$(r,\ \theta)$として，この関係式を r，θ で表す。

解答　極Oから直線に垂線OHを下ろす。

求める直線上の点Pの極座標を$(r,\ \theta)$とすると

$$OP\cos\angle POH=OH$$

ここで

$$OP=r,\ OH=2,$$

$$\cos\angle POH=\cos\left(\theta+\frac{\pi}{3}\right)$$

よって，求める直線の極方程式は

$$\boldsymbol{r\cos\left(\theta+\frac{\pi}{3}\right)=2}$$ 答

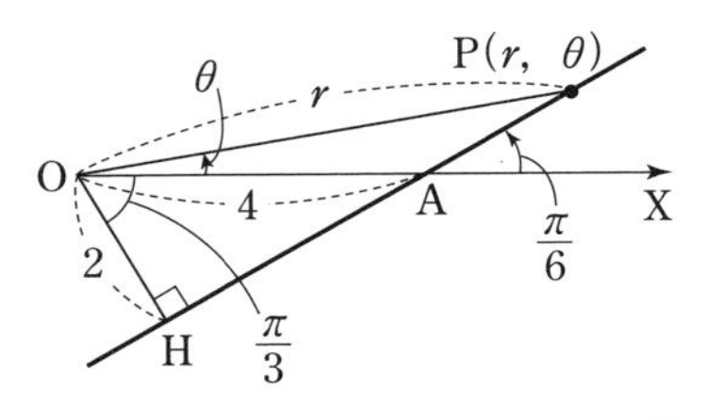

←△AOHにおいて，$\angle A=\frac{\pi}{6}$，$\angle H=\frac{\pi}{2}$より$\angle O=\frac{\pi}{3}$　また，OA：OH＝2：1

教 p.165

10 次の極方程式の表す曲線を，直交座標のx，yの方程式で表せ。

(1)　$r=2(\cos\theta-2\sin\theta)$　　(2)　$r^2\sin\theta\cos\theta=1$

指針　**極方程式を直交座標の方程式で表す**　極座標$(r,\ \theta)$と直交座標の点$(x,\ y)$の間の関係

$$r\cos\theta=x,\ r\sin\theta=y,\ r^2=x^2+y^2$$

を用いて，極方程式のr，θをx，yで表す。

解答　$$r\cos\theta=x,\quad r\sin\theta=y,\quad r^2=x^2+y^2\quad\cdots\cdots ①$$

(1)　$r=2(\cos\theta-2\sin\theta)$の両辺に$r$を掛けて

$$r^2=2r\cos\theta-4r\sin\theta$$

①を代入して　$x^2+y^2=2x-4y$

よって　　$\boldsymbol{x^2+y^2-2x+4y=0}$ 答

(2)　$r^2\sin\theta\cos\theta=1$から

$$(r\sin\theta)(r\cos\theta)=1$$

①を代入して　$yx=1$

すなわち　　$\boldsymbol{xy=1}$ 答

教 p.165

11 極方程式$r=\dfrac{1}{\sqrt{2}-\cos\theta}$の表す曲線を，直交座標の$x$，$y$の方程式で表せ。また，この曲線は，放物線，楕円，双曲線のいずれであるか。

指針　**極方程式を直交座標の方程式で表す**　与えられたr，θの極方程式に対して，$r\cos\theta=x$，$r\sin\theta=y$，$r^2=x^2+y^2$などの関係を用いて，x，yの方程式を導く。分数の形で与えられているから，まず，分母を払う。

解答　分母を払うと　$\sqrt{2}r-r\cos\theta=1$　　よって　$\sqrt{2}r=1+r\cos\theta$

$r\cos\theta=x$ を代入すると　　$\sqrt{2}r=1+x$

両辺を2乗すると　　$2r^2=1+2x+x^2$

$r^2=x^2+y^2$ を代入すると　　$2(x^2+y^2)=1+2x+x^2$

整理して　　$\boldsymbol{x^2+2y^2-2x-1=0}$　答

この方程式を変形すると　　$(x-1)^2+2y^2=2$

すなわち　　$\dfrac{(x-1)^2}{2}+y^2=1$

よって，この曲線は **楕円** である。　答

教 p.165

12 右の図のように，直径が 70 cm である自転車のタイヤが地面に接している。タイヤと地面の接点Oを原点として，進行方向を x 軸の正の向き，真上を y 軸の正の向きとする座標平面を考え，1 cm を 1 の長さとする。図のように最初(0, 20)の位置にある反射板が描く曲線を，タイヤが回転する角 θ を媒介変数として表せ。ただし，反射板の大きさは考えないものとする。

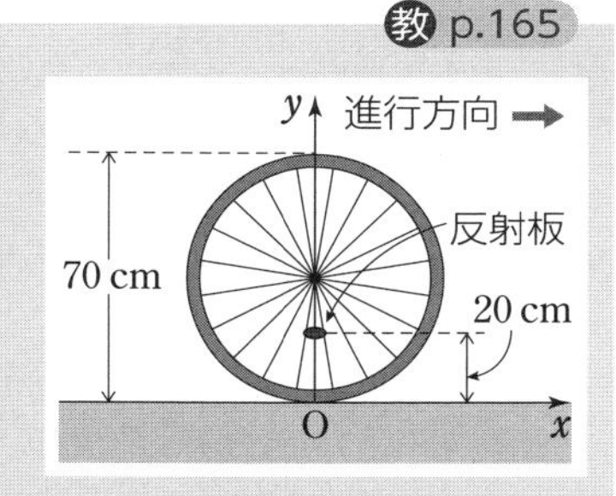

指針　**サイクロイドの媒介変数表示**　反射板の位置を点 P$(x,\ y)$ とすると，点Pが描く曲線はサイクロイドである。

解答

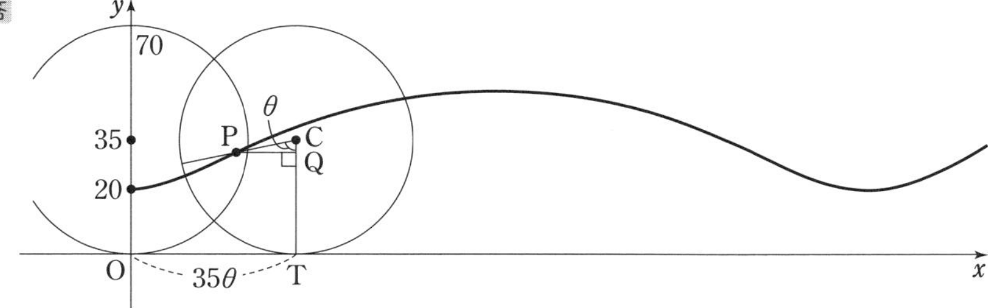

タイヤが角 θ だけ回転したときの反射板の位置を点 P$(x,\ y)$，タイヤの中心をC，x 軸との接点をTとし，Pから直線 CT に垂線 PQ を下ろす。

このとき，図において OT$=35\theta$，CP$=35-20=15$ であるから

$x=\mathrm{OT}-\mathrm{PQ}=35\theta-\mathrm{CP}\sin\theta=35\theta-15\sin\theta$

$y=\mathrm{CT}-\mathrm{CQ}=35-\mathrm{CP}\cos\theta=35-15\cos\theta$

答　$\boldsymbol{x=35\theta-15\sin\theta,\ y=35-15\cos\theta}$

第4章　章末問題A

教 p.166

1. 次のような2次曲線の方程式を求めよ。

(1) 頂点が原点で，焦点が x 軸上にあり，点 $(-1,\ 2)$ を通る放物線

(2) 長軸が x 軸上，短軸が y 軸上にあり，長軸の長さが4で点 $(\sqrt{2},\ 1)$ を通る楕円

(3) 頂点の座標が $(1,\ 0)$，$(-1,\ 0)$ で，2直線 $y=2x$，$y=-2x$ を漸近線とする双曲線

指針 **条件を満たす2次曲線**　まず，それぞれの条件のうちのいくつかに着目して，曲線の方程式を a，b，p などの定数を使って表し，次に，残りの条件を用いてこれらの定数を求める。

解答 (1) 頂点が原点で，焦点が x 軸上にあることから，求める放物線の方程式は $y^2=4px$ とおける。

ここで，点 $(-1,\ 2)$ を通ることから　　$2^2=4p(-1)$

よって，$p=-1$ であるから，求める方程式は　　$\boldsymbol{y^2=-4x}$ 答

(2) 長軸が x 軸上，短軸が y 軸上にあることから，原点Oが中心であり，求める楕円の方程式は

$$\frac{x^2}{a^2}+\frac{y^2}{b^2}=1\ (a>b>0)\quad \text{とおける。}$$

このとき，長軸の長さが4であるから　$2a=4$

よって　　$a=2$

さらに，点 $(\sqrt{2},\ 1)$ を通ることから　　$\dfrac{(\sqrt{2})^2}{2^2}+\dfrac{1^2}{b^2}=1$

ゆえに　　$b^2=2$

よって，求める方程式は　　$\boldsymbol{\dfrac{x^2}{4}+\dfrac{y^2}{2}=1}$ 答

(3) 頂点 $(1,\ 0)$，$(-1,\ 0)$ は x 軸上にあり，それらを結ぶ線分の中点は原点Oであるから，求める双曲線の方程式は

$$\frac{x^2}{a^2}-\frac{y^2}{b^2}=1\ (a>0,\ b>0)\quad \text{とおける。}$$

ここで，頂点の x 座標のうち，正であるものは1であるから

$$a=1\quad \cdots\cdots ①$$

また，漸近線の方程式は $y=\pm\dfrac{b}{a}x$ であるから　$\dfrac{b}{a}=2$

ゆえに　　$b=2a$　　これに ① を代入して　$b=2$

よって，求める方程式は　　$\boldsymbol{x^2-\dfrac{y^2}{4}=1}$ 答

教 p.166

2. 次の方程式は放物線，楕円，双曲線のいずれを表すか。また，その焦点の座標を求めよ。

(1) $4x^2+y^2-2y-3=0$　　(2) $y^2-4y-4x=0$

(3) $4x^2-9y^2+16x+18y+43=0$

指針　**方程式が表す 2 次曲線**　与えられた方程式を変形して，どのような 2 次曲線を表すかを調べる。

放物線　$(y-q)^2=4a(x-p)$，　$(x-p)^2=4a(y-q)$

楕円　$\dfrac{(x-p)^2}{a^2}+\dfrac{(y-q)^2}{b^2}=1$

双曲線　$\dfrac{(x-p)^2}{a^2}-\dfrac{(y-q)^2}{b^2}=1$，　$\dfrac{(x-p)^2}{a^2}-\dfrac{(y-q)^2}{b^2}=-1$

焦点の座標は，標準形の式との平行移動の関係で求める。

解答　(1) 与えられた方程式を変形すると

$4x^2+(y-1)^2=4$　すなわち　$x^2+\dfrac{(y-1)^2}{4}=1$

よって，与えられた方程式は，楕円 $x^2+\dfrac{y^2}{4}=1$ を y 軸方向に 1 だけ平行移動した **楕円** を表す。 答

楕円 $x^2+\dfrac{y^2}{4}=1$ の焦点は 2 点 $(0,\ \sqrt{3})$，$(0,\ -\sqrt{3})$ であるから，求める焦点の座標は　$(0,\ \sqrt{3}+1)$，$(0,\ -\sqrt{3}+1)$ 答

(2) 与えられた方程式を変形すると

$(y-2)^2=4x+4$　すなわち　$(y-2)^2=4(x+1)$

よって，与えられた方程式は，放物線 $y^2=4x$ を x 軸方向に -1，y 軸方向に 2 だけ平行移動した **放物線** を表す。 答

放物線 $y^2=4x$ の焦点は点 $(1,\ 0)$ であるから，求める焦点の座標は

$(0,\ 2)$ 答

(3) 与えられた方程式を変形すると

$4(x+2)^2-9(y-1)^2=-36$　すなわち　$\dfrac{(x+2)^2}{9}-\dfrac{(y-1)^2}{4}=-1$

よって，与えられた方程式は，双曲線 $\dfrac{x^2}{9}-\dfrac{y^2}{4}=-1$ を x 軸方向に -2，y 軸方向に 1 だけ平行移動した **双曲線** を表す。 答

双曲線 $\dfrac{x^2}{9}-\dfrac{y^2}{4}=-1$ の焦点は 2 点 $(0,\ \sqrt{13})$，$(0,\ -\sqrt{13})$ であるから，求める焦点の座標は　$(-2,\ \sqrt{13}+1)$，$(-2,\ -\sqrt{13}+1)$ 答

教 p.166

3. 次の媒介変数表示は，どのような曲線を表すか。x，y の方程式を求めて示せ。

(1) $x=2t^2+4$，$y=t+3$　　(2) $x=2\sqrt{t}$，$y=\sqrt{t}-2t$

指針 **媒介変数表示される曲線**　与えられた2つの式から t を消去して，x，y の方程式を求め，この x，y の方程式を変形して，どのような曲線であるかを調べる。(2)では $\sqrt{t}\geqq 0$ であることに注意する。

解答 (1) $x=2t^2+4$ ……①，$y=t+3$ ……② とする。

②から　$t=y-3$

これを①に代入すると　$x=2(y-3)^2+4$

すなわち　$(y-3)^2=\dfrac{1}{2}(x-4)$

よって，　**放物線 $(y-3)^2=\dfrac{1}{2}(x-4)$** 答

(2) $x=2\sqrt{t}$ ……①，$y=\sqrt{t}-2t$ ……② とする。

$\sqrt{t}\geqq 0$ から　$x\geqq 0$ ……③

①から　$\sqrt{t}=\dfrac{x}{2}$

これを②に代入すると　$y=\dfrac{x}{2}-2\left(\dfrac{x}{2}\right)^2$　すなわち　$y=-\dfrac{x^2}{2}+\dfrac{x}{2}$

よって，　**放物線 $y=-\dfrac{x^2}{2}+\dfrac{x}{2}$ の $x\geqq 0$ の部分** 答

教 p.166

4. $\dfrac{x^2}{4}+\dfrac{y^2}{9}=1$ を満たす実数 x，y に対して，$2x+y$ の最大値，最小値およびそのときの x，y の値を求めよ。

指針 **条件付き最大・最小**　$2x+y=k$ とおいて，楕円と直線 $2x+y=k$ が接する条件を求める。$x=2\cos\theta$，$y=3\sin\theta$ とおいて三角関数の合成を利用してもよい。

解答 $2x+y=k$ とおくと，k のとりうる値の範囲は，楕円 $\dfrac{x^2}{4}+\dfrac{y^2}{9}=1$ と直線 $2x+y=k$ が共有点をもつような k の値の範囲である。

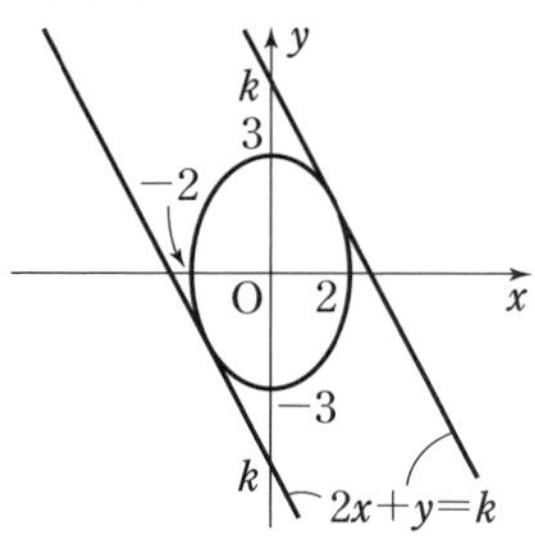

$y=-2x+k$ を $\dfrac{x^2}{4}+\dfrac{y^2}{9}=1$ に代入して

$$\frac{x^2}{4}+\frac{(-2x+k)^2}{9}=1$$

整理すると　$25x^2-16kx+4k^2-36=0$ ……①

方程式 ① が実数解をもつとき，判別式を D とすると

$$\frac{D}{4}=(-8k)^2-25\cdot(4k^2-36)\geqq 0$$

すなわち　$k^2-25\leqq 0$　よって　$-5\leqq k\leqq 5$

$k=5$ のとき，① から　$25x^2-80x+64=0$

すなわち　$(5x-8)^2=0$

よって　$x=\frac{8}{5}$　このとき　$y=-2\cdot\frac{8}{5}+5=\frac{9}{5}$　←$y=-2x+k$

$k=-5$ のとき，① から　$25x^2+80x+64=0$

すなわち　$(5x+8)^2=0$

よって　$x=-\frac{8}{5}$　このとき　$y=-2\cdot\left(-\frac{8}{5}\right)-5=-\frac{9}{5}$　←$y=-2x+k$

したがって

$x=\frac{8}{5}$，$y=\frac{9}{5}$ で最大値 5，$x=-\frac{8}{5}$，$y=-\frac{9}{5}$ で最小値 -5　答

別解　$\frac{x^2}{4}+\frac{y^2}{9}=1$ を満たす実数 x，y は，$x=2\cos\theta$，$y=3\sin\theta$ と表せるから

$$2x+y=4\cos\theta+3\sin\theta=5\sin(\theta+\alpha)$$

ただし，$\cos\alpha=\frac{3}{5}$，$\sin\alpha=\frac{4}{5}$

と表される。

$0\leqq\theta+\alpha<2\pi$ で考えると，$-1\leqq\sin(\theta+\alpha)\leqq 1$ である。

ゆえに，$2x+y$ が最大のとき　$\sin(\theta+\alpha)=1$

よって　$\theta+\alpha=\frac{\pi}{2}$　すなわち　$\theta=\frac{\pi}{2}-\alpha$

このとき　$x=2\cos\theta=2\cos\left(\frac{\pi}{2}-\alpha\right)=2\sin\alpha=2\cdot\frac{4}{5}=\frac{8}{5}$

$y=3\sin\theta=3\sin\left(\frac{\pi}{2}-\alpha\right)=3\cos\alpha=3\cdot\frac{3}{5}=\frac{9}{5}$

$2x+y$ が最小のとき　$\sin(\theta+\alpha)=-1$

よって　$\theta+\alpha=\frac{3}{2}\pi$　すなわち　$\theta=\frac{3}{2}\pi-\alpha$

このとき　$x=2\cos\theta=2\cos\left(\frac{3}{2}\pi-\alpha\right)=-2\sin\alpha=-2\cdot\frac{4}{5}=-\frac{8}{5}$

$y=3\sin\theta=3\sin\left(\frac{3}{2}\pi-\alpha\right)=-3\cos\alpha=-3\cdot\frac{3}{5}=-\frac{9}{5}$

以上から

$x=\frac{8}{5}$，$y=\frac{9}{5}$ で最大値 5，$x=-\frac{8}{5}$，$y=-\frac{9}{5}$ で最小値 -5　答

教 p.166

5. 点A，Bの極座標をそれぞれ$\left(3,\ \dfrac{\pi}{6}\right)$，$\left(4,\ \dfrac{\pi}{3}\right)$とする。極Oと点A，Bを頂点とする△OABの面積$S$を求めよ。

指針　**極座標上の三角形の面積**　三角形の面積の公式$S=\dfrac{1}{2}ab\sin\theta$にあてはめる。

解答

$$S=\frac{1}{2}\mathrm{OA}\cdot\mathrm{OB}\sin\angle\mathrm{BOA}$$
$$=\frac{1}{2}\cdot3\cdot4\sin\left(\frac{\pi}{3}-\frac{\pi}{6}\right)$$
$$=6\sin\frac{\pi}{6}$$
$$=6\cdot\frac{1}{2}=3$$ 答

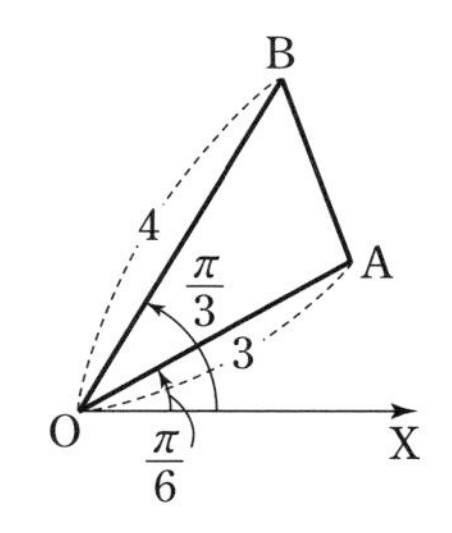

教 p.166

6. 点Cの極座標を$(r_1,\ \theta_1)$とする。点Cを中心とする半径aの円の極方程式は，次の式で表されることを示せ。

$$r^2+r_1{}^2-2rr_1\cos(\theta-\theta_1)=a^2$$

指針　**円の極方程式**　極を点Oとし，△OCPに余弦定理を用いる。

解答　極を点O，点Cを中心とする半径aの円上の点Pの極座標を$(r,\ \theta)$とする。
点Pが直線OC上にないとき，△OCPにおいて，余弦定理から

$$\mathrm{CP}^2=\mathrm{OP}^2+\mathrm{OC}^2-2\mathrm{OP}\cdot\mathrm{OC}\cos(\theta-\theta_1)$$

ゆえに

$$r^2+r_1{}^2-2rr_1\cos(\theta-\theta_1)=a^2 \quad \cdots\cdots ①$$

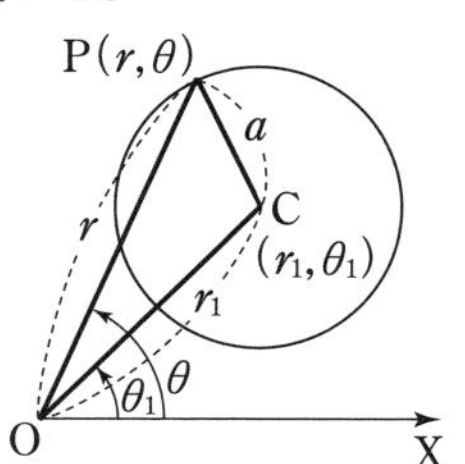

この式は，点Cが極Oと一致したり，点Pが直線OC上にあるときも成り立つ。
逆に，点P$(r,\ \theta)$が①を満たすとき，CP$=a$が成り立つから，Pはこの円上の点であることがわかる。
よって，求める極方程式は

$$r^2+r_1{}^2-2rr_1\cos(\theta-\theta_1)=a^2$$

で表される。 終

第4章　章末問題B

教 p.167

7. 双曲線 $\dfrac{x^2}{6}-\dfrac{y^2}{3}=1$ の1つの焦点(3, 0)をFとする。この双曲線上の任意の点 $\mathrm{P}(x,\ y)$ から直線 $x=2$ に下ろした垂線をPHとするとき，$\dfrac{\mathrm{PF}}{\mathrm{PH}}$ の値は一定であることを示せ。また，その値を求めよ。

指針　**双曲線の性質**　PF^2, PH^2 をそれぞれ x の式で表し，まず $\dfrac{\mathrm{PF}^2}{\mathrm{PH}^2}$ の値を求める。

解答　$\mathrm{P}(x,\ y)$, $\mathrm{H}(2,\ y)$ であるから　　$\mathrm{PH}^2=(x-2)^2$

また，F(3, 0)であるから　　$\mathrm{PF}^2=(x-3)^2+y^2$

ここで，点Pは双曲線上の点であるから　　$\dfrac{x^2}{6}-\dfrac{y^2}{3}=1$

すなわち　　$y^2=\dfrac{1}{2}x^2-3$

ゆえに　　$\mathrm{PF}^2=(x-3)^2+\left(\dfrac{1}{2}x^2-3\right)$

$$=\frac{3}{2}(x^2-4x+4)=\frac{3}{2}(x-2)^2$$

よって　　$\dfrac{\mathrm{PF}^2}{\mathrm{PH}^2}=\dfrac{\frac{3}{2}(x-2)^2}{(x-2)^2}=\dfrac{3}{2}$

$\mathrm{PF}\geqq 0$, $\mathrm{PH}\geqq 0$ であるから　　$\dfrac{\mathrm{PF}}{\mathrm{PH}}=\sqrt{\dfrac{3}{2}}=\dfrac{\sqrt{6}}{2}$

したがって，$\dfrac{\mathrm{PF}}{\mathrm{PH}}$ の値は一定である。 終

また，その値は　　$\dfrac{\mathrm{PF}}{\mathrm{PH}}=\dfrac{\sqrt{6}}{2}$ 答

教 p.167

8. 点(1, 3)から楕円 $x^2+3y^2=3$ に引いた2本の接線の接点をA, Bとするとき，直線ABの方程式を求めよ。

指針　**楕円上の2接点を通る直線**　接点の座標を $(x_1,\ y_1)$ などとおいて解くが，座標の値を求めることなく，題意の直線の方程式は求められる。楕円の接線の方程式の公式(教科書141ページの研究参照)と，異なる2点を通る直線は1つに決まることを利用する。

解答　$A(x_1,\ y_1)$，$B(x_2,\ y_2)$とおくと，楕円$x^2+3y^2=3$上の点A，Bにおける接線の方程式はそれぞれ　　$x_1x+3y_1y=3$，　$x_2x+3y_2y=3$

これらがいずれも点$(1,\ 3)$を通るから　　$x_1+9y_1=3$，　$x_2+9y_2=3$

これらは，異なる2点$A(x_1,\ y_1)$，$B(x_2,\ y_2)$が直線$x+9y=3$上にあることを示している。

したがって，求める直線の方程式は　　$x+9y=3$　　すなわち

$$y=-\frac{1}{9}x+\frac{1}{3}$$ 答

教 p.167

9. a，bを正の定数とする。楕円$\dfrac{x^2}{16}+\dfrac{y^2}{9}=1$を$x$軸方向に$a$，$y$軸方向に$b$だけ平行移動した楕円は，$x$軸にも直線$y=x$にも接する。このとき，$a$，$b$の値を求めよ。

指針　**楕円の平行移動**　移動した楕円がx軸と接することからbの値が求められる。直線$y=x$と接することから，2次方程式が重解をもつ条件を利用する。

解答　$b>0$であるから，平行移動した楕円とx軸との接点は，頂点$(0,\ -3)$が平行移動した点である。

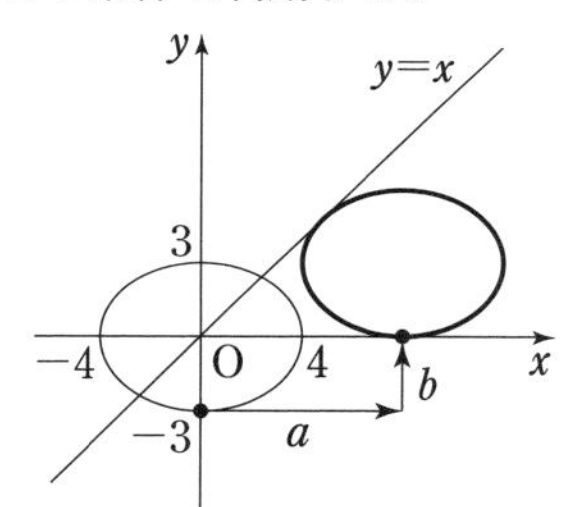

よって　　$b=3$

したがって，平行移動後の楕円の方程式は

$$\frac{(x-a)^2}{16}+\frac{(y-3)^2}{9}=1$$

$y=x$を代入して整理すると

$$25x^2-6(3a+16)x+9a^2=0$$

この2次方程式の判別式をDとすると

$$\frac{D}{4}=\{-3(3a+16)\}^2-25\cdot9a^2=-144(a^2-6a-16)$$

楕円と直線$y=x$が接するから　　$D=0$

よって　　$a^2-6a-16=0$

すなわち　　$(a+2)(a-8)=0$

$a>0$であるから　　$a=8$

答　$a=8$，$b=3$

教 p.167

10. 楕円 $4x^2+y^2=4$ と直線 $y=-x+k$ が，異なる2つの共有点P，Qをもつように k の値が変化するとし，線分PQの中点をMとする。

(1) 点Mの座標を k を用いて表せ。

(2) 点Mの軌跡を求めよ。

指針 **楕円と直線の交点を結んだ線分の中点の軌跡**　楕円と直線の交点の x 座標は，2つの方程式から y を消去して得られる2次方程式の解として得られる。よって，交わる(交点をもつ)条件は，この2次方程式が異なる2つの実数解をもつことである。

(1) 解と係数の関係を利用して調べる。

(2) (1)の結果を利用して，x と y の関係式を導く。

解答 (1)
$$4x^2+y^2=4 \quad \cdots\cdots ①$$
$$y=-x+k \quad \cdots\cdots ②$$

② を ① に代入すると
$$4x^2+(-x+k)^2=4$$

整理すると　$5x^2-2kx+k^2-4=0$　……③

楕円 ① と直線 ② が異なる2点で交わるとき，2次方程式 ③ は異なる2つの実数解をもつ。

ゆえに，2次方程式 ③ の判別式を D とすると
$$\frac{D}{4}=(-k)^2-5(k^2-4)=-4(k^2-5)$$
$$=-4(k+\sqrt{5})(k-\sqrt{5})$$

$D>0$ から　$4(k+\sqrt{5})(k-\sqrt{5})<0$

ゆえに　$-\sqrt{5}<k<\sqrt{5}$　……④

$P(x_1,\ y_1)$，$Q(x_2,\ y_2)$ とすると，x_1，x_2 は2次方程式 ③ の解である。

よって，解と係数の関係により
$$x_1+x_2=\frac{2k}{5}$$

よって，中点Mの座標を $(x,\ y)$ とすると，Mは直線 ② 上にあるから
$$x=\frac{x_1+x_2}{2}=\frac{k}{5},\quad y=-x+k=\frac{4k}{5}$$

したがって　$\left(\frac{k}{5},\ \frac{4}{5}k\right)$ 答

(2) $x=\dfrac{k}{5}$，$y=\dfrac{4k}{5}$ から k を消去すると　　$y=4x$

直線 ② が楕円 ① と異なる 2 点で交わるのは $D>0$ のときである。

よって，④より　　　　　$-\sqrt{5}<k<\sqrt{5}$

$x=\dfrac{k}{5}$ であるから　　　　$-\dfrac{\sqrt{5}}{5}<x<\dfrac{\sqrt{5}}{5}$

よって，点 M は，直線 $y=4x$ の $-\dfrac{\sqrt{5}}{5}<x<\dfrac{\sqrt{5}}{5}$ の部分にある。

逆に，この図形上のすべての点 M$(x,\ y)$は，条件を満たす。

したがって，求める軌跡は

直線 $y=4x$ の $-\dfrac{\sqrt{5}}{5}<x<\dfrac{\sqrt{5}}{5}$ の部分　答

教 p.167

11. 次の方程式が円を表すように t の値が変化するとき，円の中心 P はどのような曲線を描くか。

$$x^2+y^2+2tx-4ty+6t^2-t-6=0$$

指針　**円の中心の軌跡**　まず，与えられた方程式を変形し，その方程式が円を表すための条件と，そのときの円の中心の座標を t を用いて表す。

次に，t を消去して円の中心$(x,\ y)$が満たす方程式を求める。

解答　与えられた方程式を変形すると

$$(x+t)^2-t^2+(y-2t)^2-(2t)^2+6t^2-t-6=0$$

すなわち　$(x+t)^2+(y-2t)^2=-t^2+t+6$

この方程式が円を表すとき

$$-t^2+t+6>0 \quad \text{すなわち} \quad t^2-t-6<0$$

これを解くと　　$-2<t<3$　…… ①

このとき，中心の座標を$(x,\ y)$とすると

$$x=-t, \quad y=2t$$

これらから t を消去すると　　$y=-2x$

ここで，①から

$$-2<-x<3 \quad \text{すなわち} \quad -3<x<2$$

よって，点 P が描く曲線は

直線 $y=-2x$ の $-3<x<2$ の部分　答

教 p.167

12. a は正の定数とする。2 定点 A$(-a,\ 0)$，B$(a,\ 0)$からの距離の積が a^2 に等しい点の軌跡をレムニスケートという。

(1) レムニスケートの方程式は，次の式で与えられることを示せ。

$$(x^2+y^2)^2=2a^2(x^2-y^2)$$

(2) レムニスケートの極方程式を求めよ。

指針 **レムニスケートの極方程式**

(2) (1)で求めた方程式に $x^2+y^2=r^2$，$x=r\cos\theta$，$y=r\sin\theta$ を代入する。

解答 (1) レムニスケート上の点を P$(x,\ y)$とすると，条件から

$$\sqrt{(x+a)^2+y^2}\sqrt{(x-a)^2+y^2}=a^2$$

両辺を 2 乗して，左辺を展開すると

$$(x+a)^2(x-a)^2+\{(x+a)^2+(x-a)^2\}y^2+y^4=a^4$$

ゆえに　$(x^2-a^2)^2+2(x^2+a^2)y^2+y^4=a^4$

よって　$x^4+2x^2y^2+y^4=2a^2x^2-2a^2y^2$

したがって　$\boldsymbol{(x^2+y^2)^2=2a^2(x^2-y^2)}$　終

(2) 曲線上の点 P$(x,\ y)$の極座標を$(r,\ \theta)$とする。

$(x^2+y^2)^2=2a^2(x^2-y^2)$ に $x^2+y^2=r^2$，$x=r\cos\theta$，$y=r\sin\theta$ を代入すると

$$(r^2)^2=2a^2(r^2\cos^2\theta-r^2\sin^2\theta)$$

ゆえに　$r^4=2a^2r^2(\cos^2\theta-\sin^2\theta)$

すなわち　$r^4=2a^2r^2\cos 2\theta$

$r^2(r^2-2a^2\cos 2\theta)=0$ から

$r=0$ ……① または $r^2=2a^2\cos 2\theta$ ……②

① は ② に含まれるから，求める極方程式は　$\boldsymbol{r^2=2a^2\cos 2\theta}$　答

第5章 数学的な表現の工夫

1 データの表現方法の工夫

A パレート図

教 p.174

練習 1 右のデータは，2020年9月における日本の電気事業者の発電電力量を，電力量の多い項目順に並べたものである。
このデータについて，パレート図を作成せよ。また，作成したパレート図からどのようなことがわかるか答えよ。

項目名	発電量(億kWh)
火力発電	586.7
水力発電	67.5
原子力発電	27.1
新エネルギー等	18.8
その他	0.2
計	700.3

(資源エネルギー庁ホームページより作成)

指針 **パレート図のかき方** パレート図の左側の軸は発電量，右側の軸は累積相対度数(累積比率とよぶこともある)となる。

解答 それぞれの項目の相対度数，累積相対度数は次のようになる。

項目名	発電量	相対度数	累積相対度数
火力発電	586.7	0.838	0.838
水力発電	67.5	0.096	0.934
原子力発電	27.1	0.039	0.973
新エネルギー等	18.8	0.027	1.000
その他	0.2	0.000	1.000
計	700.3	1.000	

よって，パレート図は次のページの図のようになる。
このパレート図から，たとえば，発電量の総量に対する火力発電の割合は8割を超えていることがわかる。 終

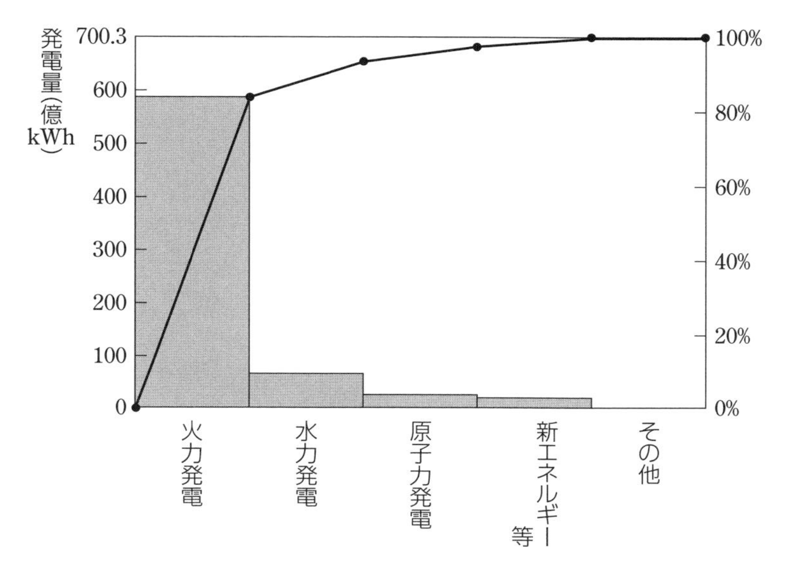

B バブルチャート

練習 2 教 p.177

教科書 177 ページのバブルチャートについて，売上個数と利益率にはどのような相関があると読み取れるか答えよ。

指針 **バブルチャートの読み方** 価格と売上個数はそれぞれ軸から読み取り，利益率は円の面積から読み取る。

解答 バブルチャートから，円の面積は上にいくほど小さくなることが読み取れる。
すなわち，**売上個数と利益率には負の相関がある。** 答

参考 売上個数と利益率の相関係数は，およそ -0.74 である。

2 行列による表現

まとめ

1 行列

$A=\begin{pmatrix} 2 & 5 & 7 \\ -1 & 4 & 2 \end{pmatrix}$ のように，数や文字を長方形状に書き並べ，両側をかっこで囲んだものを **行列** といい，かっこの中のそれぞれの数や文字を **成分** という。
成分の横の並びを **行**，縦の並びを **列** という。m 個の行と n 個の列からなる行列を **m 行 n 列の行列** または **$m \times n$ 行列** という。
とくに，行と列の個数が等しい $n \times n$ 行列を **n 次の正方行列** という。
また，成分がすべて 0 である行列を **零行列** といい，記号 $\boldsymbol{O}$ を用いて表す。
行列の第 i 行と第 j 列の交わるところにある成分を **$(i,\ j)$ 成分** という。

2 行列の和と差

2 つの行列 A，B について，行数が等しく，列数も等しいとき，A と B は同じ型であるという。行列 A，B が同じ型であり，かつ対応する成分がそれぞれ等しいとき，A と B は **等しい** といい，$\boldsymbol{A=B}$ と書く。また，同じ型の 2 つの行列 A，B の対応する成分の和を成分とする行列を A と B の **和** といい，$\boldsymbol{A+B}$ で表す。A と B の **差** $\boldsymbol{A-B}$ も同様に定義できる。なお，同じ型でない 2 つの行列については，和，差を定義しない。
同じ型の行列の和や差について，次のことが成り立つ。

行列の加法，減法についての性質

[1] $A+B=B+A$ 　交換法則
[2] $(A+B)+C=A+(B+C)$ 　結合法則
[3] $A-A=O$，$A+O=A$

3 行列の実数倍

k を実数とするとき，行列 A の各成分の k 倍を成分とする行列を $\boldsymbol{kA}$ で表す。

注意　$k=1$ のときは $1A=A$，$k=0$ のときは $0A=O$，$k=-1$ のとき，$(-1)A$ は $-A$ と書く。

行列の実数倍について，次のことが成り立つとわかる。

行列の実数倍についての性質

k，l を実数とする。

[1] $k(lA)=(kl)A$
[2] $(k+l)A=kA+lA$
[3] $k(A+B)=kA+kB$

4　行列の積

$1 \times m$ 行列を **m 次の行ベクトル**，$n \times 1$ 行列を **n 次の列ベクトル** という。

m 次の行ベクトル A と列ベクトル B に対し，その対応する成分の積の和を，**積 AB** と定める。すなわち，次のようになる。

$$AB=(a_1 \quad a_2 \quad \cdots\cdots \quad a_m)\begin{pmatrix} b_1 \\ b_2 \\ \vdots \\ b_m \end{pmatrix}=a_1b_1+a_2b_2+\cdots\cdots+a_mb_m$$

さらに，A が $l \times m$ 行列，B が $m \times n$ 行列のとき，2つの行列 A，B の **積 AB** を，A の第 i 行を取り出した行ベクトルと B の第 j 列を取り出した列ベクトルの積を $(i,\ j)$ 成分とする $l \times n$ 行列と定める。

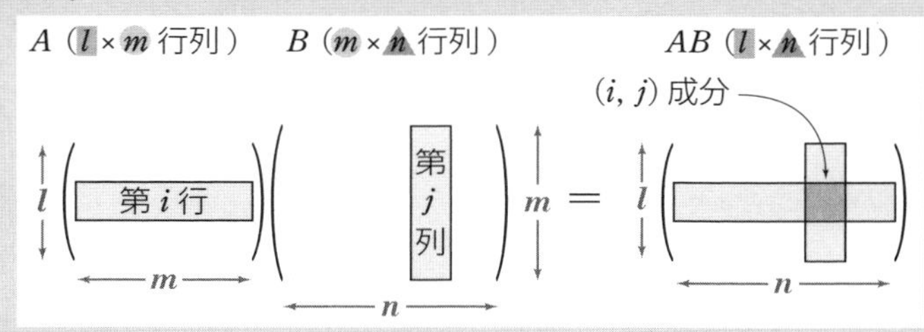

行列 A の列数と行列 B の行数が異なるときは，積 AB を定義しない。

行列の積について，次が成り立つことが知られている。

[1]　$(kA)B=A(kB)=k(AB)$　　k は実数

[2]　$(AB)C=A(BC)$　　結合法則

[3]　$(A+B)C=AC+BC$，$A(B+C)=AB+AC$　　分配法則

A 行列

練習 3　教 p.179

教科書178ページの4種類のボールペンの販売数について，上の行列 A の第3行に現れる成分の和は $43+45+20+9=117$ であり，例1(2)で求めた成分の和102と比較すると，$102<117$ が成り立つ。この大小関係は何を意味しているのか答えよ。

指針　**行列の成分の和の意味**　行列 A の第3行に現れる成分の和は，4月の店Zでの4種類のボールペンの合計販売数を表している。

解答　行列 A の第3行に現れる成分の和は，4月の店Zでの4種類のボールペンの合計販売数を表している。

$102<117$ は，**店Zでの4種類のボールペンの4月の合計販売数と5月の合計販売数について，4月の方が5月より多いことを意味している。**　答

B 行列の和と差

教 p.181

練習 4

教科書 178 ページの各ボールペンの販売数について，4 月から 5 月で最も増えたもの，最も減ったものは，それぞれどの店のどの色のボールペンか。$B-A$ を計算することで答えよ。

指針 **行列の差** $B-A$ の各成分は，5 月の販売数が 4 月の販売数と比べてどれくらい増減しているかを表している。

解答 $B-A=\begin{pmatrix} 50 & 52 & 23 & 16 \\ 70 & 64 & 36 & 25 \\ 45 & 41 & 9 & 7 \end{pmatrix}-\begin{pmatrix} 55 & 61 & 21 & 13 \\ 78 & 64 & 32 & 18 \\ 43 & 45 & 20 & 9 \end{pmatrix}=\begin{pmatrix} -5 & -9 & 2 & 3 \\ -8 & 0 & 4 & 7 \\ 2 & -4 & -11 & -2 \end{pmatrix}$

最大の成分は(2, 4)成分の 7，最小の成分は(3, 3)成分の -11 である。

よって，　**最も増えたものは　店 Y の緑のボールペン**

最も減ったものは　店 Z の青のボールペン　である。 答

教 p.181

練習 5

次の計算をせよ。

(1) $\begin{pmatrix} 7 & 4 \\ -3 & 1 \end{pmatrix}+\begin{pmatrix} -2 & 5 \\ 8 & -1 \end{pmatrix}$　　(2) $\begin{pmatrix} 2 & 9 \\ -6 & 7 \end{pmatrix}-\begin{pmatrix} 5 & 6 \\ 4 & -2 \end{pmatrix}$

(3) $\begin{pmatrix} 6 & -5 & 2 \\ 0 & 4 & -3 \end{pmatrix}+\begin{pmatrix} -4 & 3 & -7 \\ 1 & 8 & 6 \end{pmatrix}$　　(4) $\begin{pmatrix} 0 \\ 4 \end{pmatrix}-\begin{pmatrix} 3 \\ -1 \end{pmatrix}$

指針 **行列の和と差の計算**　対応する成分の和，差を計算する。

解答 (1) $\begin{pmatrix} 7 & 4 \\ -3 & 1 \end{pmatrix}+\begin{pmatrix} -2 & 5 \\ 8 & -1 \end{pmatrix}=\begin{pmatrix} \mathbf{5} & \mathbf{9} \\ \mathbf{5} & \mathbf{0} \end{pmatrix}$ 答

(2) $\begin{pmatrix} 2 & 9 \\ -6 & 7 \end{pmatrix}-\begin{pmatrix} 5 & 6 \\ 4 & -2 \end{pmatrix}=\begin{pmatrix} \mathbf{-3} & \mathbf{3} \\ \mathbf{-10} & \mathbf{9} \end{pmatrix}$ 答

(3) $\begin{pmatrix} 6 & -5 & 2 \\ 0 & 4 & -3 \end{pmatrix}+\begin{pmatrix} -4 & 3 & -7 \\ 1 & 8 & 6 \end{pmatrix}=\begin{pmatrix} \mathbf{2} & \mathbf{-2} & \mathbf{-5} \\ \mathbf{1} & \mathbf{12} & \mathbf{3} \end{pmatrix}$ 答

(4) $\begin{pmatrix} 0 \\ 4 \end{pmatrix}-\begin{pmatrix} 3 \\ -1 \end{pmatrix}=\begin{pmatrix} \mathbf{-3} \\ \mathbf{5} \end{pmatrix}$ 答

C 行列の実数倍

教 p.182

練習 6

教科書 178 ページのボールペンの販売数について，6 月の販売数を表す行列が $C=\begin{pmatrix} 45 & 50 & 22 & 13 \\ 81 & 73 & 39 & 25 \\ 40 & 40 & 13 & 10 \end{pmatrix}$ であるとき，4～6 月の平均値を表す行列を求めよ。

指針 **行列の実数倍**　$A+B+C$ の各成分を $\frac{1}{3}$ 倍する。

解答 $Q=A+B+C$ とすると，$A+B=\begin{pmatrix}105 & 113 & 44 & 29\\148 & 128 & 68 & 43\\88 & 86 & 29 & 16\end{pmatrix}$ であるから

$$Q=\begin{pmatrix}105 & 113 & 44 & 29\\148 & 128 & 68 & 43\\88 & 86 & 29 & 16\end{pmatrix}+\begin{pmatrix}45 & 50 & 22 & 13\\81 & 73 & 39 & 25\\40 & 40 & 13 & 10\end{pmatrix}=\begin{pmatrix}150 & 163 & 66 & 42\\229 & 201 & 107 & 68\\128 & 126 & 42 & 26\end{pmatrix}$$

よって　$\frac{1}{3}Q=\frac{1}{3}\begin{pmatrix}150 & 163 & 66 & 42\\229 & 201 & 107 & 68\\128 & 126 & 42 & 26\end{pmatrix}=\begin{pmatrix}\mathbf{50} & \mathbf{\frac{163}{3}} & \mathbf{22} & \mathbf{14}\\\mathbf{\frac{229}{3}} & \mathbf{67} & \mathbf{\frac{107}{3}} & \mathbf{\frac{68}{3}}\\\mathbf{\frac{128}{3}} & \mathbf{42} & \mathbf{14} & \mathbf{\frac{26}{3}}\end{pmatrix}$ 答

練習 7　教 p.183

$A=\begin{pmatrix}2 & -4\\-3 & 6\end{pmatrix}$ のとき，次の行列を求めよ。

(1)　$2A$　　(2)　$\frac{1}{3}A$　　(3)　$(-2)A$　　(4)　$(-1)A$

指針 **行列の実数倍**　kA は行列 A の各成分を k 倍した行列である。

解答 (1)　$2A=2\begin{pmatrix}2 & -4\\-3 & 6\end{pmatrix}=\begin{pmatrix}\mathbf{4} & \mathbf{-8}\\\mathbf{-6} & \mathbf{12}\end{pmatrix}$ 答

(2)　$\frac{1}{3}A=\frac{1}{3}\begin{pmatrix}2 & -4\\-3 & 6\end{pmatrix}=\begin{pmatrix}\mathbf{\frac{2}{3}} & \mathbf{-\frac{4}{3}}\\\mathbf{-1} & \mathbf{2}\end{pmatrix}$ 答

(3)　$(-2)A=(-2)\begin{pmatrix}2 & -4\\-3 & 6\end{pmatrix}=\begin{pmatrix}\mathbf{-4} & \mathbf{8}\\\mathbf{6} & \mathbf{-12}\end{pmatrix}$ 答

(4)　$(-1)A=(-1)\begin{pmatrix}2 & -4\\-3 & 6\end{pmatrix}=\begin{pmatrix}\mathbf{-2} & \mathbf{4}\\\mathbf{3} & \mathbf{-6}\end{pmatrix}$ 答

D 行列の積

練習 8　教 p.185

教科書 184 ページの車種 Y，車種 Z の総得点を行列の積として表し，計算せよ。また，X, Y, Z のうちどの車種を購入すればよいか考えよ。

指針 **行列の積**　教科書 185 ページの AX と同様に，Y，Z の総得点はそれぞれ AY，AZ であるから，これらを計算する。

解答 車種 Y の総得点は　$AY=(5\ \ 2\ \ 4)\begin{pmatrix}4\\5\\2\end{pmatrix}=5\cdot4+2\cdot5+4\cdot2=\mathbf{38}$ 答

車種 Z の総得点は　$AZ=(5\ \ 2\ \ 4)\begin{pmatrix}2\\4\\3\end{pmatrix}=5\cdot2+2\cdot4+4\cdot3=\mathbf{30}$　答

$AX=37$ であるから，総得点が一番高いのは車種 Y である。
すなわち，**車種 Y を購入すればよい。**　答

教 p.186

練習 9

教科書 184 ページで，各観点の重要度が右の表のようであるとする。3 つの車種 X，Y，Z の評価は 184 ページと同じであるとき，どの車種を購入すればよいか行列の積を用いて考えよ。

観点	a	b	c
重要度	2	3	5

指針　**行列の積**　重要度を表す行列 $B=(2\ \ 3\ \ 5)$ と，X，Y，Z を並べた行列 P の積 BP は，3 つの車種の総得点を表す行列である。

解答　$B=(2\ \ 3\ \ 5)$ とすると，$P=\begin{pmatrix}3&4&2\\1&5&4\\5&2&3\end{pmatrix}$ に対して

$$BP=(2\ \ 3\ \ 5)\begin{pmatrix}3&4&2\\1&5&4\\5&2&3\end{pmatrix}=(34\ \ 33\ \ 31)$$

よって，総得点が一番高いのは車種 X である。
すなわち，**車種 X を購入すればよい。**　答

教 p.187

練習 10

次の行列の積を計算せよ。

(1)　$(2\ \ 3)\begin{pmatrix}5\\4\end{pmatrix}$　　(2)　$\begin{pmatrix}5\\4\end{pmatrix}(2\ \ 3)$

(3)　$\begin{pmatrix}5&0\\-6&1\end{pmatrix}\begin{pmatrix}2\\3\end{pmatrix}$　　(4)　$\begin{pmatrix}1&2\\3&1\end{pmatrix}\begin{pmatrix}2&4\\3&1\end{pmatrix}$

指針　**行列の積**　行列の積の定義に従って計算する。

解答　(1)　$(2\ \ 3)\begin{pmatrix}5\\4\end{pmatrix}=2\cdot5+3\cdot4=\mathbf{22}$　答

(2)　$\begin{pmatrix}5\\4\end{pmatrix}(2\ \ 3)=\begin{pmatrix}5\cdot2&5\cdot3\\4\cdot2&4\cdot3\end{pmatrix}=\begin{pmatrix}\mathbf{10}&\mathbf{15}\\\mathbf{8}&\mathbf{12}\end{pmatrix}$　答

(3)　$\begin{pmatrix}5&0\\-6&1\end{pmatrix}\begin{pmatrix}2\\3\end{pmatrix}=\begin{pmatrix}5\cdot2+0\cdot3\\-6\cdot2+1\cdot3\end{pmatrix}=\begin{pmatrix}\mathbf{10}\\\mathbf{-9}\end{pmatrix}$　答

(4)　$\begin{pmatrix}1&2\\3&1\end{pmatrix}\begin{pmatrix}2&4\\3&1\end{pmatrix}=\begin{pmatrix}1\cdot2+2\cdot3&1\cdot4+2\cdot1\\3\cdot2+1\cdot3&3\cdot4+1\cdot1\end{pmatrix}=\begin{pmatrix}\mathbf{8}&\mathbf{6}\\\mathbf{9}&\mathbf{13}\end{pmatrix}$　答

3 離散グラフによる表現

まとめ

1　一筆書き

いくつかの点を線で結んだ図形を **離散グラフ** といい，離散グラフの点を **頂点**，線を **辺** という。

離散グラフにおいて，ある頂点を端点とする辺の数をその頂点の **次数** という。

次数が奇数である頂点を **奇点**，偶数である頂点を **偶点** という。

離散グラフのどの2頂点も，いくつかの辺をたどって一方から他方にたどり着けるとき，その離散グラフは **連結** であるという。

連結な離散グラフについて，次が成り立つことが知られている。

一筆書きができるための必要十分条件は，
奇点の個数が0または2であることである。

また，一筆書きは，奇点が0個の場合はどこの点から始めてもその点で終わり，奇点が2個の場合は奇点から始めてもう一つの奇点で終わることが知られている。

2　最短経路

それぞれの辺に数を対応させた離散グラフを利用すると，ある頂点から別の頂点へ向かう最短経路を調べることができる。

A 一筆書き

教 p.189

練習 11

右の離散グラフについて，一筆書きの道順を見つけよ。

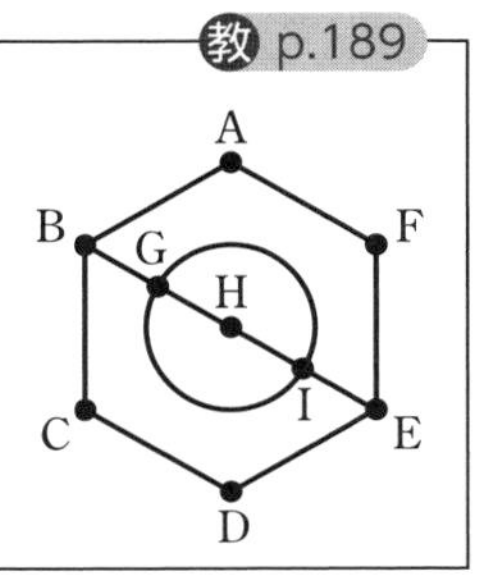

指針　**一筆書きの方法**　すべての辺を1回だけ通る方法を探す。書き方は1通りではない。

解答　たとえば，右の図のように一筆書きを行うことができる。

ただし，図の①〜⑫と矢印は書き順を表す。

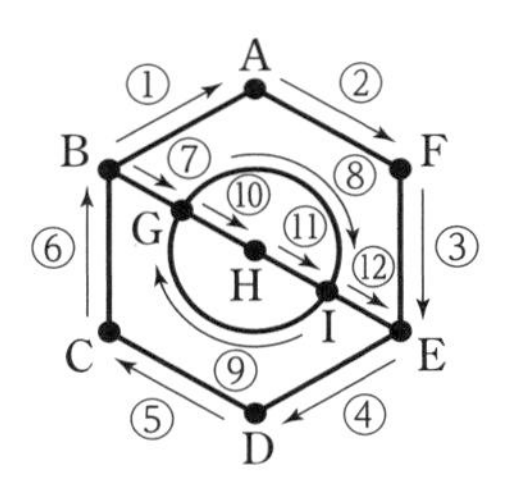

教 p.190

練習 12 教科書 189 ページ例 5 のそれぞれの離散グラフについて，奇点は何個あるか調べよ。
また，教科書 188 ページの問題における右の離散グラフについて，奇点は何個あるか調べよ。

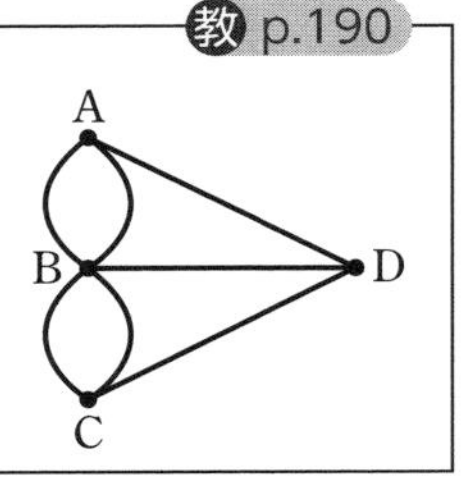

指針 **離散グラフと奇点の個数**　奇点は，頂点を端点とする辺の数が奇数である。

解答 例 5 (1)の離散グラフについて，頂点 A，B，C，D，E の次数は順に

4，2，4，4，2

よって，奇点は　**0 個**　答

例 5 (2)の離散グラフについて，頂点 A，B，C，D，E，F の次数は順に

4，2，5，2，5，2

よって，奇点は　**2 個**　答

教科書 188 ページの問題における離散グラフについて，頂点 A，B，C，D の次数は順に

3，5，3，3

よって，奇点は　**4 個**　答

教 p.191

練習 13 右の離散グラフは一筆書きができない。
その理由を，各頂点の次数に着目することで説明せよ。

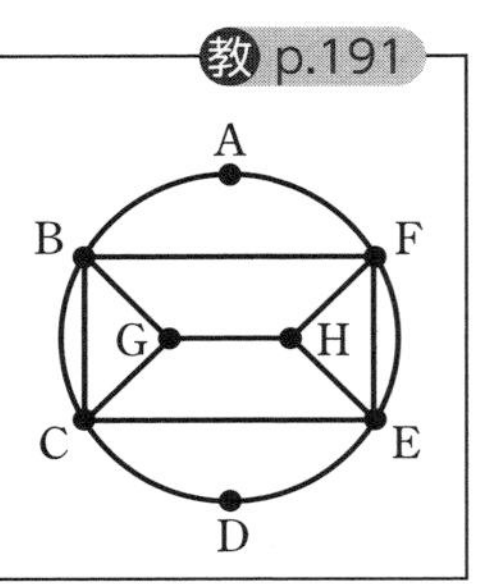

指針 **一筆書きができるための必要十分条件**　奇点の個数が 0 または 2 でなければ一筆書きすることはできない。

解答 頂点 A，B，C，D，E，F，G，H の次数は順に

2，5，5，2，5，5，3，3

であり，奇点の個数は 6 である。
よって，奇点の個数が 0 でも 2 でもないから，一筆書きをすることはできない。　終

教 p.191

練習 14

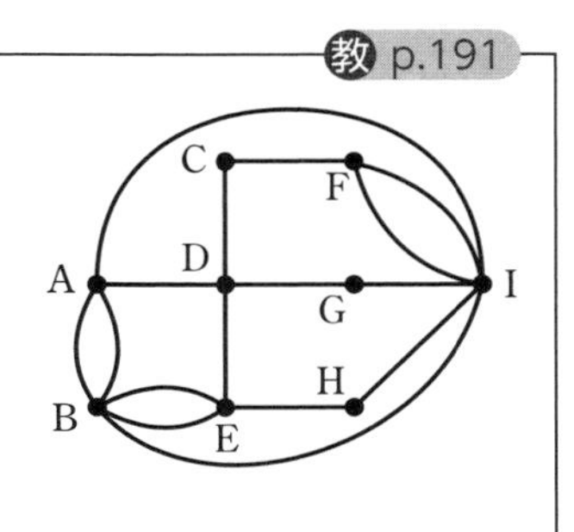

右の離散グラフは，ある都市のバス路線について，主要なバス停を頂点とし，バス停を通る路線を辺で表したものである。2つの頂点が辺で結ばれているとき，それら2つのバス停は1つの路線で行き来できることを表している。すべての路線に1回ずつ乗って一筆書きすることができるかどうかを理由とともに答えよ。

指針　**一筆書きができるための必要十分条件**　奇点の個数が0または2であるかどうかで判定する。

解答　頂点A，B，C，D，E，F，G，H，Iの次数は順に

4，5，2，4，4，3，2，2，6

よって，**奇点の個数が2であるから，すべての路線に1回ずつ乗って一筆書きすることができる。**　答

B 最短経路

教 p.192

練習 15

教科書192ページの離散グラフにおいて，AからEまで移動するすべての経路を調べることで，最も所要時間が短い経路がA→C→Eであることを確かめよ。

指針　**最短経路**　AからEまでの経路の所要時間を1つずつ調べ，最小のものを見つける。

解答　それぞれの経路の所要時間を調べると，次のようになる。

A→B→C→D→Eのとき，所要時間は14，
A→B→C→Eのとき，　所要時間は10，
A→C→D→Eのとき，　所要時間は13，
A→C→Eのとき，　所要時間は9，
A→D→C→Eのとき，　所要時間は10，
A→D→Eのとき，　所要時間は10

よって，最も所要時間が短い経路は　A→C→E　終

教 p.195

練習 16 AからHまでの8駅が右の図のような路線を構成している。線に隣接して書かれている数は移動する際の所要時間(分)である。この路線において，AからHまで移動するとき，最も所要時間が短くなる経路をダイクストラ法を利用して求めよ。

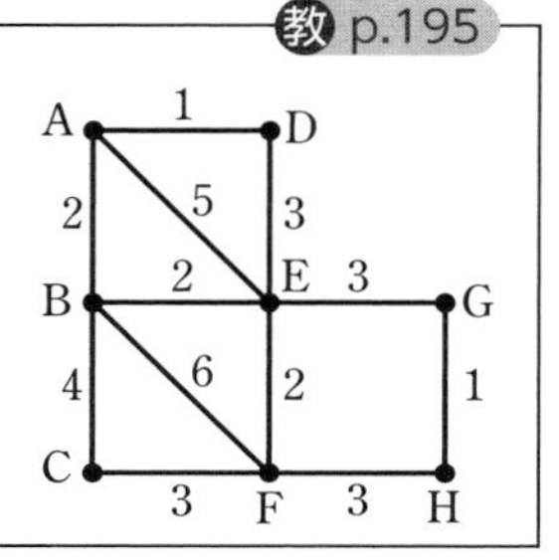

指針 **最短経路を効率よく調べる方法**　教科書194，195ページの手順で求める。

解答 ①　手順1でスタートの頂点Aに0を割り当てる。

②　手順2(ア)で頂点Aの所要時間を0で確定させる。
手順2(イ)で頂点B，D，Eに所要時間2，1，5を割り当てる。

③　手順2(ア)で所要時間が最小である頂点Dの所要時間を1で確定させる。
手順2(イ)で頂点Eに所要時間4を割り当てる。Eにはすでに5が割り当てられており，$5>4$であるから，Eの所要時間を4とする。

④　手順2(ア)で所要時間が最小である頂点Bの所要時間を2で確定させる。
手順2(イ)で頂点C，E，Fに所要時間6，4，8を割り当てる。Eにはすでに4が割り当てられており，$4=4$であるから，Eの所要時間は4のままとする。

⑤　手順2(ア)で所要時間が最小である頂点Eの所要時間を4で確定させる。
手順2(イ)で頂点F，Gに所要時間6，7を割り当てる。Fにはすでに8が割り当てられており，$8>6$であるから，Fの所要時間を6とする。

⑥　手順2(ア)で所要時間が最小である頂点Cの所要時間を6で確定させる。
手順2(イ)で頂点Fに所要時間9を割り当てる。Fにはすでに6が割り当てられており，$6<9$であるから，Fの所要時間は6のままとする。

⑦　手順2(ア)で所要時間が最小である頂点Fの所要時間を6で確定させる。
手順2(イ)で頂点Hに所要時間9を割り当てる。

⑧　手順2(ア)で所要時間が最小である頂点Gの所要時間を7で確定させる。
手順2(イ)で頂点Hに所要時間8を割り当てる。Hにはすでに9が割り当てられており，$9>8$であるから，Hの所要時間を8とする。

⑨　手順2(ア)で所要時間が最小である頂点Hの所要時間を8で確定させる。
ゴールの頂点の所要時間が確定したため，作業を終了する。

以上から，最も所要時間が短くなる経路は

A → B → E → G → H,　　A → D → E → G → H　　答

教科書 p.196〜199

4 離散グラフと行列の対応

まとめ

1　離散グラフの隣接行列

n を自然数として，離散グラフの頂点を P_1，P_2，……，P_n とする。このとき，n 次の正方行列 A の $(i,\ j)$ 成分を，2 つの頂点 P_i，P_j を結ぶ辺の本数とする。このようにしてできる行列 A を離散グラフの **隣接行列** という。

（離散グラフ）

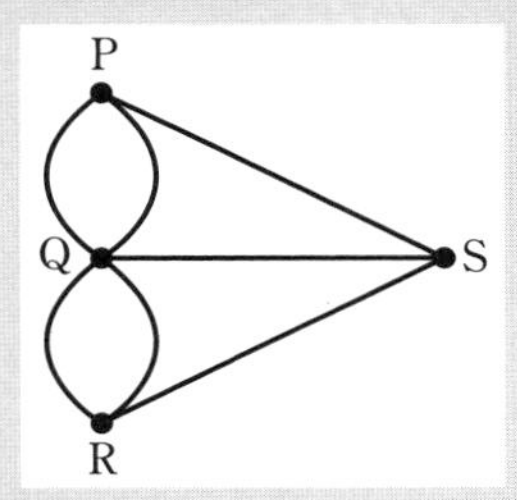

（隣接行列）

$$\begin{array}{cc} & \begin{array}{cccc} \mathrm{P} & \mathrm{Q} & \mathrm{R} & \mathrm{S} \end{array} \\ A= & \begin{pmatrix} 0 & 2 & 0 & 1 \\ 2 & 0 & 2 & 1 \\ 0 & 2 & 0 & 1 \\ 1 & 1 & 1 & 0 \end{pmatrix} \begin{array}{l} \cdots\mathrm{P} \\ \cdots\mathrm{Q} \\ \cdots\mathrm{R} \\ \cdots\mathrm{S} \end{array} \end{array}$$

2　経路の総数

行列 A に A 自身を掛けた積 AA を A^2 と書き，これを行列 A の 2 乗という。

A^2 に A を掛けた積 A^2A を A^3 と書き，A の 3 乗という。

同様にして，自然数 n について A^n すなわち A の **n 乗** を定義することができる。

ある頂点 P から別の頂点 Q への経路を数え上げる際，離散グラフの隣接行列 A を利用できる場合がある。

たとえば，辺を 2 回通って P から Q まで行く経路の総数は，A^2 を計算してその成分から求めることができる。

A 離散グラフの隣接行列

練習 17　教 p.197

右の離散グラフの隣接行列を求めよ。

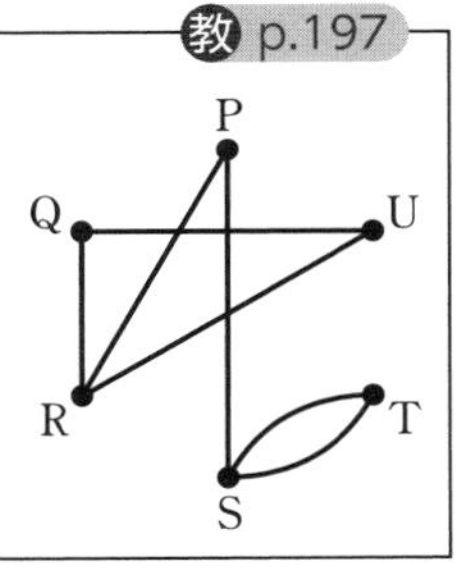

指針　**離散グラフの隣接行列**　隣接する 2 つの頂点を結ぶ辺の本数を読み取り，行列に表す。

解答　隣接行列の各行と各列が頂点P，Q，R，S，T，Uの順に対応するとすると，求める隣接行列は，右の行列である。 答

$$\begin{pmatrix} 0 & 0 & 1 & 1 & 0 & 0 \\ 0 & 0 & 1 & 0 & 0 & 1 \\ 1 & 1 & 0 & 0 & 0 & 1 \\ 1 & 0 & 0 & 0 & 2 & 0 \\ 0 & 0 & 0 & 2 & 0 & 0 \\ 0 & 1 & 1 & 0 & 0 & 0 \end{pmatrix}$$

教 p.197

練習 18

次の隣接行列 A をもつ離散グラフをかけ。ただし，頂点はP，Q，R，S，Tとする。

$$A=\begin{pmatrix} 0 & 0 & 1 & 0 & 2 \\ 0 & 0 & 0 & 0 & 1 \\ 1 & 0 & 0 & 2 & 0 \\ 0 & 0 & 2 & 0 & 0 \\ 2 & 1 & 0 & 0 & 0 \end{pmatrix}$$

（列は左から P，Q，R，S，T，行は上から …P，…Q，…R，…S，…T）

指針　**隣接行列の表す離散グラフ**　2つの頂点を結ぶ辺の本数を隣接行列から読み取り，離散グラフに表す。

解答　隣接行列 A をもつ離散グラフは右の図のようになる。 答

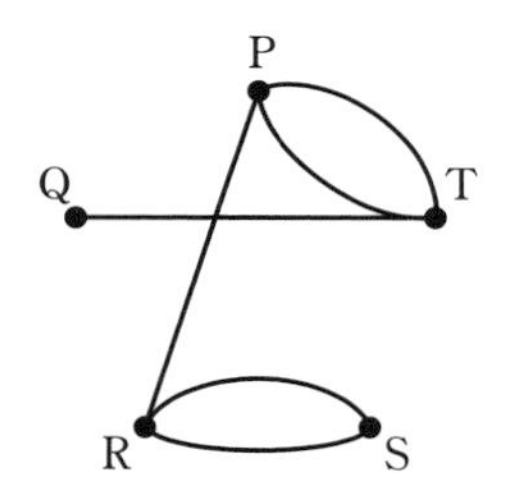

注意　隣接行列はどの頂点とどの頂点が何本の辺で結ばれているかを示したものである。
その数さえ一致していれば，グラフの形が右の図と異なっていてもよい。

B 経路の総数

教 p.199

練習 19

教科書198ページで考えた4つの都市とそれらを結ぶ6本の高速道路について，次の経路の総数を求めよ。

(1)　高速道路を2回使って，QからRに行く経路

(2)　高速道路を2回使って，Qを出発して再びQに戻る経路

指針　**経路の総数と行列**　A^2 の各成分は，高速道路を2回使ってある都市からある都市まで行く経路の総数を表している。

解答　(1)　A^2 の(2，3)成分は3であるから，求める経路の総数は　**3通り** 答

(2)　A^2 の(2，2)成分は6であるから，求める経路の総数は　**6通り** 答

教 p.199

練習 20

教科書 198 ページで考えた 4 つの都市とそれらを結ぶ 6 本の高速道路について，次の問いに答えよ。

(1) 隣接行列 A について，A^3 を求めよ。

(2) 高速道路を 3 回使って，P から Q に行く経路の総数を求めよ。

指針 **経路の総数と行列**

(2) A^2 のときと同様に，A^3 の成分から経路の総数を読み取る。

解答 (1) $$A^3=A^2A=\begin{pmatrix}2&1&1&3\\1&6&3&1\\1&3&3&2\\3&1&2&5\end{pmatrix}\begin{pmatrix}0&1&1&0\\1&0&1&2\\1&1&0&1\\0&2&1&0\end{pmatrix}$$

$$=\begin{pmatrix}2&9&6&3\\9&6&8&15\\6&8&6&9\\3&15&9&4\end{pmatrix}$$ 答

(2) A^3 の(1，2)成分は 9 であるから，求める経路の総数は **9 通り** 答

教 p.199

練習 21

右の図は，ある鉄道会社の主要 6 駅とその駅を結ぶ路線について，離散グラフに表したものである。たとえば，P 駅から S 駅へは 2 つの路線が運行している。いま，P 駅から出発する旅行を計画している。1 日につき 1 つの路線を使い，下車したらその駅の周りを観光することを考えている。ただし，一度観光した駅に再度訪れることや同じ路線を使うことも可能であるとする。

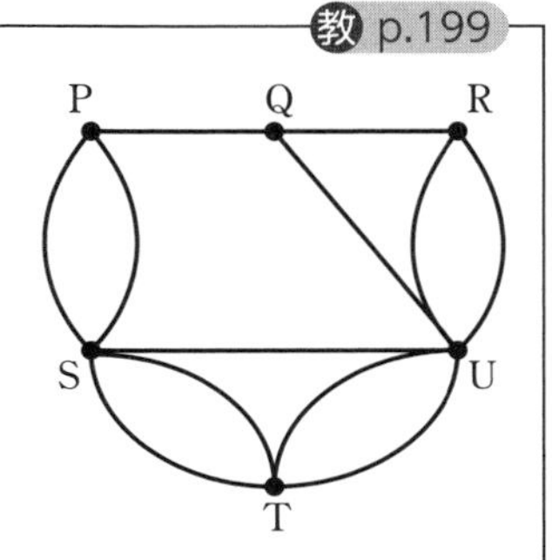

(1) 3 日目に U 駅の周りを観光するとき，U 駅に行く経路の総数を求めよ。

(2) 4 日目に U 駅の周りを観光するとき，U 駅に行く経路の総数を求めよ。

指針 **経路の総数と行列** 離散グラフの隣接行列 A について，(1)では A^3，(2)では A^4 を求め，これらの成分から経路の総数を求める。

教科書 p.199

解答　離散グラフの隣接行列を A とすると

$$A=\begin{pmatrix} 0 & 1 & 0 & 2 & 0 & 0 \\ 1 & 0 & 1 & 0 & 0 & 1 \\ 0 & 1 & 0 & 0 & 0 & 2 \\ 2 & 0 & 0 & 0 & 2 & 1 \\ 0 & 0 & 0 & 2 & 0 & 2 \\ 0 & 1 & 2 & 1 & 2 & 0 \end{pmatrix}$$

(1)　$$A^2=\begin{pmatrix} 0 & 1 & 0 & 2 & 0 & 0 \\ 1 & 0 & 1 & 0 & 0 & 1 \\ 0 & 1 & 0 & 0 & 0 & 2 \\ 2 & 0 & 0 & 0 & 2 & 1 \\ 0 & 0 & 0 & 2 & 0 & 2 \\ 0 & 1 & 2 & 1 & 2 & 0 \end{pmatrix}\begin{pmatrix} 0 & 1 & 0 & 2 & 0 & 0 \\ 1 & 0 & 1 & 0 & 0 & 1 \\ 0 & 1 & 0 & 0 & 0 & 2 \\ 2 & 0 & 0 & 0 & 2 & 1 \\ 0 & 0 & 0 & 2 & 0 & 2 \\ 0 & 1 & 2 & 1 & 2 & 0 \end{pmatrix}$$

$$=\begin{pmatrix} 5 & 0 & 1 & 0 & 4 & 3 \\ 0 & 3 & 2 & 3 & 2 & 2 \\ 1 & 2 & 5 & 2 & 4 & 1 \\ 0 & 3 & 2 & 9 & 2 & 4 \\ 4 & 2 & 4 & 2 & 8 & 2 \\ 3 & 2 & 1 & 4 & 2 & 10 \end{pmatrix}$$

$$A^3=A^2A=\begin{pmatrix} 5 & 0 & 1 & 0 & 4 & 3 \\ 0 & 3 & 2 & 3 & 2 & 2 \\ 1 & 2 & 5 & 2 & 4 & 1 \\ 0 & 3 & 2 & 9 & 2 & 4 \\ 4 & 2 & 4 & 2 & 8 & 2 \\ 3 & 2 & 1 & 4 & 2 & 10 \end{pmatrix}\begin{pmatrix} 0 & 1 & 0 & 2 & 0 & 0 \\ 1 & 0 & 1 & 0 & 0 & 1 \\ 0 & 1 & 0 & 0 & 0 & 2 \\ 2 & 0 & 0 & 0 & 2 & 1 \\ 0 & 0 & 0 & 2 & 0 & 2 \\ 0 & 1 & 2 & 1 & 2 & 0 \end{pmatrix}$$

$$=\begin{pmatrix} 0 & 9 & 6 & 21 & 6 & 10 \\ 9 & 4 & 7 & 6 & 10 & 14 \\ 6 & 7 & 4 & 11 & 6 & 22 \\ 21 & 6 & 11 & 8 & 26 & 20 \\ 6 & 10 & 6 & 26 & 8 & 28 \\ 10 & 14 & 22 & 20 & 28 & 12 \end{pmatrix}$$

よって，A^3 の(1，6)成分は 10 であるから，求める経路の総数は

10 通り　答

(2) (1)から

$$A^4=A^3A=\begin{pmatrix} 0 & 9 & 6 & 21 & 6 & 10 \\ 9 & 4 & 7 & 6 & 10 & 14 \\ 6 & 7 & 4 & 11 & 6 & 22 \\ 21 & 6 & 11 & 8 & 26 & 20 \\ 6 & 10 & 6 & 26 & 8 & 28 \\ 10 & 14 & 22 & 20 & 28 & 12 \end{pmatrix}\begin{pmatrix} 0 & 1 & 0 & 2 & 0 & 0 \\ 1 & 0 & 1 & 0 & 0 & 1 \\ 0 & 1 & 0 & 0 & 0 & 2 \\ 2 & 0 & 0 & 0 & 2 & 1 \\ 0 & 0 & 0 & 2 & 0 & 2 \\ 0 & 1 & 2 & 1 & 2 & 0 \end{pmatrix}$$

$$=\begin{pmatrix} 51 & 16 & 29 & 22 & 62 & 54 \\ 16 & 30 & 32 & 52 & 40 & 44 \\ 29 & 32 & 51 & 46 & 66 & 38 \\ 22 & 52 & 46 & 114 & 56 & 88 \\ 62 & 40 & 66 & 56 & 108 & 64 \\ 54 & 44 & 38 & 88 & 64 & 134 \end{pmatrix}$$

よって，A^4 の(1，6)成分は 54 であるから，求める経路の総数は

54 通り 答

5 章 数学的な表現の工夫

補足 行列の積 AB と BA

まとめ

1　行列の乗法の性質

2つの行列 A, B について，積 AB が定義できても，積 BA が定義できるとは限らない。

積 AB, BA の両方が定義でき，それらが同じ型の行列になるのは，A, B がともに同じ型の正方行列のときのみである。

行列の乗法では，交換法則は一般には成り立たない。

2　単位行列，零行列の性質

行列 $\begin{pmatrix} 1 & 0 \\ 0 & 1 \end{pmatrix}$, $\begin{pmatrix} 1 & 0 & 0 \\ 0 & 1 & 0 \\ 0 & 0 & 1 \end{pmatrix}$ のように，n 次の正方行列において，

$(1,\ 1)$成分，$(2,\ 2)$成分，……，$(n,\ n)$成分がすべて1で，他の成分がすべて0である行列を，n 次の **単位行列** という。ここでは，単位行列を E で表す。

A を n 次の正方行列，E, O をそれぞれ A と同じ型の単位行列，零行列とする。E と O は積に関して，次の性質をもつ。

[1] $AE=EA=A$　　[2] $AO=OA=O$

教 p.200

練習 1

次の行列 A, B について，$AB=BA$ が成り立つか調べよ。

(1) $A=\begin{pmatrix} 8 & -3 \\ 12 & -4 \end{pmatrix}$, $B=\begin{pmatrix} 2 & -1 \\ 4 & -2 \end{pmatrix}$

(2) $A=\begin{pmatrix} 2 & -1 \\ -3 & 4 \end{pmatrix}$, $B=\begin{pmatrix} 1 & 10 \\ 6 & 2 \end{pmatrix}$

解答 (1) $AB=\begin{pmatrix} 8 & -3 \\ 12 & -4 \end{pmatrix}\begin{pmatrix} 2 & -1 \\ 4 & -2 \end{pmatrix}=\begin{pmatrix} 4 & -2 \\ 8 & -4 \end{pmatrix}$

$BA=\begin{pmatrix} 2 & -1 \\ 4 & -2 \end{pmatrix}\begin{pmatrix} 8 & -3 \\ 12 & -4 \end{pmatrix}=\begin{pmatrix} 4 & -2 \\ 8 & -4 \end{pmatrix}$

よって，**$AB=BA$ が成り立つ。** 答

(2) $AB=\begin{pmatrix} 2 & -1 \\ -3 & 4 \end{pmatrix}\begin{pmatrix} 1 & 10 \\ 6 & 2 \end{pmatrix}=\begin{pmatrix} -4 & 18 \\ 21 & -22 \end{pmatrix}$

$BA=\begin{pmatrix} 1 & 10 \\ 6 & 2 \end{pmatrix}\begin{pmatrix} 2 & -1 \\ -3 & 4 \end{pmatrix}=\begin{pmatrix} -28 & 39 \\ 6 & 2 \end{pmatrix}$

よって，**$AB=BA$ は成り立たない。** 答

教 p.201

練習 2 2次の正方行列について，次の性質 **1**，**2** が成り立つことを確かめよ。
A を n 次の正方行列，E，O をそれぞれ A と同じ型の単位行列，零行列とする。

1 $AE=EA=A$　　　**2** $AO=OA=O$

解答 x，y，z，w を実数として，$A=\begin{pmatrix} x & y \\ z & w \end{pmatrix}$ とする。

このとき　$AE=\begin{pmatrix} x & y \\ z & w \end{pmatrix}\begin{pmatrix} 1 & 0 \\ 0 & 1 \end{pmatrix}=\begin{pmatrix} x\cdot 1+y\cdot 0 & x\cdot 0+y\cdot 1 \\ z\cdot 1+w\cdot 0 & z\cdot 0+w\cdot 1 \end{pmatrix}=\begin{pmatrix} x & y \\ z & w \end{pmatrix}=A$

$EA=\begin{pmatrix} 1 & 0 \\ 0 & 1 \end{pmatrix}\begin{pmatrix} x & y \\ z & w \end{pmatrix}=\begin{pmatrix} 1\cdot x+0\cdot z & 1\cdot y+0\cdot w \\ 0\cdot x+1\cdot z & 0\cdot y+1\cdot w \end{pmatrix}=\begin{pmatrix} x & y \\ z & w \end{pmatrix}=A$

よって，$AE=EA=A$ が成り立つ。 終

また　$AO=\begin{pmatrix} x & y \\ z & w \end{pmatrix}\begin{pmatrix} 0 & 0 \\ 0 & 0 \end{pmatrix}=\begin{pmatrix} x\cdot 0+y\cdot 0 & x\cdot 0+y\cdot 0 \\ z\cdot 0+w\cdot 0 & z\cdot 0+w\cdot 0 \end{pmatrix}=\begin{pmatrix} 0 & 0 \\ 0 & 0 \end{pmatrix}=O$

$OA=\begin{pmatrix} 0 & 0 \\ 0 & 0 \end{pmatrix}\begin{pmatrix} x & y \\ z & w \end{pmatrix}=\begin{pmatrix} 0\cdot x+0\cdot z & 0\cdot y+0\cdot w \\ 0\cdot x+0\cdot z & 0\cdot y+0\cdot w \end{pmatrix}=\begin{pmatrix} 0 & 0 \\ 0 & 0 \end{pmatrix}=O$

よって，$AO=OA=O$ が成り立つ。 終

教 p.201

練習 3 $\begin{pmatrix} 4 & 2 \\ 2 & 1 \end{pmatrix}\begin{pmatrix} -1 & a \\ b & 2 \end{pmatrix}=O$ が成り立つように，a，b の値を定めよ。

解答 $\begin{pmatrix} 4 & 2 \\ 2 & 1 \end{pmatrix}\begin{pmatrix} -1 & a \\ b & 2 \end{pmatrix}=\begin{pmatrix} -4+2b & 4a+4 \\ -2+b & 2a+2 \end{pmatrix}$

$\begin{pmatrix} 4 & 2 \\ 2 & 1 \end{pmatrix}\begin{pmatrix} -1 & a \\ b & 2 \end{pmatrix}=O$ が成り立つとき

$-4+2b=0$，$4a+4=0$，$-2+b=0$，$2a+2=0$

よって　$\boldsymbol{a=-1}$，$\boldsymbol{b=2}$ 答

総合問題

1 ※　問題文は教科書 202 ページを参照

指針　(3)　(2) で求めた $\vec{p}$ の成分を $(x,\ y)$ として，媒介変数 t を消去する。

(4)　直線の方程式と (3) で求めた $y=f(x)$ を連立させて x の 2 次方程式を導き，それが重解をもつ条件を求める。

(5)　$\overrightarrow{BP}$ を，$\overrightarrow{BA}$，$\overrightarrow{BC}$ と t を用いて表す。

解答　(1)　P_1 は線分 AB を $t:(1-t)$ に内分する点であるから　　$\boldsymbol{\vec{p_1}=(1-t)\vec{a}+t\vec{b}}$　答

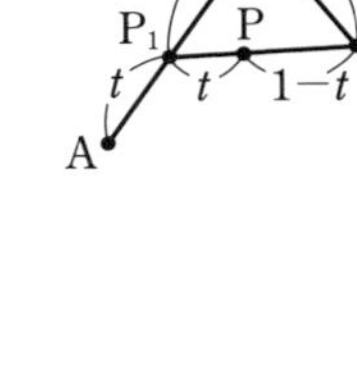

P_2 は線分 BC を $t:(1-t)$ に内分する点であるから　　$\boldsymbol{\vec{p_2}=(1-t)\vec{b}+t\vec{c}}$　答

(2)　P は線分 P_1P_2 を $t:(1-t)$ に内分する点であるから，(1)より

$$\vec{p}=(1-t)\vec{p_1}+t\vec{p_2}$$
$$=(1-t)\{(1-t)\vec{a}+t\vec{b}\}+t\{(1-t)\vec{b}+t\vec{c}\}$$
$$\boldsymbol{=(1-t)^2\vec{a}+2t(1-t)\vec{b}+t^2\vec{c}}\quad\cdots\cdots ①$$　答

(3)　$\vec{a}=(0,\ 0)$，$\vec{b}=(2,\ -3)$，$\vec{c}=(4,\ 2)$ を ① に代入すると

$$\vec{p}=(1-t)^2(0,\ 0)+2t(1-t)(2,\ -3)+t^2(4,\ 2)=(4t,\ 8t^2-6t)$$

$x=4t$，$y=8t^2-6t$ とすると，$t=\dfrac{x}{4}$ であるから

$$y=8\left(\frac{x}{4}\right)^2-6\cdot\frac{x}{4}=\frac{1}{2}x^2-\frac{3}{2}x$$

よって　　$\boldsymbol{f(x)=\dfrac{1}{2}x^2-\dfrac{3}{2}x}$　答

(4)　直線 AB の方程式は　　$y=-\dfrac{3}{2}x$

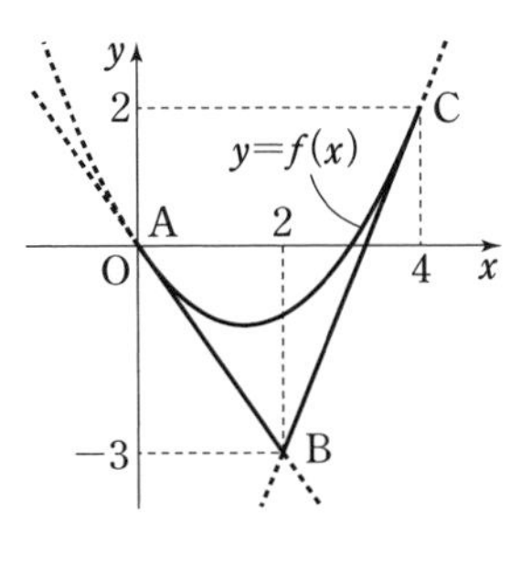

$y=\dfrac{1}{2}x^2-\dfrac{3}{2}x$ と $y=-\dfrac{3}{2}x$ から y を消去して

$$\frac{1}{2}x^2-\frac{3}{2}x=-\frac{3}{2}x$$

よって　　$x^2=0$

したがって，この方程式は重解 $x=0$ をもち，

$x=0$ のとき $y=-\dfrac{3}{2}\times 0=0$ であるから，

直線 AB は曲線 $y=f(x)$ 上の点 $(0,\ 0)$ における接線である。

直線 BC の方程式は　　$y+3=\dfrac{5}{2}(x-2)$　　すなわち　$y=\dfrac{5}{2}x-8$

$y=\dfrac{1}{2}x^2-\dfrac{3}{2}x$ と $y=\dfrac{5}{2}x-8$ から y を消去して　　$\dfrac{1}{2}x^2-\dfrac{3}{2}x=\dfrac{5}{2}x-8$

よって，$x^2-8x+16=0$ から　　$(x-4)^2=0$

したがって，この方程式は重解 $x=4$ をもち，

$x=4$ のとき $y=\frac{5}{2}\times4-8=2$ であるから，

直線 BC は曲線 $y=f(x)$ 上の点$(4,\ 2)$における接線である。 終

(5) (2)から $\overrightarrow{\mathrm{BP}}=\vec{p}-\vec{b}$

$$\begin{aligned}&=(1-t)^2\vec{a}+2t(1-t)\vec{b}+t^2\vec{c}-\vec{b}\\&=(1-t)^2\vec{a}+(-2t^2+2t-1)\vec{b}+t^2\vec{c}\\&=(1-t)^2\vec{a}+\{-t^2-(1-t)^2\}\vec{b}+t^2\vec{c}\\&=(1-t)^2(\vec{a}-\vec{b})+t^2(\vec{c}-\vec{b})=(1-t)^2\overrightarrow{\mathrm{BA}}+t^2\overrightarrow{\mathrm{BC}}\end{aligned}$$

ここで $(1-t)^2+t^2=2t^2-2t+1=2\left(t-\frac{1}{2}\right)^2+\frac{1}{2}$

ゆえに，$0\leqq t\leqq1$ において，$(1-t)^2+t^2$ は

$t=0,\ 1$ で最大値 1，$t=\frac{1}{2}$ で最小値 $\frac{1}{2}$

をとる。よって，$0\leqq t\leqq1$ において

$$0<\frac{1}{2}\leqq(1-t)^2+t^2\leqq1,\quad (1-t)^2\geqq0,\quad t^2\geqq0$$

が成り立つから，P は△ABC の周および内部にある。

すなわち，P が描く曲線は△ABC の周および内部に含まれる。 終

2 ※ 問題文は教科書 203 ページを参照

指針 (1) 立方体の内部の点 K と立方体の 6 つの頂点の距離がすべて等しいとき，K をこの立方体の中心という。原点 O は，与えられた立方体の中心である。

(2) まず，四角形 PRSQ が平行四辺形であることを示す。

(3) 四角形 PRSQ が正方形である条件は，$|\overrightarrow{\mathrm{PQ}}|=|\overrightarrow{\mathrm{PR}}|$ かつ $\overrightarrow{\mathrm{PQ}}\perp\overrightarrow{\mathrm{PR}}$ が成り立つことである。

(4) O′ が原点になるように，直方体の頂点をとり，(1)～(3)と同様にして解く。

解答 (1) 点 P は辺 AB 上にあるから，P の座標は実数 s を用いて$(-1,\ s,\ 1)$と表される。

点 Q は辺 AD 上にあるから，Q の座標は実数 t を用いて$(t,\ 1,\ 1)$と表される。

断面は立方体の中心 O を通るから，2 点 Q，R は右下の図のような位置関係にある。

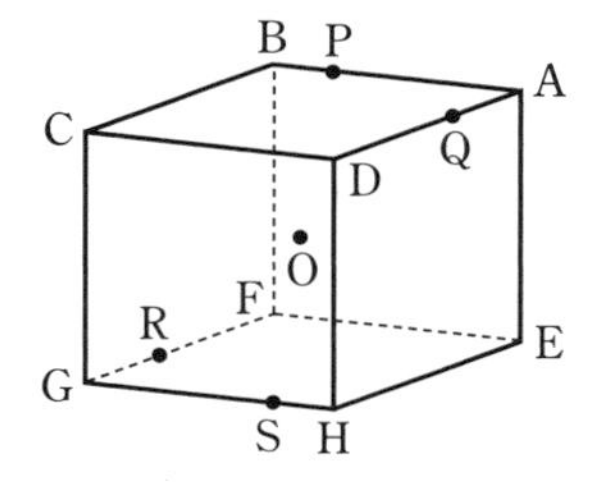

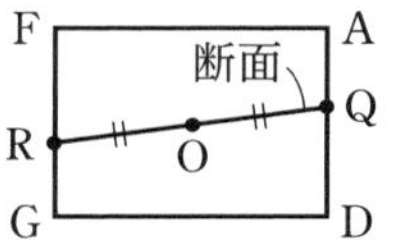

よって $\overrightarrow{\mathrm{OR}}=-\overrightarrow{\mathrm{OQ}}=(-t,\ -1,\ -1)$

同様に考えると

$\overrightarrow{\mathrm{OS}}=-\overrightarrow{\mathrm{OP}}=(1,\ -s,\ -1)$

したがって

R$(-t,\ -1,\ -1)$，S$(1,\ -s,\ -1)$ 答

(2) (1)より $\overrightarrow{PQ}=\overrightarrow{OQ}-\overrightarrow{OP}=(t+1,\ 1-s,\ 0)$,
$\overrightarrow{RS}=\overrightarrow{OS}-\overrightarrow{OR}=(1+t,\ -s+1,\ 0)$ であるから，$\overrightarrow{PQ}=\overrightarrow{RS}$ が成り立つ。
よって，四角形PRSQは平行四辺形である。
したがって，四角形PRSQがひし形となるのは，$|\overrightarrow{PQ}|=|\overrightarrow{PR}|$ が成り立つときである。
また，$\overrightarrow{PR}=\overrightarrow{OR}-\overrightarrow{OP}=(-t+1,\ -1-s,\ -2)$であるから

$$|\overrightarrow{PQ}|^2=(t+1)^2+(1-s)^2+0^2=t^2+2t+s^2-2s+2$$
$$|\overrightarrow{PR}|^2=(-t+1)^2+(-1-s)^2+(-2)^2=t^2-2t+s^2+2s+6$$

よって，$|\overrightarrow{PQ}|=|\overrightarrow{PR}|$ が成り立つとき

$$t^2+2t+s^2-2s+2=t^2-2t+s^2+2s+6$$

したがって，$4t-4s-4=0$ から　$\boldsymbol{s=t-1}$ ……① 答

(3) 四角形PRSQが正方形となるのは，$|\overrightarrow{PQ}|=|\overrightarrow{PR}|$ かつ $\overrightarrow{PQ}\perp\overrightarrow{PR}$ すなわち $\overrightarrow{PQ}\cdot\overrightarrow{PR}=0$ が成り立つときである。

$$\overrightarrow{PQ}\cdot\overrightarrow{PR}=(t+1)(-t+1)+(1-s)(-1-s)+0\cdot(-2)=s^2-t^2$$

よって，$\overrightarrow{PQ}\cdot\overrightarrow{PR}=0$ が成り立つとき　$s^2=t^2$ ……②
①，② を連立して解くと　$s=-\dfrac{1}{2}$，$t=\dfrac{1}{2}$
このとき，$|\overrightarrow{PQ}|=\sqrt{\left(\dfrac{3}{2}\right)^2+\left(\dfrac{3}{2}\right)^2+0^2}=\dfrac{3\sqrt{2}}{2}$ であるから，求める面積は

$$\left(\frac{3\sqrt{2}}{2}\right)^2=\boldsymbol{\frac{9}{2}}$$ 答

(4) A′$(-1,\ 1,\ a)$，B′$(-1,\ -1,\ a)$，C′$(1,\ -1,\ a)$，D′$(1,\ 1,\ a)$，
E′$(-1,\ 1,\ -a)$，F′$(-1,\ -1,\ -a)$，G′$(1,\ -1,\ -a)$，H′$(1,\ 1,\ -a)$
となるように座標軸を定めると，O′が原点となる。
点P′の y 座標を u，点Q′の x 座標を v とするとき，2点P′，Q′の座標はそれぞれ$(-1,\ u,\ a)$，$(v,\ 1,\ a)$ である。
(1)と同様に考えると，2点R′，S′の座標はそれぞれ$(-v,\ -1,\ -a)$，$(1,\ -u,\ -a)$となる。
$\overrightarrow{P'Q'}=\overrightarrow{R'S'}=(v+1,\ 1-u,\ 0)$ であるから，四角形P′R′S′Q′は平行四辺形である。
よって，四角形P′R′S′Q′が正方形となるのは，$|\overrightarrow{P'Q'}|=|\overrightarrow{P'R'}|$ かつ $\overrightarrow{P'Q'}\cdot\overrightarrow{P'R'}=0$ が成り立つときである。
$\overrightarrow{P'R'}=(-v+1,\ -1-u,\ -2a)$であるから

$$|\overrightarrow{P'Q'}|^2=(v+1)^2+(1-u)^2+0^2=v^2+2v+u^2-2u+2$$
$$|\overrightarrow{P'R'}|^2=(-v+1)^2+(-1-u)^2+(-2a)^2=v^2-2v+u^2+2u+2+4a^2$$

よって，$|\overrightarrow{P'Q'}|=|\overrightarrow{P'R'}|$ が成り立つとき　$u=v-a^2$ ……③
また　$\overrightarrow{P'Q'}\cdot\overrightarrow{P'R'}=(v+1)(-v+1)+(1-u)(-1-u)+0\cdot(-2a)$
$=u^2-v^2$

よって，$\overrightarrow{\mathrm{P'Q'}}\cdot\overrightarrow{\mathrm{P'R'}}=0$ が成り立つとき　$u^2=v^2$ ……④

④から　$u=\pm v$　このとき，③から　$v=v-a^2$，$-v=v-a^2$

$a>0$ であるから，$v=v-a^2$ は成り立たない。

$-v=v-a^2$ のとき　$v=\dfrac{a^2}{2}$　このとき，③から　$u=-\dfrac{a^2}{2}$

2 点 P′，Q′ は直方体の頂点とは異なる辺上にあるから

$$-1<-\frac{a^2}{2}<1,\ \ -1<\frac{a^2}{2}<1$$

$a>0$ であるから，求める a の値の範囲は　**$0<a<\sqrt{2}$**　答

3 ※　問題文は教科書 204 ページを参照

指針 (2)　z は $|z|=|z+4|$ を満たす。

(3)　z は $|z-2i|=2$，$z\neq0$ を満たす。

(4)　z は $|z-3|=r$ を満たす。

解答 (1)　z は $|z|=2$ を満たす。

$w=\dfrac{1}{z}$ より $z=\dfrac{1}{w}$ であるから　$\left|\dfrac{1}{w}\right|=2$

よって　$\dfrac{|1|}{|w|}=2$　すなわち　$|w|=\dfrac{1}{2}$

したがって，点 w が描く円の　**中心は原点 O，半径は $\dfrac{1}{2}$**　答

(2)　z は，原点 O と点 -4 を結ぶ線分の垂直二等分線上を動くから，
$|z|=|z+4|$ を満たす。

$z=\dfrac{1}{w}$ であるから　$\left|\dfrac{1}{w}\right|=\left|\dfrac{1}{w}+4\right|$

ゆえに，$\left|\dfrac{1}{w}\right|=\left|\dfrac{1+4w}{w}\right|$ から　$\dfrac{1}{|w|}=\dfrac{|1+4w|}{|w|}$

よって　$|4w+1|=1$　すなわち　$\left|w+\dfrac{1}{4}\right|=\dfrac{1}{4}$

$w\neq0$ であるから，点 w は点 $-\dfrac{1}{4}$ を中心とする半径 $\dfrac{1}{4}$ の円から 1 点 O を除いた図形を描く。　答　**中心は $-\dfrac{1}{4}$，半径は $\dfrac{1}{4}$**

(3)　z は $|z-2i|=2$，$z\neq0$ を満たす。

$z=\dfrac{1}{w}$ であるから　$\left|\dfrac{1}{w}-2i\right|=2$

ゆえに，$\dfrac{|1-2iw|}{|w|}=2$ から　$2|w|=|1-2iw|$

よって　$2|w|=|-2i|\left|w-\frac{1}{2i}\right|$　すなわち　$|w|=\left|w+\frac{i}{2}\right|$

これは，2 点 O，$-\frac{i}{2}$ を結ぶ線分の垂直二等分線を表す。

したがって，この直線と虚軸の交点を表す複素数は　$-\frac{i}{4}$ 答

(4) z は $|z-3|=r$ を満たす。

$z=\frac{1}{w}$ であるから　$\left|\frac{1}{w}-3\right|=r$

ゆえに，$\left(\frac{1}{w}-3\right)\overline{\left(\frac{1}{w}-3\right)}=r^2$ から　$(1-3w)(1-3\overline{w})=r^2w\overline{w}$

すなわち　$(r^2-9)w\overline{w}+3w+3\overline{w}-1=0$

$r\neq3$ であるから　$w\overline{w}+\frac{3}{r^2-9}w+\frac{3}{r^2-9}\overline{w}-\frac{1}{r^2-9}=0$

よって

$$\left(w+\frac{3}{r^2-9}\right)\left(\overline{w}+\frac{3}{r^2-9}\right)=\left(\frac{r}{r^2-9}\right)^2 \quad \text{すなわち} \quad \left|w+\frac{3}{r^2-9}\right|=\frac{r}{|r^2-9|}$$

この方程式が表す円と円 C が一致するとき

$$3=-\frac{3}{r^2-9},\ r=\frac{r}{|r^2-9|}$$

←2 つの円の中心と半径に着目する。

$r>0$ から　$r=2\sqrt{2}$

したがって，**2 つの円が一致することはあり**，そのときの r の値は

$\boldsymbol{r=2\sqrt{2}}$ 答

4 ※　問題文は教科書 205 ページを参照

指針 (3) (1)，(2) から，OA，OB，OC，OD をそれぞれ偏角を用いて表す。

(4) (2) と同様に，4 点 A′，B′，C′，D′ の偏角を求め，(3)と同様に解く。

解答 (1) Q の極座標を $(r,\ \theta)$ とすると

$OQ=r,\ r\cos\theta+QH=6$

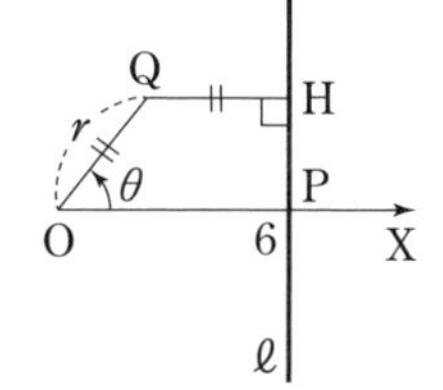

$\frac{OQ}{QH}=1$ すなわち $OQ=QH$ から　$r\cos\theta+r=6$

よって，求める極方程式は　$\boldsymbol{r=\frac{6}{1+\cos\theta}}$ 答

$r=\frac{6}{1+\cos\theta}$ から　$r\cos\theta+r=6$

これに $r\cos\theta=x$ を代入して整理すると　$r=6-x$

両辺を 2 乗すると　$r^2=x^2-12x+36$

$r^2=x^2+y^2$ を代入すると　$x^2+y^2=x^2-12x+36$

整理して　$\boldsymbol{y^2=-12(x-3)}$ 答

これは，**焦点が O，準線が ℓ である放物線を表す。** 答

(2) 3点A, O, Bは一直線上にあり，Aの偏角は α であるから，Bの偏角は $\alpha-\pi$ である。
また，3点C, O, Dは一直線上にあり，Cの偏角は $\alpha+\dfrac{\pi}{2}$ であるから，Dの偏角は
$\left(\alpha+\dfrac{\pi}{2}\right)-\pi=\alpha-\dfrac{\pi}{2}$ である。

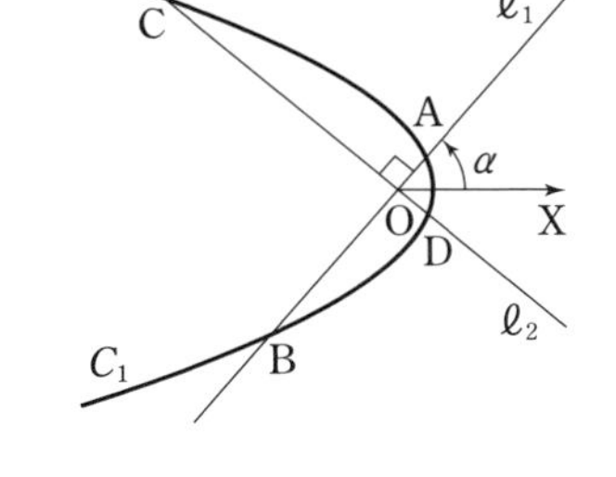

答　順に　$\boldsymbol{\alpha}$, $\boldsymbol{\alpha-\pi}$, $\boldsymbol{\alpha+\dfrac{\pi}{2}}$, $\boldsymbol{\alpha-\dfrac{\pi}{2}}$

(3) A, B, C, Dは C_1 上の点であるから，(1)より

$$\mathrm{OA}=\frac{6}{1+\cos\alpha},\quad \mathrm{OB}=\frac{6}{1+\cos(\alpha-\pi)}=\frac{6}{1-\cos\alpha},$$

$$\mathrm{OC}=\frac{6}{1+\cos\left(\alpha+\dfrac{\pi}{2}\right)}=\frac{6}{1-\sin\alpha},\quad \mathrm{OD}=\frac{6}{1+\cos\left(\alpha-\dfrac{\pi}{2}\right)}=\frac{6}{1+\sin\alpha}$$

ゆえに

$$\frac{1}{\mathrm{OA}\cdot\mathrm{OB}}+\frac{1}{\mathrm{OC}\cdot\mathrm{OD}}=\frac{1+\cos\alpha}{6}\cdot\frac{1-\cos\alpha}{6}+\frac{1-\sin\alpha}{6}\cdot\frac{1+\sin\alpha}{6}$$

$$=\frac{1-\cos^2\alpha+1-\sin^2\alpha}{36}=\frac{1}{36}$$

よって，α の値によらず，$\dfrac{1}{\mathrm{OA}\cdot\mathrm{OB}}+\dfrac{1}{\mathrm{OC}\cdot\mathrm{OD}}$ の値は一定である。　終

(4) $\dfrac{\mathrm{OQ}}{\mathrm{QH}}=\dfrac{1}{3}$ すなわち $3\mathrm{OQ}=\mathrm{QH}$ より　　$r\cos\theta+3r=6$

ゆえに，C_2 の極方程式は　　$r=\dfrac{6}{3+\cos\theta}$

(2)と同様に考えると，4点A′, B′, C′, D′の偏角はそれぞれ α, $\alpha-\pi$, $\alpha+\dfrac{\pi}{2}$, $\alpha-\dfrac{\pi}{2}$ であるから，(3)と同様にして

$$\mathrm{OA'}=\frac{6}{3+\cos\alpha},\quad \mathrm{OB'}=\frac{6}{3-\cos\alpha},\quad \mathrm{OC'}=\frac{6}{3-\sin\alpha},\quad \mathrm{OD'}=\frac{6}{3+\sin\alpha}$$

A′, O, B′およびC′, O, D′は，この順にそれぞれ一直線上にあるから

$$\mathrm{A'B'}=\mathrm{OA'}+\mathrm{OB'}=\frac{6}{3+\cos\alpha}+\frac{6}{3-\cos\alpha}=\frac{36}{9-\cos^2\alpha}$$

$$\mathrm{C'D'}=\mathrm{OC'}+\mathrm{OD'}=\frac{6}{3-\sin\alpha}+\frac{6}{3+\sin\alpha}=\frac{36}{9-\sin^2\alpha}$$

よって　　$\dfrac{1}{\mathrm{A'B'}}+\dfrac{1}{\mathrm{C'D'}}=\dfrac{9-\cos^2\alpha}{36}+\dfrac{9-\sin^2\alpha}{36}=\dfrac{17}{36}$

したがって，α の値によらず，$\dfrac{1}{\mathrm{A'B'}}+\dfrac{1}{\mathrm{C'D'}}$ の値は一定である。　終

第1章 平面上のベクトル

1 ベクトル

1 右の図に示されたベクトルについて，次のようなベクトルの番号の組をすべてあげよ。

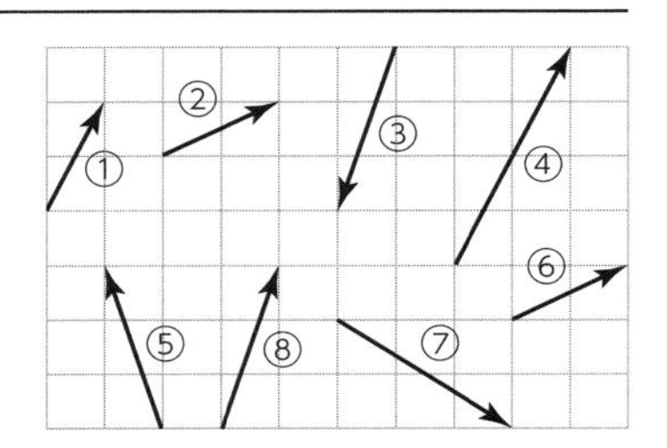

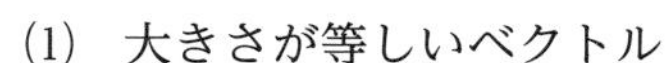

(1) 大きさが等しいベクトル

(2) 向きが同じベクトル

(3) 等しいベクトル

(4) 互いに逆ベクトル 教p.10 練習1

2 ベクトルの演算

2 次の等式が成り立つことを示せ。

(1) $\overrightarrow{\mathrm{AD}}+\overrightarrow{\mathrm{DC}}+\overrightarrow{\mathrm{CB}}=\overrightarrow{\mathrm{AB}}$

(2) $\overrightarrow{\mathrm{AC}}+\overrightarrow{\mathrm{CB}}+\overrightarrow{\mathrm{BA}}=\vec{0}$

(3) $\overrightarrow{\mathrm{BD}}-\overrightarrow{\mathrm{BC}}+\overrightarrow{\mathrm{AC}}-\overrightarrow{\mathrm{AD}}=\vec{0}$

教p.13，14 練習4，7

3 右の図のベクトル $\vec{a}$，$\vec{b}$，$\vec{c}$ について，次の(　)に適する実数を求めよ。

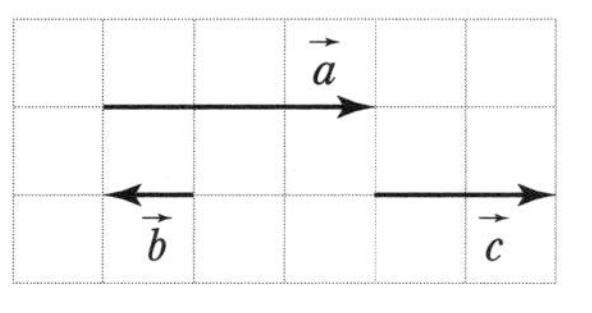

(1) $\vec{b}=(\quad)\vec{a}$　　(2) $\vec{c}=(\quad)\vec{b}$

(3) $\vec{a}=(\quad)\vec{c}$ 教p.15 練習8

4 右の図のように，ベクトル $\vec{a}$，$\vec{b}$ が与えられているとき，次のベクトルを図示せよ。

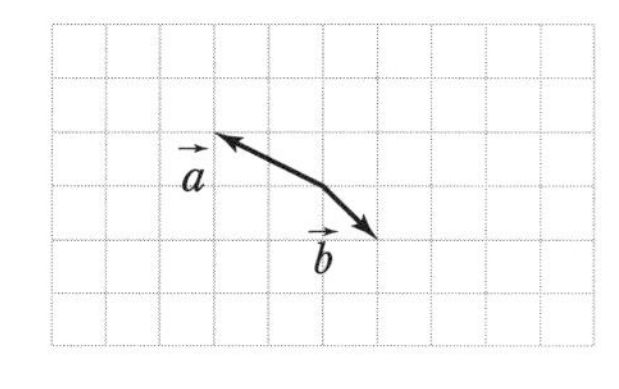

(1) $\vec{a}+\vec{b}$　　(2) $\vec{a}-\vec{b}$

(3) $3\vec{b}$　　(4) $-2\vec{a}$

(5) $-2\vec{a}-3\vec{b}$　　(6) $2\vec{a}+3\vec{b}$

教p.11，14，15 練習2，6，9

5 次の計算をせよ。

(1) $\vec{a}-3\vec{a}+4\vec{a}$　　(2) $2(3\vec{a}-\vec{b})+3(2\vec{b}-\vec{a})$

教p.16 練習10

6 (1) 単位ベクトル $\vec{e}$ と平行で，大きさが3のベクトルを $\vec{e}$ を用いて表せ。

(2) $|\vec{a}|=5$ のとき，$\vec{a}$ と同じ向きの単位ベクトルを $\vec{a}$ を用いて表せ。

教 p.17 練習 12

7 正六角形ABCDEFにおいて，$\overrightarrow{AB}=\vec{a}$，$\overrightarrow{AF}=\vec{b}$ とするとき，次のベクトルを $\vec{a}$，$\vec{b}$ を用いて表せ。

(1) $\overrightarrow{EC}$　　(2) $\overrightarrow{BC}$　　(3) $\overrightarrow{FD}$

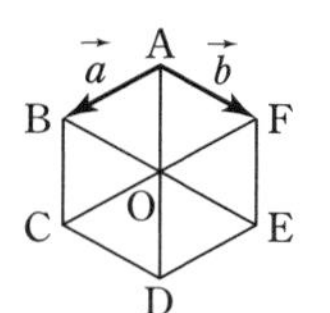

教 p.18 練習 13

3 ベクトルの成分

8 右の図のベクトル $\vec{a}$，$\vec{b}$，$\vec{c}$，$\vec{d}$，$\vec{e}$ を，それぞれ成分表示せよ。また，各ベクトルの大きさを求めよ。

教 p.20 練習 14

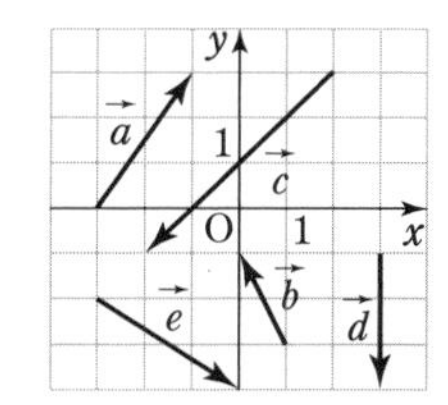

9 $\vec{a}=(3,\ 4)$，$\vec{b}=(-2,\ 3)$ のとき，次のベクトルを成分表示せよ。

(1) $\vec{a}+\vec{b}$　　(2) $-3\vec{a}$

(3) $-2\vec{a}+3\vec{b}$　　(4) $-3(-\vec{a}+2\vec{b})$

教 p.21 練習 15

10 $\vec{a}=(4,\ 2)$，$\vec{b}=(-3,\ 5)$ とする。$\vec{c}=(5,\ 9)$ を，適当な実数 s，t を用いて $s\vec{a}+t\vec{b}$ の形に表せ。

教 p.22 練習 16

11 次の2つのベクトルが平行になるように，x の値を定めよ。

(1) $\vec{a}=(-1,\ 2)$，$\vec{b}=(3,\ x)$　　(2) $\vec{a}=(x,\ 2)$，$\vec{b}=(12,\ 8)$

教 p.22 練習 17

12 次の2点A，Bについて，$\overrightarrow{AB}$ を成分表示し，$|\overrightarrow{AB}|$ を求めよ。

(1) A(3, 1)，B(−2, 5)　　(2) A(3, 5)，B(5, −1)

教 p.24 練習 18

13 4点A$(x,\ y)$，B$(2,\ 1)$，C$(5,\ 2)$，D$(4,\ 6)$を頂点とする四角形ABCDが平行四辺形になるように，x，yの値を定めよ。

教 p.24 練習 20

4 ベクトルの内積

14 $\vec{a}$と$\vec{b}$のなす角をθとする。次の場合に内積$\vec{a}\cdot\vec{b}$を求めよ。

(1) $|\vec{a}|=1$，$|\vec{b}|=2$，$\theta=45^\circ$　　(2) $|\vec{a}|=2$，$|\vec{b}|=5$，$\theta=150^\circ$

教 p.25 練習 21

15 右の図の直角三角形ABCにおいて，次の内積を求めよ。

(1) $\overrightarrow{BC}\cdot\overrightarrow{CA}$　　(2) $\overrightarrow{BA}\cdot\overrightarrow{BC}$

教 p.26 練習 22

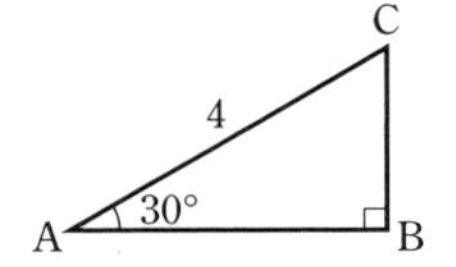

16 次のベクトル$\vec{a}$，$\vec{b}$について，内積$\vec{a}\cdot\vec{b}$を求めよ。

(1) $\vec{a}=(1,\ 3)$，$\vec{b}=(5,\ -2)$　　(2) $\vec{a}=(2,\ 1)$，$\vec{b}=(3,\ -6)$

教 p.27 練習 23

17 次の2つのベクトルのなす角θを求めよ。

(1) $\vec{a}=(2,\ 3)$，$\vec{b}=(-1,\ 5)$

(2) $\vec{a}=(\sqrt{3},\ -1)$，$\vec{b}=(\sqrt{3},\ -3)$

(3) $\vec{a}=(2,\ -3)$，$\vec{b}=(-4,\ 6)$

(4) $\vec{a}=(-\sqrt{6},\ \sqrt{2})$，$\vec{b}=(\sqrt{3},\ 1)$

教 p.28 練習 24

18 次の2つのベクトルが垂直になるように，xの値を定めよ。

(1) $\vec{a}=(4,\ -1)$，$\vec{b}=(x,\ 2)$　　(2) $\vec{a}=(x,\ x-3)$，$\vec{b}=(x-7,\ 2)$

教 p.28 練習 25

19 (1) $\vec{a}=(3,\ 4)$に垂直で大きさが5のベクトル$\vec{p}$を求めよ。

(2) $\vec{a}=(2,\ -\sqrt{5})$に垂直な単位ベクトル$\vec{e}$を求めよ。

≫教 p.29 練習 26

20 $\vec{0}$でないベクトル$\vec{a}=(a_1,\ a_2)$，$\vec{b}=(a_2,\ -a_1)$が垂直であることを用いて，$\vec{p}=(3,\ 2)$に垂直な単位ベクトル$\vec{e}$を求めよ。

≫教 p.29 練習 27

21 次の等式を証明せよ。

(1) $|2\vec{a}+3\vec{b}|^2=4|\vec{a}|^2+12\vec{a}\cdot\vec{b}+9|\vec{b}|^2$

(2) $(3\vec{a}+4\vec{b})\cdot(3\vec{a}-4\vec{b})=9|\vec{a}|^2-16|\vec{b}|^2$

≫教 p.31 練習 28

22 $|\vec{a}|=2$，$|\vec{b}|=3$，$\vec{a}\cdot\vec{b}=5$のとき，次の値を求めよ。

(1) $|\vec{a}-\vec{b}|$　　(2) $|2\vec{a}+\vec{b}|$

≫教 p.31 練習 29

23 $|\vec{a}|=\sqrt{2}$，$|\vec{b}|=2$で，$3\vec{a}+2\vec{b}$と$\vec{a}-\vec{b}$が垂直であるとする。

(1) 内積$\vec{a}\cdot\vec{b}$を求めよ。

(2) $\vec{a}$と$\vec{b}$のなす角θを求めよ。

≫教 p.31 練習 30，31

研究 三角形の面積

24 次の3点を頂点とする三角形の面積を求めよ。

A(0, −1)，B(2, 5)，C(−1, 1)

≫教 p.32 練習 1

5 位置ベクトル

25 3点$P(\vec{p})$，$Q(\vec{q})$，$R(\vec{r})$に対して，次のベクトルを$\vec{p}$，$\vec{q}$，$\vec{r}$のいずれかを用いて表せ。

(1) $\overrightarrow{PQ}$　　(2) $\overrightarrow{RP}$　　(3) $\overrightarrow{QR}$

≫教 p.35 練習 32

26 2点A($\vec{a}$)，B($\vec{b}$)を結ぶ線分ABに対して，次のような点の位置ベクトルを求めよ。

(1) 1：2に内分する点

(2) 5：3に内分する点

(3) 1：4に外分する点

(4) 6：5に外分する点

≫教 p.36 練習 34

27 3点A($\vec{a}$)，B($\vec{b}$)，C($\vec{c}$)を頂点とする△ABCにおいて，辺BC，CA，ABを3：2に内分する点を，それぞれD，E，Fとする。△DEFの重心Gの位置ベクトル$\vec{g}$を$\vec{a}$，$\vec{b}$，$\vec{c}$を用いて表せ。

≫教 p.38 練習 35

6 ベクトルの図形への応用

28 △OABにおいて，辺OAを1：2に内分する点をD，辺OBの中点をE，辺ABを2：1に外分する点をFとする。このとき，3点D，E，Fは一直線上にあることを証明せよ。

≫教 p.39 練習 36

29 △OABにおいて，辺OAを4：3に内分する点をC，辺OBを3：1に内分する点をDとし，線分ADと線分BCの交点をPとする。$\overrightarrow{OA}=\vec{a}$，$\overrightarrow{OB}=\vec{b}$とするとき，$\overrightarrow{OP}$を$\vec{a}$，$\vec{b}$を用いて表せ。

≫教 p.40 練習 37

30 OA=6, OC=4である長方形OABCにおいて，辺OA上にOP：PA=2：1となる点P，辺OC上にOQ：QC=3：1となる点Qをとる。このとき，PB⊥QAであることをベクトルを用いて証明せよ。

≫教 p.41 練習 38

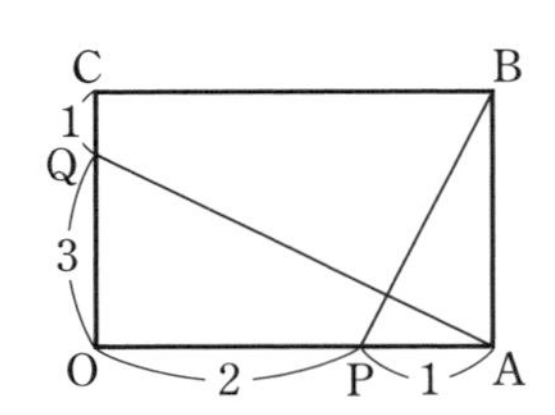

7 図形のベクトルによる表示

31 点 A$(4,\ -2)$ を通り，$\vec{d}=(2,\ -1)$ に平行な直線を媒介変数表示せよ。また，媒介変数を消去した式で表せ。

≫教 p.43 練習 39，40

32 △OAB において，次の式を満たす点 P の存在範囲を求めよ。

$$\overrightarrow{OP}=s\overrightarrow{OA}+t\overrightarrow{OB},\quad s+t=\frac{1}{3},\ s\geqq 0,\ t\geqq 0$$

≫教 p.45 練習 41

33 △OAB において，次の式を満たす点 P の存在範囲を求めよ。

(1) $\overrightarrow{OP}=s\overrightarrow{OA}+t\overrightarrow{OB}$，$0\leqq s+t\leqq 3$，$s\geqq 0$，$t\geqq 0$

(2) $\overrightarrow{OP}=s\overrightarrow{OA}+t\overrightarrow{OB}$，$0\leqq s+t\leqq \frac{1}{3}$，$s\geqq 0$，$t\geqq 0$

≫教 p.46 練習 42

34 次の点 A を通り，ベクトル $\vec{n}$ に垂直な直線の方程式を求めよ。

(1) A$(1,\ 3)$，$\vec{n}=(4,\ 5)$　　(2) A$(-4,\ 1)$，$\vec{n}=(2,\ -3)$

≫教 p.48 練習 43

35 点 A$(\vec{a})$ が与えられているとき，次のベクトル方程式において点 P$(\vec{p})$ の全体は円となる。円の中心の位置ベクトル，円の半径を求めよ。

(1) $|\vec{p}+\vec{a}|=4$　　(2) $|3\vec{p}-2\vec{a}|=1$

≫教 p.49 練習 44

36 平面上の異なる 2 点 O，A に対して，$\overrightarrow{OA}=\vec{a}$ とする。このとき，ベクトル方程式 $|\vec{p}|^2-2\vec{a}\cdot\vec{p}=0$ において，$\overrightarrow{OP}=\vec{p}$ となる点 P の全体は点 A を中心とする半径 OA の円を表すことを示せ。

≫教 p.49 練習 45

定期考査対策問題

1 $\overrightarrow{\mathrm{OA}}=\vec{a}$，$\overrightarrow{\mathrm{OB}}=\vec{b}$，$\overrightarrow{\mathrm{OP}}=5\vec{a}-4\vec{b}$，$\overrightarrow{\mathrm{OQ}}=2\vec{a}-\vec{b}$ であるとき，$\overrightarrow{\mathrm{PQ}}/\!/\overrightarrow{\mathrm{AB}}$ であることを示せ。ただし，$\vec{a}\neq\vec{0}$，$\vec{b}\neq\vec{0}$ で，$\vec{a}$ と $\vec{b}$ は平行でないものとする。

2 平行四辺形ABCDの辺BC，CDの中点を，それぞれE，Fとし，$\overrightarrow{\mathrm{AB}}=\vec{b}$，$\overrightarrow{\mathrm{AD}}=\vec{d}$ とする。

(1) $\overrightarrow{\mathrm{EF}}$ を $\vec{b}$，$\vec{d}$ を用いて表せ。

(2) $\overrightarrow{\mathrm{AE}}=\vec{u}$，$\overrightarrow{\mathrm{AF}}=\vec{v}$ とするとき，$\vec{b}$，$\vec{d}$ を $\vec{u}$，$\vec{v}$ を用いて表せ。

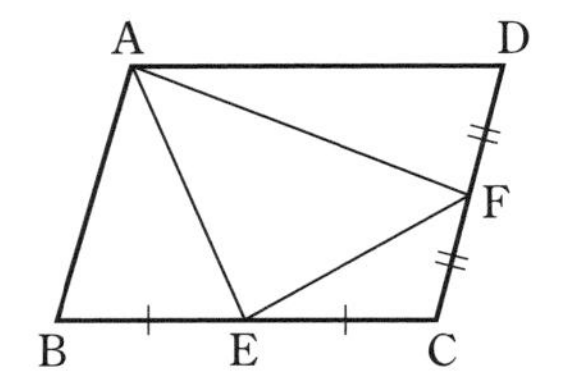

3 $\vec{a}=(x,\ 1)$，$\vec{b}=(2,\ 3)$ について，$\vec{a}+\vec{b}$ と $2\vec{a}-\vec{b}$ が平行になるように，x の値を定めよ。

4 $|\vec{a}|=3$，$|\vec{b}|=2$，$|\vec{a}+\vec{b}|=\sqrt{15}$ のとき，$3\vec{a}-\vec{b}$ と $\vec{a}+2t\vec{b}$ が垂直になるように，実数 t の値を定めよ。

5 $|\vec{a}|=4$，$|\vec{b}|=5$，$|\vec{a}-\vec{b}|=\sqrt{21}$ のとき，$|\vec{a}+t\vec{b}|$ の最小値を求めよ。ただし，t は実数とする。

6 AB=5，BC=6，CA=7 である △ABC の内心を I とする。$\overrightarrow{\mathrm{AB}}=\vec{b}$，$\overrightarrow{\mathrm{AC}}=\vec{c}$ とするとき，$\overrightarrow{\mathrm{AI}}$ を $\vec{b}$，$\vec{c}$ を用いて表せ。

7 △ABC と点 P に対して，等式 $2\overrightarrow{PA}+3\overrightarrow{PB}+4\overrightarrow{PC}=\vec{0}$ が成り立つとする。

(1) 点 P は △ABC に対してどのような位置にあるか。

(2) 面積の比 △PBC：△PCA：△PAB を求めよ。

8 平行四辺形 ABCD において，辺 CD を 3：1 に内分する点を E，対角線 BD を 4：1 に内分する点を F とする。このとき，3 点 A，F，E は一直線上にあることを証明せよ。

9 △OAB と点 P に対して，$\overrightarrow{OP}=s\overrightarrow{OA}+t\overrightarrow{OB}$ が成り立つとする。
s，t が次の条件を満たすとき，点 P の存在範囲を求めよ。

(1) $s+t=3$

(2) $0\leqq 2s+3t\leqq 6$，$s\geqq 0$，$t\geqq 0$

10 平面上の異なる 2 点 O，A に対して，$\overrightarrow{OA}=\vec{a}$ とする。このとき，ベクトル方程式 $2\vec{a}\cdot\vec{p}=|\vec{a}||\vec{p}|$ において $\overrightarrow{OP}=\vec{p}$ となる点 P の全体はどのような図形を表すか。

第 2 章　空間のベクトル

1　空間の点

37　点 P(1, 5, −2) に対して，次の点の座標を求めよ。

(1)　xy 平面に関して対称な点　　(2)　x 軸に関して対称な点

(3)　z 軸に関して対称な点　　(4)　原点に関して対称な点

教 p.57 練習 1

38　原点 O と次の点の距離を求めよ。

(1)　P(5, −2, 4)　　(2)　Q(−4, −1, 3)

教 p.57 練習 2

2　空間のベクトル

39　右の図の直方体において，各頂点を始点，終点とする有向線分が表すベクトルのうち，$\overrightarrow{\mathrm{BC}}$ に等しいベクトルで $\overrightarrow{\mathrm{BC}}$ 以外のものをすべてあげよ。また，$\overrightarrow{\mathrm{HD}}$ の逆ベクトルで $\overrightarrow{\mathrm{DH}}$ 以外のものをすべてあげよ。

教 p.59 練習 3

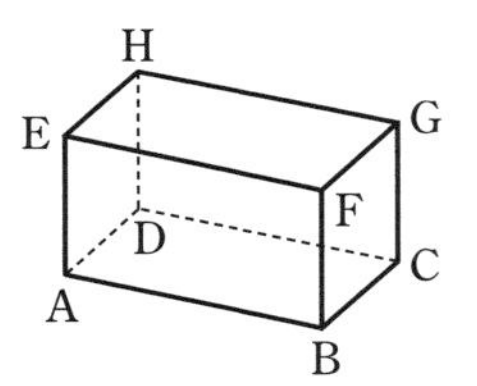

40　本書の演習問題 39 番の直方体において，次の□に適する頂点の文字を求めよ。

(1)　$\overrightarrow{\mathrm{AB}}+\overrightarrow{\mathrm{EH}}=\overrightarrow{\mathrm{A}\square}$

(2)　$\overrightarrow{\mathrm{AB}}-\overrightarrow{\mathrm{DH}}=\overrightarrow{\square\mathrm{B}}$

教 p.60 練習 4

41　図の平行六面体において，$\overrightarrow{\mathrm{AB}}=\vec{a}$，$\overrightarrow{\mathrm{AD}}=\vec{b}$，$\overrightarrow{\mathrm{AE}}=\vec{c}$ とするとき，次のベクトルを，$\vec{a}$，$\vec{b}$，$\vec{c}$ を用いて表せ。

(1)　$\overrightarrow{\mathrm{BD}}$　　(2)　$\overrightarrow{\mathrm{FC}}$

(3)　$\overrightarrow{\mathrm{GA}}$　　(4)　$\overrightarrow{\mathrm{CE}}$

教 p.60 練習 5

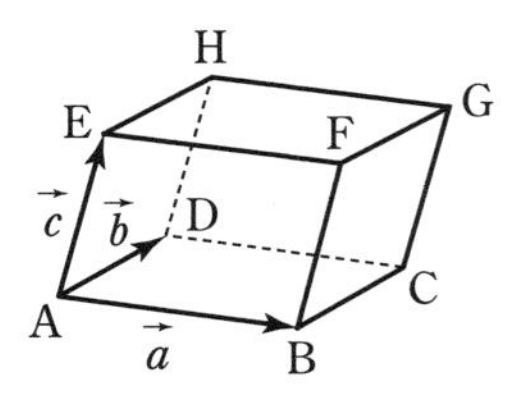

3 ベクトルの成分

42 次のベクトル $\vec{a}$，$\vec{b}$ が等しくなるように，x，y，z の値を定めよ。

$\vec{a}=(1,\ 2,\ -3)$，$\vec{b}=(x+2,\ -y,\ z)$

≫教 p.63 練習 6

43 次のベクトルの大きさを求めよ。

(1) $\vec{a}=(3,\ -2,\ 4)$　(2) $\vec{b}=(2,\ 4,\ -5)$

≫教 p.63 練習 7

44 $\vec{a}=(1,\ 0,\ 1)$，$\vec{b}=(2,\ -1,\ -2)$のとき，次のベクトルを成分表示せよ。

(1) $\vec{a}+\vec{b}$　(2) $\vec{a}-\vec{b}$

(3) $3\vec{a}-2\vec{b}$　(4) $(\vec{a}-3\vec{b})-(7\vec{a}-2\vec{b})$

≫教 p.64 練習 8

45 次の 2 点 A，B について，$\overrightarrow{AB}$ を成分表示し，$|\overrightarrow{AB}|$ を求めよ。

(1) A(1, 1, 2)，B(2, 3, 5)

(2) A(0, −1, 3)，B(3, 4, −5)

≫教 p.64 練習 9

4 ベクトルの内積

46 1 辺の長さが 6 の立方体 ABCD−EFGH について，次の内積を求めよ。

(1) $\overrightarrow{AB}\cdot\overrightarrow{AD}$　(2) $\overrightarrow{AC}\cdot\overrightarrow{AF}$　(3) $\overrightarrow{AE}\cdot\overrightarrow{GD}$

≫教 p.65 練習 10

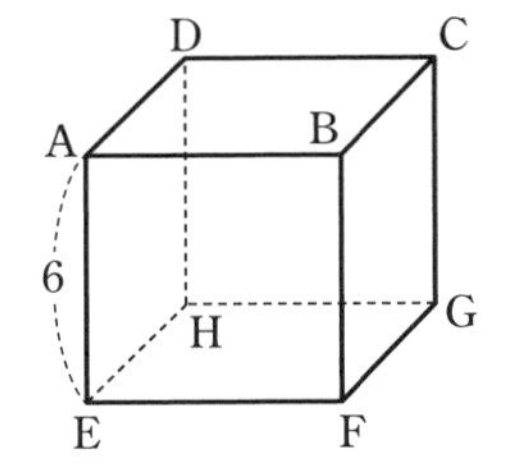

47 次の 2 つのベクトル $\vec{a}$，$\vec{b}$ について，内積とそのなす角 θ を求めよ。

(1) $\vec{a}=(1,\ -2,\ -3)$，$\vec{b}=(6,\ 2,\ -4)$

(2) $\vec{a}=(-4,\ -2,\ 4)$，$\vec{b}=(2,\ 1,\ -2)$

≫教 p.66 練習 11

48 3 点 A(2, 1, 0)，B(0, 2, 1)，C(1, 0, 2)を頂点とする △ABC において，∠BAC の大きさを求めよ。

≫教 p.66 練習 12

49 2つのベクトル $\vec{a}=(1,\ 2,\ 3)$，$\vec{b}=(1,\ -2,\ 1)$の両方に垂直で，大きさが $\sqrt{21}$ のベクトル $\vec{p}$ を求めよ。

≫教 p.67 練習 13

5 ベクトルの図形への応用

50 四面体OABCにおいて，辺ABを2：1に内分する点をD，線分CDを3：2に内分する点をPとする。$\overrightarrow{OP}$ を $\overrightarrow{OA}$，$\overrightarrow{OB}$，$\overrightarrow{OC}$ を用いて表せ。

≫教 p.69 練習 14

51 四面体OABCにおいて，辺OA，BC，OB，ACの中点を，それぞれK，L，M，Nとする。線分KLの中点をPとするとき，3点M，N，Pは一直線上にあることを証明せよ。

≫教 p.70 練習 15

52 3点A(3，1，2)，B(4，2，3)，C(5，2，5)の定める平面ABC上に点D(−2，−1，z)があるとき，zの値を求めよ。

≫教 p.71 練習 16

53 四面体OABCにおいて，辺OAを1：2に内分する点をD，辺BCを3：2に内分する点をE，線分DEの中点をMとし，直線OMと平面ABCの交点をPとする。$\overrightarrow{OA}=\vec{a}$，$\overrightarrow{OB}=\vec{b}$，$\overrightarrow{OC}=\vec{c}$ とするとき，$\overrightarrow{OP}$ を $\vec{a}$，$\vec{b}$，$\vec{c}$ を用いて表せ。

≫教 p.72 練習 17

54 1辺の長さがaの正四面体ABCDにおいて，辺AB，CDの中点をそれぞれE，Fとするとき，AB⊥EFであることをベクトルを用いて証明せよ。

≫教 p.74 練習 18，19

6 座標空間における図形

55 2点A(2, 1, −1), B(1, −3, 5)について，次のものを求めよ。
(1) 2点A, B間の距離
(2) 線分ABの中点の座標
(3) 線分ABを3：1に内分する点の座標
(4) 線分ABを2：1に外分する点の座標

教 p.76 練習20

56 3点A(2, −3, 0), B(5, 1, 5), C(8, −1, 1)を頂点とする△ABCの重心の座標を，原点Oに関する位置ベクトルを利用して求めよ。

教 p.76 練習21

57 点(3, −2, 5)を通り，次のような平面の方程式を求めよ。
(1) xy平面に平行　(2) zx平面に平行　(3) x軸に垂直

教 p.77 練習22

58 次のような球面の方程式を求めよ。
(1) 原点を中心とする半径5の球面
(2) 点(3, 2, 1)を中心とする，半径が2の球面
(3) 点A(1, 2, 1)を中心とし，点B(−2, 3, 4)を通る球面
(4) 2点A(4, −1, 3), B(0, 11, 9)を直径の両端とする球面

教 p.78 練習24, 25

59 球面$(x-2)^2+(y+3)^2+(z+1)^2=4^2$と$zx$平面が交わる部分は円である。その円の中心の座標と半径を求めよ。

教 p.79 練習26

発展 平面の方程式

60 点(2, −6, −3)を通り，ベクトル$\vec{n}=(4, -1, 5)$に垂直な平面の方程式を求めよ。

教 p.79 練習1

定期考査対策問題

1 A(1, −2, −3), B(2, 1, 1), C(−1, −3, 2), D(3, −4, −1)とする。
線分 AB, AC, AD を 3 辺とする平行六面体の他の頂点の座標を求めよ。

2 次のベクトルを, 3 つのベクトル $\vec{a}=(1,\ 2,\ 3)$, $\vec{b}=(0,\ 2,\ 5)$,
$\vec{c}=(1,\ 3,\ 1)$と適当な実数 s, t, u を用いて, $s\vec{a}+t\vec{b}+u\vec{c}$ の形に表せ。
(1) $\vec{p}=(0,\ 3,\ 12)$
(2) $\vec{q}=(-2,\ 2,\ 9)$

3 $|\vec{a}|=6$, $|\vec{c}|=1$, $\vec{a}$ と $\vec{b}$ のなす角は 60° で, $\vec{a}$ と $\vec{c}$, $\vec{b}$ と $\vec{c}$, $\vec{a}+\vec{b}+\vec{c}$ と $2\vec{a}-5\vec{b}$ のなす角は, いずれも 90° である。
このとき, $|\vec{b}|$, $|\vec{a}+\vec{b}+\vec{c}|$ の値を求めよ。

4 $\vec{a}=(1,\ 2,\ 3)$, $\vec{b}=(2,\ -1,\ 1)$で, t は実数とする。$|\vec{a}+t\vec{b}|$ の最小値とそのときの t の値を求めよ。

5 四面体 ABCD において, 辺 AB の中点を M, 辺 CD の中点を N, 辺 BD の中点を P, 辺 AC の中点を Q とする。次の等式を証明せよ。
(1) $\overrightarrow{AD}+\overrightarrow{BC}=2\overrightarrow{MN}$
(2) $\overrightarrow{AB}+\overrightarrow{AD}+\overrightarrow{CB}+\overrightarrow{CD}=4\overrightarrow{QP}$

6 四面体 ABCD において, 等式 $\overrightarrow{AP}+2\overrightarrow{BP}+5\overrightarrow{CP}+6\overrightarrow{DP}=\vec{0}$ を満たす点 P はどのような点か。

7 3点 $A(-3,\ 2,\ 4)$，$B(1,\ -1,\ 6)$，$C(x,\ y,\ 5)$が一直線上にあるとき，x，yの値を求めよ。

8 1辺の長さが2の正四面体OABCにおいて，辺BCの中点をMとする。
(1) 内積 $\overrightarrow{OA}\cdot\overrightarrow{OM}$ を求めよ。　(2) $\cos\angle AOM$ の値を求めよ。

9 $A(1,\ -2,\ 3)$，$B(-1,\ 2,\ 3)$，$C(1,\ 2,\ -3)$とする。平面ABCに，原点Oから垂線OHを下ろす。線分OHの長さを求めよ。
また，四面体OABCの体積を求めよ。

10 $AB=2$，$AD=\sqrt{3}$，$AE=1$ である直方体ABCD-EFGHがあり，辺ABの中点をMとする。
点Pが辺CD上を動くとき，内積 $\overrightarrow{PF}\cdot\overrightarrow{PM}$ の最小値を求めよ。
また，そのときの点Pの位置を求めよ。

11 中心が点$(-2,\ 1,\ a)$，半径が6の球面が，xy平面と交わってできる円の半径が $4\sqrt{2}$ であるとき，aの値を求めよ。

第3章 複素数平面

1 複素数平面

61 次の点を右の図に示せ。

A$(2+i)$, B$(-3-4i)$,
C$(-1+2i)$, D$(-2i)$

教 p.87 練習1

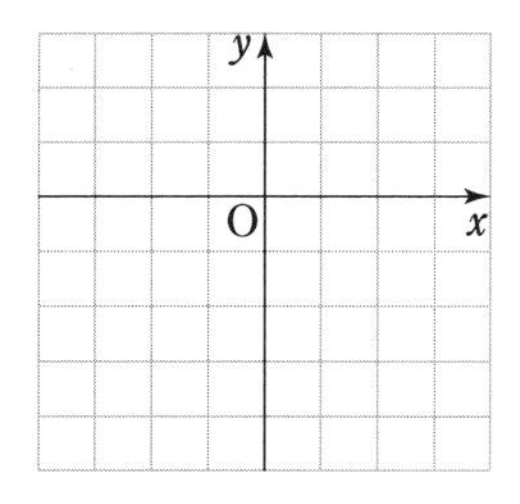

62 右の図の複素数平面上の点 α, β について，次の点を図に示せ。

(1) $\alpha+\beta$ (2) $\alpha-\beta$

教 p.88 練習2

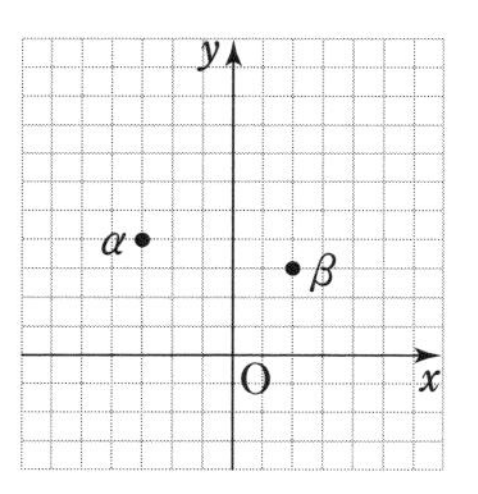

63 $\alpha=2+6i$, $\beta=-1+yi$ とする。2点A(α), B(β)と原点Oが一直線上にあるとき，実数 y の値を求めよ。

教 p.89 練習3

64 次の複素数の絶対値を求めよ。

(1) $5-2i$ (2) $1+\sqrt{3}\,i$ (3) 4 (4) $-7i$

教 p.90 練習4

65 次の2点間の距離を求めよ。

(1) A$(5+4i)$, B$(9+2i)$ (2) C$(6-7i)$, D$(-3+i)$

教 p.91 練習5

66 複素数 α, β について，$\alpha+\beta-2i=0$ のとき，$\overline{\alpha}+\overline{\beta}$ を求めよ。

教 p.92 練習8

2 複素数の極形式

67 次の複素数を極形式で表せ。ただし，偏角θの範囲は，(1)，(2)では$0 \leqq \theta < 2\pi$，(3)，(4)では$-\pi < \theta \leqq \pi$とする。

(1) $-1+\sqrt{3}\,i$　　(2) $3-3i$

(3) $-\sqrt{3}-i$　　(4) $-3i$

≫教 p.95 練習 10

68 $1+i$，$\sqrt{3}+i$を極形式で表すことにより，$\cos\dfrac{5}{12}\pi$と$\sin\dfrac{5}{12}\pi$の値を求めよ。

≫教 p.97 練習 12

69 次の複素数α，βについて，$\alpha\beta$，$\dfrac{\alpha}{\beta}$をそれぞれ極形式で表せ。ただし，偏角θの範囲は$0 \leqq \theta < 2\pi$とする。

$$\alpha=4\sqrt{2}\left(\cos\frac{3}{4}\pi+i\sin\frac{3}{4}\pi\right),\ \beta=2\left(\cos\frac{2}{3}\pi+i\sin\frac{2}{3}\pi\right)$$

≫教 p.97 練習 13

70 複素数α，βについて，$|\alpha|=5$，$|\beta|=4$のとき，次の値を求めよ。

(1) $|\alpha^3|$　　(2) $|\alpha\beta^2|$　　(3) $\left|\dfrac{1}{\alpha\beta}\right|$　　(4) $\left|\dfrac{\beta^3}{\alpha^2}\right|$

≫教 p.98 練習 14

71 次の点は，点zをどのように移動した点であるか。

(1) $(1-i)z$　　(2) $(-1+\sqrt{3}\,i)z$　　(3) $-i\overline{z}$

≫教 p.98 練習 15

72 $z=6+2i$とする。点zを原点を中心として次の角だけ回転した点を表す複素数を求めよ。

(1) $\dfrac{\pi}{4}$　　(2) $-\dfrac{\pi}{3}$　　(3) $\dfrac{\pi}{2}$　　(4) $\dfrac{5}{6}\pi$

≫教 p.99 練習 16

73 $\alpha=\sqrt{3}-4i$とする。複素数平面上の3点0，α，βを頂点とする三角形が，正三角形であるとき，βの値を求めよ。

≫教 p.99 練習 17

3 ド・モアブルの定理

74 次の式を計算せよ。

(1) $(\sqrt{3}+i)^6$　　(2) $(-\sqrt{2}+\sqrt{6}i)^5$　　(3) $(1-i)^{-6}$

教 p.101 練習 18

75 1の4乗根を求めよ。

教 p.103 練習 20

76 次の方程式を解け。また，解を表す点を，それぞれ複素数平面上に図示せよ。

(1) $z^2=1-\sqrt{3}i$　　(2) $z^3=-8i$

教 p.104 練習 21

4 複素数と図形

77 $\mathrm{A}(2+4i)$，$\mathrm{B}(5-2i)$とする。次の点を表す複素数を求めよ。

(1) 線分ABを2：1に内分する点C

(2) 線分ABの中点M

(3) 線分ABを1：3に外分する点D

教 p.106 練習 22

78 複素数平面上の3点$\mathrm{A}(3+2i)$，$\mathrm{B}(6-i)$，$\mathrm{C}(-3-4i)$を頂点とする△ABCの重心を表す複素数を求めよ。

教 p.106 練習 23

79 次の方程式を満たす点z全体は，どのような図形か。

(1) $|z-3|=1$　　(2) $|z+2i|=4$　　(3) $|z+2|=|z-6i|$

教 p.107 練習 24

80 方程式$2|z-i|=|z+2i|$を満たす点z全体の集合は，どのような図形か。

教 p.107 練習 25

81 $w=2i(z+2)$ とする。点 z が原点 O を中心とする半径 1 の円上を動くとき，点 w はどのような図形を描くか。

≫ 教 p.108 練習 26

82 $\alpha=-1+2i$，$\beta=3-i$ とする。点 β を，点 α を中心として $\dfrac{\pi}{2}$ だけ回転した点を表す複素数 γ を求めよ。

≫ 教 p.109 練習 28

83 3 点 $\mathrm{A}(-2-3i)$，$\mathrm{B}(5-2i)$，$\mathrm{C}(1+i)$ に対して，半直線 AB から半直線 AC までの回転角 θ を求めよ。ただし，$-\pi<\theta\leqq\pi$ とする。

≫ 教 p.111 練習 30

84 3 点 $\mathrm{A}(-1)$，$\mathrm{B}(2+i)$，$\mathrm{C}(a-4i)$ について，次の問いに答えよ。ただし，a は実数とする。

(1) 2 直線 AB，AC が垂直に交わるように，a の値を定めよ。

(2) 3 点 A，B，C が一直線上にあるように，a の値を定めよ。

≫ 教 p.111 練習 31

85 3 点 $\mathrm{A}(\alpha)$，$\mathrm{B}(\beta)$，$\mathrm{C}(\gamma)$ を頂点とする △ABC について，等式
$\gamma=\left(\dfrac{1}{2}-\dfrac{\sqrt{3}}{2}i\right)\alpha+\left(\dfrac{1}{2}+\dfrac{\sqrt{3}}{2}i\right)\beta$ が成り立つとき，次のものを求めよ。

(1) 複素数 $\dfrac{\gamma-\alpha}{\beta-\alpha}$ の値　　(2) △ABC の 3 つの角の大きさ

≫ 教 p.112 練習 32

研究 △ABC の形状を決める複素数

86 3 点 $\mathrm{A}(1+i)$，$\mathrm{B}(3+(\sqrt{2}+1)i)$，$\mathrm{C}(-\sqrt{2}+1+3i)$ を頂点とする △ABC はどのような三角形か。

≫ 教 p.113 練習 2

演習
演習編

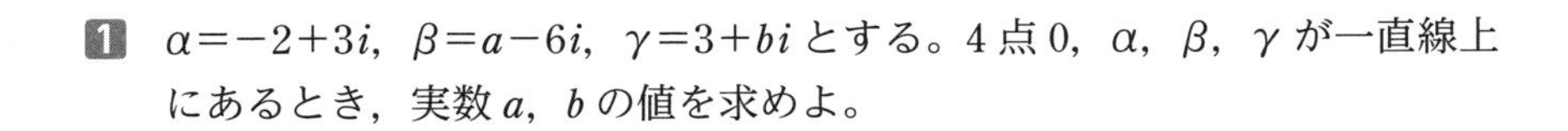

定期考査対策問題

1 $\alpha=-2+3i$, $\beta=a-6i$, $\gamma=3+bi$ とする。4点0，α，β，γ が一直線上にあるとき，実数 a，b の値を求めよ。

2 (1) 複素数 α，β について，$|\alpha|=|\beta|=|\alpha+\beta|=1$ のとき，$\alpha^2+\alpha\beta+\beta^2=0$ であることを証明せよ。

(2) 複素数 z について，$|z+1|=2|z-2|$ のとき，$|z-3|$ の値を求めよ。

3 次の複素数を極形式で表せ。ただし，偏角 θ の範囲は $0\leqq\theta<2\pi$ とする。

(1) $\dfrac{3+2i}{1+5i}$　　(2) $\sin\dfrac{\pi}{6}+i\cos\dfrac{\pi}{6}$

4 複素数平面上の3点O(0)，A$(3-i)$，Bについて，次の条件を満たしているとき，点Bを表す複素数を求めよ。

(1) △OABが正三角形

(2) 2OA=OB かつ $\angle\mathrm{AOB}=\dfrac{2}{3}\pi$

5 複素数平面上で，原点Oと点 $\sqrt{3}+i$ を通る直線を ℓ とする。点 $2+i$ を直線 ℓ に関して対称移動した点を表す複素数を求めよ。

6 次の式を計算せよ。

(1) $\left(\dfrac{\sqrt{3}-i}{\sqrt{3}+i}\right)^3$　　(2) $\left\{\left(\dfrac{1+i}{\sqrt{2}}\right)^{10}-\left(\dfrac{1-i}{\sqrt{2}}\right)^{10}\right\}^2$

7 複素数 z が，$z+\dfrac{1}{z}=2\cos\theta$ を満たすとき，次の問いに答えよ。

(1) z を θ を用いて表せ。

(2) n が自然数のとき，$z^n+\dfrac{1}{z^n}=2\cos n\theta$ であることを示せ。

8 次の方程式の解を極形式で表せ。

$$z^4+2z^3+4z^2+8z+16=0$$

9 $\alpha=\cos\dfrac{2}{17}\pi+i\sin\dfrac{2}{17}\pi$ のとき，次の式の値を求めよ。

(1) $1+\alpha+\alpha^2+\cdots\cdots+\alpha^{16}$

(2) $\alpha\cdot\alpha^2\cdot\cdots\cdots\cdot\alpha^{16}$

10 n が $a_n=\left(\dfrac{\sqrt{3}+1}{2}+\dfrac{\sqrt{3}-1}{2}i\right)^{2n}$ を実数とする最小の自然数のとき，a_n の値を求めよ。

11 次の方程式を満たす点 z 全体は，どのような図形か。

(1) $z-\overline{z}=2i$

(2) $2z\overline{z}+z+\overline{z}+i(z-\overline{z})=1$

(3) $3|z|=|z+8|$

(4) $|z-2i|=2|z+i|$

12 複素数平面上の異なる3点 α，β，γ が一直線上にあるとき，次の等式が成り立つことを証明せよ。

$$\overline{\alpha}(\beta-\gamma)+\overline{\beta}(\gamma-\alpha)+\overline{\gamma}(\alpha-\beta)=0$$

13 △ABC と点 P に対し，等式 $AB^2+PC^2=AC^2+PB^2$ が成り立つならば PA⊥BC であることを，複素数平面を利用して証明せよ。
ただし，点 P は頂点 A と異なるものとする。

演習

演習編

第4章 式と曲線

1 放物線

87 次の放物線の概形をかけ。また，その焦点と準線を求めよ。

(1) $y^2=16x$　　(2) $y^2=-12x$

教 p.121 練習 1

88 焦点が点(5, 0)で，準線が直線 $x=-5$ である放物線の方程式を求めよ。

教 p.121 練習 2

89 次の放物線の概形をかけ。また，その焦点と準線を求めよ。

(1) $x^2=8y$　　(2) $y=-3x^2$

教 p.121 練習 3

2 楕円

90 次の楕円の概形をかけ。また，その焦点，長軸の長さ，短軸の長さを求めよ。

(1) $\dfrac{x^2}{6^2}+\dfrac{y^2}{5^2}=1$　　(2) $x^2+\dfrac{25}{16}y^2=100$

教 p.124 練習 4

91 次の楕円の概形をかけ。また，その焦点，長軸の長さ，短軸の長さを求めよ。

(1) $\dfrac{x^2}{4^2}+\dfrac{y^2}{5^2}=1$　　(2) $25x^2+9y^2=225$

教 p.125 練習 5

92 2点(4, 0)，(−4, 0)を焦点とし，焦点からの距離の和が10である楕円の方程式を求めよ。

教 p.125 練習 6

93 円 $x^2+y^2=2^2$ を，x 軸をもとにして次のように縮小または拡大して得られる楕円の方程式を求めよ。

(1) y 軸方向に $\dfrac{1}{2}$ 倍　　(2) y 軸方向に $\dfrac{3}{2}$ 倍

教 p.126 練習 7

94 座標平面上において，長さが 9 の線分 AB の端点 A は x 軸上を，端点 B は y 軸上を動くとき，線分 AB を 1：2 に内分する点 P の軌跡を求めよ。

教 p.127 練習 8

3 双曲線

95 次の双曲線の概形をかけ。また，その焦点，頂点，漸近線を求めよ。

(1) $\dfrac{x^2}{6^2}-\dfrac{y^2}{3^2}=1$　　(2) $4x^2-y^2=1$

教 p.131 練習 9

96 次の双曲線の概形をかけ。また，その焦点，頂点，漸近線を求めよ。

(1) $\dfrac{x^2}{3^2}-\dfrac{y^2}{4^2}=-1$　　(2) $x^2-4y^2=-1$

教 p.132 練習 10

97 2 点 $(3,\ 0)$，$(-3,\ 0)$ を焦点とし，焦点からの距離の差が 4 である双曲線の方程式を求めよ。

教 p.132 練習 11

98 2 点 $(2\sqrt{2},\ 0)$，$(-2\sqrt{2},\ 0)$ を焦点とする直角双曲線の方程式を求めよ。

教 p.133 練習 12

4 2 次曲線の平行移動

99 (1) 楕円 $x^2+\dfrac{y^2}{4}=1$ を，x 軸方向に 1，y 軸方向に 2 だけ平行移動するとき，移動後の楕円の方程式と焦点を求めよ。

(2) 放物線 $y^2=2x$ を，x 軸方向に 2，y 軸方向に -1 だけ平行移動するとき，移動後の放物線の方程式と焦点を求めよ。

教 p.136 練習 13

100 次の方程式はどのような図形を表すか。

(1) $x^2+4y^2-4x+8y+4=0$

(2) $4y^2-9x^2-18x-24y-9=0$

(3) $y^2+2x-2y-3=0$

教 p.137 練習 14

5 2次曲線と直線

101 楕円 $\dfrac{x^2}{9}+\dfrac{y^2}{4}=1$ と直線 $x-y=2$ の共有点の座標を求めよ。

教 p.138 練習 15

102 k は定数とする。双曲線 $4x^2-9y^2=36$ と直線 $x+y=k$ の共有点の個数を調べよ。

教 p.139 練習 16

103 点 C(3, 0) から楕円 $x^2+4y^2=4$ に接線を引くとき，その接線の方程式を求めよ。

教 p.140 練習 17

研究 2次曲線の接線の方程式

104 次の曲線上の点 P における接線の方程式を求めよ。

(1) 楕円 $\dfrac{x^2}{4}+y^2=1$,　$\mathrm{P}\left(\sqrt{3},\ -\dfrac{1}{2}\right)$

(2) 放物線 $y^2=4x$,　P(1, −2)

教 p.141 練習 1

6 2次曲線と離心率

105 点 F(5, 0) からの距離と，直線 $x=2$ からの距離の比が 1：2 である点 P の軌跡を求めよ。

教 p.143 練習 18

7 曲線の媒介変数表示

106 次のように媒介変数表示された曲線について，t を消去して x, y の方程式を求め，曲線の概形をかけ。

(1) $x=t+2$, $y=2t^2+1$　　(2) $x=4t+1$, $y=2t^2-4t+2$

教 p.147 練習 19

107 (1)　放物線 $y=x^2+2(t-1)x-4t+5$ の頂点は，t の値が変化するとき，どのような曲線を描くか考えよう。

(ア)　放物線の頂点を $\mathrm{P}(x,\ y)$ とする．x，y をそれぞれ t で表せ。

(イ)　放物線の頂点が描く曲線について，x，y の方程式を求めよ。

(2)　放物線 $y=-x^2+2tx+(t-1)^2$ の頂点は，t の値が変化するとき，どのような曲線を描くか。

≫教 p.147 練習 20，21

108 角 θ を媒介変数として，次の円を表せ。

(1)　$x^2+y^2=4^2$　　(2)　$x^2+y^2=5$

≫教 p.148 練習 22

109 角 θ を媒介変数として，次の楕円を表せ。

(1)　$\dfrac{x^2}{5^2}+\dfrac{y^2}{3^2}=1$　　(2)　$9x^2+4y^2=36$

≫教 p.149 練習 23

110 θ が変化するとき，点 $\mathrm{P}\left(\dfrac{4}{\cos\theta},\ 6\tan\theta\right)$ は双曲線 $\dfrac{x^2}{16}-\dfrac{y^2}{36}=1$ 上を動くことを示せ。

≫教 p.149 練習 24

111 双曲線 $\dfrac{x^2}{4}-y^2=1$ を媒介変数 θ を用いて表せ。

≫教 p.149 練習 25

112 次の媒介変数表示は，どのような曲線を表すか。

(1)　$x=2\cos\theta-1,\ y=2\sin\theta+2$

(2)　$x=2\cos\theta+1,\ y=3\sin\theta-1$

≫教 p.150 練習 26

113 サイクロイド $x=3(\theta-\sin\theta)$，$y=3(1-\cos\theta)$ において，θ が次の値をとったときの点の座標を求めよ。

(1)　$\theta=\dfrac{\pi}{6}$　　(2)　$\theta=\dfrac{\pi}{2}$　　(3)　$\theta=\dfrac{3}{2}\pi$　　(4)　$\theta=2\pi$

≫教 p.151 練習 27

8 極座標と極方程式

114 極座標が次のような点の直交座標を求めよ。

(1) $\left(4,\ \dfrac{\pi}{3}\right)$　　(2) $\left(4,\ \dfrac{\pi}{2}\right)$　　(3) $\left(\sqrt{2},\ -\dfrac{\pi}{4}\right)$

教 p.156 練習 30

115 直交座標が次のような点の極座標を求めよ。ただし，偏角 θ の範囲は $0 \leqq \theta < 2\pi$ とする。

(1) $(2,\ 0)$　　(2) $(-3,\ 3)$　　(3) $(-1,\ -\sqrt{3})$

教 p.156 練習 31

116 次の極方程式で表される曲線を図示せよ。

(1) $\theta=\dfrac{\pi}{3}$　　(2) $r=4\cos\theta$

教 p.158 練習 33

117 中心 A の極座標が $(3,\ 0)$ である半径 3 の円を極方程式で表せ。

教 p.159 練習 34

118 極座標が $\left(2,\ \dfrac{\pi}{2}\right)$ である点 A を通り，始線に平行な直線を，極方程式で表せ。

教 p.159 練習 35

119 極座標が $\left(2,\ \dfrac{\pi}{4}\right)$ である点 A を通り，OA に垂直な直線 ℓ の極方程式は $r\cos\left(\theta-\dfrac{\pi}{4}\right)=2$ であることを示せ。(O は極)

教 p.159 練習 36

120 楕円 $3x^2+2y^2=1$ を極方程式で表せ。

教 p.160 練習 37

121 次の極方程式の表す曲線を，直交座標の x，y の方程式で表せ。

(1) $r=\cos\theta+\sin\theta$　　(2) $r^2\cos 2\theta=-1$

教 p.161 練習 38

122 始線 OX 上の点 $A(3,\ 0)$ を通り，始線に垂直な直線を ℓ とする。極 O を焦点，ℓ を準線とする放物線の極方程式を求めよ。

教 p.162 練習 39

定期考査対策問題

1 次のような2次曲線の方程式を求めよ。

(1) 軸が x 軸，頂点が原点で，点$(-4,\ 6)$を通る放物線

(2) 焦点が2点$(0,\ 4)$，$(0,\ -4)$，短軸の長さが6である楕円

(3) 2つの焦点$(7,\ 0)$，$(-7,\ 0)$からの距離の差が6である双曲線

2 次の方程式はどのような図形を表すか。

(1) $x-y^2+4y-3=0$

(2) $4x^2+9y^2-16x+54y+61=0$

(3) $2x^2-9y^2+32x+36y+74=0$

3 次の2次曲線と直線の2つの交点を結んだ線分の中点の座標と，その線分の長さを求めよ。

$$x^2+9y^2=9,\ x+3y=1$$

4 傾きが1で双曲線 $2x^2-y^2=-2$ に接する直線の方程式を求めよ。

5 点$(3,\ 4)$から楕円 $\dfrac{x^2}{16}+\dfrac{y^2}{9}=1$ に引いた2本の接線は直交することを示せ。

6 次の2次曲線と直線が，異なる2点P，Qで交わるように k の値が変化するとき，線分PQの中点Rの軌跡を求めよ。

楕円 $x^2+4y^2=4$，　直線 $y=x+k$

7 次のように媒介変数表示される図形はどのような曲線か。x，y の方程式を求めて示せ。

(1) $x=t+1$，$y=2t-3$

(2) $x=t+1$，$y=\sqrt{t}$

(3) $x=\sqrt{t}$，$y=\sqrt{1-t}$

(4) $x=4\cos\theta+1$，$y=3\sin\theta-1$

(5) $x=\dfrac{2}{\cos\theta}$，$y=3\tan\theta$

8 次の極方程式はどのような曲線を表すか。

(1) $\theta=\dfrac{\pi}{4}$

(2) $r=6\cos\theta$

(3) $r\cos\left(\theta-\dfrac{5}{6}\pi\right)=1$

9 次の極方程式の表す曲線を，直交座標の x，y の方程式で表せ。

(1) $r=\dfrac{1}{\sqrt{2}+\cos\theta}$

(2) $r=\dfrac{3}{1+2\cos\theta}$

(3) $r=\dfrac{2}{1+\cos\theta}$

10 極座標が$(2,\ 0)$である点Aを通り始線OXに垂直な直線をℓとし，ℓ上の動点をPとする。極Oを端点とする半直線OP上に，$\mathrm{OP}\cdot\mathrm{OQ}=4$を満たす点Qをとるとき，点Qの軌跡の極方程式を求めよ。

11 次の点Pは，tの値が変化するとき，どのような曲線を描くか。

(1) 放物線 $x=y^2-2(t+1)y+2t^2-t$ の頂点P

(2) 円 $(1+t^2)(x^2+y^2)-2(1-t^2)x-12ty-2=0$ の中心P

12 極座標に関して，中心が$\left(2,\ \dfrac{\pi}{6}\right)$，半径が$\sqrt{3}$である円に，極から引いた2本の接線の極方程式を求めよ。

第５章 数学的な表現の工夫

1 データの表現方法の工夫

123 右のデータは，2020 年 10 月における日本の電気事業者について，発電方法とその発電量を調査した結果である。このデータについて，次の問いに答えよ。

項目名	発電量(億kWh)
火力発電	547.4
水力発電	55.6
新エネルギー等	□
原子力発電	18.2
その他	0.2
計	641.3

（資源エネルギー庁ホームページより作成）

(1) 空欄に当てはまる数値を答えよ。

(2) 各項目の累積比率を求めよ。ただし，小数第 5 位を四捨五入して，％で答えよ。

≫教 p.174 練習 1

124 (1) 次の空欄に当てはまる言葉を答えよ。

バブルチャートは ア□ つの異なる変量を 1 つの図で表すことができる。たとえば，散布図は縦軸と横軸の イ□ つのデータによる表現となるが，バブルチャートは縦軸と横軸に加えて ウ□ でもデータを表現することが可能である。

(2) バブルチャートは，データの状態によっては(1)の長所を活かしきれない場合がある。そのようなデータの特徴を 2 つ，理由をつけて述べよ。

≫教 p.177 練習 2

2 行列による表現

125 教科書 178 ページと同様に，その年の 7 月における 3 つの店 X，Y，Z での，4 種類のボールペンの販売数を表と行列で次のように表した。

	黒	赤	青	緑
X	60	31	15	14
Y	49	32	17	10
Z	37	40	25	7

$$D=\begin{pmatrix}60 & 31 & 15 & 14\\ 49 & 32 & 17 & 10\\ 37 & 40 & 25 & 7\end{pmatrix}$$

(1) 3 つの店での合計販売数が最も少ないのは，どの色のボールペンか。

(2) ボールペンの合計販売数が最も少ないのはどの店か。

≫教 p.179 練習 3

演習
演習編

126 教科書 178 ページの各ボールペンの販売数について，教科書 180 ページの行列の和 $A+B$ を用いて，4 月と 5 月の販売数の合計が最も多かったもの，最も少なかったものは，それぞれどの店のどの色のボールペンか答えよ。

教 p.181 練習 4

127 次の計算をせよ。

(1) $\begin{pmatrix} 2 & 5 \\ -1 & 3 \end{pmatrix}+\begin{pmatrix} 4 & -2 \\ 7 & 5 \end{pmatrix}$　(2) $\begin{pmatrix} 1 & 2 & 3 \\ -4 & 5 & -6 \end{pmatrix}+\begin{pmatrix} 3 & -5 & 9 \\ 6 & 2 & -7 \end{pmatrix}$

(3) $\begin{pmatrix} -1 & -2 \\ 2 & 1 \end{pmatrix}-\begin{pmatrix} 1 & 1 \\ -1 & 1 \end{pmatrix}$　(4) $\begin{pmatrix} 7 \\ -3 \end{pmatrix}-\begin{pmatrix} 5 \\ -1 \end{pmatrix}$

教 p.181 練習 5

128 教科書 182 ページ練習 6 の行列 C と，本書の演習問題 125 の行列 D を利用して，6 月と 7 月の販売数の平均値を表す行列を求めよ。

教 p.182 練習 6

129 $A=\begin{pmatrix} 1 & -2 \\ 0 & 3 \end{pmatrix}$ のとき，次の行列を求めよ。

(1) $2A$　(2) $\frac{1}{3}A$　(3) $(-1)A$　(4) $(-3)A$

教 p.183 練習 7

130 教科書 184 ページの自動車購入の例について，各観点の重要度は右の表のようであるとする。3 つの自動車 X，Y，Z の評価は教科書 184 ページと同じであるとき，総得点が最大になる自動車はどれか答えよ。

観点	a	b	c
重要度	5	2	2

教 p.186 練習 9

131 次の行列の積を計算せよ。

(1) $\begin{pmatrix} 5 & 2 \\ 3 & 3 \end{pmatrix}\begin{pmatrix} 2 \\ 4 \end{pmatrix}$　(2) $\begin{pmatrix} 1 & 3 \\ 2 & 4 \end{pmatrix}\begin{pmatrix} 4 & 1 \\ 3 & 2 \end{pmatrix}$　(3) $\begin{pmatrix} -1 & 2 \\ 2 & 1 \end{pmatrix}\begin{pmatrix} 0 & 1 \\ 1 & 2 \end{pmatrix}$

教 p.187 練習 10

3 離散グラフによる表現

132 次の離散グラフについて，一筆書きができるか判定せよ。また，一筆書きができる場合は，実際に一筆書きの道順を見つけよ。

(1)

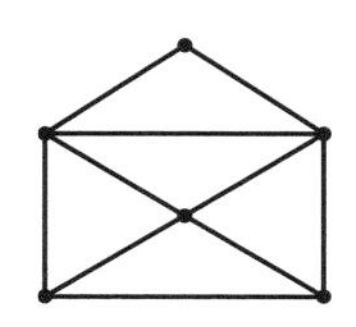

(2)

(3)

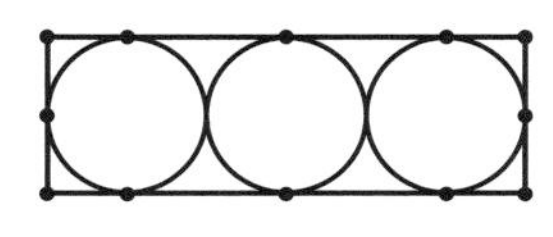

教 p.189，191 練習 11，13

133 A，B，C，D，E，F，G，H が右のような経路で結ばれている。この離散グラフの辺に隣接して書かれている数は移動する際の所要時間(分)である。この図において，A から H まで移動するとき，所要時間が最も短くなる経路をダイクストラのアルゴリズムを利用して見つけよ。

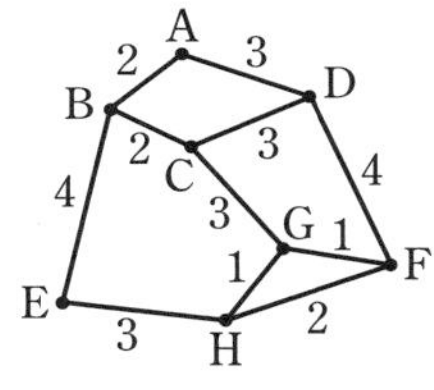

教 p.195 練習 16

 離散グラフと行列の対応

134 (1) 右の離散グラフの隣接行列を求めよ。

(2) 右の離散行列 A をもつ離散グラフをかけ。ただし，頂点は P，Q，R，S，T とする。

(1)

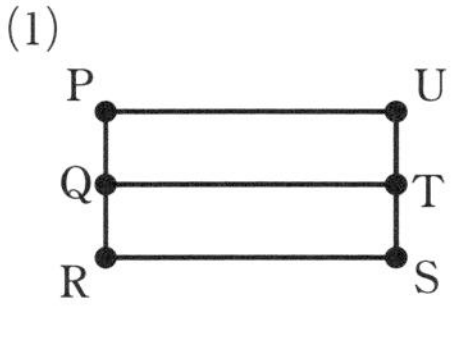

(2)

$$A=\begin{pmatrix} 0 & 0 & 1 & 0 & 1 \\ 0 & 0 & 0 & 0 & 1 \\ 1 & 0 & 0 & 1 & 0 \\ 0 & 0 & 1 & 0 & 0 \\ 1 & 1 & 0 & 0 & 0 \end{pmatrix}$$

(列：P　Q　R　S　T，行：…P　…Q　…R　…S　…T)

教 p.197 練習 17，18

135 教科書 198 ページにおいて，都市 Q と R を結ぶ高速道路がない，右のような高速道路網について，以下の問いに答えよ。

(1) 高速道路網を離散グラフとみてその隣接行列 A を求めよ。

(2) 高速道路を 2 回使って，Q から R に行く経路の総数を求めよ。

(3) 高速道路を 3 回使って，P から R に行く経路の総数を求めよ。

教 p.199 練習 19，20

136 右の図は，ある鉄道会社の主要 5 駅とその駅を結ぶ路線について，離散グラフに表したものである。たとえば，P 駅から S 駅へは 2 つの路線が運行している。1 日に必ず 1 路線を使って移動するとし，P → Q → P と移動するには 2 日かかるとする。

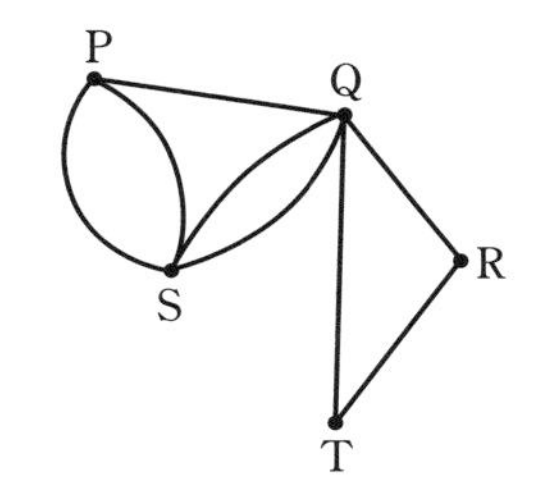

(1) P 駅から出発して，3 日目に T 駅に到着する経路の総数を求めよ。

(2) 3 日目に T 駅に到着する経路の総数が最も大きい出発地点はどこか。出発地点の駅を経路の総数とともに答えよ。

教 p.199 練習 21

演習編の答と略解

原則として，問題の要求している答の数値・図などをあげ，［　］には略解やヒントを付した。

第1章　平面上のベクトル

1　(1)　①と②と⑥，③と⑤と⑧
(2)　①と④，②と⑥
(3)　②と⑥
(4)　③と⑧

2　［(1)　$(\overrightarrow{AD}+\overrightarrow{DC})+\overrightarrow{CB}=\overrightarrow{AC}+\overrightarrow{CB}=\overrightarrow{AB}$
(2)　$(\overrightarrow{AC}+\overrightarrow{CB})+\overrightarrow{BA}=\overrightarrow{AB}+\overrightarrow{BA}=\overrightarrow{AA}=\vec{0}$
(3)　$(\overrightarrow{BD}-\overrightarrow{BC})+(\overrightarrow{AC}-\overrightarrow{AD})=\overrightarrow{CD}-\overrightarrow{CD}=\vec{0}$］

3　(1)　$-\dfrac{1}{3}$　(2)　-2　(3)　$\dfrac{3}{2}$

4　(1)～(3)　［図］

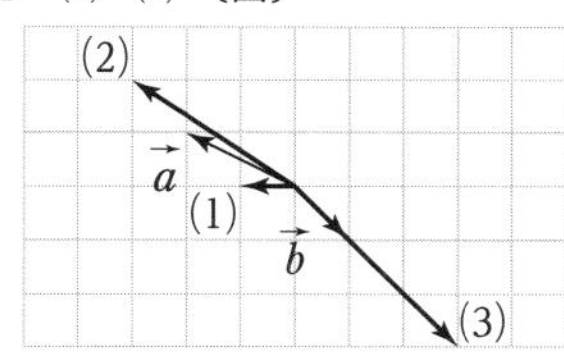

(4)～(6)　［図］

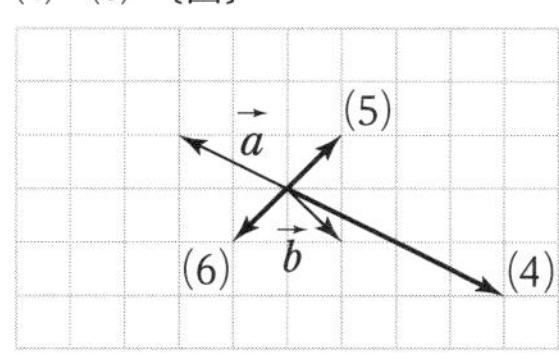

5　(1)　$2\vec{a}$　(2)　$3\vec{a}+4\vec{b}$

6　(1)　$3\vec{e}$ と $-3\vec{e}$　(2)　$\dfrac{1}{5}\vec{a}$

7　(1)　$\vec{a}-\vec{b}$　(2)　$\vec{a}+\vec{b}$　(3)　$2\vec{a}+\vec{b}$

8　$\vec{a}=(2,\ 3)$，$\vec{b}=(-1,\ 2)$，$\vec{c}=(-4,\ -4)$，
$\vec{d}=(0,\ -3)$，$\vec{e}=(3,\ -2)$
各ベクトルの大きさは
$|\vec{a}|=\sqrt{13}$，$|\vec{b}|=\sqrt{5}$，$|\vec{c}|=4\sqrt{2}$，$|\vec{d}|=3$，
$|\vec{e}|=\sqrt{13}$

9　(1)　$(1,\ 7)$　(2)　$(-9,\ -12)$
(3)　$(-12,\ 1)$　(4)　$(21,\ -6)$

10　$\vec{c}=2\vec{a}+\vec{b}$

11　(1)　$x=-6$　(2)　$x=3$
［(1)　$(3,\ x)=k(-1,\ 2)$，(2)　$(x,\ 2)=k(12,\ 8)$
として，まず k の値を求める］

12　(1)　$\overrightarrow{AB}=(-5,\ 4)$，$|\overrightarrow{AB}|=\sqrt{41}$
(2)　$\overrightarrow{AB}=(2,\ -6)$，$|\overrightarrow{AB}|=2\sqrt{10}$

13　$x=1$，$y=5$　［$\overrightarrow{AD}=\overrightarrow{BC}$ から］

14　(1)　$\sqrt{2}$　(2)　$-5\sqrt{3}$

15　(1)　-4　(2)　0

16　(1)　-1　(2)　0

17　(1)　$\theta=45°$　(2)　$\theta=30°$　(3)　$\theta=180°$
(4)　$\theta=120°$

18　(1)　$x=\dfrac{1}{2}$　(2)　$x=-1,\ 6$

19　(1)　$\vec{p}=(4,\ -3)$，$(-4,\ 3)$
(2)　$\vec{e}=\left(\dfrac{\sqrt{5}}{3},\ \dfrac{2}{3}\right)$，$\left(-\dfrac{\sqrt{5}}{3},\ -\dfrac{2}{3}\right)$
［(1)　$\vec{p}=(x,\ y)$とすると　$3x+4y=0$，
$x^2+y^2=5^2$　(2)　$\vec{e}=(x,\ y)$とすると
$2x-\sqrt{5}\,y=0$，$x^2+y^2=1^2$］

20　$\vec{e}=\left(\dfrac{2\sqrt{13}}{13},\ -\dfrac{3\sqrt{13}}{13}\right)$，
$\left(-\dfrac{2\sqrt{13}}{13},\ \dfrac{3\sqrt{13}}{13}\right)$　［ベクトル $\vec{a}$ に平行な単位
ベクトルは　$\pm\dfrac{\vec{a}}{|\vec{a}|}$］

21　［(1)　左辺$=(2\vec{a}+3\vec{b})\cdot(2\vec{a}+3\vec{b})$
$=2\vec{a}\cdot(2\vec{a}+3\vec{b})+3\vec{b}\cdot(2\vec{a}+3\vec{b})$
$=4|\vec{a}|^2+12\vec{a}\cdot\vec{b}+9|\vec{b}|^2$
(2)　左辺$=3\vec{a}\cdot(3\vec{a}-4\vec{b})+4\vec{b}\cdot(3\vec{a}-4\vec{b})$
$=9|\vec{a}|^2-16|\vec{b}|^2$］

22　(1)　$\sqrt{3}$　(2)　$3\sqrt{5}$

23　(1)　-2　(2)　$\theta=135°$　$\left[(2)\cos\theta=-\dfrac{1}{\sqrt{2}}\right]$

24　5

25　(1)　$\vec{q}-\vec{p}$　(2)　$\vec{p}-\vec{r}$　(3)　$\vec{r}-\vec{q}$

26　(1)　$\dfrac{2}{3}\vec{a}+\dfrac{1}{3}\vec{b}$　(2)　$\dfrac{3}{8}\vec{a}+\dfrac{5}{8}\vec{b}$
(3)　$\dfrac{4}{3}\vec{a}-\dfrac{1}{3}\vec{b}$　(4)　$-5\vec{a}+6\vec{b}$

27　$\vec{g}=\dfrac{\vec{a}+\vec{b}+\vec{c}}{3}$

28　$\Big[\overrightarrow{OA}=\vec{a}$，$\overrightarrow{OB}=\vec{b}$ とすると
$\overrightarrow{DE}=\overrightarrow{OE}-\overrightarrow{OD}=\dfrac{1}{2}\vec{b}-\dfrac{1}{3}\vec{a}$
$=-\dfrac{1}{3}\vec{a}+\dfrac{1}{2}\vec{b}$，

$\overrightarrow{DF}=\overrightarrow{OF}-\overrightarrow{OD}=(-\vec{a}+2\vec{b})-\frac{1}{3}\vec{a}$

$=-\frac{4}{3}\vec{a}+2\vec{b}$

よって，$\overrightarrow{DF}=4\overrightarrow{DE}$ と表される]

29 $\overrightarrow{OP}=\frac{1}{4}\vec{a}+\frac{9}{16}\vec{b}$

[AP：PD$=s$：$(1-s)$，BP：PC$=t$：$(1-t)$

とすると　$1-s=\frac{4}{7}t$，$\frac{3}{4}s=1-t$]

30 [$\overrightarrow{OA}=\vec{a}$，$\overrightarrow{OC}=\vec{c}$ とすると

$\overrightarrow{PB}=\frac{1}{3}\vec{a}+\vec{c}$，$\overrightarrow{QA}=\vec{a}-\frac{3}{4}\vec{c}$ であるから

$\overrightarrow{PB}\cdot\overrightarrow{QA}=\frac{1}{3}|\vec{a}|^2+\frac{3}{4}\vec{a}\cdot\vec{c}-\frac{3}{4}|\vec{c}|^2=0$]

31 $\begin{cases} x=4+2t \\ y=-2-t \end{cases}$ ；$x+2y=0$

32 $\frac{1}{3}\overrightarrow{OA}=\overrightarrow{OA'}$，$\frac{1}{3}\overrightarrow{OB}=\overrightarrow{OB'}$ となる点 A′，B′ をとると，線分 A′B′

33 (1) $3\overrightarrow{OA}=\overrightarrow{OA'}$，$3\overrightarrow{OB}=\overrightarrow{OB'}$ となる点 A′，B′ をとると，△OA′B′ の周および内部

(2) $\frac{1}{3}\overrightarrow{OA}=\overrightarrow{OA'}$，$\frac{1}{3}\overrightarrow{OB}=\overrightarrow{OB'}$ となる点 A′，B′ をとると，△OA′B′ の周および内部

34 (1) $4x+5y-19=0$

(2) $2x-3y+11=0$

35 (1) 中心の位置ベクトルは $-\vec{a}$，半径は 4

(2) 中心の位置ベクトルは $\frac{2}{3}\vec{a}$，半径は $\frac{1}{3}$

36 [$|\vec{p}|^2-2\vec{a}\cdot\vec{p}=0$ から

$|\vec{p}|^2-2\vec{a}\cdot\vec{p}+|\vec{a}|^2=|\vec{a}|^2$

よって　$|\vec{p}-\vec{a}|^2=|\vec{a}|^2$]

第2章　空間のベクトル

37 (1) (1, 5, 2) (2) (1, −5, 2)

(3) (−1, −5, −2) (4) (−1, −5, 2)

38 (1) $3\sqrt{5}$ (2) $\sqrt{26}$

39 $\overrightarrow{BC}$ に等しいベクトル　$\overrightarrow{AD}$，$\overrightarrow{EH}$，$\overrightarrow{FG}$

$\overrightarrow{HD}$ の逆ベクトル　$\overrightarrow{AE}$，$\overrightarrow{BF}$，$\overrightarrow{CG}$

40 (1) C (2) E

[(1) $\overrightarrow{AB}+\overrightarrow{EH}=\overrightarrow{AB}+\overrightarrow{BC}$

(2) $\overrightarrow{AB}-\overrightarrow{DH}=\overrightarrow{EF}+\overrightarrow{EA}$]

41 (1) $\overrightarrow{BD}=-\vec{a}+\vec{b}$ (2) $\overrightarrow{FC}=\vec{b}-\vec{c}$

(3) $\overrightarrow{GA}=-\vec{a}-\vec{b}-\vec{c}$

(4) $\overrightarrow{CE}=-\vec{a}-\vec{b}+\vec{c}$

42 $x=-1$，$y=-2$，$z=-3$

43 (1) $\sqrt{29}$ (2) $3\sqrt{5}$

44 (1) (3, −1, −1) (2) (−1, 1, 3)

(3) (−1, 2, 7) (4) (−8, 1, −4)

45 (1) $\overrightarrow{AB}=(1, 2, 3)$，$|\overrightarrow{AB}|=\sqrt{14}$

(2) $\overrightarrow{AB}=(3, 5, -8)$，$|\overrightarrow{AB}|=7\sqrt{2}$

46 (1) 0 (2) 36 (3) −36

[(2) △AFC は正三角形 (3) $\overrightarrow{AE}$ と $\overrightarrow{GD}$ のなす角は　$90°+45°=135°$]

47 内積，なす角の順に

(1) 14，$\theta=60°$ (2) −18，$\theta=180°$

48 60°

49 $\vec{p}=(-4, -1, 2)$，$(4, 1, -2)$

[$\vec{p}=(x, y, z)$とすると　$x+2y+3z=0$，

$x-2y+z=0$，$x^2+y^2+z^2=21$]

50 $\overrightarrow{OP}=\frac{1}{5}\overrightarrow{OA}+\frac{2}{5}\overrightarrow{OB}+\frac{2}{5}\overrightarrow{OC}$

51 [$\overrightarrow{OA}=\vec{a}$，$\overrightarrow{OB}=\vec{b}$，$\overrightarrow{OC}=\vec{c}$ とすると

$\overrightarrow{MN}=\overrightarrow{ON}-\overrightarrow{OM}=\frac{1}{2}(\vec{a}-\vec{b}+\vec{c})$

$\overrightarrow{MP}=\overrightarrow{OP}-\overrightarrow{OM}=\frac{1}{4}(\vec{a}-\vec{b}+\vec{c})$]

52 $z=-6$　[$\overrightarrow{AD}=s\overrightarrow{AB}+t\overrightarrow{AC}$ とすると

$s+2t=-5$，$s+t=-2$，$s+3t=z-2$]

53 $\overrightarrow{OP}=\frac{1}{4}\vec{a}+\frac{3}{10}\vec{b}+\frac{9}{20}\vec{c}$

[$\overrightarrow{AP}=s\overrightarrow{AB}+t\overrightarrow{AC}$，$\overrightarrow{OP}=k\overrightarrow{OM}$ となる実数 s，t，k があって，条件から

$\frac{k}{6}=1-s-t$，$\frac{k}{5}=s$，$\frac{3}{10}k=t$]

54 [$\overrightarrow{AB}=\vec{b}$，$\overrightarrow{AC}=\vec{c}$，$\overrightarrow{AD}=\vec{d}$ とすると

$\overrightarrow{AB}\cdot\overrightarrow{EF}=\vec{b}\cdot\left(\frac{\vec{c}+\vec{d}-\vec{b}}{2}\right)$

$=\frac{1}{2}(\vec{b}\cdot\vec{c}+\vec{b}\cdot\vec{d}-|\vec{b}|^2)$

$\vec{b}$ と $\vec{c}$，$\vec{b}$ と $\vec{d}$ のなす角はともに 60° であり，$|\vec{b}|=|\vec{c}|=|\vec{d}|=a$ であるから

$\vec{b}\cdot\vec{c}=\vec{b}\cdot\vec{d}=\frac{1}{2}a^2$，$|\vec{b}|^2=a^2$ である。

よって，$\overrightarrow{AB}\cdot\overrightarrow{EF}=0$]

55 (1) $\sqrt{53}$ (2) $\left(\frac{3}{2}, -1, 2\right)$

(3) $\left(\frac{5}{4}, -2, \frac{7}{2}\right)$ (4) (0, −7, 11)

56 (5, −1, 2)

57 (1) $z=5$ (2) $y=-2$ (3) $x=3$

58 (1) $x^2+y^2+z^2=25$

(2) $(x-3)^2+(y-2)^2+(z-1)^2=4$

(3) $(x-1)^2+(y-2)^2+(z-1)^2=19$

(4) $(x-2)^2+(y-5)^2+(z-6)^2=49$

59 $(2,\ 0,\ -1)$, $\sqrt{7}$

60 $4x-y+5z+1=0$

第3章　複素数平面

61

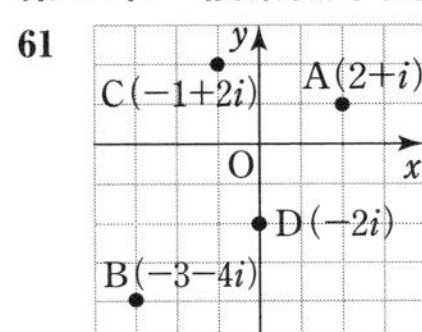

62

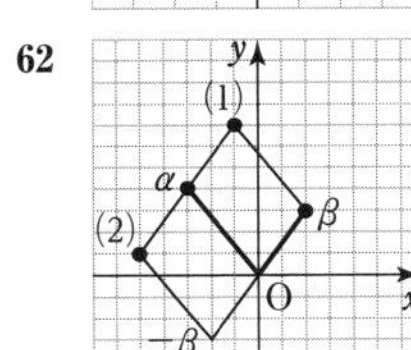

63 $y=-3$

64 (1) $\sqrt{29}$ (2) 2 (3) 4 (4) 7

65 (1) $2\sqrt{5}$ (2) $\sqrt{145}$

66 $-2i$

67 (1) $2\left(\cos\frac{2}{3}\pi+i\sin\frac{2}{3}\pi\right)$

(2) $3\sqrt{2}\left(\cos\frac{7}{4}\pi+i\sin\frac{7}{4}\pi\right)$

(3) $2\left\{\cos\left(-\frac{5}{6}\pi\right)+i\sin\left(-\frac{5}{6}\pi\right)\right\}$

(4) $3\left\{\cos\left(-\frac{\pi}{2}\right)+i\sin\left(-\frac{\pi}{2}\right)\right\}$

68 $\cos\frac{5}{12}\pi=\frac{\sqrt{6}-\sqrt{2}}{4}$,

$\sin\frac{5}{12}\pi=\frac{\sqrt{6}+\sqrt{2}}{4}$

[$(1+i)(\sqrt{3}+i)$

$=2\sqrt{2}\left\{\cos\left(\frac{\pi}{4}+\frac{\pi}{6}\right)+i\sin\left(\frac{\pi}{4}+\frac{\pi}{6}\right)\right\}$]

69 $\alpha\beta=8\sqrt{2}\left(\cos\frac{17}{12}\pi+i\sin\frac{17}{12}\pi\right)$,

$\frac{\alpha}{\beta}=2\sqrt{2}\left(\cos\frac{\pi}{12}+i\sin\frac{\pi}{12}\right)$

70 (1) 125 (2) 80 (3) $\frac{1}{20}$ (4) $\frac{64}{25}$

71 (1) 原点を中心として $-\frac{\pi}{4}$ だけ回転し，原点からの距離を $\sqrt{2}$ 倍した点

(2) 原点を中心として $\frac{2}{3}\pi$ だけ回転し，原点からの距離を2倍した点

(3) 実軸に関して対称移動し，原点を中心として $-\frac{\pi}{2}$ だけ回転した点

72 (1) $2\sqrt{2}+4\sqrt{2}\,i$

(2) $(3+\sqrt{3})+(1-3\sqrt{3})i$

(3) $-2+6i$

(4) $(-3\sqrt{3}-1)+(-\sqrt{3}+3)i$

73 $\beta=\frac{5\sqrt{3}}{2}-\frac{1}{2}i,\ -\frac{3\sqrt{3}}{2}-\frac{7}{2}i$

74 (1) -64 (2) $-64(\sqrt{2}+\sqrt{6}\,i)$

(3) $-\frac{1}{8}i$

75 $\pm1,\ \pm i$

76 (1) $z=-\frac{\sqrt{6}}{2}+\frac{\sqrt{2}}{2}i,\ \frac{\sqrt{6}}{2}-\frac{\sqrt{2}}{2}i$

(2) $z=2i,\ -\sqrt{3}-i,\ \sqrt{3}-i$

図示するとそれぞれ次のようになる。

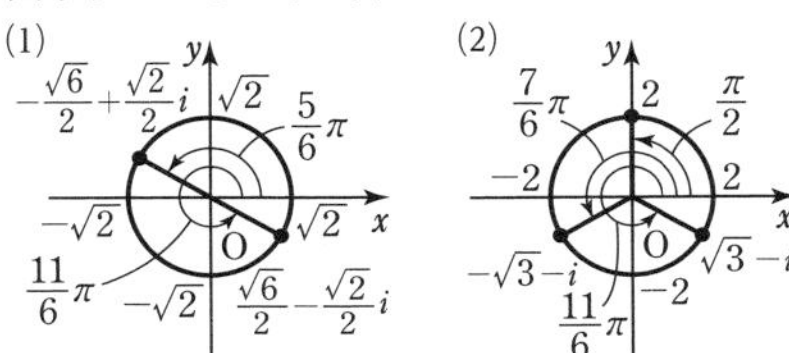

77 (1) 4 (2) $\frac{7}{2}+i$ (3) $\frac{1}{2}+7i$

78 $2-i$

79 (1) 点3を中心とする半径1の円

(2) 点 $-2i$ を中心とする半径4の円

(3) 2点 -2, $6i$ を結ぶ線分の垂直二等分線

80 点 $2i$ を中心とする半径2の円

81 点 $4i$ を中心とする半径2の円

82 $\gamma=2+6i$

83 $\theta=\frac{\pi}{4}$ [A(α), B(β), C(γ)とすると

$\frac{\gamma-\alpha}{\beta-\alpha}=\frac{1}{2}+\frac{1}{2}i=\frac{1}{\sqrt{2}}\left(\cos\frac{\pi}{4}+i\sin\frac{\pi}{4}\right)$]

84 (1) $a=\frac{1}{3}$ (2) $a=-13$

[A(α), B(β), C(γ)とすると

$\frac{\gamma-\alpha}{\beta-\alpha}=\frac{3a-1}{10}-\frac{a+13}{10}i$]

85 (1) $\frac{\gamma-\alpha}{\beta-\alpha}=\frac{1}{2}+\frac{\sqrt{3}}{2}i$

(2) $\angle A=\dfrac{\pi}{3}$，$\angle B=\dfrac{\pi}{3}$，$\angle C=\dfrac{\pi}{3}$

[(2) (1)から $\left|\dfrac{\gamma-\alpha}{\beta-\alpha}\right|=1$ で　AC=AB

また，$\arg\dfrac{\gamma-\alpha}{\beta-\alpha}=\dfrac{\pi}{3}$ から　$\angle A=\dfrac{\pi}{3}$]

86　$\angle A=\dfrac{\pi}{2}$ の直角二等辺三角形

[A(α)，B(β)，C(γ)とすると　$\dfrac{\gamma-\alpha}{\beta-\alpha}=i$]

第4章　式と曲線

87　焦点，準線の順に

(1)　点(4, 0)，直線 $x=-4$，〔図〕

(2)　点(−3, 0)，直線 $x=3$，〔図〕

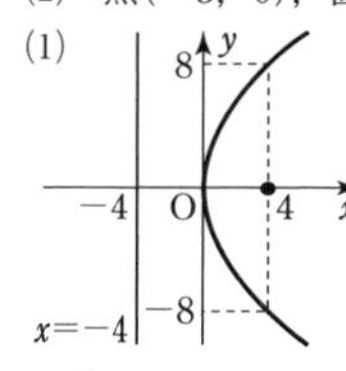

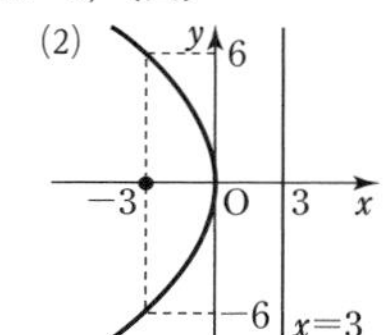

88　$y^2=20x$

89　焦点，準線の順に

(1)　点(0, 2)，直線 $y=-2$，〔図〕

(2)　点$\left(0,\ -\dfrac{1}{12}\right)$，直線 $y=\dfrac{1}{12}$，〔図〕

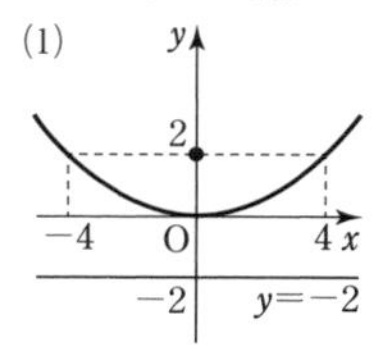

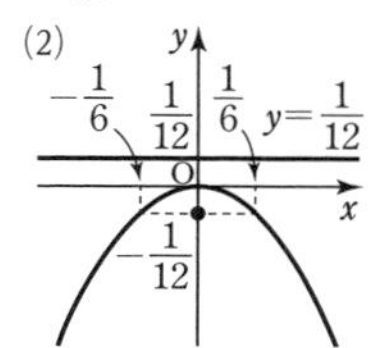

90　焦点，長軸の長さ，短軸の長さの順に

(1)　$(\sqrt{11},\ 0)$，$(-\sqrt{11},\ 0)$；12；10；〔図〕

(2)　(6, 0)，(−6, 0)；20；16；〔図〕

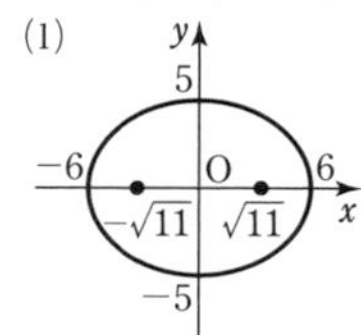

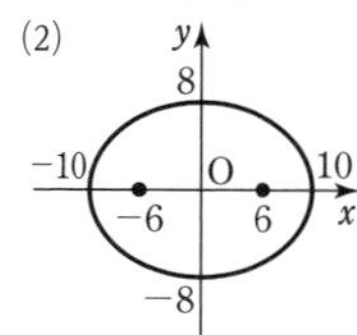

91　焦点，長軸の長さ，短軸の長さの順に

(1)　(0, 3)，(0, −3)；10；8；〔図〕

(2)　(0, 4)，(0, −4)；10；6；〔図〕

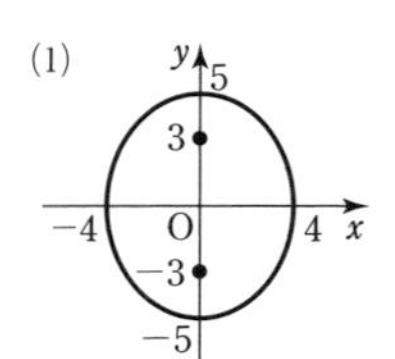

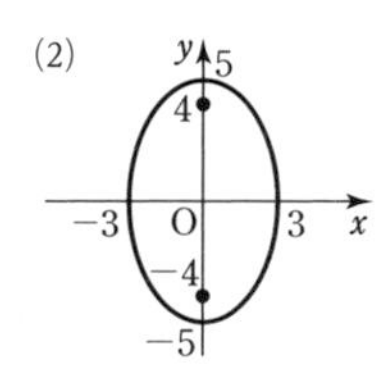

92　$\dfrac{x^2}{25}+\dfrac{y^2}{9}=1$

93　(1)　$\dfrac{x^2}{4}+y^2=1$　(2)　$\dfrac{x^2}{4}+\dfrac{y^2}{9}=1$

94　楕円 $\dfrac{x^2}{36}+\dfrac{y^2}{9}=1$

95　焦点，頂点，漸近線の順に

(1)　2点$(3\sqrt{5},\ 0)$，$(-3\sqrt{5},\ 0)$；

2点(6, 0)，(−6, 0)；

2直線 $y=\dfrac{1}{2}x$，$y=-\dfrac{1}{2}x$；〔図〕

(2)　2点$\left(\dfrac{\sqrt{5}}{2},\ 0\right)$，$\left(-\dfrac{\sqrt{5}}{2},\ 0\right)$；

2点$\left(\dfrac{1}{2},\ 0\right)$，$\left(-\dfrac{1}{2},\ 0\right)$；

2直線 $y=2x$，$y=-2x$；〔図〕

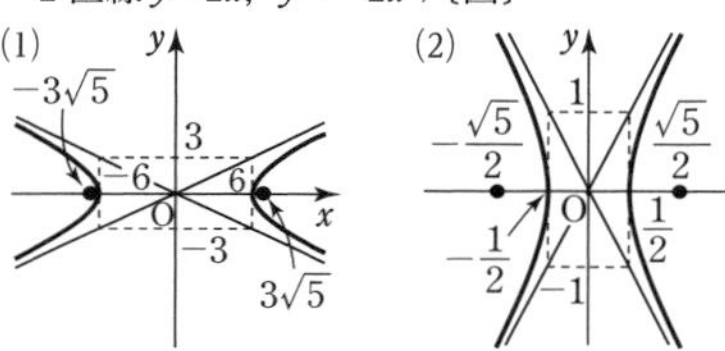

96　焦点，頂点，漸近線の順に

(1)　2点(0, 5)，(0, −5)；

2点(0, 4)，(0, −4)；

2直線 $y=\dfrac{4}{3}x$，$y=-\dfrac{4}{3}x$；〔図〕

(2)　2点$\left(0,\ \dfrac{\sqrt{5}}{2}\right)$，$\left(0,\ -\dfrac{\sqrt{5}}{2}\right)$；

2点$\left(0,\ \dfrac{1}{2}\right)$，$\left(0,\ -\dfrac{1}{2}\right)$；

2直線 $y=\dfrac{1}{2}x$，$y=-\dfrac{1}{2}x$；〔図〕

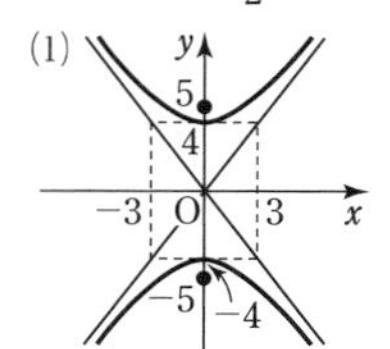

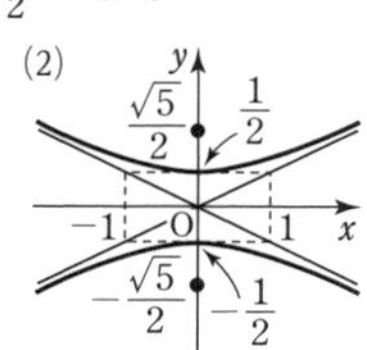

97　$\dfrac{x^2}{4}-\dfrac{y^2}{5}=1$

98 $\dfrac{x^2}{4}-\dfrac{y^2}{4}=1$

99 方程式，焦点の座標の順に

(1) $(x-1)^2+\dfrac{(y-2)^2}{4}=1$；

$(1,\ \sqrt{3}+2)$，$(1,\ -\sqrt{3}+2)$

(2) $(y+1)^2=2(x-2)$；$\left(\dfrac{5}{2},\ -1\right)$

100 (1) 楕円 $\dfrac{x^2}{4}+y^2=1$ を x 軸方向に 2，y 軸方向に -1 だけ平行移動した楕円

(2) 双曲線 $\dfrac{x^2}{4}-\dfrac{y^2}{9}=-1$ を x 軸方向に -1，y 軸方向に 3 だけ平行移動した双曲線

(3) 放物線 $y^2=-2x$ を x 軸方向に 2，y 軸方向に 1 だけ平行移動した放物線

101 $(0,\ -2)$，$\left(\dfrac{36}{13},\ \dfrac{10}{13}\right)$

$\left[\dfrac{x^2}{9}+\dfrac{(x-2)^2}{4}=1\right]$

102 $k<-\sqrt{5}$，$\sqrt{5}<k$ のとき 2 個；
$k=\pm\sqrt{5}$ のとき 1 個；
$-\sqrt{5}<k<\sqrt{5}$ のとき 0 個
[$5x^2-18kx+9k^2+36=0$ の判別式 D に対し
$\dfrac{D}{4}=36(k^2-5)$ の符号を調べる]

103 $y=\dfrac{1}{\sqrt{5}}x-\dfrac{3}{\sqrt{5}}$，$y=-\dfrac{1}{\sqrt{5}}x+\dfrac{3}{\sqrt{5}}$
[接線の方程式は $y=m(x-3)$ とおけて，条件から $(4m^2+1)x^2-24m^2x+36m^2-4=0$
これが重解をもつ条件は $5m^2-1=0$]

104 (1) $\sqrt{3}x-2y-4=0$ (2) $x+y+1=0$

105 楕円 $\dfrac{(x-6)^2}{4}+\dfrac{y^2}{3}=1$

106 (1) $y=2x^2-8x+9$；［図］

(2) $y=\dfrac{x^2}{8}-\dfrac{5}{4}x+\dfrac{25}{8}$；［図］

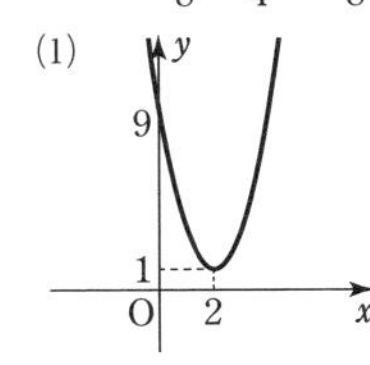

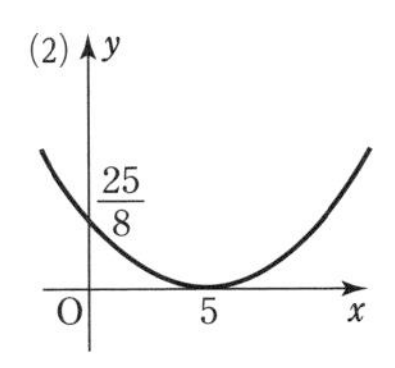

107 (1) (ア) $x=-t+1$，$y=-t^2-2t+4$
(イ) $y=-x^2+4x+1$
(2) 放物線 $y=2x^2-2x+1$

108 (1) $x=4\cos\theta$，$y=4\sin\theta$
(2) $x=\sqrt{5}\cos\theta$，$y=\sqrt{5}\sin\theta$

109 (1) $x=5\cos\theta$，$y=3\sin\theta$
(2) $x=2\cos\theta$，$y=3\sin\theta$

110 $\left[x=\dfrac{4}{\cos\theta}\right.$，$y=6\tan\theta$ とすると
$\left.\dfrac{x^2}{16}-\dfrac{y^2}{36}=\dfrac{1}{\cos^2\theta}-\tan^2\theta=1\right]$

111 $x=\dfrac{2}{\cos\theta}$，$y=\tan\theta$

112 (1) 点$(-1,\ 2)$を中心とする半径 2 の円
(2) 楕円 $\dfrac{x^2}{4}+\dfrac{y^2}{9}=1$ を x 軸方向に 1，y 軸方向に -1 だけ平行移動した楕円

113 (1) $\left(\dfrac{\pi}{2}-\dfrac{3}{2},\ 3-\dfrac{3\sqrt{3}}{2}\right)$
(2) $\left(\dfrac{3}{2}\pi-3,\ 3\right)$ (3) $\left(\dfrac{9}{2}\pi+3,\ 3\right)$
(4) $(6\pi,\ 0)$

114 (1) $(2,\ 2\sqrt{3})$ (2) $(0,\ 4)$
(3) $(1,\ -1)$

115 (1) $(2,\ 0)$ (2) $\left(3\sqrt{2},\ \dfrac{3}{4}\pi\right)$
(3) $\left(2,\ \dfrac{4}{3}\pi\right)$

116 (1) (2)

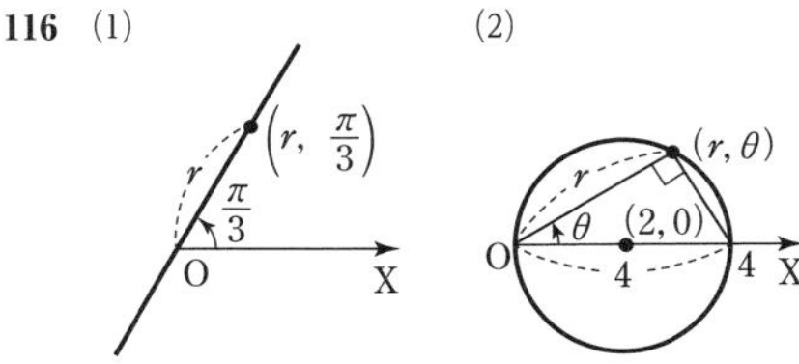

117 $r=6\cos\theta$
[極 O，円上の点 P に対して
OP＝2OAcos∠AOP]

118 $r=\dfrac{2}{\sin\theta}$

119 [直線 ℓ 上の点 P の極座標を$(r,\ \theta)$とすると OPcos∠AOP＝OA で，OP＝r，OA＝2，
$\cos\angle AOP=\cos\left(\theta-\dfrac{\pi}{4}\right)$]

120 $r^2(\cos^2\theta+2)=1$

121 (1) $x^2+y^2-x-y=0$
(2) $x^2-y^2=-1$
[(1) 両辺に r を掛ける
(2) $\cos 2\theta=\cos^2\theta-\sin^2\theta$ から]

122 $r=\dfrac{3}{1+\cos\theta}$

第５章　数学的な表現の工夫

123　(1)　19.9

(2)　順に　85.36%，94.03%，97.13%，99.97%，100%

124　(1)　(ア)　3　(イ)　2　(ウ)　円の大きさ

(2)　(特徴１)データの大きさが大きくなり過ぎると，円が重なり読み取りにくいことがある。(特徴２)円の大きさで表すデータの値に差が小さいと，大きさの細かな読み取りが難しく比較しにくいことがある。

125　(1)　緑　(2)　店Ｙ

126　順に，店Ｙの黒のボールペン，店Ｚの緑のボールペン

127　(1)　$\begin{pmatrix} 6 & 3 \\ 6 & 8 \end{pmatrix}$　(2)　$\begin{pmatrix} 4 & -3 & 12 \\ 2 & 7 & -13 \end{pmatrix}$

(3)　$\begin{pmatrix} -2 & -3 \\ 3 & 0 \end{pmatrix}$　(4)　$\begin{pmatrix} 2 \\ -2 \end{pmatrix}$

128　$\begin{pmatrix} \frac{105}{2} & \frac{81}{2} & \frac{37}{2} & \frac{27}{2} \\ 65 & \frac{105}{2} & 28 & \frac{35}{2} \\ \frac{77}{2} & 40 & 19 & \frac{17}{2} \end{pmatrix}$

129　(1)　$\begin{pmatrix} 2 & -4 \\ 0 & 6 \end{pmatrix}$　(2)　$\begin{pmatrix} \frac{1}{3} & -\frac{2}{3} \\ 0 & 1 \end{pmatrix}$

(3)　$\begin{pmatrix} -1 & 2 \\ 0 & -3 \end{pmatrix}$　(4)　$\begin{pmatrix} -3 & 6 \\ 0 & -9 \end{pmatrix}$

130　Y　[総得点は

$(5\ \ 2\ \ 2)\begin{pmatrix} 3 & 4 & 2 \\ 1 & 5 & 4 \\ 5 & 2 & 3 \end{pmatrix}=(27\ \ 34\ \ 24)$]

131　(1)　$\begin{pmatrix} 18 \\ 18 \end{pmatrix}$　(2)　$\begin{pmatrix} 13 & 7 \\ 20 & 10 \end{pmatrix}$　(3)　$\begin{pmatrix} 2 & 3 \\ 1 & 4 \end{pmatrix}$

132　(1)　一筆書きはできる。

(2)　一筆書きはできない。

(3)　一筆書きはできる。

(1)

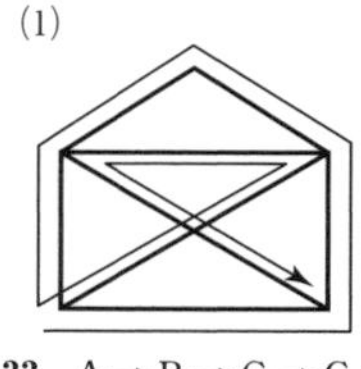

(3)

133　A → B → C → G → H

134　(1)　$\begin{pmatrix} 0 & 1 & 0 & 0 & 0 & 1 \\ 1 & 0 & 1 & 0 & 1 & 0 \\ 0 & 1 & 0 & 1 & 0 & 0 \\ 0 & 0 & 1 & 0 & 1 & 0 \\ 0 & 1 & 0 & 1 & 0 & 1 \\ 1 & 0 & 0 & 0 & 1 & 0 \end{pmatrix}$

(2)　〔図〕

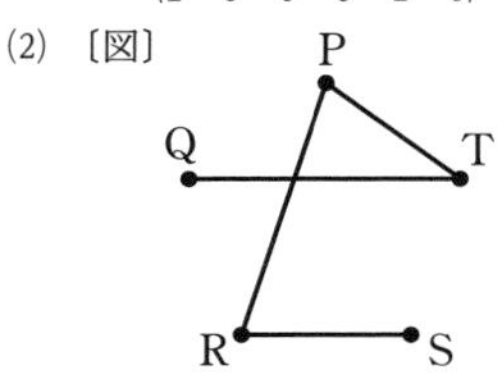

135　(1)　$A=\begin{pmatrix} 0 & 1 & 1 & 0 \\ 1 & 0 & 0 & 2 \\ 1 & 0 & 0 & 1 \\ 0 & 2 & 1 & 0 \end{pmatrix}$

(2)　3　(3)　5

[(2)　行列 A^2 の(2，3)成分

(3)　行列 A^3 の(1，3)成分]

136　(1)　5　(2)　Q駅，総数は８

[(1)　行列 A^3 の(1,5)成分　(2)　経路の総数は，行列 A^3 の５行目の値]

定期考査対策問題(第1章)

1 $\left[\overrightarrow{PQ}=\overrightarrow{OQ}-\overrightarrow{OP}=3(\vec{b}-\vec{a})\right.$
$\overrightarrow{AB}=\overrightarrow{OB}-\overrightarrow{OA}=\vec{b}-\vec{a}$
よって　$\left.\overrightarrow{PQ}=3\overrightarrow{AB}\right]$

2 (1) $\overrightarrow{EF}=-\frac{1}{2}\vec{b}+\frac{1}{2}\vec{d}$

(2) $\vec{b}=\frac{4}{3}\vec{u}-\frac{2}{3}\vec{v}$, $\vec{d}=-\frac{2}{3}\vec{u}+\frac{4}{3}\vec{v}$

[(2) $\vec{b}+\frac{1}{2}\vec{d}=\vec{u}$, $\frac{1}{2}\vec{b}+\vec{d}=\vec{v}$]

3 $x=\frac{2}{3}$

4 $t=13$
$[\vec{a}\cdot\vec{b}=1,\ 3|\vec{a}|^2+(6t-1)\vec{a}\cdot\vec{b}-2t|\vec{b}|^2=0]$

5 $t=-\frac{2}{5}$ で最小値 $2\sqrt{3}$

$\left[\vec{a}\cdot\vec{b}=10\right.$ から $\left.|\vec{a}+t\vec{b}|^2=25\left(t+\frac{2}{5}\right)^2+12\right]$

6 $\overrightarrow{AI}=\frac{7}{18}\vec{b}+\frac{5}{18}\vec{c}$　[AI と BC の交点を D とすると BD : DC = AB : AC = 5 : 7, AI : ID = BA : BD = 2 : 1]

7 (1) 辺 BC を 4 : 3 に内分する点を Q とすると，線分 AQ を 7 : 2 に内分する点
(2) 2 : 3 : 4　[(2) △PBQ : △PCQ = 4 : 3, △PCA : △PCQ = △PAB : △PBQ = 7 : 2]

8 $[\overrightarrow{AB}=\vec{b}$, $\overrightarrow{AD}=\vec{d}$ とすると
$\overrightarrow{AF}=\frac{\overrightarrow{AB}+4\overrightarrow{AD}}{4+1}=\frac{\vec{b}+4\vec{d}}{5}$
また，$\overrightarrow{AC}=\vec{b}+\vec{d}$ より
$\overrightarrow{AE}=\frac{\overrightarrow{AC}+3\overrightarrow{AD}}{3+1}=\frac{\vec{b}+4\vec{d}}{4}$
であるから $\overrightarrow{AF}=\frac{4}{5}\overrightarrow{AE}]$

9 (1) $3\overrightarrow{OA}=\overrightarrow{OA'}$, $3\overrightarrow{OB}=\overrightarrow{OB'}$ となる点 A′, B′ をとると，点 P の存在範囲は直線 A′B′
(2) $3\overrightarrow{OA}=\overrightarrow{OA'}$, $2\overrightarrow{OB}=\overrightarrow{OB'}$ となる点 A′, B′ をとると，点 P の存在範囲は△OA′B′ の周および内部

10 O を端点とし，半直線 OA と 60° の角をなす 2 本の半直線

定期考査対策問題(第2章)

1 (0, 0, 6), (4, −1, 3), (1, −5, 4), (2, −2, 8)

2 (1) $\vec{p}=\vec{a}+2\vec{b}-\vec{c}$　(2) $\vec{q}=-2\vec{a}+3\vec{b}$

3 $|\vec{b}|=3$, $|\vec{a}+\vec{b}+\vec{c}|=8$
$[\vec{a}\cdot\vec{b}=3|\vec{b}|$, $\vec{a}\cdot\vec{c}=0$, $\vec{b}\cdot\vec{c}=0$, $|\vec{a}|=6$,
$(\vec{a}+\vec{b}+\vec{c})\cdot(2\vec{a}-5\vec{b})=0$ から $|\vec{b}|=3]$

4 $t=-\frac{1}{2}$ で最小値 $\frac{5\sqrt{2}}{2}$

$\left[|\vec{a}+t\vec{b}|^2=6\left(t+\frac{1}{2}\right)^2+\frac{25}{2}\right]$

5 [(1) $\overrightarrow{AB}=\vec{b}$, $\overrightarrow{AC}=\vec{c}$, $\overrightarrow{AD}=\vec{d}$ とすると
(左辺) $=\overrightarrow{AD}+(\overrightarrow{AC}-\overrightarrow{AB})=\vec{d}+\vec{c}-\vec{b}$,
(右辺) $=2(\overrightarrow{AN}-\overrightarrow{AM})=\vec{c}+\vec{d}-\vec{b}$
(2) (左辺) $=\overrightarrow{AB}+\overrightarrow{AD}+(\overrightarrow{AB}-\overrightarrow{AC})+(\overrightarrow{AD}-\overrightarrow{AC})$
$=2(\vec{b}-\vec{c}+\vec{d})$,
(右辺) $=4(\overrightarrow{AP}-\overrightarrow{AQ})$]

6 辺 BC を 5 : 2 に内分する点を Q，線分 QD を 6 : 7 に内分する点を R とすると，線分 AR を 13 : 1 に内分する点

7 $x=-1$, $y=\frac{1}{2}$

8 (1) 2　(2) $\frac{1}{\sqrt{3}}$

9 $OH=\frac{6}{7}$，体積 4　$\left[\overrightarrow{OH}=\left(\frac{36}{49}, \frac{18}{49}, \frac{12}{49}\right)\right.$
また，$\overrightarrow{AB}\cdot\overrightarrow{AC}=16$, $|\overrightarrow{AB}|^2=20$, $|\overrightarrow{AC}|^2=52$ から　△ABC = 14]

10 点 P が辺 CD を 1 : 3 に内分する点のとき最小値 $\frac{11}{4}$
[P$(t, 0, 0)$ $(0\leqq t\leqq 2)$ とおくと
$\left.\overrightarrow{PF}\cdot\overrightarrow{PM}=\left(t-\frac{1}{2}\right)^2+\frac{11}{4}\right]$

11 $a=\pm 2$
[円の方程式は　$(x+2)^2+(y-1)^2=6^2-a^2$, $z=0$]

定期考査対策問題(第3章)

1 $a=4$, $b=-\dfrac{9}{2}$ [$\beta=k\alpha$, $\gamma=l\alpha$ となる実数 k, l があり $k=-2$, $l=-\dfrac{3}{2}$]

2 (2) 2
[(1) 条件から $\alpha\overline{\alpha}=1$, $\beta\overline{\beta}=1$,
$(\alpha+\beta)(\overline{\alpha}+\overline{\beta})=1$
よって, $\overline{\alpha}=\dfrac{1}{\alpha}$, $\overline{\beta}=\dfrac{1}{\beta}$ であるから
$(\alpha+\beta)\left(\dfrac{1}{\alpha}+\dfrac{1}{\beta}\right)=1$]

3 (1) $\dfrac{1}{\sqrt{2}}\left(\cos\dfrac{7}{4}\pi+i\sin\dfrac{7}{4}\pi\right)$

(2) $\cos\dfrac{\pi}{3}+i\sin\dfrac{\pi}{3}$

4 (1) $\dfrac{3+\sqrt{3}}{2}-\dfrac{1-3\sqrt{3}}{2}i$ または
$\dfrac{3-\sqrt{3}}{2}-\dfrac{1+3\sqrt{3}}{2}i$
(2) $(\sqrt{3}-3)+(1+3\sqrt{3})i$ または
$-(3+\sqrt{3})+(1-3\sqrt{3})i$
[(2) 点Bは, 点Aを原点を中心として$\pm\dfrac{2}{3}\pi$ 回転し, 原点からの距離を2倍にした点]

5 $\dfrac{2+\sqrt{3}}{2}+\dfrac{-1+2\sqrt{3}}{2}i$

[点$2+i$を原点を中心として$-\dfrac{\pi}{6}$ 回転した点を, 実軸に関して対称移動し, さらに原点を中心として $\dfrac{\pi}{6}$ 回転した点を表す複素数]

6 (1) -1 (2) -4

7 (1) $z=\cos\theta\pm i\sin\theta$
[(2) (1)から $z=\cos\theta\pm i\sin\theta$
$z=\cos\theta+i\sin\theta$ のとき
$z^n=\cos n\theta+i\sin n\theta$,
$\dfrac{1}{z^n}=\cos n\theta-i\sin n\theta$
よって, $z^n+\dfrac{1}{z^n}=2\cos n\theta$ が成り立つ。
$z=\cos\theta-i\sin\theta$ のときも同様に考える]

8 $z=2\left(\cos\dfrac{2}{5}\pi+i\sin\dfrac{2}{5}\pi\right)$,
$2\left(\cos\dfrac{4}{5}\pi+i\sin\dfrac{4}{5}\pi\right)$, $2\left(\cos\dfrac{6}{5}\pi+i\sin\dfrac{6}{5}\pi\right)$,
$2\left(\cos\dfrac{8}{5}\pi+i\sin\dfrac{8}{5}\pi\right)$

9 (1) 0 (2) 1 [(1) $\alpha^{17}=1$ から
$(\alpha-1)(\alpha^{16}+\alpha^{15}+\cdots\cdots+\alpha^2+\alpha+1)=0$]

10 -64

11 (1) 点 i を通り虚軸に垂直な直線
(2) 点$-\dfrac{1}{2}+\dfrac{1}{2}i$ を中心とする半径1の円
(3) 点1を中心とする半径3の円
(4) 点$-2i$ を中心とする半径2の円
[(2) 変形すると$\left(z+\dfrac{1-i}{2}\right)\overline{\left(z+\dfrac{1-i}{2}\right)}=1$
(4) $|z-2i|^2=4|z+i|^2$ から
$z\overline{z}-2iz+2i\overline{z}=0 \rightarrow (z+2i)(\overline{z}-2i)=4$]

12 [3点 α, β, γ が一直線上にあるから
$\dfrac{\gamma-\alpha}{\beta-\alpha}$ は実数である。
よって $\dfrac{\gamma-\alpha}{\beta-\alpha}=\overline{\left(\dfrac{\gamma-\alpha}{\beta-\alpha}\right)}$
すなわち $\dfrac{\gamma-\alpha}{\beta-\alpha}=\dfrac{\overline{\gamma}-\overline{\alpha}}{\overline{\beta}-\overline{\alpha}}$ であり, 分母を払って整理する]

13 [P(0), A(α), B(β), C(γ)とすると,
$AB^2+PC^2=AC^2+PB^2$ から
$|\beta-\alpha|^2+|\gamma|^2=|\gamma-\alpha|^2+|\beta|^2$
変形して $(\overline{\gamma}-\overline{\beta})\alpha=-(\gamma-\beta)\overline{\alpha}$
両辺を$\alpha\overline{\alpha}$で割って $\overline{\left(\dfrac{\gamma-\beta}{\alpha}\right)}=-\dfrac{\gamma-\beta}{\alpha}$
よって, $\dfrac{\gamma-\beta}{\alpha}$ は純虚数であるから
$PA\perp BC$]

定期考査対策問題(第4章)

1 (1) $y^2=-9x$ (2) $\dfrac{x^2}{9}+\dfrac{y^2}{25}=1$

(3) $\dfrac{x^2}{9}-\dfrac{y^2}{40}=1$

2 (1) 放物線 $y^2=x$ を x 軸方向に -1, y 軸方向に2だけ平行移動した放物線

(2) 楕円 $\dfrac{x^2}{9}+\dfrac{y^2}{4}=1$ を x 軸方向に2, y 軸方向に -3 だけ平行移動した楕円

(3) 双曲線 $\dfrac{x^2}{9}-\dfrac{y^2}{2}=1$ を x 軸方向に -8, y 軸方向に2だけ平行移動した双曲線

3 中点 $\left(\dfrac{1}{2},\ \dfrac{1}{6}\right)$, 長さ $\dfrac{\sqrt{170}}{3}$

[2つの交点の y 座標を y_1, y_2 とすると

$y_1+y_2=\dfrac{1}{3}$, $y_1y_2=-\dfrac{4}{9}$

求める線分の長さを l とすると

$l^2=10\{(y_1+y_2)^2-4y_1y_2\}$]

4 $y=x+1$, $y=x-1$ [直線の方程式は $y=x+k$ とおけて, $x^2-2kx-k^2+2=0$ の判別式 $D=0$ から $k^2-1=0$]

5 [点(3, 4)を通る接線の方程式は $y=m(x-3)+4$ とおける。

これを楕円の方程式に代入して整理した x の2次方程式の判別式 D について

$\dfrac{D}{4}=144(7m^2+24m-7)=0$

この m の2次方程式の2つの解を m_1, m_2 とすると, 解と係数の関係から

$m_1m_2=-1$

よって, 2接線は直交する]

6 直線 $y=-\dfrac{1}{4}x$ の $-\dfrac{4\sqrt{5}}{5}<x<\dfrac{4\sqrt{5}}{5}$ の部分

[点P, Q, Rの x 座標をそれぞれ x_1, x_2, x とおくと $x_1+x_2=-\dfrac{8}{5}k$, $x=\dfrac{x_1+x_2}{2}$]

7 (1) 直線 $y=2x-5$

(2) 放物線 $x=y^2+1$ の $y\geqq 0$ の部分

(3) 円 $x^2+y^2=1$ の $x\geqq 0$, $y\geqq 0$ の部分

(4) 楕円 $\dfrac{(x-1)^2}{16}+\dfrac{(y+1)^2}{9}=1$

(5) 双曲線 $\dfrac{x^2}{4}-\dfrac{y^2}{9}=1$

8 (1) 極を通り, 始線とのなす角が $\dfrac{\pi}{4}$ の直線

(2) 中心の極座標が(3, 0), 半径が3の円

(3) 極座標が $\left(1,\ \dfrac{5}{6}\pi\right)$ である点Aを通り, OAに垂直な直線(Oは極)

9 (1) $x^2+2y^2+2x-1=0$

(2) $3x^2-y^2-12x+9=0$

(3) $y^2+4x-4=0$

10 $r=2\cos\theta$ (ただし $r\neq 0$)

11 (1) 放物線 $x=y^2-5y+3$

(2) 楕円 $x^2+\dfrac{y^2}{9}=1$

ただし, 点(−1, 0)を除く

[(2) P$(x,\ y)$のとき $x=\dfrac{1-t^2}{1+t^2}$, $y=\dfrac{6t}{1+t^2}$

$x\neq -1$ であるから, t を消去して

$\left\{\dfrac{y}{3(1+x)}\right\}^2=\dfrac{1-x}{1+x}$]

12 $\theta=\dfrac{\pi}{2}$, $\theta=-\dfrac{\pi}{6}$

●表紙デザイン
株式会社リーブルテック

初版
第1刷　2023年8月1日　発行
第2刷　2024年3月1日　発行

ISBN978-4-87740-491-8

教科書ガイド
数研出版 版
NEXT　数学C

制　作　株式会社チャート研究所
発行所　数研図書株式会社
〒604-0861　京都市中京区烏丸通竹屋町上る
大倉町205番地
〔電話〕　075(254)3001

240102